U0306142

# 亲历灌溉精量化与水肥一体化40年

## 科研·教育·社会活动实录

◎李久生　编

中国农业科学技术出版社

**图书在版编目（CIP）数据**

亲历灌溉精量化与水肥一体化40年：科研·教育·社会活动实录 / 李久生编. -- 北京：中国农业科学技术出版社，2023.4

ISBN 978-7-5116-6244-6

Ⅰ. ①…亲　Ⅱ. ①李…　Ⅲ. ①灌溉管理②肥水管理　Ⅳ. ① S274.3 ② S365

中国国家版本馆 CIP 数据核字（2023）第 054058 号

**责任编辑**　闫庆健
**责任校对**　马广洋
**责任印制**　姜义伟　王思文

**出 版 者**　中国农业科学技术出版社
　　　　　北京市中关村南大街 12 号　　邮编：100081
**电　　话**　（010）82106632（编辑室）（010）82109702（发行部）
　　　　　（010）82109709（读者服务部）
**传　　真**　（010）82106632
**网　　址**　https：// castp.caas.cn
**经 销 者**　各地新华书店
**印 刷 者**　北京地大彩印有限公司
**开　　本**　185 mm × 260 mm　1/16
**印　　张**　30
**字　　数**　620 千字
**版　　次**　2023 年 4 月第 1 版　2023 年 4 月第 1 次印刷
**定　　价**　298.00 元

# 前言
PREFACE

2023年1月，我从中国水利水电科学研究院退休。我1979年10月考入河北农业大学农田水利专业，1983年9月本科毕业后考入中国农业科学院研究生院（中国农业科学院农田灌溉研究所）农业水土工程专业读硕士。那时中国农业科学院研究生院不具备开设农业水土工程专业研究生基础课的条件，研究生的前三个学期在武汉水利电力学院（现武汉大学）学习基础课，然后回中国农业科学院农田灌溉研究所做学位论文。到1986年6月硕士毕业时，中国农业科学院研究生院还没有获得农业水土工程专业的硕士学位授予权，论文答辩和学位授予都在武汉水利电力学院，中国农业科学院研究生院颁发了毕业证。硕士毕业后留在灌溉所灌水技术室工作，主要从事喷灌水力学方面的研究。幸运的是1992年获得日本文部省奖学金，10月赴日本爱媛大学大学院联合农学研究科（The United Graduate School of Agricultural Sciences, Ehime University）农业生物环境保护专业攻读博士学位。爱媛大学大学院联合农学研究科由爱媛、香川、高知三所大学的农学部构成，我在香川大学学习。获得博士学位后，1995年10月到清华大学水利系土木水利博士后流动站从事博士后研究，1997年10月出站后到中国农业科学院农业气象研究所（现农业环境与可持续发展研究所）工作，2001年11月到中国水利水电科学研究院水利研究所工作。

从1986年硕士毕业参加工作到2023年1月退休，工作了38个年头。农田灌溉研究所是我科研启蒙的地方，水利研究所是我工作时间最长的地方。近40年的学术生涯中，主要从事喷灌和微灌水力学、水肥高效利用以及水肥盐耦合调控方面的研究和产品研发工作。1999年开始招收研究生，研究生培养和教学伴随着团队组建和成长，研究生培养和教育成为我学术生涯不可分割的一部分，新的学生不断加入团队，在注入新生力量的同时也给我的生活带来活力，我常对学生说，我在和学生一起成长。

近40年的学术生涯中亲历了我国喷灌、微灌技术的发展，见证了灌溉持续迈进管理精量化和水肥一体化的新时代。在从事科研教育活动的同时，也积极参与一些国内和国际学术交流以及期刊编辑服务。编辑本书的目的正是对学术生涯中从事的工作进行一次比较系统的整理，给自己一个交代，给一起工作过的同事和弟子们一个交代。经过多次酝酿讨论，将书名定为《亲历灌溉精量化与水肥一体化40年 科研·教育·社会活动实录》。作为“实录”，力求能最大程度上再现当时的场景和心理感受。因此，对论文、著书、专利等研究成果的介绍在内容、篇幅和体例上不求一致，重在写出真情实感。在书稿的构思和撰写过程中，脑海中常浮现出当年的场景，回想起许多往事，时常沉浸在回忆中，使书稿的撰写时间比预想长了不少。重新阅读一些论文时，偶有对文中公式重新推导的冲动，会翻看数学教材和教科书重新推导某些公式，间或会为当年构思的“巧妙”自我陶醉，这也是书稿撰写进度拖延的一个原因。

书稿准备之初，邀请曾在团队学习工作和正在团队工作的博士后和研究生撰写回忆性文章。感谢亲历团队创建的饶敏杰研究员和弟子们的积极回应。统稿过程中，读着这些文字，再次感受到敏杰兄弟般的关爱和真情，仿佛又看到弟子们在田间试验时的挥汗如雨，进展不顺利时的沮丧，撰写论文中的沉思，准备报告时的通宵达旦，答辩过程中的信心满满……。课题组取得的成果无不凝聚着弟子们的心血，谢谢你们当年的付出。统稿过程中，多次被同学们的文字感动，为同学们3年、4年乃至5年在课题组的收获而高兴，为弟子们对师生情谊的珍惜而泪目。当年的小伙儿、姑娘都已经变成了父亲、母亲，蜕变成为单位的中坚力量，成长为学生的导师，取得了骄人的业绩。为他们的美满家庭和工作成就高兴，祝愿他们的前程更加光明。

求学和职业生涯中在河北农业大学、中国农业科学院研究生院、中国农业科学院农田灌溉研究所、武汉水利电力学院（现武汉大学）、清华大学水利系、中国农业科学院农业气象研究所、中国水利水电科学院水利研究所、流域水循环模拟与调控国家重点实验室等单位学习和工作过，对我学术生涯影响最大的诸位先生包括硕士导师中国农业科学院农田灌溉研究所余开德研究员、李英能研究员，武汉水利电力学院陈学敏教授，博士导师日本香川大学河野広先生，博士后导师清华大学水利系雷志栋教授、杨诗秀教授、谢森传教授和惠士博教授，诸位先生对我的指导和教诲使我终生受益，先生们对弟子的拳拳之心令我终生难忘，先生们的人品使我肃然起敬，借此机会对诸位先生表示崇高的敬意和衷心感谢！对在不同阶段、不同单位给予我无私帮助的领导和同事表示深深的谢意。中国水利水电科学研究院水利研究所为本书提供了部分出版经费，谨表感谢。

书的附录选择了学术生涯中发表的第一篇学术论文，旨在回味当年初涉学术的青涩时光，提醒自己时刻铭记对学术孜孜追求的坚韧和初心。附录的第 2 部分选择了 2016 年获国际节水奖后应邀撰写的 20 年研究回顾，论文集中总结了在中国农业科学院农业气象研究所和中国水利水电科学院水利研究所工作期间，在现代灌溉水肥一体化与高效利用方面的研究理念的形成、研究历程和主要结果，引用了团队成员在这一时期发表的主要论文，藉此展现、见证团队的发展和成员之间精诚而有效的合作。

附录第 3 部分选择了“中国水科院变量灌溉研究回顾”。团队在变量灌溉研究方向的成功拓展，在我的学术生涯中具有典型性和代表性。旨在利用这个附录，客观展现研究方向拓展的时机选择、技术路线形成、持续推进的全过程，以期对团队未来研究方向拓展有所裨益。自 2011 年开始变量灌溉研究，经过 10 余年的努力，学术界对变量灌溉研究的重要性和技术可行性正在逐步形成共识，变量灌溉技术研究已列入“十四五”国家重点研发计划项目指南。中国的变量灌溉研究正在由跟跑向并跑挺进，在不久的将来一定会处于领跑的地位。

书稿准备过程中，中国水利水电科学院水利研究所栗岩峰整理了承担的国家高新技术发展计划（“863计划”）、科技支撑计划、重点研发专项、引进国外先进水利科学技术（“948”）、农业科技成果转化资金等项目的信息，遴选了海外学术交流活动照片；赵伟霞整理了承担的国家自然科学基金项目信息；王军整理了研究生学位论文信息；王珍整理了论文、著书、标准、专利、软件著作权目录。为了更好地展示研究主题和学术理念的形成和变化过程，书中研究生学位论文信息按学生入学年份顺序进行编排。岩峰、伟霞、王军、王珍也是我学术生涯中一起工作时间最长的弟子，谢谢他们的无私帮助和不离不弃的陪伴。

1999级硕士研究生、中国农业科学技术出版社闫庆健编审身兼撰稿人和责任编辑双重身份，书稿组稿过程中，倾情回顾了当年攻读硕士学位期间的学习、工作和收获，还特意为我退休赋诗一首并题写装裱，师生情谊跃然纸上；书稿出版过程中，从编辑视角对书稿的体例、格式、版面设计等进行了细心而专业的编审。在此对庆健表示感谢。

书稿包含内容时间上横跨40余年，尽管在准备过程中尽最大努力查找原始资料，但仍有极个别内容凭回忆记述，书中错误和遗漏，敬请读者批评指正。

李久生

2023年1月8日于北京

# 编写说明

本书总结了作者学术生涯中从事的主要工作，包括科研教育社会活动、团队建设和共同的回忆3篇。全书内容有如下特点：一是时间跨度大，涵盖了作者从参加高考直至退休的40多年时间；二是涉及单位和个人多，涵盖了作者求学和工作过的所有单位以及有过合作的单位，还包括单位领导、同事、学生和工作中有过交集的个人；三是内容覆盖面广，包含了科研、教育、社会活动和学生回忆性文章等方方面面。基于此，在该书编写过程中我们在基本遵循国家出版标准与规范的基础上，采取了如下做法，特此说明。

1. 书稿中有大量的单位名称，在正文中第一次出现时用全称表述，在后面括号中标注（下文简称 ***），之后再出现时全部改成简称。

2. 关于单位，全书的单位使用分两种情况，在涉及科学研究的部分使用国际符号，在其他部分使用汉字。

3. 关于图片，全书的图片图号标注分两种情况，在涉及科学研究的部分使用图号并在正文中对应引用，其他照片保留图题但不使用图号。

4. 书稿中部分专业术语，考虑到作者多年的应用习惯及历史延续，继续保留原用法，如砂土、砂壤土。

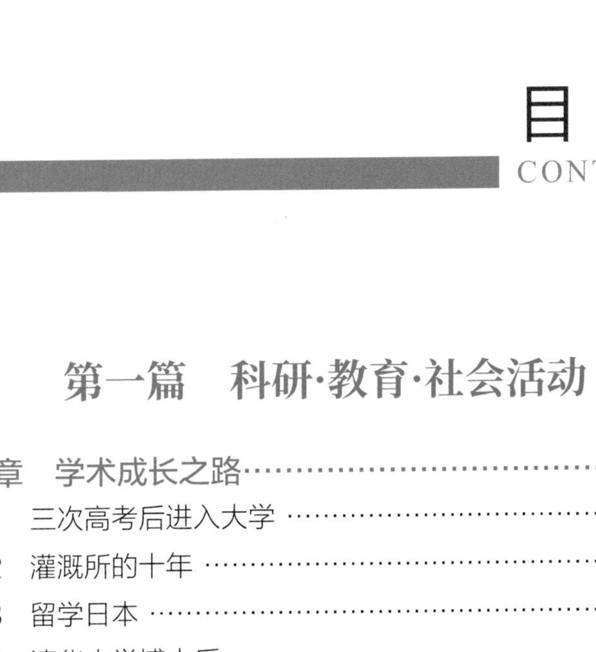

# 目 录

CONTENTS

## 第一篇 科研·教育·社会活动

# 第二篇 团队建设

# 第三篇 共同的回忆

# 第一篇

# 科研·教育·社会活动

# 学术成长之路

## 1.1 三次高考后进入大学

我1979年考入河北农业大学水利系农田水利专业学习（以下简称河北农大），在此之前还经历了1977年和1978年两次高考失利。1977年是冬季高考，河北省自主命题。由于第一年恢复高考，考生少，让高中二年级选拔成绩好的学生参加高考，那时高中学制是两年。经过县里组织的初选考试，我所在的中学有两个人通过初试，我有幸是其中之一。由于当时高中课程还没学完，再加上刚刚恢复高考，社会上对高考的事也很陌生，也就没有什么压力。现在回想起来，当年考的什么题目基本上没有印象了，似乎语文试题注音标调有“余音袅袅”这个词。物理有个计算变压器输出电压的题，为了迷惑考生，输入电压符号是直流电。大概是很多考生，包括我在内，没有注意到这个符号，还按变压器公式计算出输出电压，当然不能得分。事后物理老师在分析试卷时多次讲到这个题，告诫我们要注意审题，注意利用知识辨别真伪。这个事说起来容易，真正做到很难，回想四十多年的学术生涯中遇到类似的事还是不少，真正能明辨是非当时看透的也不多，多是事后才明辨“是非”的。这个大概是我参加1977年高考最深刻的教训，我一直记着这个事。还记得数学有一道题是因式分解，在考场上一直纠结是在实数范围内还是在有理数范围内分解。

**1983** 年 **6** 月河北农业大学农田水利专业 **7903** 班毕业合影（二排右二李久生）

1977年的高考未能如愿，1978年继续参加高考。由于1977年高考时还没有高中毕业，1978年还是以应届生身份参加考试。1978年高考在我就读的高中没有设考点，要到二十多千米外的另外一所中学参加考试。就读的中学到考点没有公交，记得学校有一台拖拉机，一大早，由老师护送，分几批把考生送到一个有公交站点的地方，坐一段公交，然后步行去考点。每个学生还背着行李和书本，走到考点时大部分学生脚上都磨起了泡。经过一年的努力，1978年高考分数过线了。那时不像现在，老师和家长都不知道如何报志愿，分数线也没有明确的重点院校和一般院校分数线，报志愿似乎也不分重点和一般院校，曾记得和高中的班主任老师商量来商量去，师生都觉得报个偏僻一点的学校录取的可能性大一些，记得第一志愿报了葛洲坝水电工程学院，其实当时连葛洲坝、葛洲坝水电工程学院在哪儿都不知道，更不知道这个学校的特色是什么，报这个学校的唯一理由是都觉得学校名字很陌生，由此推测报考的人会比较少，录取的几率会大一些。很遗憾，1978年还是没被录取，事后分析主要原因是志愿报得不合适。上了大学以后才知道葛洲坝水电工程学院在宜昌，是水电部直属院校，当年的志愿还是报高了。2012 年 5 月到葛洲坝水电工程学院更名后的三峡大学参加国家自然科学基金委员会第 74 期双清论坛，还特意在校园内转了转，希望能找一找当年报考的葛洲坝水电工程学院的一些印记。

1977、1978 年连续两年的高考失利对我着实有些打击，不过有 1978 年高考过线的底子，自然而然选择了复读。参加过 1979 年高考的人可能都还记得，那年的高考题奇难，尤其是化学，考完后大多数考生都感到没有信心。记得那年的本科线是 265 分，我考了 297 分。报志愿时吸取 1978 年失利的教训，这次只报了省内的大学，第一志愿报了天津河北工学院，第二志愿报了河北农大。入学后同学们一起聊天，知道那年分数比较高的考生第一志愿报天津河北工学院的不少，最后都落到了河北农大。大概命中注定与水利有缘，1978 年葛洲坝水电工程学院未能如愿，1979 年被河北农大农田水利专业录取，虽然不及葛洲坝水利工程那么宏大，但仍然没有逃离水利这个圈。

河北农业大学学习期间同宿舍同学合影
（前排：张矛，杜和景，赵考生；后排：田荣文，李久生，边志勇，石金山）

四年的大学生活是充实的。那时候高考不考英语，高中也不学英语，到大学后从26个英文字母学起。那时大部分英语老师都是从俄语转过来的，语法讲得很清楚，比较重视阅读和词汇量，但发音就不大精准了，对听说能力也不大重视，学校没有语音室，也就没有专门的语音教学，因此，自己英语听说一直比阅读和写作差一些。不过那时候学英语还是很拼的，英语课文全部都能背下来。应该说当年的背诵还是为后期阅读和写作能力的提高打下了很好的基础，现在的英语底子差不多都是那时候打下的。

那时大学的老师没有什么科研项目，对教学却很重视，几乎全部精力都花在备课、授课和批改作业上。不少老师讲课的神态、板书以及对课程内容的了如指掌都给我留下了深刻的印象，像高等数学张德培老师，无论需要推导的公式多么复杂，向来不用看书本，并且能准确指出哪道题在哪一页，甚至还能精确到行。水力学老师崔起麟，讲课虽有些河南口音，但对每章引言讲解得高度概括，对课程内容、目的、方法、重点的把握非常清晰，还有一点给我留下深

**2002** 年 **10** 月河北农业大学百年校庆时李久生与王福卿（左）、罗志杰（中）合影

刻印象的是崔老师对课堂时间把控得精准，每节课都是同时听到崔老师的“这节课就讲到这儿”与下课铃声响起。现在我也给学生上课，能把时间控制这么精确，备课花费的时间和精力是可想而知的。还有钢结构赵鲁光老师授课严密的逻辑和整齐的板书，农田水利学张增圻老师庄重的仪表和胸有成竹的逻辑推演，弹性力学夏亨熹老师严密的数学推导和教书育人的情怀，土力学骆筱菊老师娴熟而又一丝不苟的试验操作，都给我四年的大学生活留下了深深的印记。四年本科没有荒废，多数课程的考试成绩都在90分以上，为后来从事科研工作打下了较好的基础。

## 1.2 灌溉所的十年

真正接触科研和从事学术研究是从硕士阶段开始的。1983年本科毕业时研究生招生规模不大，从百度上查到这一年全国硕士和博士研究生共招生11 200人，推测硕士招生规模在10 000人左右。河北农大农田水利专业79级100人，本科毕业当年继续读硕士的只有3人。说起当年研究生笔试和面试，还有不少值得回忆的往事。1983年的硕士研究生入学考试在春节后但在寒假开学前，离春节很近，为了应考，系里五六位报名考试的同学寒假都没有回家过年，留在学校复习。那是我平生第一次在外地过年，除了对家中亲人的思念外，放假后学校食堂的就餐时间也多有不习惯。除夕下午学校组织留校过年的学生去食堂包饺子，记得是按人头分的面和馅，面是和好的。水利系的几个同学集体领了面和馅，因为全部是男同学，没有人会包饺子，大家面面相觑不知道如何下手，还是食堂师傅手把手教，我们才包好了饺子。也是在那时候学会了包饺子。那时候粮食还是定量供应，又是饭量大的年纪，尽管大家包的饺子形状不怎么好看，但吃起来还是津津有味的，多年后还能回想起那年初一早晨饺子的味道。保定的考点设在河北大学，从河北农大到河北大学还有几千米路程，似记得两校之间也没有公交，平时到河北大学去找同学都是步行去。上午开考的时间比较早，步行前往担心会迟到，那时还没学会骑自行车，着实有些犯愁。同班同学罗志杰从熊景铸老师家借来自行车，三天考试，志杰按时用自行车接送。同学的情谊终生难以忘怀，我能考上研究生，志杰功不可没。毕业多年后，与志杰相聚还一起回忆当年考试接送的场景。

硕士入学考试结束后就进入大学的最后一个学期，主要是毕业实习和毕业设计。毕业实习在迁西县境内的大黑汀水库引滦入津渡槽工地。实习中一直惦记着什么时候公布硕士考试成绩。记得在4月下旬的一天，带队实习的老师接到学校系办公室的电话，通知我准备复试，但没具体时间和地点。那时候考研究生的人数不多，接到电话的第三天，带队老师同意我从工地返校准备复试。回校后到系办公室找到接电话的老师，才知道当时没有询问通知复试的电话是从哪个单位打来的，只能再等进一步通知。因为报的志愿是中国农业科学院研究生院（以下简称中国农科院），招生目录也没有注明研究所，因此一直以为面试地点一定在北京。那段等待的日子不免有些煎熬，每天两次到系办询问消息，大部分时间基本在校园内毫无目的地闲逛，说是返校准备复试，其实也不大看得进去书。一直到过了“五一”假期，终于等来了期盼已久的复试电报，到这时才知道招生的具体单位是中国农业科学院农田灌溉研究所（以下简称灌溉所），复试地点在河南省新乡市。

接复试通知到灌溉所后参加复试，记得是接近中午时到灌溉所，时任灌水技术室副主任的李英能老师接待了我，当天下午安排了复试。参加复试的老师除了导师余开德先生外，喷灌课题组的李英能、廖永诚、狄美良等几位老师都作为考官参加了面试。面试前已打听余先生名下只有我一个过线，因此不觉得过于紧张。可能是只有一个人面试，时间比较长，估计一个小时以上，提问内容涉及面也比较广，

硕士导师余开德先生

既有灌水技术方面的问题，也有作物需水、水资源方面的问题。我自我介绍时说来复试前正在工地实习，还问了施工管理方面的问题。余先生还专门问了农业气象方面的问题，当时也没有明白先生的用意。对一些技术性提问，我回答得不够全面时，面试的老师还进行了补充。现在回想起来，这场面试更多像一个学术讨论会。复试结束时余先生代表复试小组宣布面试结果：专业基础知识扎实，今后要注意拓宽知识面，同意录取。面试对我的科研生涯起到了启蒙的作用，懵懵懂懂知道了一些研究生与本科生的区别，对今后三年研究生的努力方向似乎有了一些了解。

1983年是灌溉所第一年招研究生，录取了两个学生，张效先和我。那时中国农业科学院研究生院还没有农田水利专业和农业水土工程专业硕士学位授予权，录取通知书告知要到武汉水利电力学院（以下简称武水）学习三个学期基础课，然后到灌溉所完成学位论文，再到武水答辩，由武水授予硕士学位。这大概是研究生招生初期很多科研单位的研究生培养模式。在武水期间我们的身份是“代培生”。去武水学习基础课之前，先到灌溉所，一方面和导师辞行，同时了解一下导师对课程学习的要求和对学位论文的构想。关于学位论文选题，余先生的设想是基于气象学原理，研究喷灌对田间小气候的影响，搞清喷灌水分的消耗途径，探明喷洒水利用率。在1980年代初期，能够意识到喷灌对农田小气候的改变会影响喷灌水分的利用率，还是很有前瞻性的。此时才明白了复试时余先生提问农田小气候方面知识的用意。遗憾的是，通过进一步阅读文献发现，开展喷灌农田小气候研究需要对气象要素进行连续定位监测，1980年代初期国内还不具备这样的测试条件，经过几次书信沟通，最后还是放弃了这个题目。

放弃了第一次学位论文选题后，经过一段时间的思考，余先生提出了以喷灌水力学作为论文选题的想法，背景是20世纪70—80年代世界范围内出现的能源危机对降低喷灌系统能耗提出了新的更高要求，论文的主题是探索利用优化喷头结构参数实现降低能耗的目的，也是当时喷灌研究的热点。在先生的悉心指导下，硕士学位论文研究了喷嘴形状对喷头水力性能的影响，提出了异形喷嘴优化结构参数。硕士阶段在国内第一次采用面粉法对喷洒水滴分布进行了

硕士导师余开德先生和师母林世皋先生

系统测试，到目前为止，这可能还是对喷洒水滴分布测试最系统的研究之一，在我国制定的第一版《GBJ 85–85 喷灌工程技术规范》发布后的综述报告中还引用了我的硕士论文。说起当时的试验，还要感谢负责喷灌水力学实验室的刘新民老师。难以忘记，刘老师不仅手把手教我测试技巧，和我一起骑着自行车跑遍新乡市寻找高精度机床加工试验用喷嘴，并且在试验中遇到问题时，无论是节假日还是星期天，总是第一个赶到现场，千方百计帮助解决问题。完成的“摇臂式喷头方形喷嘴水力性能研究”硕士学位论文被评为中国农业科学院研究生院的优秀论文，毕业后又对硕士论文的结果进行了拓展和提升，获得了1993 年度水利部科技进步奖。

余先生指导学生的理念和方法对我的学术成长和为人处世产生了极其深刻的影响，先生也是我终生学习的楷模。大约在第二学期末我完成了开题报告初稿，那时还没有计算机打字，全部是手写，曾记得当时余先生由于身体原因正在贵州治病疗养，我把报告初稿寄给了先生。先生收到报告后除了在字里行间做了详细的批注外，还专门针对报告的每个章节写了极其详尽的评述，对研究方法和预期结果做了细致的解释、分析和说明。先生将开题报告标注稿和他的评述用邮件寄给了我，当我打开信封时倍感吃惊，我的报告20多页，先生的评述竟有17页。先生在他的评述开头写道“从今天开始看你的开题报告，计划在一周内看完”。先生对学生的高度负责和对学术的严谨跃然纸上，每当我批改学生的报告或论文感到厌倦和急躁时，先生对我开题报告的圈点和评述就会浮现在脑海中，激励我以对学术负责、对学生负责的高度责任心指导培养学生。

余先生在学生选题上始终以科学问题为导向，不以研究任务作为学生论文选题，论文研究内容既强调学术性，又重视实用性，既放手让学生自主开展研究，又注意对关键节点把控，充分重视对学生论文写作能力的培养，注重论文撰写的语言质量，注重对论文撰写中逻辑关系把控能力的培养。这些指导学生的原则和方法对我后期自己指导学生产生了非常积极和重要的影响。

余先生在学生培养中注重引导学生从工程实际中发现和提炼研究课题。1984年9月由先生主持的我国第一座恒压喷灌工程——郏县恒压供水半固定式喷灌工程通过验收。当时关于喷灌系统型式对田间管网投资与喷头组合间距的关系在认识上存在一些分歧，我结合《喷灌工程学》课程学习一直思考这个问题，发现半固定式系统的投资并不总是随喷头组合间距的增大而减小，因为组合间距影响着移动管道的移动次数，我把这个想法写信告诉余先生，先生鼓励我继续思考这个问题并写成论文。我完成“灌水定额和灌水周期对半固定式喷灌系统投资的影响”论文初稿，经过先生修改后，投稿《喷灌技术》杂志并被录用发表（1985年第3期），这是我学术生涯中发表的第一篇学术论文，对我以后学术生涯中科学问题提出、论文写作要领的把握以及严谨学风的养成都产生了非常重要的影响。

现在回过头来看硕士论文，遗憾的地方是模型的内容薄弱。当时也想用弹道理论模拟喷洒水滴的运动，由于时间的限制和内心对模型的恐惧，在毕业前未能完成模拟工作，这成了永远的遗憾，也使我在硕士毕业很长一段时间对模型仍心存偏见和恐惧心理。在我后来自己指导博士研究生的过程中一直倡导和

李久生（右一）与贾大林先生（右三）、张效先（右二）在中国农业科学院合影

要求论文一定要包括模型，以便学生为将来的学术发展铺好路。

余先生对我学术生涯产生重要影响的另一个方面是他的宏观战略思维。1980年代，我国的喷灌技术虽然取得了较快发展，但在适宜发展区域、发展规模、发展模式等方面认识尚不统一，影响了喷灌事业的健康发展。余先生意识到这个问题，率先提出在全国范围内开展喷灌区划研究的建议，得到水利部批准，完成了我国第一部喷灌区划，为我国喷灌发展提供了决策支持。三十多年过去了，即使今天看来，当年提出的优先发展喷灌的区域和原则仍然适用。1990年代初期，随着水资源日益紧缺，节水灌溉技术，尤其是井灌区低压管道输水灌溉技术在我国得到突飞猛进发展，余先生又提出开展全国节水灌溉区划的建议，选择在山东、陕西等节水灌溉发展较快、成效较显著的省份开展试点。尽管由于年龄原因，余先生在全国节水灌溉区划没有完成之前退休，但在区划工作开展之初提出的节水灌溉技术体系和效益评价指标为区划制定发挥了重要作用。余先生做研究、写论文所站的高度可以用高屋建瓴来形容，尽管在我的学术生涯中努力领会和学习先生的宏观战略思维，但是到现在参加工作三十余年的时候，仍感觉宏观战略思维仍是自己的短板，难以望先生之项背。

硕士期间令我受益匪浅的另一件事是参加喷洒水利用系数研究课题。这个项目是为我国《喷灌工程技术规范》第一版（GBJ–85）的制定提供依据。为了获得准确的喷洒水利用系数，在全国分区按照统一的测试方法对喷洒水利用系数进行测定，记得武汉水利电力学院、华北水利水电学院、新疆水利水电科学研究院等单位各负责一个地区。我利用1984年的暑假参加了李英能老师主持的中原地区喷洒水利用系数的测定。为了获得不同气象条件下的喷洒水利用系数，需要选择不同的测试时间，凌晨和晚上测试比较多。有幸跟随李老师参加了规范初稿讨论会。那时候开会时间比较长，一般三天或更长一些，对问题讨论得很充分。一个很大的收获是对喷灌当时采用的研究方法和成果有了比较全面的了解，也对高校和研究单位在研究上的优势和差异有了初步的感性认识，再一个收获是认识了国内喷灌界的不少学者和专家，如施均亮、窦以松、吴涤非、王云涛等老师，从这些老师在会议上的发言中学到很多知识和研究方法，不曾忘记施均亮老师把多元回归的PC–1500计算机程序打印出来给我用，鼓励我试着编写计算程序。在施均亮老师主笔编制的《喷灌系统技术规范》专题报告之一“喷洒水利用系数测定”（喷灌技术，1985年第2期）中还把当时硕士在读的我列入项目参加人，李老师、施老师这种提携后辈的精神值得我学习和发扬。

到灌溉所工作后参加了水利部三峡工程科技移民扶贫项目“三峡地区特大坡度条件下柑橘喷、微灌试点工程”，项目负责人是张祖新老师，工程建设地点在万县（今重庆市万州区）让渡果园。这是一个乡镇集体所有制柑橘园，紧靠长江，平均地形坡度大于30°，工程面积380亩。1986年底开始建设，1990年11月通过水利部验收。这是我工作后参加的第一个有工程背景的项目，参与了工程勘测、设计、施工、验收的全过程。通过这个项目积累了实际工程经验，对沿长江地区的水利和社会经济状况有了一些了解。那时交通还不像现在这么发达，从新乡到万县都是先乘火车到宜昌，然后从宜昌乘船到万县。为了节省路途时间，一般到试验点都会待比较长时间，记得最长一次待了四十多天。柑橘场的条件还是比较艰苦的，虽然紧靠长江，但由于没有提水设备，饮用水是水窖的集雨，并且水窖都是完全露天的，经常会发现水中有小虫在翻跟头。柑橘场有一个三层的小楼，给我们在二楼腾出一间房子住。有一天晚上躺在床上看到天花板有些下坠，第二天告诉场长，场长说三楼是仓库，地板上垛了化肥，可能是太重把天花板压变形了，遂安排工人把化肥搬走，避免了进一步的危险。记得有一次四川省水利厅农水局的领导专程到柑橘场看望慰问我们，晚上一起住在柑橘场。房间的三张床只有两张床有蚊帐，我年龄最小，自然要睡在没有蚊帐的床上，着实体验了柑橘场蚊子的厉害。在点上大部分时间是和工人师傅一起放线和安装管道，有一件事令我至今记忆深刻。那时法兰盘是买钢板自己切割打孔，由于在打孔之前没有想到连接螺栓的尺寸，结果法兰焊到管道上后，连接时螺栓无法穿过去，又重新返工。通过这个项目，着实积累了实际工程经验，锻炼了不怕困难的意志。

由于柑橘场坡度很陡，喷头竖管像平地上那样垂直安装会使上坡方向喷洒时射程减小并且对坡面产生严重冲刷，经过查阅文献和向老师请教，提出了将竖管向下坡方向适当倾斜的安装方法，并通过试验验证了这种安装方法的可行性和优势，在国内的喷灌工程中第一次采用了竖管向下坡方向倾斜的安装方法，取得了良好效果，后来还在其他类似喷灌工程中应用。我还根据相关结果撰写了论文“坡地喷灌系统中竖管适宜偏角的选择”（1988 年第 5 期），在水利学报发表，这是我在水利学报发表的第一篇论文。

1991 年我承担的项目大多已经结束，像灌溉所的大多数年轻人一样，由于新的项目还没有着落心里有些打鼓，总理基金项目“华北地区节水农业技术体系研究与示范”和“八五”科技攻关项目“商丘试验区节水农业持续发展研究”是灌溉所当时承担的两个重要项目，年轻人大多想参加这两个项目。总理基金项目在河南省清丰县、山西省夏县和河北省廊坊市安次区设了三个示范区，在人员安排时，有些出乎预料，我未能进入这个项目，即使到现在，我依然不清楚原因。当时的情绪很低落，就找硕士同窗张效先诉说苦闷，并表达了想参加商丘试验区项目的愿望。效先向商丘试验区项目负责人、灌溉所原所长贾大林先生转达了我的请求。没想到贾先生很快同意我到商丘试验区工作，并

**2009 年 8 月李久生与张效先在中国农业科学院农田灌溉研究所商丘综合实验站合影**

专门给我确定研究内容，安排了经费。贾先生这种宽广的胸怀以及对青年人的提携令我感动不已。1997 年到中国农业科学院农业气象研究所（下文简称气象所）工作后和贾先生又有不少接触，先生的家国情怀、敬业精神、忘我境界一直激励着我勤奋工作。在商丘试验区工作的时间不长，但还是颇有收获，对示范区有了初步了解，对半湿润偏湿润气候区农业与灌溉的特点有了初步认识，与在商丘试验区工作的刘世春老师、庞鸿宾老师以及王和洲、吕谋超、何晓科等建立了深厚的友谊。还记得当年和何晓科一起骑着自行车在试验区测量地下水埋深的情景。试验区工作期间，在李庄试验站院内安装了固定式喷灌系统，还记得安装时不慎把腿划伤，食堂的徐师傅用自行车带着我到乡卫生所上药。听和洲说，建成的喷灌系统还用了几年。至今说到商丘，说到商丘实验站，还感到分外亲切。

从 1983 年 9 月硕士入学至 1992 年 10 月去日本攻读博士学位，在灌溉所学习工作了十个年头，期间除了承蒙余先生的悉心指导外，李英能老师也为我

李久生与龚时宏（中）、郭志新（右）在灌溉所合影

的学术发展提供了无私指导和大力支持，在我硕士学习期间，李老师担负着副导师的角色，毕业后参加的第一个项目就是李老师主持的水利开发基金项目“异形喷嘴喷头研制与开发”。遇到难题时每每向李老师请教，老师都能指出独辟蹊径的创新思路，同时，李老师深厚的文字功底激励着我在论文写作中从不敢有丝毫懈怠。

灌溉所学习、工作和生活的十年间得到很多老师的指导、关心和帮助，和黄修桥、龚时宏、郭志新等在工作中建立了纯正的友谊。从事的研究主要集中在灌溉水力学和作物需水方面，在灌溉所期间的学术积累为后期的发展奠定了较好的基础。在离开灌溉所之后，遇到疑惑和困难也多次向当年的老师和同事请求帮助，每每都得到了圆满解决。灌溉所老师和同事的脚踏实地、默默奉献精神激励着我不断向前。灌溉所是我永远的母校，新乡是我的第二故乡。

1992年10月李久生与博士导师河野広先生合影

## 1.3 留学日本

由于硕士毕业时农田水利和农业水土工程专业可以招收博士研究生的单位和导师很少，就没有继续读博士。1991年末，灌溉所收到日本爱媛大学寄来的博士研究生招生简章，该校在全球范围内遴选6位博士研究生，日本政府提供3年奖学金并免除所有学杂费，更重要的是对日语没有要求，学位论文可以用英语撰写。这在当时来说，条件还是很优厚的。由于招生人数不多，可以预见竞争会异常激烈。灌溉所推荐我申请。申请材料比较简单，除了个人信息外，需要附上硕士论文的英文摘要，校方对申请者英语能力通过这个摘要进行评估。申请的导师是香川大学河野広先生，专业方向日语汉字表述是“生物环境保全”，翻译成汉语的话，大抵是“生物环境保护”，我个人觉得和美国的“生物系统工程”有些接近。看来1990年代初期日本的农田水利专业的名称也已经在变革中了。

申请过程还是有些曲折的。在 1992 年元月份提交了申请。申请书要求附上硕士导师的推荐信，余先生用中文拟了推荐信，我翻译成英文，余先生签字后作为附件。我当时也是疏忽了，既没有给余先生一份推荐信复印件备忘，我自己也没有留下备份。由于招收的人数很少，余先生也没抱多大希望，写完推荐信后，就把这个事放下了。4 月中旬的一天，忽然余先生接到河野先生从日本打来的电话，告诉余先生我的申请作为 6 个拟录取的博士研究生之一，已通过学校评审，在上报文部省最终批准之前需要确认我能如期到学校报到。由于从写推荐信到接到电话已经有一段时间，推荐我申请到日本读博士的事余先生已经淡忘了，再加上那时余先生刚从灌溉所所长的岗位上退下来，接到河野先生的电话时第一反应是出国的经费从哪来，他现在已不在领导岗位，没有办法解决经费的来源，因此就告诉河野先生他不确定什么时候推荐过我到日本读博士。推荐信的节外生枝使赴日留学的希望变得有些扑朔迷离。好在河野先生几年前访问过灌溉所，并且对所里的喷灌试验场留下很深的印象。河野先生对推

**1995** 年 **9** 月李久生与河野広先生在学位授予仪式上合影

荐信的事虽然感到很突然，但在电话中没有完全拒绝接受我读博的申请，而是告诉余先生，让我次日上午十点亲自给他电话确认。河野先生还嘱咐，为了防止由于语言不同造成理解上的差异，让我找一位会日语的朋友用日语给他说，他也会找一位中国留学生通电话时在场，可能引起误解时，我直接用中文说。河野先生的细致周到和公正审慎的工作作风使我终生难忘，值得我终生学习。第二天是星期六，我找了灌溉所可以用日语流利会话的好友吴景社一起去给河野先生打电话。那时候从所里还不能打国际长途，我们一起到饮马口邮局去打了电话。与河野先生的电话沟通比我预想的顺利，先生听了我对推荐信原委的解释和说明，很简明地告诉我，他的顾虑打消了，文部省批准后即可入学。推荐信的风波就这样过去了，感谢河野先生的大度，感谢景社的无私帮助，感谢后来成为我师姐的姜华英博士，留学申请过程中给河野先生的沟通和联系多是通过华英师姐帮忙。

8月下旬盼来了如期而至的爱媛大学的录取通知书，报到日期10月5日。在1992年，获得日本文部省奖学金对大多数学子来说，都是一件大喜事，因为对当时工薪阶层的收入而言，国外读博士的学费和生活费不亚于天文数字。

出国留学的喜悦很快被入学后的焦虑所冲淡。置身一个文化、语言、生活习俗完全不同的异国他乡，那种孤独、无助和心理反差相信很多留学生都经历过。焦虑阶段过后面临的更大挑战是博士学位论文选题。奖学金只提供三年，如果三年内拿不到学位需要延期，则需要另行支付学费。一般来说，在日本三年拿到博士学位不是一件容易事。由于我不懂日语，我和河野先生之间的沟通和交流只能借助英语。英语都不是彼此的母语，再加上文化背景的差异，沟通起来的困难、彼此的误解时有发生。从一件小事也许能了解语言和文化差异带来的误解。刚到日本不久，河野先生在农业工学研究所工作时的上司水之江政辉先生到访香川大学农学部，晚上水之江先生邀请河野先生和研究室的所有留学生共进晚餐。河野先生用英语告诉我下午六点一起从“农学部前”出发去就餐地点。河野先生说的“农学部前”是指电车的站，我误解为农学部大门前，结果和河野先生没有如期碰面，耽误了预定的电车班次，只能改乘下一班电车。

从1986年硕士毕业到1992年赴日本读博士的六年间我的研究方向多集中在喷灌方面，对喷灌相关研究还算有一些了解。通过进一步的文献阅读，大体确立了将喷头水力性能与土壤水分运移分布结合起来研究的总体设想，并形成了将研究兴趣逐渐拓展到养分、作物生长和产量的初步构想。1995年博士毕业到现在二十八个年头过去了，回过头来看，我学术生涯基本按照这个构想在一步一个脚印地向前迈进，虽然由于工作环境、政策的不断变迁不时遇到一些困难，但一直不忘初心、咬紧牙关、不敢懈怠，砥砺前行。

大约在入学两个月后完成了博士学位论文开题报告。完成报告的过程是艰难的，最大的困难在语言。英语学习虽不曾间断，但英文写作方面的训练只是偶尔撰写中文论文的英文摘要，这是第一次用英文来谋篇，写一个完整的报告。感觉最难写的部分是试验设计与方法。虽然在文献中阅读过试验方法的描述，但距比较简洁清楚地把试验过程表述清楚还是有相当差距的，这次撰写开题报告使我意识到自己在英文方面的差距，也做了一个弥补短板的学习计划。

把开题报告送河野先生审阅时简单汇报了研究的结构和主要试验，令我兴奋的是我的想法与先生不谋而合。先生也一直在思考如何把喷灌水力学与土壤水分和养分的动力学研究相结合。更可喜的是先生还曾指导两个本科生做过一些喷灌均匀性与土壤水分分布的田间试验，这部分试验数据还没有来得及公开发表。先生把原始试验数据给了我，让我通过分析这些数据进一步完善试验方案。开题报告比较顺利地通过了，确实还是很高兴，也为完成学位论文打下了基础。接下来是做喷头水力性能测试，试验在一个遮雨棚中进行。管路设计、器材购置、精度确认、系统安装等全部由我自己完成，没有辅助人员，这一点和国内大不相同。在毕业回国后所有试验我都尽量亲力亲为、不等不靠的工作作风与在日本博士期间的培养和锻炼有直接关系。在日本的第一次试验，让我也意识到日本的试验条件也不都是非常先进和现代化，试验中喷头流量还是用最传统的体积法测试，灌溉所喷灌试验厅多年前就采用电磁流量计测流量了。当时在河野研究室做学术访问的来自黑龙江水利科学研究所的王长君师兄和研究室的本科生藤森才博同学对水力性能试验提供了热情周到的帮助，一直心存感激。

喷头水力性能试验完成后着手筹划土壤水分方面的试验。首先是选择试验地点。河野先生经过多方协调，最终选定在香川大学附属农场的一块试验地内开展试验。附属农场到农学部大约15千米，首先面临的困难是交通问题。从农学部到附属农场没有公共交通，学校也没有班车。这时原来协助开展水力性能试验的藤森同学已本科毕业开始在河野研究室读硕士，成了我名副其实的师弟。藤森乐于助人，工作热情也非常高，对试验极端负责任，还有一个强项是善于与人沟通。田间试验期间，与农场的沟通协调全部由藤森出面。非常幸运遇到这么好的日本师弟。更幸运的是，藤森有一辆不错的丰田轿车，可以随时拉着我去农场做试验。为了获得不同的喷灌均匀系数，需要选择在不同气象条件下开展试验，那段时间藤森基本上是随时待命出发。农场试验期间还有一件事给我留下很深印象的是农场管道化的灌溉系统。灌溉管道系统类似于我们国家的自来水供水系统，需要时从田间给水栓直接取水即可，不需要和水泵管理

博士学位论文田间试验现场（日本香川大学附属农场，1996年）

人员联系。当年我专门就这个事请教过河野先生，他说自动有压供水灌溉管网在日本已经有不少应用。即使现在，国内灌溉管网达到自动连续有压供水的也不是特别多，我们的灌溉自动化、智能化还有很长的路要走。田间试验结束后，我和藤森就各自学位论文对试验数据分析的方向和重点进行了分工，很好地实现了共享共赢。

完成水力性能和土壤水分分布试验后进入数据分析和学位论文撰写阶段。在论文是否要包括模型这个问题上，我和河野先生还有过一次比较深入的讨论。先生主要从时间进度上把控，建议不包括模型部分。我主要从当年硕士论文的得失上考虑，希望包含模型部分，能通过博士学位论文提升一下自己在模型上的能力。最后河野先生接受了我的建议，同意把模型内容作为学位论文的一章。论文中构建了考虑喷灌灌水不均匀性的二维土壤水分分布模型。现在回过头来看，当年读博士期间对模型的训练对后期工作还是有一些帮助的。

三年的日本留学主要有三个方面的收获，第一方面收获是扩大了自己的国际视野。河野先生是一位具有广阔国际视野的学者，和先生的朝夕相处，使我逐渐领略到国际学者的风采。当年河野研究室有三位留学生，一位来自越南，两位来自中国，农业工学科还有来自摩洛哥和埃塞俄比亚的留学生，河野先生不分国度贫富，不分学生研究基础优劣，平等友善地对待每一位留学生，倾听每一位留学生的诉求，对学生的学术发展能够从宏观把握和微观创新两个层面把关并提出希望和要求，这既需要人文修养，又需要深厚的学术积淀。河野先生还经常鼓励留学生毕业后返回自己的祖国，为自己国家的发展尽力。2016 年 11 月同期在河野研究室留学的越南学生 Nguyen Quang Kim 来北京访问期间我们一起叙旧，谈论最多的依然是河野先生的国际学者风范，我们都尊称先生是“学术绅士”。先生的国际视野和平等对待每一位学生的理念对我日后培养学生产生了深远影响。从 1999 年自己开始指导第一位硕士研究生张建君开始，先后培养的硕士研究生、博士研究生和博士后有三十多位，我都做到平等对待每位学生，并竭尽全力对学生的学术发展给予有针对性的指导。第二方面收获是提高了自己的英文撰写能力。三年时间完成英语学位论文的压力变成了学好英文的动力，通过不断努力，博士论文的主要内容在日本农田水

2010 年 2 月在九州大学留学的女儿李楠赴宫崎市探望先生时与河野広先生及夫人合影

利主流期刊农业土木工程学会论文集以及 *Transactions of the ASAE*、*Journal of Irrigation and Drainage Engineering, ASCE*、*Journal of Agricultural Engineering Research*、*Agricultural Water Management* 等国际重要期刊上发表，相关研究引起国内外同行的关注，例如，发表在 *Transactions of the ASAE* 的论文“Droplet Size Distributions from Different Shaped Sprinkler Nozzles”提出的喷洒水滴分布指数函数模型被美国农业与生物工程学会（ASABE）纳入《灌溉系统设计管理指南》，作为喷灌水力性能评价的通用公式，还被美国农学会（ASA）出版的《农作物灌溉》手册引用，推荐作为改善喷灌系统性能的重要技术手段。博士期间的研究为开拓自己的学术生涯营造了有利的条件。也正是这些学术生涯初期的积累，2012 年受聘担任 *Irrigation Science* 副主编，成为担任这一重要国际期刊副主编的第一位中国学者；2016 年担任 *Irrigation and Drainage* 主编，成为期刊创刊 65 年来第一位担任该刊主编的中国学者，后期又受聘担任了期刊编委会主席。第三方面收获是对日本的学术文化有了一定的了解和认识，这对我的学术发展产生了重要影响。日本学者以及整个社会的专注和低调给我留下极其深刻的印象。日本的教授多能专注一两个研究方向，研究方向的拓展往往是随研究成果的积累自然而然完成，很少出现研究范围的急剧扩张或研究方向涵盖范围过广，这可能接近我们近几年提倡的“工匠精神”。遵循这一精神，我在领导和管理团队后，总是首先给每位骨干确定一个相对独立并且可以专注五年以上的方向，在团队中营造“板凳坐得十年冷”的学术氛围，克服急躁情绪。团队研究方向在工作中不断拓展是必要的，否则团队发展就会失去活力，但是我在工作中始终坚持方向拓展循序渐进的方针，防止盲目扩张。

三年的日本留学对我学术发展产生了积极而深远的影响，河野先生的“学术绅士”风范激励我战胜学术生涯中遇到的困难，促使我在喧嚣的环境中专注于学术，力戒浮躁，锤炼学术独立的品格。三年留学生活中得到很多老师、前辈和同门的帮助，除了前文提到的河野先生、长君师兄、藤森师弟、华英师姐外，香川大学农学部农业工学科行政秘书福崎富代女士对我在日期间的诸多事务和日常生活提供了细致周到的帮助，在此表示深深的感谢！

## 1.4 清华大学博士后

在博士论文答辩前就开始做回国工作的准备，偶尔河野先生也会问起国内工作单位的落实情况。1995 年 9 月答辩结束后，国内工作单位还没有落实。那时水利部的灌溉中心和日本国际协力事业团（JICA）有合作项目，河野先生拜托在灌排中心担任中日合作项目专家的日高修吾先生帮助我寻找工作单位，日高先生找到中心的沈秀英教授商量此事，沈教授建议到清华大学水利系做博士后，并热情地把我推荐给杨诗秀教授。当时虽然和清华大学水利系没有合作，但是水利系的惠士博、雷志栋、杨诗秀、谢森传等教授的名字还是如雷贯耳，雷老师、杨老师、谢老师的《土壤水动力学》是我们这一代人心目中的巨著，我们这一代农田水利专业的学生大多是通过这本教科书学习土壤水动力学知识的，对诸位老师的崇敬之情溢于言表。我随即和杨老师写信联系，很快收

2008 年 7 月在石河子召开的中国农业工程学会农业水土工程专业委员会学术研讨会上与雷志栋先生合影

到杨老师同意接受我到清华大学水利系做博士后的回信。非常高兴能有到中国的最高学府学习的机会。我们一家三口 1995 年 10 月 5 日从神户回国，10 月 7 日下午抵天津港。我小姨和内弟驱车到天津港迎接，然后从天津直奔北京清华园。到达校园时已晚上八点多了，进到校园以后才真正体验到清华校园的大。由于对校园不熟悉，怀着忐忑的心情从校园给杨老师打电话想询问一下住宿等情况，没想到杨老师从家里赶过来帮助安排住宿，并安排我们吃晚餐。这是第一次见到杨老师，给我留下的第一印象是既有大学者的风范，对人又极体贴周到。第二天是周末，那时候雷老师正担任水利系主任，想来行政事务是很繁忙的，还是专门安排时间和我见面，介绍了水利系的基本情况，谈了未来工作的一些设想。雷老师、杨老师和谢老师是我博士后的指导教师。能够成为三位老师的学生是我一生的荣光。由于当时惠老师已经退休，名义上不能作为导师，感到有些遗憾。

在清华做博士后的两年期间，主要参加了雷老师主持的国家自然科学基金“八五”重大项目“华北平原节水农业应用基础研究”课题4“节水农业综合技术的应用基础研究（1993—1997）”和世界银行贷款项目“新疆塔里木盆地农业灌溉排水与环境保护（一期工程）”专题：“新疆叶尔羌河平原绿洲四水转化关系研究（1994—1998）”的部分工作，有幸随雷老师、杨老师、沈言琍老师和当时的博士研究生尚松浩、毛晓敏和硕士研究生李民到新疆叶尔羌河和渭干河流域进行了为期一个月的水盐监测以及调研工作。那是我第一次去新疆，对新疆的社会、经济和生产状况有了感性认识。这次新疆的行程可谓“险象环生”，既经受了老师身体不适给团队成员带来的心理担忧，又经历了社会治安和生活环境的磨炼。雷老师和杨老师献身科学、追求真理的无私无畏品质和风范激励着团队每一个人奋发前进。还清晰记着雷老师在田间给我们讲述“点、线、面”结合的水盐监测研究构想，以可控制地下水位的地中渗透仪作为“点”，探索四水转化机理，以林带作为“线”研究水盐的空间变化，“点”和“线”结合研究农田尺度的水盐变化特征，最终向流域尺度提升。雷老师娓

**2008**年**1**月在清华大学甲所和雷志栋先生、杨诗秀先生等合影
前排：罗毅，杨诗秀，雷志栋，毛晓敏，李民；后排：尚松浩，王仰仁，李久生

娓道来，我们学生在聆听中领略着学者的风采和科研工作的魅力。也还记得雷老师和杨老师为了弄清干旱地区“干排水”的原理，驱车数十千米去荒地取土样测试盐分含量。

清华的两年对我后期学术发展影响可概括为几个方面。一是雷老师、杨老师对学生培养不仅是学术指导，同时注重对学生的爱国爱水利教育，这些教育不是空洞的说教，而是在日常工作中潜移默化地教育，常常听到两位老师在研究调研甚至工作间隙对学生进行国情教育，培养学生的爱国情怀。受两位老师的熏陶，我在有机会领导自己的团队时，也十分注重营造积极向上、传播正能量的氛围。二是雷老师和杨老师以及团队成员之间的团结协作精神。在清华两年与两位老师朝夕相处，博士后出站后也不断有联系，从没有听两位老师讲过他们之间的分工，但两位老师之间的合作确实达到了天衣无缝、互补共赢的崇高境界。从我自己作为一个学生的视角来看，雷老师稍侧重于观点的凝练，而杨老师更娴熟于对观点的论证和逻辑关系把控。两位老师带的学生不分彼此，共同指导。三是研究工作中敢于坚持真理，不唯上，不唯书。四是两位老师的勤奋激励我在学术生涯中不敢懈怠。在清华的两年间，只要杨老师不出差，早上一定是第一个来办公室，最后一个下班，周末也总是在办公室工作。那时喝水要用暖瓶到开水房打水，多数情况下是待我们这些学生到办公室时，杨老师已经打好开水并且把办公室打扫干净，这也常常使我们这些做学生的感到惶恐和内疚，偶尔也想抢在杨老师之前到办公室，但多不能“得逞”。

清华诸位老师对学生的提携和关怀之情也使我终生难忘。从清华博士后出站到气象所工作不久，那时候自己的学术积累还很不够，雷老师、杨老师和谢老师多次让我担任他们指导研究生的答辩委员，给我提供了很好的机会，雷老师还让我作为他主持的国家自然科学基金重点项目中期检查和结题验收专家，惠老师和谢老师也让我参加他们成果的鉴定。所有这些对我早期学术成长帮助都很大。

在清华做博士后期间科研任务相对不是太重，使我有了比较多的时间到图书馆查阅文献，思考自己近期和稍远的学术发展。在我出站的1997年获得了第一个国家自然科学基金面上项目。

## 1.5 气象所的四年

1997年10月从清华大学土木水利博士后流动站出站后来到中国农业科学院农业气象研究所工作（以下简称气象所），现在气象所已更名为农业环境与可持续发展研究所（以下简称环发所）。独立的学术发展是从气象所开始的，这个时候已经没有了导师的陪伴，真正需要独当一面。实际上，从博士阶段就开始考虑今后的学术发展方向，通过三年博士加两年博士后的训练，到气象所工作时，我个人对学术发展的思路大体上是清晰的，总体思路是将现代灌溉条件下的作物—土壤—水分—养分关系作为十年或更长时间的研究内容，研究中注重灌水技术参数的调控。我的专业和研究背景与气象所的主要研究方向并不一致。旱农（雨养农业）是当时气象所的优势方向，但没有人做灌溉方面的研究。感谢林而达所长和梅旭荣书记以宽广的胸怀接受我这样一个非气象所主专业的人来所工作。

来到一个新的单位，如何能够踢开头三脚，找到合适的位置立足，是首先面临的挑战。身后没有导师和先辈站台，这种挑战显得更加严峻。气象所百花齐放百家争鸣的科研环境为个人的学术发展提供了良好平台。稍感幸运的是，当时我主持的第一个国家自然科学基金面上项目“喷灌均匀系数对土壤水分时空分布及作物产量的影响”刚刚获批，研究经费上还算能够维持。之所以选择喷灌均匀系数作为研究的主题，一来从灌溉技术参数对作物—水分关系的影响上来说，均匀系数有其特殊重要性，尤其是在当时中国经济水平不是太高时，喷灌的高投入是技术推广的重要限制因素，而投资又与均匀系数密切相关，同时均匀系数对作物水分利用的影响又比较直接；二来通过博士和博士后期间的工作，在均匀系数方面也有了一点积累，便于引起评委的共鸣。接下来面临的困难是气象所没有开展喷灌研究的试验条件。这个时候，时任气象所气象实验站站长饶敏杰伸出了援助之手。共同的价值观和研究理念使我们成为挚友，成了科研上密切合作的伙伴。敏杰在实验站安排了一块地专门开展喷灌试验。那时还没有组建起团队，所有试验都是敏杰和我以及实验站的技术员一起完成，技术人员参加试验最多的是王春辉。试验工作量过大时，敏杰的夫人小马和我爱人都是志愿者，到田间和实验室帮忙。还记得在实验站的平房内大家一起动手测叶面积的情景，每个人坐在或高或低的凳子上，用不同颜色和长度的直尺聚精会神地量着每一片叶的长和宽，样品数量实在有点多，每测完一个小区的样品，大家或会心地相视一笑，或做个深呼吸舒缓一下疲劳。也还记得小麦考种取样工作量大，为了赶时间，早晨五点就到试验田集合开始取样，取样结束时每个人的鞋子和裤腿上都沾满露水和泥巴，脸上淌着汗水，沾着小麦的枯叶，互相对望时感到有些滑稽，但望着试验田路边整齐码放着的小麦样品，每个人又充满收获的喜悦。玉米田间管理和取样时的工作环境比小麦更严酷一些，到了生育中后期，每次进到田间钻来钻去测土壤水分和取样，脸和手臂都要经受叶子的无数次划刺，待到生育期结束时，想来那些被我们无数次访问和“施虐”过的植株都能分辨出我们的脚步声，听懂我们的对话。玉米考种取样更具挑战性，可能是由于试验田紧靠市区三环路，考种取样时会受到各种叫上名和叫不上名蚊虫的猛烈攻击，取完一批样从地里钻出来，身上几乎找不到没被叮咬的地方。经过不懈的努力，圆满完成了第一个基金项目，项目的进展还在基金委的简讯作了报道。

我在气象所科研起步阶段承担的第二个科研项目是国家社会公益类项目“风沙区农业用水定额的制订与修订”，这是国家第一批公益类项目，灌溉所原所长段爱旺研究员是主持人，我和敏杰是参加人，承担与喷灌用水定额相关的工作。研究基点在位于内蒙古自治区达拉特旗树林昭镇的水利部牧区水利科学研究所试验基地。为了完成试验任务，敏杰和我多次乘周五夜里的火车从北京到包头，周六、日在基地进行试验观测，周日夜里再乘夜车返回北京，赶上周一到单位上班。还记得我和春辉带着安装灌溉系统的材料乘夜班长途车去包头，为的是省下乘火车托运货物的时间和费用。也还记得和敏杰一起带着两个编织袋的管道和管件去包头，从包头火车站乘出租车去实验站，中途出租车司机漫天涨价，我们不答应，就把我们撂在前不着村后不着店的路边。现在还清晰记着我们两个对望时无助的苦笑。试验观测需要有人长期驻守基点，春辉和俞运富在基点驻守时间最长。开始是借住在水利部沙棘中心试验基地的院里，

2003 年 10 月团队成员在中国农业科学院农业气象研究所气象站冬小麦播种场景

后来搬到牧科所为开展试验建的平房，2~3 人一间。敏杰、春辉和我在一起住得最多，还记得和春辉住一起时的彻夜长谈，每天夜里都要聊到十二点以后。春辉和俞运富在基点对待试验认真负责的态度和熟练的试验技能得到了基点其他单位工作人员的高度认可和赞许。1999 级硕士研究生闫庆健依托项目完成了硕士学位论文。

学术发展初期的创业是艰难的，但这些历练又是弥足珍贵的，在共同奋斗中建立起的同事情谊是真诚而经得起时间考验的。创业初期的磨炼为团队后期的发展积累了良好信誉，初步形成了勤奋、敬业、追求卓越的团队文化内核，为保持团队长期稳定发展奠定了基础，成为我学术生涯的一笔宝贵财富。

有创业初期积累的科研信誉和成果，接连申请的基金项目“滴灌施肥灌溉系统运行特性及其对氮素运移规律的研究”获得批准（批准号：59979027）。这个滴灌的基金项目是作物—土壤—水分—养分研究主题的延续。在 1990 年代末期，我国滴灌有了一定发展，但对滴灌施肥或称水肥一体化还很陌生，滴灌施肥的研究和应用基本是空白。据检索，这是国家自然科学基金资助的第

**2004 年 6 月在中国农业科学院农业气象研究所气象站进行冬小麦考种**

一个滴灌水肥一体化方面的项目。项目获批前我已获得中国农业科学院研究生院硕士研究生导师资格，1999 年张建君成为我的开门弟子，也成了这个项目的骨干。项目实施之初，无论是老师还是学生对滴灌施肥灌溉条件下的养分运移都是初学者，为了加强对学生的指导力量，聘请我的学兄、中国农业大学任理教授为副导师。任老师倾力相助，在中国农业大学协助安排土柱试验的场所，使试验能够如期进行。西安理工大学张建丰教授免费为我们加工了土柱试验的全套装置。在当时团队人力、物力、财力都不充裕的时期，任老师和建丰老师的热情帮助对项目的启动无疑是雪中送炭。建君较强的动手能力加上理学学士良好的数理基础在研究中得到了充分展现。通过这个项目，对滴灌施肥条件下的水氮运移规律和调控原理有了较为深入的认识，研究结果在 *Irrigation Science*、*Agricultural Water Management* 等国际期刊上发表，多篇论文的单篇引用次数超过 100 次，出版了我国第一部滴灌水肥一体化方面的专著《滴灌施肥灌溉原理与应用》，中国知网的引用次数达 260 余次，这无疑是对我们进一步做好研究工作的鞭策。也正是这些研究使我们在国内外同行中的声誉和地位得以逐步巩固和提高。

1990年代后期我国喷灌发展经历了几起几落之后再次走入低谷，从行业决策部门到用户的一个共同疑虑是喷灌究竟是否节水。产生这种疑虑的原因是喷灌存在蒸发漂移和冠层截留损失。尽管我国在1980年代对喷洒水利用系数在不同气候区做过较为系统的测试和研究，但从机理上回答喷灌水分的消耗机制和途径仍显得尤为迫切，这也是硕士阶段导师曾经为我选过的研究课题。为此，2001年我申请了国家自然科学基金面上项目“喷灌作物冠层截留水量的消耗机制及其对水利用率的影响”并获得资助（批准号：50179037），我指导的2003级博士研究生王迪利用称重式蒸渗仪、波文比能量平衡系统和涡度协方差系统对喷灌农田小气候及作物蒸腾进行了系统研究，2009年来课题组从事博士后研究的赵伟霞博士在王迪研究结果的基础上开展模拟，开发了考虑喷灌小气候变化的喷洒水利用率模拟软件，在一定程度上实现了余先生当年提出的构想。

在气象所工作期间的另一个收获是对气候变化方向有了一些涉猎。刚到气象所不久，根据林而达所长的安排，协助林先生进行了气候变化对农业影响的文献综述，对气候变化这样一个比较新兴的学科有了初步了解，后来还参加了林先生主持的全球气候变化方面的攀登计划项目和“973”项目。尽管在后期没有机会直接参与气候变化研究，但通过参与相关项目，对气候变化的研究方法有了一点了解，对我后期在研究思路和方法上的发展还是有了启迪，比如在作物模型和气候模式等方面的研究方法等。感谢林先生对晚辈的大力提携，也感谢在气象所四年间林先生对不同研究方向的包容以及多方关照。

在气象所期间有幸参加了中国工程院重大咨询项目“中国农业需水与节水高效农业建设”，协助贾大林先生开展宏观调研和资料分析工作，比较早提出了节水灌溉首先要充分利用当地水资源、工程建设重点放在渠灌区、以改进地面灌溉为主有条件地发展喷灌和微灌、加强工程与农艺节水技术结合等发展战略，明确了节水灌溉发展的重点地区和工程建设重点。参加这个项目对宏观战略研究方法有了一些了解，在一定程度上弥补自己在宏观研究上的短板。

2002 年中国农业科学院农业气象研究所气象站大型称重式蒸渗仪施工

在气象所期间还承担完成了大型称重式蒸渗仪的设计和建设任务。国内当时大型称重式蒸渗仪的制造商很少，经过反复调研和论证，决定委托西安理工大学张建丰团队进行蒸渗仪的研制和建设。与建丰团队和时任气象所气象试验站站长饶敏杰通力合作，克服了设计和建设中的重重困难，在试验站建成了两台称重式蒸渗仪。蒸渗仪的建设成功也为后期在国家节水灌溉北京工程技术研究中心大兴试验基地建设大型称重式蒸渗仪积累了经验。

## 1.6 水利所的二十二年

在气象所工作四年后，2001 年 11 月调入中国水利水电科学研究院水利研究所工作（以下简称水利所）。从 1983 年进入灌溉所算起，在中国农业科学院接近 20 个年头，我的身心已经深深烙上中国农业科学院的印记，就这样怀着难以割舍的心情离开了曾经日夜相伴的母校，奔赴新的岗位。水利所并不陌生，早在博士后期间就在这里工作过八个多月。再次来到曾经工作过的地方，但是身份已经不同了。

从气象所来到水利所，坦率地讲，自己也不太理得清动机，当时比较多地考虑了自己从事的研究是水利所的主专业。二十年后的今天回过头来看这个事，也许当时换单位有些多此一举了，2018 年前后农田水利的大部分业务又从水利部划归了中国农业科学院的主管部门农业农村部，真是应了三十年河东三十年河西那句老话！

既然来到主专业与自己专业吻合的研究所，就要在重新审视原来制定的学术发展规划和目标的基础上，利用有利条件加快学术发展。首先想到的是组建团队。在2001年招研究助理的政策还没有像现在这样放开，因此组建团队比较可行的方法是招研究生。那时水利所还没有博士研究生导师，不过水科院拥有水文水资源专业博士学位授予权。通过和院领导的多次沟通，2002年暑假前我的博士研究生导师资格获得批准。由于水科院研究生招生指标很少，并且博士研究生导师不能招硕士研究生，又积极与中国农业大学水利与土木工程学院沟通，从2002—2013年学院每年都给我安排了招生指标。这样每年大体可以招到2~3个学生，团队研究力量得到较好保障。感谢水利与土木工程学院冯绍元、杨培岭、王福军等负责研究生招生工作的诸位领导的大力支持。

研究生招生难题得到较圆满解决，2002年招收了第一位博士研究生白美健和硕士研究生宿梅双。紧接着开始着手完善试验平台和条件。2001年到水利所时，国家节水灌溉北京工程技术研究中心大兴试验基地刚开始筹建，为平

国家节水灌溉北京工程技术研究中心大兴试验基地。远处红色屋顶建筑是实验室（**2005**年）

台建设提供了良好机遇。依托水利部“948”引进国外先进农业技术项目和水利部的基建项目，2003年前后我负责建成了称重式蒸渗仪，购置了自动气象站、涡度协方差系统、波文比能量平衡系统、连续流动分析仪、土壤水分特征曲线测定系统、非饱和土壤导水率测定仪、Trime土壤水分测定系统以及土壤水分传感器系统，后来又添置了自动凯式定氮仪和离心机土壤水分特征曲线测定系统等比较昂贵的仪器设备。2004年又建成了试验用日光温室，至今仍在使用，以后又根据需要，研发建成了地下滴灌恒压供水及土壤入渗装置、滴灌灌水器堵塞试验平台等设施。

研究工作按既定目标持续推进，这一阶段的学术发展与学生培养紧密结合为一体。学生的论文选题依然围绕国家自然科学基金项目进行。2002级硕士研究生宿梅双和2003年博士研究生王迪围绕两个喷灌方面的基金项目（59979025，50179037），利用气象所试验站的称重式蒸渗仪、涡度协方差系

**2005**年**9**月李久生向出席国际灌排委员会第**56**届执行理事会的代表介绍大兴试验基地研究设施

统、波文比能量平衡系统开展了华北平原冬小麦–夏玉米喷灌水肥高效利用机制研究，定量确定了喷灌作物冠层截留水量，明确了截留水量的消耗途径，区分了截留水量对喷灌水利用率的有效性贡献，进一步定量评估了喷灌均匀系数对水肥分布、淋失和产量的影响。

2002年10月—2003年1月在国家留学基金委的资助下到美国田纳西大学做了三个月的高级访问学者，合作导师是美国农业与生物工程学会（ASABE）前主席Ronald Yoder教授。那时Yoder教授研究方向之一是基于土壤水分和作物指标进行精准灌溉决策，就建议我利用这三个月的时间学习Matlab基础知识，探索人工神经网络在滴灌水氮运移分布方面应用的可能性。我接受了Yoder教授的建议。访学结束时完成的论文“Simulation of nitrate distribution under drip irrigation using artificial neural networks”在*Irrigation Science*（2004, 23 : 29-37）发表，后来这篇论文被同行认为是最早将人工神经网络应用于滴灌水氮模拟的研究之一。从美国访学回国后，在已完成的基金项目59979027的基础上，根据在美国期间学到的人工神经网络知识和初步探索，申请了国家自然科学基金面上项目“作物对滴灌水氮的动态响应及其人工神经网络调控模型”并获得批准（批准号：50379058）。2003年入学的硕士研究生孟一斌和博士研究生栗岩峰围绕这个项目完成了学位论文。通过这个项目，在水力学方面，系统研究了不同施肥装置的水力性能，建立的压差式施肥罐的肥液浓度衰减曲线被教科书和培训教材采用。在作物对滴灌水肥响应方面，研究了作物对滴灌灌水和施肥频率、滴灌系统运行方式的动态响应特征，在试验和模拟充分论证的基础上提出了滴灌水氮管理模式，得到了一定规模的应用。

1990年代末，薄壁滴灌带的开发成功使微灌系统的投资成本大幅下降，带动了应用面积的快速增加，微灌技术的发展由零星示范转向规模化推广，并开始尝试应用地下滴灌技术。地下滴灌应用中出现了水分向上运移不足影响出苗、土壤水分分布不均匀影响作物生长和产量等现象。从上述现象中提炼科学问题，2005年申请了国家自然科学基金面上项目“土壤非均质条件下地下滴灌水氮运移特性及其调控机理”并获得批准（批准号：50579077）。2004级硕士研究生计红燕、2005级硕士研究生杜珍华、2006级硕士研究生杨风艳以及2005级博士研究生刘玉春等学生依托这一项目完成了学位论文。评估了农田尺度条件下土壤空间变异和水力学因素（水力损失、毛管埋深、施肥装置类型等）对土壤水氮分布和作物生长影响的相对重要性，在ASABE年会上发表的论文“Drip fertigation uniformity and moisture distribution as affected by spatial variation of soil properties and lateral depth and injector type”（DOI：10.13031/2013.38489，Paper Number：1110670）引起同行关注，稍感遗憾的是，由于当时中国农业大学的硕士学制为两年，只有一年田间试验数据，未能在学术期刊上正式发表。通过大量土柱和田间试验以及模拟，评价了土壤层状质地对地表和地下滴灌的水氮运移分布、作物吸收利用的影响，提出了复杂土壤条件下地下滴灌毛管埋深设计方法。这一项目的研究结果在一定程度上丰富和完善了滴灌系统设计和管理方法。

随着微灌技术在我国进入快速发展期，对系统设计标准的关注程度持续增长。2008年暑期到我国微灌发展最多的地区——新疆，对微灌发展和应用

**2022** 年度灌溉技术研究室年终总结会合影
自左至右，前排：张宝忠，许迪，李益农，李久生；
后排：晏清洪，宋鑫瑞，张彦群，赵伟霞，莫彦，栗岩峰，王珍，马蒙，胡雅琪，李子明

情况开展了为期两周的考察，发现设计和管理部门均对能否降低现行均匀系数标准表现出极大关注。针对国内外微灌均匀系数制定中对水肥一体化考虑不足，缺乏均匀系数对土壤水氮分布、作物生长、产量、品质影响的定量评估的现状，2009年和2011年相继申请了国家自然科学基金面上项目“滴灌均匀系数对土壤水氮分布与作物生长的影响及其标准研究”和“滴灌技术参数对农田尺度水氮淋失的影响及其风险评估”并获得资助（批准号：50979115，51179204）。2008级博士研究生张航、硕士研究生尹剑锋，2009级博士研究生关红杰，2010级博士研究生王珍、硕士研究生任锐，2012级硕士研究生张志云依托这两个项目完成了学位论文，赵伟霞在博士后期间（2009—2012年）承担了部分温室作物的滴灌试验工作。在华北、东北、西北等不同气候区，选择玉米、棉花、温室蔬菜等典型作物，通过10多季的田间试验和模拟，充分论证了适当降低均匀系数标准的可能性，并就不同气候区提出了均匀系数标准值。王军博士后期间（2013—2016年）采用二维土壤水运动与作物生长耦合模型研究了均匀系数对作物生长的影响，对均匀系数标准做了有益的补充。

二十多年关于喷、微灌水肥一体化精量调控原理与技术研究，提升了团队在国内外的学术地位，据2018年国家农业图书馆的检索报告，团队在“Drip irrigation system（滴灌系统）”和“Uniformity coefficient（均匀系数）”方向发表的论文及其引用数量世界排名第一，“Fertigation（水肥一体化）”方向发表的论文及其引用数量世界排名第二。提出滴灌水肥一体化水肥管理模式以及喷、微灌均匀系数分区标准被新修订的国家标准《微灌工程技术规范》和《喷灌工程技术规范》采纳，构建的施肥装置性能测试及评价方法纳入了行业标准《灌溉用施肥装置基本参数及技术条件》，研究成果被国际农业工程学会（CIGR）、联合国粮农组织（FAO）、国际肥料工业协会（IFIA）、美国农业与生物工程学会（ASABE）、美国土木工程学会（ASCE）、美国农学会(ASA)、美国作物学会（CSSA）美国土壤学会（SSSA）等多个国际学会（组织）的技术手册采纳。

不断拓展学科方向是团队负责人的职责。根据工作积累和学科发展态势，不失时机地实现研究对象、尺度和方法拓展，既是团队成员对负责人的期待，又是负责人学术洞察力的体现。随着水资源供需矛盾的不断加剧，用于灌溉的再生水在继续增加，而滴灌在高效安全利用再生水方面又有着明显优势。因此2007年申请了国家自然科学基金面上项目“灌水器堵塞对再生水滴灌系统水力特性的影响及其化学处理方法”并获得资助（批准号：50779078），开始将研究对象从常规水源向再生水拓展。2007级硕士研究生陈磊依托这个项目完成了学位论文，2008级硕士研究生尹剑锋参加了部分工作。通过这个项目，对滴灌灌水器物理堵塞、化学堵塞和生物堵塞的发生和发展过程有了深入了解，为防止堵塞提供了理论基础。开展了加氯加酸处理对堵塞、土壤理化性质以及作物对养分吸收、产量和品质影响的田间试验，提出了适宜的加氯处理运行规程。随着项目的实施，对再生水滴灌的作物响应产生了一些新的想法，2009年，团队成员栗岩峰申报了国家自然科学基金青年科学基金项目“再生水滴灌条件下作物耗水规律对水质变化的响应机制及调控措施”并获得资助（批准号：50909101），2009级硕士研究生温江丽依托这一项目完成了学位论文。

在作为负责人通过相继承担了8项国家自然科学基金面上项目，对基金项目的定位和要求有了比较清楚的认识，遂产生了申报重点项目的想法。基于先前完成的两个与再生水滴灌有关的基金项目，经过较长时间考虑，确定选择再生水灌溉作为重点项目的选题。2012年我们向国家自然科学基金委员会提交了“再生水滴灌关键理论与调控机制及方法”的重点项目建议书，2013年国家自然科学基金委员会工程与材料科学部将“再生水的高效安全灌溉（E0902）”列入该年度择优资助重点项目研究方向。随后，我们以“再生水灌溉对系统性能与环境介质的影响及其调控机制”为题提交了重点项目申请书。2013年8月15日工程与材料学部下达了批准通知，项目批准号：501339007。2012级博士研究生温洁，2013级博士研究生郭利君和仇振杰，2014级博士研究生郝锋珍依托重点项目完成了学位论文。项目以再生水高效安全灌溉为目标，重点围绕灌水效率最高的灌水技术——滴灌，开展了系统的室内外试验和理论研究。在提高再生水灌溉安全性方面，重点关注灌溉系统安全、环境安全和农产品安全，探讨再生水中典型污染物（如：病原体粪大肠菌群）从滴灌灌水器内部流道到农田环境介质中的迁移富集规律和行为特征，揭示再生水灌溉对灌溉系统性能和环境介质的影响机理与数学描述方法，提出了再生水灌溉环境污染风险评估方法和安全的系统防堵塞化学处理模式；在提高再生水灌溉水肥利用率方面，以水、盐分和微生物（酶）对养分迁移转化及吸收利用规律的影响和参与机制为重点，从土壤根际到田间尺度研究再生水灌溉的水肥盐耦合循环机理，提出了利用灌溉技术参数对养分、盐分和典型污染物行为特征进行调控的方法及优化技术参数组合。通过实施再生水方面的重点和面上、青年基金项目，较好地实现了团队研究方向在再生水研究领域的拓展。

自国家“十五”初期开始，我相继主持了国家高技术发展研究计划（“863计划”）课题“田间固定式与半固定式喷灌系统关键设备及产品研制与产业化开发（2002AA2Z4151）”“轻质多功能喷灌产品（2006AA100212）”和“精确喷灌技术与产品（2011AA100506）”（第2主持）。实际上，从“十五”开始，我国的喷灌发展相对处于低潮。喷灌研究的选题和发展方向一直是我苦苦思索的一个问题。2011年5月与王建东、栗岩峰一起考察了位于得克萨斯的美国农业部研究机构 Conservation and Production Research Laboratory（CPRL）和加州大学戴维斯分校等单位，意识到变量灌溉（VRI）正在成为喷灌技术研究的热点，也是未来集约农业精准灌溉发展的方向。于是决定启动变量灌溉研究，安排当时在团队做博士后研究的赵伟霞博士负责这一新研究方向的开拓，并积极协助申报国家自然科学基金项目。伟霞于2013年申报的青年基金项目“考虑土壤空间变异的喷灌变量水分管理模式研究（51309251）”和2019年申报的面上项目“基于冠层温度和土壤水分亏缺时空变异的喷灌变量灌溉水分管理方法（51979289）”获得资助，2011级博士研究生温江丽、2013级硕士研究生杨汝苗、2014级硕士研究生张星、2015级博士研究生李秀梅、2019级硕士研究生张敏讷参加了相关项目，汝苗、秀梅、敏讷完成了学位论文。敏讷获得硕士学位后继续在课题组读博士。经过近十年的努力，建成了我国第一套可实现变量灌溉的圆形喷灌机系统，在变量灌溉水深控制方法、变量灌溉与非充分灌溉技术的结合以及土壤含水率监测系统布置方法等方面取得颇具特色的研究结果，逐渐形成了变量灌溉研究方面的学术影响力。“十四五”重点研发计划项目“农田智慧灌溉关键技术与装备”（SQ2022YFD1900081）的申报成功为变量灌溉/施肥的研究提供了新机遇，研究正在向基于土壤水分和植物等信息的动态分区管理方法和变量施肥迈进，博士研究生张敏讷、硕士研究生祝长鑫、张勇静已经投入相关研究。

智慧灌溉作为智慧农业的重要组成部分，相关研究已成为热点。团队前期关于智慧灌溉的研究集中在变量灌溉/施肥上，随着“十四五”重点研发计划课题“智慧灌溉水肥数字化决策系统及调控设备（2022YFD1900404）”的成功立项，团队正在投入更多力量开展基于多源数据的智慧灌溉决策研究，硕士研究生赵双会、徐亚薇正在进行相关研究。

水肥一体化是团队创建时的研究方向，早期主要关注使用最普遍的肥料——氮，聚焦滴灌水氮一体化研究。选择氮肥研究的另一个原因是氮的研究相对简单一些。随着我国农村劳动力日益紧缺，对喷灌施肥的需求逐渐紧迫起来。较早从事喷灌水肥一体化研究的学生是2006级硕士研究生张立秋和张红梅。2016年我申请了国家自然科学基金面上项目“大型喷灌机施肥的水肥损耗利用机制与调控方法”获得资助（批准号：51679255）。2016级硕士研究生张萌依托这个项目完成了学位论文，2019级博士研究生范欣瑞正在依托这一项目做学位论文。通过研究，明确了喷灌施肥的均匀性和施肥过程中的作物冠层截留量以及水肥蒸发、挥发和飘移损失，为喷灌水肥一体化管理提供了技术支撑。2022年赵伟霞参加了与河北省水利厅合作项目“地表水与地下水联合应用灌溉技术优化和节水潜力开发”，喷灌水肥一体化管理由单纯的氮肥管理发展为以培肥地力为主的有机无机肥联合调控，2021级硕士研究生陈聪正在依托这一项目开展研究工作。随着研究的深入，将覆膜引起的热变化也在水分和养分转化过程中加以考虑，依托团队承担的“十二五”国家科技支撑计划课题“玉米膜下滴灌技术集成研究与示范（2011BAD25B06）”、国家自然科学基金项目“滴灌条件下氮素迁移转化对土壤水热条件变化的响应机理及调控方法（51479211）”、研发专项课题“精量化高效滴灌技术与产品（2016YFC0400105）”，逐步实现向水肥热一体化方向拓展。2013级硕博连读生刘洋、2014级硕士研究生张星、2015级硕士研究生张守都，博士后薄晓东参与了相关项目。2015年协助团队成员王珍申报了国家自然科学基金青年科学基金项目“再生水地下滴灌技术参数对土壤氮磷转化吸收的影响及调控，批准号：51509270”，2022年获得国家自然科学基金面上项目“滴灌施肥条件下磷素运移分布特征与水氮磷协同调控机制，批准号：52279053”，将研究的肥料种类由氮向磷肥做了拓展，2020级博士研究生郭艳红正在参与相关工作。

滴灌技术在我国的应用持续增长，地处干旱区的新疆是我国微灌应用最多的地区，占全国微灌面积的60%以上。在传统的地面灌溉规模化地被局部灌溉方法滴灌代替后，土壤中盐分容易随灌溉水流运移到湿润区边缘，形成积盐区，且随着滴灌年限的增长，盐分积累呈增加趋势。由此形成的土壤次生盐渍化的不断加剧对滴灌技术在西北内陆干旱区的可持续发展提出了严峻挑战。如何在发挥滴灌在农业生产中优势的同时维持土壤盐分的平衡成为学术界十分关注又急需解决的问题。我们有幸承担了中国农业大学康绍忠院士主持的国家自然科学基金重大项目“西北旱区农业节水抑盐机理与灌排协同调控”第3课题“农田节水控盐灌溉技术与系统优化”，团队的研究方向正在向干旱地区土壤盐分管控拓展。2017级博士研究生林小敏、硕士研究生张志昊、杨晓奇，2018级博士研究生车政已经依托这一项目完成了学位论文，2019级博士研究生马超依托这一项目即将完成学位论文。2021年王军申报的国家自然科学基金面上项目“旱区滴灌土壤水肥盐相互作用机制与模拟”获得批准（批准号：52179055），2022级博士研究生刘浩正在依托这一项目开展研究工作。

自团队成立以来，大部分工作集中于农田小区尺度的试验研究。从农田水利学科研究的发展趋势来看，研究尺度在不断提升，而对较大尺度的研究来说，分布式模型是一种有效的手段。基于这种考虑，2013年接受王军博士来课题组做博士后，为开展模型和大尺度方面研究做些准备。2014年协助王军申报了国家自然科学基金科学青年项目“考虑根系补偿性吸水的旱区膜下滴灌二维土壤水—作物耦合模型研究”并获得资助（资助号：51409281），2016年依托我主持的“十二五”国家科技支撑计划课题“灌区高效节水灌溉标准化技术模式及设备（2012BAD08B02）”完成了博士后出站报告“松嫩平原喷灌技术适用性评价研究”，采用分布式农业水文模型对松嫩平原发展节水灌溉技术的适应性进行评价，接着依托“十三五”国家重点研发计划项目“城郊高效安全节水灌溉技术集成与典型示范”用分布式模型制定了城郊高效安全节水灌溉技术评价方法和指标体系。这些工作促进了团队在模型和大尺度研究方面的尝试，但对研究方向的拓展来说，依然任重而道远。

水利所是我学术生涯中工作时间最长的单位，这段时间的研究工作和研究生培养紧密相伴，在培养学生的同时，我自己也在不断学习新的知识，和学生一起成长。昔日的学生有的继续在课题组工作，大部分在其他岗位发挥着重要作用。张建君是这个团队最早的骨干，是创始人，栗岩峰从 2003 年读博士开始一直陪伴我至今，赵伟霞 2009 年加入团队，王珍、王军分别于 2010 和 2013 年加入团队，都已晋升正高级工程师，他们从不同阶段和视角见证了团队的起步、快速发展和徘徊，既共同分享了成功时的喜悦，也分担着失利时的

**2023 年 1 月 17 日退休座谈会后与所领导合影**
栗岩峰，吴文勇，李益农，李久生，白美健，张宝忠，管孝艳

低沉和懊恼，承受着对未来发展的担忧。感谢他们！

在我学术成长中使我难以忘怀的还有美国 Conservation and Production Research Laboratory（CPRL）的 Terry Howell Sr. 博士和内布拉斯加大学的 Ronald E. Yoder 教授。在日本读博士时，我的第一篇英文论文投稿到 *Transactions of the ASAE*，当时 Howell 博士是期刊土壤和水专栏的主编，他觉得论文内容不错，但在语言、逻辑和写作规范上问题较多，就把论文寄给副主编 Yoder 教授帮助修改。Yoder 教授仔细读了论文，对论文进行了改写和编辑，然后把存储论文的磁盘寄给我，让我对改写和编辑内容进行确认。对主编和副主编的这种无私和热情帮助深受感动。他们的帮助对我英文写作能力的提高帮助很大。现在我也做了国际期刊的主编和副主编，他们当初对我的帮助一直激励着我去认真对待每一篇投稿，尽我所能去提携和帮助年轻或经验不足的作者。

在我的求学和学术生涯中，先后在河北农业大学、中国农业科学院研究生院、武汉水利电力学院（现武汉大学）、中国农业科学院农田灌溉研究所、清华大学水利系、中国农业科学院农业气象所、中国水利水电科学研究院水利研究所学习和工作过，诸多老师、同学、同事在我学术成长中提供了无私的指导和帮助，给予诸多鞭策和鼓励，虽不能在这里一一记下姓名，但他们的情谊将永远铭记在心！

# 第二章 科研

## 2.1 经历概要

按时间顺序，我的主要教育和科研经历如下：

1979 年 10 月—1983 年 6 月，河北农业大学农田水利专业学习，获工学学士学位。

1983 年 9 月—1986 年 6 月，中国农业科学院研究生院（农田灌溉研究所）攻读硕士学位，专业：农业水土工程 / 农田水利工程，导师：中国农业科学院农田灌溉研究所余开德研究员。获工学硕士学位 [（武汉水利电力学院现武汉大学）授予 ]。

1986 年 7 月—1992 年 9 月，中国农业科学院农田灌溉研究所灌水技术室工作，历任助理研究员，副研究员（1992），灌水技术室副主任。

1992 年 10 月—1995 年 9 月，日本爱媛大学联合农学研究科（香川大学）攻读博士学位，专业：农业生物环境保护，导师：河野広教授。获农学博士学位。

1995 年 10 月—1997 年 9 月，清华大学水利水电工程系土木水利博士后流动站从事博士后研究，合作导师雷志栋教授、杨诗秀教授、谢森传教授。

1997 年 10 月—2001 年 10 月，中国农业科学院农业气象研究所工作，研究员（1998），信息技术研究室副主任。期间借调中国农业科学院国际合作与产业发展局从事中日中心组建筹备工作约 1 年。

2001 年 11 月—2022 年 12 月，中国水利水电科学研究院水利研究所（国家节水灌溉北京工程技术研究中心）工作，研究员，节水一室主任，副总工。

2023 年 1 月，中国水利水电科学研究院水利研究所，退休。

## 2.2 灌溉所期间从事的主要项目

1983—1992 年的 10 年间一直在灌水技术研究室工作，初期的研究主题侧重于喷灌水力学方面，主要包括节能型喷头研制、喷灌水利用率测定、特大坡度条件下喷灌技术参数改进与优化等（表 2–1）。1990 年前后，开始涉及滴灌水分运移和作物响应方面的研究。有幸参加了灌溉所原所长、我国著名水利土壤改良专家贾大林先生主持的“八五”科技攻关黄淮海平原综合治理商丘试区的工作，开始较深入地接触农村实际和农业生产情况，对自然、社会状况对灌溉发展的影响有了粗浅感性认识，对我学术生涯产生了重要影响，促使我学术生涯中研究选题始终坚持与生产实践紧密结合，研究工作中坚持严谨务实的态度。从事的主要项目记述如下。

表 2–1 灌溉所工作期间从事的科研项目

| 序号 | 项目名称 | 本人作用 | 鉴定情况等 |
|---|---|---|---|
| 1 | 喷洒水利用系数的测定（1983—1984 年） | 参加 | 1984 年通过鉴定，成果被《喷灌工程技术规范》采用 |
| 2 | 节能异形喷嘴喷头的研制（1987—1988 年） | 第 2 主持 | 水电部水电开发基金项目，1989 年通过鉴定 |
| 3 | 三峡地区特大坡度条件下柑橘喷微灌试点工程的研究与开发（1986—1989 年） | 参加 | 水利部专项，1990 年通过验收，获水利部科技进步三等奖 |
| 4 | 喷洒水滴分布规律及喷头雾化状况的研究（1988—1991 年） | 主持 | 自选，1991 年通过鉴定，获水利部科技进步三等奖 |
| 5 | 作物喷滴灌条件下的水分运移及其增产机理研究（1991—1992 年） | 主持 | 中国农业科学院院长基金，1995 年完成 |
| 6 | 华北地区节水农业分区与对策研究（1991—1995 年） | 参加 | 总理基金项目，1995 年通过鉴定，获农业部科技进步二等奖，国家科技进步三等奖 |
| 7 | 节水灌溉方式及鼠道灌排两用技术的研究（1991—1995 年） | 参加 | “八五”攻关商丘试区中的子课题，1995 年通过鉴定，获农业部科技进步三等奖 |
| 8 | 中国灌溉节水区划（1991—1997 年） | 参加 | 水利部重点项目，1997 年通过鉴定 |

### 2.2.1 喷洒水利用系数的测定

项目来源：喷灌工程技术规范编制

起止时间：1983—1984 年

项目概要：项目由李英能研究员主持，目标是为我国第一部喷灌工程技术规范的制定提供参数。根据规范编制组的安排，分别在宁夏、陕西、云南、河南、湖南、湖北、北京、福建、新疆等地布点，按照项目组制定的统一测试大纲对喷洒水利用系数进行测试。我于 1984 年暑假期间参加了河南新乡测试点的工作。当时的试验在灌溉所喷灌试验场进行，为了获得预先设计的风速和其他气象条件，常需要凌晨或夜间进行测试。采用了单喷头试验，雨量筒按 45° 夹角的 8 条射线均匀布置，雨量筒间距 1 m。通过试验，获得了喷洒水利用系数随风速、空气温度、相对湿度及喷头工作压力的变化规律，获得了喷洒水利用系数的变化范围。这是我第一次系统参加喷灌水力学方面的试验，李英能、刘新民两位老师手把手教我测试和整理数据，对我严谨细致学术作风的形成产生了非常积极的作用。试验结果汇总于施钧亮先生主笔的编制《喷灌系统技术规范》专题报告之一，发表于《喷灌技术》1985 年第 2 期。项目执行期间还参加了在北京召开的喷灌工程技术规范编制组会议，有幸认识了喷灌学术界多位知名学者和专家。在这次会议上第一次接触到施钧亮老师用 PC–1500 编制的喷灌水量分布图绘制程序。施钧亮老师给我详细解释了程序编制过程和方法，并鼓励我自己编程序。硕士阶段，我用 PC–1500 编制了基于单喷头径向水量分布实测数据计算喷头组合均匀系数等程序。

喷灌工程技术规范编制会合影

（**1984** 年暑期，北京，前排左五陈学敏，左六施均亮；后排右二李英能，左二李久生）

### 2.2.2 节能异形喷嘴喷头研制

**项目来源：**水电部水利技术开发基金

**起止时间：**1987—1988 年

**项目概要：**项目主持人为李英能和李久生。这一项目是我硕士学位论文《摇臂式喷头方形喷嘴水力性能的研究》的延伸。

异形喷嘴喷头，即非圆形喷嘴喷头，是国外 1980 年代开始试用的一种喷头。与传统的圆形喷嘴喷头相比，在相同条件下，射程有些缩短，但可以减小喷洒射流末端的水滴直径，提高雾化程度，而且可以在一定程度上改善单喷头水量分布，提高喷头的组合喷洒均匀度。也就是说，异形喷嘴喷头在较低压力下工作，可以获得和相应的圆形喷嘴喷头在较高压力下工作时基本相同的雾化效果，因而具有显著的节能优点。

关于异形喷嘴喷头的研究，当年在国外尚处于专利保密阶段，有关其设计原理、方法及水力性能的全面研究尚未见到，国内在这方面的研究也刚刚起步。为了将这项新技术转化为生产力，填补我国在异形喷嘴研制上的空白，得到水利技术开发基金委员会的批准和资助，开展了“节能异形喷嘴喷头的研制”课题研究。

研究工作从 1986 年下半年开始，通过对三轮样机的试验研究，最后优选出配用于 $PY_1$20 和 ZY–2 喷体的方形和双长方形喷嘴，组成可投入使用的 PY120 和 ZY–2 异形喷嘴喷头样机，并提出了方形和双长方形喷嘴的设计原理和方法。相关研究结果在《灌溉排水》《喷灌技术》等期刊上发表。随着喷灌技术的发展，非圆形喷嘴在各类喷头中应用越来越多，当年的研究结果为后期非圆形喷洒域喷头、变量喷头的研究提供了参考。

### 2.2.3 三峡地区特大坡度条件下柑橘喷微灌试点工程的研究与开发

**项目来源：**水利部

**起止时间：**1985—1989 年

**项目概要：**为了有助于三峡地区脱贫致富经济开发和三峡水利枢纽工程建设移民的生产生活安排，1985 年 6 月，原水电部科技司组织了武汉水利电力学院、农田灌溉研究所和水利水电科学研究院等单位，对三峡地区进行了喷、微灌发展可行性调查研究。调查结果认为，长江三峡两岸山高坡陡，不少 40° 左右的山坡上已种植了柑橘，还有很多的地方也适于柑橘的生长和栽培，是长江柑橘带的一部分。当地气候温和，日照充足，多年平均降水量在 1 200 mm 左右，但降雨年际和年内分配不均。由于受大气环流的影响，夏季高温少雨，蒸发量大，几乎每年 6—9 月都发生伏旱，致使柑橘枝叶干缩、裂果、落果，产量很低，亩产一般在 500 kg 左右，严重影响柑橘生产的发展。柑橘是这一地区的主要经济作物，柑橘的生产决定着本地区的经济发展。为了提高柑橘的产量和质量，必须解决灌溉问题。在这种大坡度地区很适宜喷灌和微灌的应用，但在工程建设和试验研究上还存在一些技术问题，有必要先进行试点试验示范。为三峡地区大面积发展柑橘喷灌、微灌技术提供必要的技术参数和经验。据此，原水电部科技司研究决定兴建试点工程，开展科学试验。计划建设试点工程4处，即湖北省兴山县峡口柑橘场喷灌340亩（1亩=667m$^2$），四川省万县（现重庆市万州区）让渡乡柑橘场喷微灌380亩，四川省涪陵市现重庆市涪陵区马鞍乡老荒沟柑橘场微灌348亩，湖北省兴山县安乐柑橘场喷灌200亩。总面积1 268亩，投资38.7万元，其中科技贷款25.2万元。要求是尽快建成，发挥效益，开展观测。工程分别由武汉水利电力学院、农田灌溉研究所、水利水电科学研究院、湖北省水利水电科学研究所负责，与当地省市县水利水电部门和乡场协作进行。试点工程自1986年底以来，先后建成投入生产，并在1990年11月底通过了水利部科教司组织的专家验收。验收委员会认为，工程选点合适，规划设计合理，喷微灌设备选择正确，工程质量较好，达到设计要求，投产以来，运行正常，管理制度和组织健全，经济效益和社会效益显著，受到县乡场的热烈欢迎。

万县让渡乡柑橘喷、微灌试点工程由灌溉所负责，张祖新研究员为项目负责人，我参加了1986年7月以后的试点工程设计、施工和试验观测全过程。这是我硕士毕业后参加的第一个工程建设项目，与张祖新、郭志新等长期驻守现场，开展现场施工指导、协调，使我积累了宝贵的工程设计和施工经验。

万县坡地柑橘喷灌试点工程管道施工现场

由于试点工程坡度多在 40° ~60°，在大坡度喷灌系统中，当喷头向上坡方向喷洒时，往往会对坡面产生冲刷，造成土壤侵蚀。采用扇形喷洒，会在一定程度上减轻这种影响，但是由于国产喷头的扇形机构常常失灵，影响系统的正常使用。另一方面，采用扇形喷洒，也会减小喷头组合间距，增大系统投资。为了较好地解决这一问题，我提出了将喷头竖管向下坡方向适当倾斜的解决办法。就竖管偏角对喷头仰射射程、组合均匀系数以及转动均匀性的影响进行了试验研究和数学模拟，提出了不同地面坡度时的适宜竖管偏角值。研究结果在《水利学报》（1988 年）上发表并在试点工程中应用，取得了很好的效果。

万县坡地柑橘喷灌试点工程首部引水渠道
近镜头侧为水利所原所长包水林先生

日本坡地柑橘喷灌工程中喷头竖管向下坡方向倾斜的应用实例
前排：河野広，李久生，**Nguyen Quang Kim**

该内容被工程验收委员会评为试点工程的创新点，并在以后类似地区的喷灌工程中应用。后来在日本留学期间，参观坡地柑橘喷灌工程，看到这种设计方法在日本大坡度喷灌工程中也有应用，为自己当时的想法还暗暗自喜了一下。

试点工程 1988 年建成以来，发挥了很大的作用。在当年伏旱期间，对 100 亩柑橘灌水 1 次，缓解了旱情。1989 年又遇伏旱，灌水两次，全场柑橘产量达 22.6 万 kg，创历史最高水平。灌与不灌对比，不灌亩产 536 kg，灌溉亩产 707 kg，增产超过 30%，从果树长势上来看，灌溉的果树长势好，叶茂、新梢多，病虫害少，从品质上看，个大，无裂果，色泽鲜。1990 年伏旱严重，时间长达 90 天，灌水两次，效果明显，虽遇挂果小年，但果实鲜大累累，同样是丰收年。

试点工程获 1991 年度水利部科技进步三等奖。

### 2.2.4 喷洒水滴分布规律及喷头雾化状况的研究

**项目来源：**自选

**起止时间：**1986—1988 年

项目概要：该项目是自选研究项目。在我的硕士学位论文中，采用面粉法对喷洒水滴分布规律进行了较系统深入研究，接着在水利水电技术开发基金项目“异形喷嘴喷头研制”（1987—1988 年）中，对影响水滴分布的因素开展了进一步研究。项目自 1988 年开始，对喷洒水滴分布规律的相关研究结果进行了系统梳理，主要包括：水滴直径的测试方法、平均水滴直径计算方法、喷洒水滴沿径向的变化规律、水滴分布的统计学模型、射流末端水滴直径的变化规律、异形喷嘴水滴分布及雾化状况、基于弹道理论的水滴运动数学模型等。这些研究当年在国内算是比较系统的，提出的喷洒水滴分布的指数模型、喷嘴形状系数等也引起了同行的关注和好评。项目 1991 年通过水利部科技司组织的鉴定，鉴定意见如下：

本项目根据水滴分裂理论和统计学原理，对喷洒水滴的分布规律及喷头雾化状况进行了较全面的系统研究，其关键技术及技术创造点为：

① 对水滴直径的测试技术进行了比较和研究，指出目前水滴直径的测试以面粉为宜；

② 对平均水滴直径的计算方法进行了深入研究，首次得出了用水重加权平均法计算平均水滴直径能更好地反映喷洒水滴分布规律的结论，并得到同行专家的认可；

③ 通过对水滴分布规律的系统研究，得出了水滴直径沿径向按指数函数规律增加的结论，提出了综合考虑喷头结构、喷嘴结构及形状、喷头工作压力、喷嘴尺寸及其加工工艺等因素的雾化方程；

④ 在对描述喷洒水滴分布的数学模型进行了深入探讨的基础上，提出了较为简单且精度较高的指数函数模型；

⑤ 对 H/d 作为雾化指标的适宜性进行了定量分析，给出了 H/d 作为雾化指标的限制条件；

⑥ 首次对异形喷嘴喷头的水滴分布和雾化状况进行了较全面的研究，提出了异形喷嘴喷头的适宜雾化指标值，填补了我国在这方面研究的空白。

该项研究成果对指导喷洒器的设计具有较大实用价值，为增补《喷灌工程技术规范》内容提供了依据。

项目成果获 1993 年水利部科技进步三等奖，获奖人李久生、廖永诚。

### 2.2.5 作物喷滴灌条件下的水分运移及其增产机理研究

项目来源：中国农业科学院院长基金

起止时间：1991—1992 年

项目概要：项目主持人为李久生。这是比较早研究作物对不同灌溉方式响应的项目，也是我最初接触作物生长指标研究的试验。在测坑中布置了冬小麦滴灌和微喷灌试验，试验设置中考虑了不同灌水上限，主要观测指标包括土壤水分动态和作物生长指标。曾记得，第一次在田间观测到文献中描述的滴灌和喷灌条件下土壤含水率剖面差异时还有点兴奋。由于 1992 年 10 月离开灌溉所赴日本攻读博士学位，试验只做了一年，研究结果的分析也很粗略，但确实发现了不同灌水方法条件下作物响应的明显差异。这一项目为我学术生涯中将水力学与农学紧密结合，逐步形成作物—水分—养分相互作用关系研究主线，发挥了重要作用。项目执行过程中王广兴研究员提供了大量无私帮助，手把手教会我测试作物生长指标和叶水势。这一项目的实施使我和王老师之间建立起深厚的友谊。

## 2.3 博士后期间从事的主要项目

1995 年 10 月—1997 年 9 月在清华大学水利水电工程系做博士后期间获得博士后科学基金资助，还获得留学回国人员科研启动资金资助，有幸参加了雷志栋先生主持的国家自然科学基金重大项目“华北平原节水农业应用基础”课题 4“节水农业综合技术的应用基础研究”部分工作，这是我第一次比较系统接触作物水分生产函数和非充分灌溉方面的研究。博士后期间还有幸参加了雷志栋、杨诗秀两位老师世界银行贷款项目“新疆叶尔羌河流域水盐监测”“新疆渭干河流域水盐监测”以及新疆维吾尔自治区“八五”重点项目“新疆叶尔羌河流域四水转化规律研究”，并于 1996 年 7—8 月在雷老师和杨老师的带领下，到渭干河、叶尔羌河进行了实地考察及现场资料收集分析，使我初次接触到干旱地区水盐监测和四水转化方面的研究。从事的主要研究项目列于表 2–2。

表 2–2　博士后期间（1995.10—1999.9）从事的主要科研项目

| 序号 | 项目名称 | 本人作用 | 鉴定情况等 |
|---|---|---|---|
| 1 | 节水农业综合技术的应用基础研究 | 参加 | 国家自然科学基金重大项目“华北平原节水农业应用基础”课题 4 |
| 2 | 叶尔羌河灌区四水转化规律的研究 | 参加 | 新疆维吾尔自治区“八五”重点项目 |
| 3 | 叶尔羌河灌区水盐监测 | 参加 | 世界银行贷款项目 |
| 4 | 渭干河灌区水盐监测 | 参加 | 世界银行贷款项目 |
| 5 | 喷灌条件下土壤水分分布规律的研究（1996—1997 年） | 主持 | 中国博士后科学基金，1997 年 8 月通过评审 |
| 6 | 喷洒水滴运动规律及国产喷头适宜组合参数的研究（1996—1998 年） | 主持 | 留学回国人员科研启动基金，1998 年 11 月通过农业部组织的鉴定，成果达到国际先进水平 |

## 2.4　气象所期间从事的主要项目

1997 年 10 月博士后出站后到中国农业科学院农业气象研究所工作。到气象所后接受的第一项研究任务是协助林而达所长进行气候变化对农业影响的文献综述，记得当时要求提交英文报告。这是我第一次接触气候变化领域研究，对我来说是一个全新的领域。后来跟随林先生做过不多的气候变化方面研究，2000 年，林先生主持“973”项目“北方干旱半干旱地区生存环境变化趋势的综合影响评价”中的一个课题，还安排我负责一个子课题。在此期间，还参加了罗元培先生主持的“九五”攻关项目“宁夏引扬黄灌区水资源高效利用研究”的部分工作。

在气象所期间在还有幸参加了中国工程院重大咨询项目“中国可持续发展水资源战略研究”，项目负责人是钱正英院士和张光斗院士。我参加了由卢良恕和石玉林两位院士主持的专题 3“中国农业需水与节水高效农业建设”。通过参加这一重大咨询项目，使我有机会领略了很多大学者的风采，增强了宏观战略研究的能力。

2000 年参加了灌溉所段爱旺研究员主持的首批国家公益类研究项目“风沙区农业灌溉定额的制定与修订”，主持其中的子课题“风沙区灌水方式对作物需水规律的影响”。在气象所工作期间从事的主要项目见表 2–3。

表 2–3　气象所期间（1997.10—2001.10）从事的主要研究项目

| 序号 | 项目名称 | 本人作用 | 鉴定情况等 |
|---|---|---|---|
| 1 | 宁夏引扬黄灌区水资源高效利用研究 | 子专题主持 | “九五”攻关项目，已完成 |
| 2 | 喷灌均匀系数对土壤水分空间分布及作物产量的影响（1998—2000 年，批准号 59779025） | 主持 | 国家自然科学基金项目，2001 年 5 月通过水利部组织的鉴定，成果达到国际先进水平，获 2002 年度中国农业科学院科学技术二等奖 |
| 3 | 中国农业需水及节水高效农业建设（1999—2000 年） | 子专题主持 | 中国工程院重大咨询项目 |
| 4 | 河北省滏阳河流域水资源利用状况分析（1999—2001 年） | 参加 | 与国际水管理研究所（IWMI）合作项目 |
| 5 | 北方干旱半干旱地区生存环境变化趋势的综合影响评价（2000—2004 年，批准号：G1999043406） | 子课题主持 | “973”项目 |
| 6 | 滴灌施肥灌溉系统运行特性及氮素运移规律的研究（2000—2002 年，批准号：59979027） | 主持 | 国家自然科学基金项目，通过农业部组织的专家鉴定 |
| 7 | 风沙区农业灌溉定额的制定与修订（2001—2002 年） | 子专题主持 | 国家社会公益类项目，通过验收 |

### 2.4.1　喷头水力性能及喷灌条件下土壤水分空间分布特性的研究

**项目来源：**留学回国人员科研启动基金资助项目

**起止时间：**1996—1998 年

**项目概要：**项目主持人为李久生。该项目是我博士学位论文的拓展和延伸。主要研究内容包括：

- 非圆形喷嘴水滴分布规律及水滴运动的数学模拟；
- 喷嘴形状对喷洒水滴动能的影响；
- 国产喷头的转动均匀性及其对喷灌均匀系数的影响；
- 作物冠层截蓄对喷灌水量分布的影响；
- 喷灌均匀系数对作物产量影响的数学模拟。

主要结论如下：

① 通过全面比较非圆形喷嘴与圆形喷嘴的水滴组成后发现，非圆形喷嘴的水滴直径小于同流量的圆形喷嘴。

② 射流末端水滴直径的变化能较好地反映水滴组成的变化规律，因此，可以通过只测试射流末端水滴直径来获得水滴分布的大部分信息，以减少试验工作量。

鉴　　定　　意　　见

受农业部科教司委托，中国农业科学院科技局组织专家鉴定委员会，于1998年11月25日对中国农业科学院农业气象研究所和水利部农田灌溉研究所所承担的留学回国人员科研启动基金“喷头水力性能及喷灌条件下土壤水分空间分布特性的研究”进行了成果鉴定，鉴定委员会认真审查了鉴定技术文件、证明文件和有关的技术资料，听取了技术报告和应用前景报告。经过认真讨论一致认为：

1、提供鉴定的技术文件和资料齐全、完整、翔实、可靠，成果名称基本准确，完成课题的技术路线正确。

2、该课题属于应用基础研究，选题符合当前喷灌技术发展的需要。

3、成果的创新之处在于：

(1)在系统研究方形和双矩形喷嘴水力性能的基础上，建立了该类喷嘴水滴运动的数学模型，提出了喷洒水滴阻力系数的计算方法，为研究制造新型节能喷头提供了一定的理论依据。

(2)研究了喷头转动的不均匀性，提出了这种条件下组合喷灌均匀系数模拟计算模型，研究结果表明，摇臂式喷头相对转动偏差对组合喷灌均匀系数影响较小，为喷头质量的合理控制，提供了重要参考依据。

(3)初步研究了喷灌条件下土壤含水率的空间分布特性和冠层对喷洒水量分布的影响。结果表明，喷灌水量在土壤中的分布比其在地表的分布均匀得多，且与土壤初始含水率及其分布，以及灌水定额、作物冠层截留等有关，为降低喷灌均匀系数设计值，减少投资，进一步节约喷灌用水从理论上开辟了一个新的研究方向。

此项研究成果在国际权威刊物和国内核心刊物上发表论文20篇，其中8篇论文被SCI收录，6篇被EI收录，引起了国内外同行的关注。课题研究内容是国际喷灌学术界关注的重要问题。该项研究成果对喷灌技术相关标准的制定与完善具有重要参考价值。本项成果居国际先进水平。

建议就喷灌均匀系数对作物产量的影响进一步开展试验研究，为喷灌均匀系数设计值的选取提供更充分的理论依据。

该成果无密级。

鉴定委员会主任：

1998年11月25日

③ 用于圆形喷嘴水滴运动模拟的阻力系数确定方法对非圆形喷嘴不再适用，因此我们引进了“表观阻力系数”的概念，提出了既适用于圆形喷嘴又适用于非圆形喷嘴的阻力系数确定方法。

④ 喷洒水滴的动能随喷头工作压力的升高而减小。喷嘴形状是影响水滴动能的重要因素。一定压力时，非圆形喷嘴所形成水滴的动能小于同流量的圆形喷嘴。在满足水滴动能要求时，非圆形喷嘴可以在比圆形喷嘴低98 kPa的压力下工作，从而达到节能的目的。喷洒水滴的动能与水滴分布的中数直径之间关系密切。本研究回归得出的关系式：$TE_d = 16.6d_{50}^{0.68}$（$TE_d$ = 喷洒水滴的总动能，J/kg；$d_{50}$ = 中数直径，mm）可用来估算中压喷头的水滴动能。

⑤ 在正常安装和运行条件下，国产喷头的最大转动偏差不超过20%。喷头竖管偏角是影响转动均匀性的主要因素，最大转动相对偏差随竖管偏角的增大而增大。为了探讨喷头转动不均匀性对喷灌组合均匀系数的影响，开发了一个研究喷头转动最大相对偏差及其随机性对喷灌均匀系数影响的模拟模型，并用实测数据对模型进行了验证。模拟结果表明，均匀系数随最大转动相对偏差的增大而减小，但其减小值很小，通常情况下不超过3%。因此，对按常规设计运行的喷灌系统而言，喷头转动的非均匀性不是关键影响因素。

⑥ 喷灌洒水量在土壤中的分布比其在地表分布均匀得多。影响喷洒水量在土壤中分布均匀程度的主要因素是初始含水率的分布和灌水定额。在某些情况下，如喷灌的主要目的是营造均匀的含水率分布时，均匀系数的设计值可以比现行规范要求的值低，以降低系统的投资和运行费用。

⑦ 作物冠层对喷灌水量的分布影响显著。冠层以下承接到的水量小于冠层以上承接到的水量，但冠层以下的喷灌均匀系数大于冠层以上的均匀系数。

⑧ 喷灌均匀系数对作物产量的影响是选择喷灌均匀系数设计值的重要依据，在国内外试验资料缺乏的情况下，模拟研究不失为一种有效的工具。本研究提出的以Jensen连

乘水分生产函数为基础的均匀系数对作物产量影响的模拟模型，与其他类似模型相比，更适合于在水资源短缺地区应用。

项目 1998 年 11 月 25 日通过农业部科教司组织的成果鉴定，认为课题研究成果是国际喷灌学术界关注的重要问题，该项成果对喷灌技术相关标准的制订与完善具有重要参考价值，居国际先进水平。成果获 1999 年度农业部科技进步奖三等奖。余开德先生因在外地，不能来京参加鉴定会，专门写了详尽的评审意见，从中读到先生对学科发展趋势的精准把握和对愚生学术发展的拳拳之心、殷殷之情，现抄录于下，以示对恩师的感谢和怀念。

《喷头水力性能及喷灌条件下土壤水分空间分布特性的研究》成果鉴定意见：

1. 喷灌作为当今世界各国节约灌溉用水的主要方法，近年来的发展受到某种程度的制约，其主要原因一是能耗，二是资金投入，三是要求进一步节水。李久生博士完成的此项研究成果，围绕这三个问题做了许多系统的或创新性的研究，把这一世界性问题的解决，从理论上和实践上向前推进了一步。

2. 此项研究成果的创新之处在于：

① 系统地研究了非圆形喷嘴的水力性能，在此基础上提出了非圆形喷嘴水滴运动的数学模拟，并解决了适用于不同形状喷嘴阻力系数的计算方法，为研究制造新型的节能喷头提供了理论依据。

② 系统研究了喷头转动的不均匀性对喷洒均匀系数的影响，并给出了模拟计算模型，得出了喷头转动最大相对偏差不超过 20% 时，喷洒均匀系数的减少值一般不超过 3% 的结论，为大坡度山地喷灌喷头竖管可有一定倾斜，以降低单位面积投资，提供了理论依据。

③ 系统研究了喷灌土壤含水率的空间分布特性和作物冠层对喷洒水量分布的影响，发现其均匀性高于直接从水量分布中测得的结果，且与初始土壤含水率及其分布和灌水定额有关。为降低设计喷灌均匀系数、减少投资以及精确确定适宜的喷灌时间和灌水量，进一步节约喷灌用水，从理论上开辟了一个新的研究空间。

3. 此项研究成果反映出我国喷灌技术已经在向更高层次的纵深发展，从硬件到软件都是喷灌学术界所关注的热点问题。虽然成果的开发性研究还有待进一步加强，但已有成果无疑已处于世界领先水平。

研究员 · 博导 余开德

1998 年 11 月 11 日

### 2.4.2 中国农业需水及节水高效农业建设

项目来源：中国工程院重大咨询项目

起止时间：1999—2000年

项目概要：该项目是中国工程院重大咨询项目“中国可持续发展水资源战略研究”的第3专题，负责人是卢良恕院士和石玉林院士，我负责子课题“高新技术在节水农业中的应用”，项目执行年限为1999—2000年。我的主要任务是协助贾大林先生收集整理相关数据。早在20世纪末就和贾大林先生共同提出了节水灌溉首先要充分利用当地水资源、工程建设重点放在渠灌区、以改进地面灌溉为主有条件地发展喷灌和微灌、加强工程与农艺节水技术结合等发展战略，明确了节水灌溉发展的重点地区和工程建设重点。基于研究成果，出版了《中国农业需水与节水高效农业建设》(卢良恕、石玉林主编，中国水利水电出版社，2001)。成果被国务院作为国务院的参阅文件下发各省（区、市）和各部委，在2001年水利部《全国大型灌区续建配套节水改造规划报告》、国务院办公厅《全国新增1000亿斤粮食生产能力规划（2009—2020年)》及《全国大中型灌区续建配套节水改造实施方案（2016—2020年)》等规划制订中发挥了重要作用。

### 2.4.3 风沙区农业灌溉定额的制订与修订

项目来源：国家公益类研究项目

起止时间：2002—2004年

项目概要：该项目是首批国家公益类研究项目，项目主持人是农田灌溉研究所段爱旺研究员。我负责子课题“风沙区灌水方式对作物需水规律的影响”，参加人是饶敏杰研究员、王春辉、俞运富等。试验地点在内蒙古达拉特旗水利部牧区水利科学研究所试验站。开展的主要研究工作和结论如下：

① 干旱地区喷洒水利用系数的田间试验研究

为了科学地评价喷灌在干旱地区的适宜性，在内蒙古包头春小麦生育期内对喷洒水利用系数进行了监测，结果指出，通过选择适宜的灌溉时间，喷洒水利用系数可以达到0.85以上。对影响喷洒水利用系数的环境因素进行分析后得出，风速的影响最大，相对湿度次之，气温的影响很小；在此基础上建立了喷洒水利用系数与上述3因子之间的回归模型。为了估算整个灌溉季节的喷洒水利用系数，对所研究地区1991—2001年灌溉季节（4—9月）内的日平均风速进行了统计分析，发现不大于3m/s的日数占灌溉季节总日数的90%以上，因此，选择日平均风速不大于3m/s的时间灌溉可以满足作物的需水要求，在这种情况下，整个灌溉季节的喷洒水利用系数可以达到0.83。由此可见，在条件与包头类似的干旱地区，从提高水的利用率的角度出发，发展喷灌是适宜的。

② 土壤及喷灌水量不均匀性对干旱区春小麦产量影响的试验研究

在一种土壤特性变异程度较大的砂土及壤质砂土上，对干旱地区喷灌条件下春小麦生育期内的土壤水分空间分布、作物产量等进行了监测，研究了田间持水量及土壤机械组成的空间变化特性。对田间持水量及土壤机械组成的统计分布及空间变异规律的分析结果表明，田间持水量可以用正态分布和对数正态分布来描述，土壤细颗粒（粒径 <0.02mm）含量服从对数正态分布；田间持水量随土壤细颗粒含量的增加而明显增大，细颗粒含量离散程度较大时，田间持水量的离散程度也较大。田间试验结果还表明，喷灌均匀系数和土壤可利用水量（田间持水量与凋萎系数之差）的离散程度对作物产量及其分布均有影响，但对所试验地块而言，可利用水量的离散程度对作物产量的影响更明显，在制订喷灌均匀系数设计标准时，土壤特性的空间变异也应作为一个考虑因素。由于干旱地区作物生育期降水量明显小于湿润和半湿润地区，降水难以弥补灌水不均匀对产量带来的负面影响，因此干旱地区喷灌均匀系数设计标准一般应高于湿润和半湿润地区。这是我第一次通过试验观测到作物产量与土壤可利用水量有较密切关系，可利用水量的离散程度对作物产量的影响比喷灌均匀系数更明显，这对后期变量灌溉研究中分区指标的选择积累了经验。也是通过这个试验开始注意到土壤空间变异对产量影响的重要性。随后在 2012 年温江丽的博士学位论文中继续在达拉特旗安排了大型喷灌机系统土壤空间变异对作物生长影响的田间试验和模拟，为后续开展变量灌溉研究做了铺垫。

③ 干旱区玉米滴灌需水规律的田间试验研究

在内蒙古干旱区的一种砂土及砂质壤土上，对玉米滴灌需水规律进行了田间试验研究。试验设置高灌水定额（30~40mm）、中灌水定额（20~30mm）和低灌水定额（15~25mm）3 个处理，灌水周期相同，在需水高峰期为 3d，其他时间为 4~7d。试验结果表明，中灌水定额处理的株高、叶面积和产量均明显高于低灌水定额处理，而高灌水定额与中灌水定额处理之间差异很小。因此，对所研究土壤来说，建议采用灌水定额 20~30mm，灌水周期 3~5d 的灌溉制度。这种情况下，玉米生育期需水量为 466mm（生育期有效降雨 101.1mm）。对滴灌玉米作物系数的计算方法进行比较后发现，双作物系数法可以较好地描述灌水或降雨后地表蒸发对作物腾发的影响；在作物生育中期，分段单值平均法、双作物系数法的计算结果与实测值吻合良好。

④ 地面灌溉水流特性及水分利用率的田间试验研究

在内蒙古风沙区一种砂土和壤质砂土的春小麦生育期内进行了畦田规格和灌水技术要素对水流推进和消退过程、田间水利用系数、灌水效率及灌水均匀系数影响的田间试验。试验中畦田坡度基本一致，畦长均为 60m，畦宽变化范围为 1~4m，单宽流量为 3.8~15.2L/（s·m）。结果表明，畦田水流推进曲线可用幂函数表示。在所研究的畦田中，1m 宽度的畦田灌水效率最低，宽度 2m 和 3m 的畦田灌水效率相近，畦宽由 3m 增

**2001** 年内蒙古达拉特旗水利部牧区水利科学研究所试验站春小麦喷灌试验
（近镜头处为王春辉，远处为俞运富）

**2000** 年内蒙古达拉特旗水利部牧区
水利科学研究所试验站春玉米滴灌试验

**2000** 年内蒙古达拉特旗水利部牧区
水利科学研究所试验站畦灌水流推进与消退观测
（近处李久生，远处饶敏杰）

**2000** 年内蒙古达拉特旗水利部牧区水利科学研究所
试验站土壤取样（从土钻中取土者为饶敏杰）

**2004** 年 **6** 月 **15** 日国家公益类研究项目
“风沙区农业灌溉定额的制订与修订”验收会

加到4m时，灌水效率呈降低趋势，因此，试验条件下的畦田适宜宽度为2~3m。对所研究的土壤来说，春小麦生育期内平均灌水效率（田间水利用系数）仅为0.5左右，与规范规定值（0.90以上）尚有很大差距。利用水量平衡法求出的土壤入渗参数和观测的入渗时间，计算了入渗水深均匀系数。结果表明，入渗水深均匀系数随畦宽的变化趋势与灌水效率相同，但可以达到0.8以上。对地面灌溉来说，高均匀系数并不一定意味着高灌水效率（田间水利用系数）。

### 2.4.4 喷灌均匀系数对土壤水分空间分布及作物产量的影响

**项目来源：**国家自然科学基金面上项目（59779025）

**起止时间：**1998—2000年

**团队参加人：**李久生、饶敏杰、张建君、王春辉

**项目概要：**该项目是我主持的第一个国家自然科学基金面上项目，试验地点在中国农业科学院农业气象研究所气象实验站，当时饶敏杰担任站长，为试验倾注了大量心血。

喷灌作为一种先进的灌水技术，在发达国家得到广泛运用。随着我国水资源供需矛盾的日益尖锐，喷灌面积也在不断增加。据粗略统计，全国喷微灌面积达2 400万亩，北京郊区粮食喷灌面积已超过200万亩。但是，喷灌技术的发展也受到一些因素的制约，主要表现在：① 喷灌系统投资较高；② 喷灌系统能耗较高；③ 要求喷灌能够进一步节约灌溉用水量。针对以上问题，本项目开展了下述工作：

（1）作物（冬小麦、玉米）冠层对截留量和喷灌水量分布影响的研究，为更精确地确定喷灌灌水定额和节约灌溉用水量提供依据。

（2）喷灌均匀系数对土壤水分空间分布及作物产量影响的试验研究，为现行喷灌均匀系数设计标准的修订与完善提供依据，探讨降低喷灌系统投资和能耗的可能性。

（3）建立非均匀洒水条件下土壤水分运动的数学模型，通过模拟探讨喷灌灌水要素对土壤水分空间分布均匀性的影响。

本项目采用了田间试验为主，辅之以数学模拟的研究方法。田间试验中喷头组合间距15m×15m，试验设置3个处理，即低均匀系数处理、中均匀系数处理和高均匀系数处理。为避免相邻处理之间的影响，选取四只喷头围成区域中心的12m×12m的范围作为观测区。1998—1999年田间试验的主要目的是研究作物冠层对喷灌水量分布及截留量的影响，监测不同喷灌均匀系数条件下土壤水分的空间分布特性，因此，将12m×12 m的观测区划分成2m×2m的网格，分别在每一网格的中心点的地面和冠层以上布置承雨筒，用于测试冠层上、下的喷灌水量分布；在观测区内按4m×4m的网格埋设深度为1.1m的中子管，用中子仪测试30~100cm的土壤含水率，用时域反射仪（TDR）测试表层30cm的含水率。在冬小麦生育期内每周测定一次土壤含水率，灌水前、灌水1d后以及降雨后

各加测一次；在作物不同生育阶段测定叶面积和株高，冬小麦收获时，在每一 2m×2m 网格内取 1m² 进行考种，并测定植株茎叶的全氮含量。根据 1998—1999 年的田间试验结果，确定将 1999—2000 年田间试验的重点放在喷灌均匀系数对作物产量的影响上，对试验布置作了调整，将 12m×12m 的观测区划分成 3m×3m 的网格，分别在每一网格中心的冠层上、下布设承雨筒，在观测区对角线上均匀布设 3 个中子管，观测指标和方法与 1998—1999 年冬小麦试验相同，1999—2000 年还进行了喷灌施肥试验。成果的主要创新之处在于：

（1）对冬小麦冠层对喷灌水量分布和截留水量的影响进行了系统的田间试验观测，研究发现，冠层截留可以使喷灌水量分布的均匀性得到一定程度改善，改善程度与喷灌均匀系数（冠层以上）有关，喷灌均匀系数较低时，改善程度较大，而当喷灌均匀系数较高时，改善程度较小，并且当冠层以上均匀系数大于 76% 时，冠层以下均匀系数反而比冠层以上均匀系数有所降低，这一结论表明，对密植小叶作物来说，追求过高的喷灌均匀系数（如：大于 75%）对改善喷灌水量在冠层以下（地面）分布的均匀性没有明显效果也不经济。冠层上、下喷灌均匀系数的关系可用下式表示：

$$CU_{\text{below}}=0.62CU_{\text{above}}+29 \quad (n=22, r^2=0.75)$$

（2）通过在冬小麦生育期内对作物生长条件下喷洒水利用系数进行测试发现，华北平原冬小麦生育期内喷洒水利用系数变化于 0.64~0.86；影响喷洒水利用系数的主要因素是风速和喷灌均匀系数，利用系数随均匀系数的降低而降低，随风速的增大而减小。冬小麦耗水量随喷灌均匀系数的降低呈增大趋势。

（3）在冬小麦生育期内对不同喷灌均匀系数时土壤水分空间分布的监测表明，喷灌水量在土壤中分布的均匀性明显优于喷灌水量在地面上分布的均匀性，即使在喷灌均匀系数低于 60% 时，50cm 和 100cm 土层储水量的均匀系数仍然高于 90%；土壤水分监测结果还表明，在本研究所包含的喷灌均匀系数

鉴定意见

水利部国际合作与科技司于 2001 年 5 月 16 日，在北京组织专家鉴定委员会，对中国水利水电科学研究院和中国农业科学院农业气象研究所共同承担完成的国家自然科学基金项目“喷灌均匀系数对土壤水分空间分布及作物产量的影响”（编号：59779025）进行成果鉴定。鉴定委员会审查了提供鉴定的技术文件和资料，听取了研究报告，进行了质疑，经过充分讨论，形成如下鉴定意见：

1、该项目属应用基础研究，选题符合喷灌技术发展的需要，提供鉴定的技术文件和资料齐全完整，翔实可靠，完成了项目合同书规定的研究任务。

2、该项研究取得了以下带有创新性的论点：

（1）首次探明冬小麦冠层截留可使喷灌水量分布的均匀性得到改善，改善程度与喷灌均匀度有关，采用大于 0.75 的喷灌均匀系数对喷灌水量在冠层下地面分布的均匀性影响不大。

（2）对冬小麦生育期内不同喷灌均匀系数条件下的土壤水分空间分布进行了监测，建立了描述喷灌土壤水分运动二维模型。模拟计算和试验表明，喷灌水量在土壤中分布的均匀性明显优于在地面上分布的均匀性，且与土壤初始含水率及其分布、灌水定额、冠层截留等有关。

（3）喷灌均匀系数在 0.62~0.82 的范围内，对试验区冬小麦产量的影响不明显。

3、该项研究取得的成果已在国际权威刊物和国内核心刊物上发表论文 16 篇，出版专著一部，其中 3 篇论文被 SCI 收录，4 篇被 EI 收录，引起了国内外同行的关注。

综上所述，该项研究成果在总体上居国际先进水平，其中在小麦冠层对喷灌水量分布均匀性影响及均匀系数与产量关系试验研究方面居国际领先水平。研究成果为降低喷灌均匀系数设计值，减少喷灌工程投资，对修订和完善喷灌技术相关标准具有重要的参考价值。

建议对上述研究成果在更大范围内进行验证性试验。

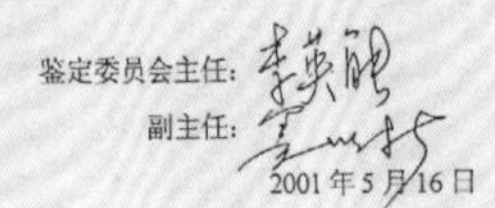

鉴定委员会主任：
副主任：
2001 年 5 月 16 日

（CU=57%~89%）和灌水量（20~30mm）范围内，没有发生明显的深层渗漏。

（4）建立了可以描述非均匀洒水土壤水分运动的二维动力学模型，模拟了喷灌均匀系数、灌水量、土壤初始含水率、初始土壤含水率均匀系数等因素对土壤水分空间分布均匀性的影响，结果指出，喷灌水量在土壤中分布的均匀性主要取决于初始土壤含水率均匀系数和灌水量，喷灌均匀系数的影响不明显；模拟结果与田间试验结果一致。

（5）对喷灌水量和作物产量的空间结构的分析表明，冬小麦生育期累计灌水量的相关距离为5m左右，产量的相关距离为7~10m。

（6）喷灌施肥时，化肥施入量的均匀性随喷灌均匀系数的提高而提高，而喷灌均匀系数对化肥溶液浓度均匀性的影响不明显；化肥施入量的均匀系数一般大于喷灌均匀系数。

（7）两年的田间试验结果表明，在所研究的喷灌均匀系数范围内（62%~82%），均匀系数对冬小麦产量的影响不明显。

项目成果2001年5月16日通过水利部国际合作与科技司组织的鉴定，认为成果总体上居国际先进水平，其中，在冬小麦冠层对喷灌水量分布均匀性影响及均匀系数与产量关系试验研究方面居国际领先水平。成果获2001年度中国农业科学院科学技术二等奖，获奖人员：李久生、饶敏杰、张建君、王春辉、穆建新。

中国农业科学院环发所气象站冬小麦喷灌试验收获考种
由近及远：王春辉，李久生，宿梅双，孟一斌

## 2.5 水利所期间从事的主要项目

1990 年代末期开始组建团队，从喷、微灌水力学研究起步，在水利所的 22 年间，围绕喷、微灌发展不同时期的重大科技需求，逐渐扩展到水肥一体化调控理论与技术、水肥盐联合调控技术、水肥精量调控设备与应用模式，逐步建立起理论研究、技术开发、设备研制、推广应用与科普服务紧密结合的科研创新团队。水利所工作的 22 年是团队发展壮大的时期，这一时期也是承担项目最多的时期，从“十五”开始，连续 15 年牵头主持（副主持）国家高技术研究发展计划（“863 计划”）喷灌课题，国家“十二五”支撑计划课题，国家“十三五”重点研发计划项目，获得国家自然科学基金重大项目课题、重点项目、面上项目和青年基金项目多项，还主持引进国际先进水利技术项目、国家农业科技成果转化资金等项目。本节按照国家自然科学基金项目、“863 计划”、支撑计划等分类对承担的主要项目进行介绍，每类项目按立项时间顺序排列。

### 2.5.1 国家自然科学基金项目

#### 2.5.1.1 滴灌施肥系统运行特性及氮素运移规律的研究

**项目来源：**国家自然科学基金面上项目（59979027）

**起止时间：**2000 年 1 月—2002 年 12 月

**主要完成单位：**中国农业科学院农业气象研究所，中国水利水电科学研究院

**团队参加人：**李久生、任理、张建君、饶敏杰、王春辉

**项目概要：**滴灌是目前水分利用率最高且可以将灌溉和施肥有机结合起来，按照作物需求精确供给水分和养分的先进灌水方法。滴灌施肥灌溉条件下氮素运移分布规律是确定系统设计与运行参数的重要依据。分别以壤土（砂粒 54%，粉粒 34%，粒 12%）和砂土（砂粒 94.8%，粉粒 2.4%，黏粒 2.8%）为对象，对灌水器流量（0.6~7.8L/h）、灌水（施肥）量（6~15L）、肥液浓度（硝酸铵，100~700mg/L），和滴灌施肥灌溉系统运行方式对土壤水分、硝态氮、铵态氮运移、分布的影响进行了系统的试验研究，建立了地表点源施肥灌溉条件下水分、硝态氮和铵态氮运移的动力学模型，并用商业化软件 HYDRUS–2D 进行了求解，在干旱地区（内蒙古包头）开展了滴灌施肥灌溉条件下春玉米水肥利用率的田间试验。研究结果表明：点源滴灌条件下，随灌水器流量的增大，地表饱和区半径增大，径向湿润距离增加，而垂直湿润距离减小；随灌水量的增大，径向和垂直湿润距离均呈幂函数关系增大；滴灌施肥灌溉结束时，硝态氮向湿润边界累积，而在距滴头 17.5cm 范围内，硝态氮浓度分布均匀，且该范围内的硝态氮平均浓度随肥液浓度的升高而升高；

铵态氮浓度在滴头附近出现高峰值，且高峰值随肥液浓度的增加而增加，施肥灌溉对铵态氮的影响范围较小，一般在距滴头10~15cm范围；肥液浓度是影响氮素在土壤中分布的主要因素，滴头流量和灌水量的影响较小；滴灌施肥灌溉运行方式对硝态氮在土壤中的分布具有明显影响，采用1/4W–12N–1/4W的运行方式，氮素在湿润体内分布最均匀，且不容易产生硝态氮淋失。田间试验结果表明，滴灌施肥灌溉可比地面灌溉节约灌溉用水50%，产量提高30%以上，化肥利用效率提高50%。

鉴于采用动力学模型模拟地表点源氮素运移分布的精度不够理想，本项目将实践证明具有解决高度非线性问题优势的人工神经网络技术首次用于滴灌水氮运移分布的模拟，取得了令人满意的结果，初步显示出人工神经网络技术在解决滴灌施肥灌溉氮素运移这种复杂问题上的优势。

依托项目，硕士研究生张建君完成了学位论文《滴灌施肥灌溉土壤水氮分布规律的试验研究及数学模拟》，出版了国内第一部滴灌施肥灌溉方面的专著《滴灌施肥灌溉原理与应用》。取得的成果对探明滴灌施肥灌溉条件下氮素的运移分布规律具有重要学术价值，发表的论文单篇被引用次数超过150次，促进了国内外滴灌水肥一体化方向研究和应用。项目成果2003年11月15日通过农业部科教司组织的鉴定，认为“该项研究成果创新性强，为滴灌施肥灌溉系统的设计和运行以及制定相关的标准提供了重要参考依据，成果居国际先进水平”。

鉴　　定　　意　　见

受农业部科教司委托，由中国农业科学院科技局主持并组织专家鉴定委员会，于2003年11月15日在北京对中国农业科学院农业气象研究所、中国水利水电科学研究院和中国农业大学承担完成的国家自然科学基金项目“滴灌施肥灌溉系统运行特性及氮素运移规律的研究”进行了成果鉴定，鉴定委员会审查了鉴定技术文件资料，听取了工作报告和研究报告并进行了质疑。经过讨论形成如下意见：

1、该项目选题符合滴灌技术发展的需要，提供鉴定的技术文件和资料齐全完整，数据翔实可靠，结论可信。

2、项目取得的主要成果如下：

（1）对裸地地表滴灌不同滴头流量、灌水量和肥液浓度条件下的水分运移进行了较系统的试验研究，得出了径向和垂直湿润距离随灌水量的增加呈幂函数关系的结论；建立了可用于滴灌系统设计的湿润距离与滴头流量、灌水量和土壤饱和导水率之间的新的经验公式。

（2）采用试验与模拟相结合的方法，较系统地研究了滴灌系统设计参数和运行方式对水氮运移、分布的影响，结果表明，硝态氮在湿润土体边缘产生累积，而铵态氮在滴头附近出现高峰值。提出了有利于将硝态氮保留在作物根区的滴灌系统运行方式。

（3）首次将人工神经网络模型运用于模拟滴灌施肥灌溉条件下硝态氮分布，取得了较高的模拟精度，为滴灌施肥氮素运移的模拟提供了一条新途径。

（4）在内蒙古包头开展了大田滴灌施肥条件下玉米需水规律试验，提出了适合这一地区的玉米滴灌灌溉制度；对该条件下作物系数的计算方法进行了探讨，指出双作物系数法可以较好地描述灌水或降雨对农田蒸发的影响。

3、该项研究取得的成果已在国内外学术期刊上发表论文12篇，其中SCI收录论文3篇，引起了国内外同行的关注。

综上所述，该项研究成果创新性强，为滴灌施肥灌溉系统的设计和运行以及制定相关的标准提供了重要参考依据，成果居国际先进水平。

建议在室内实验模拟与田间试验结合方面进一步分析总结。

该项成果非密。

鉴定委员会主任：　　　副主任：

2003　年　11月　15　日

**2003** 年 **11** 月 **15** 日“滴灌施肥灌溉系统运行特性及氮素运移规律的研究”成果鉴定会

#### 2.5.1.2 喷灌作物冠层截留水量的消耗机制及其对水分利用率的影响

**项目来源：**国家自然科学基金面上项目（50179037）

**起止时间：**2002 年 1 月—2004 年 12 月

**主要完成单位：**中国水利水电科学研究院

**团队参加人：**李久生、饶敏杰、王迪、宿梅双、栗岩峰、王春辉

**项目概要：**喷灌作物的冠层截留水量及其消耗机制关系到喷灌水分利用率的计算，进而影响到喷灌适宜性的评价，是学术界普遍关注而又未解决的问题。本项目围绕这一科学问题，对华北平原冬小麦和夏玉米喷灌冠层截留水量进行了系统试验研究，发现两种作物的冠层储存能力都在 2.5~4mm。为了研究冠层截留水量的消耗机制，在冬小麦和夏玉米生育季节内利用植株茎流计和称重式蒸渗仪对比了喷灌和地面灌溉条件下的作物蒸腾速率，结果指出，由于喷灌对田间小气候的改善，灌水过程中喷灌作物的蒸腾速率明显小于未喷灌或地面灌溉，对一次 30~50mm 的灌水来说，喷灌可比地面灌溉减少蒸腾 2~4mm，与冠层截留水量相当。这一结果有力地揭示了喷灌的节水机理。基于能量平衡理论，初步建立了喷灌作物冠层截留净损失的模拟模型，并用实测资料对模型进行了修正和完善，可用以分析不同生态条件下喷灌水分的消耗规律。喷灌施肥均匀系数对土壤水氮淋失及产量影响的田间试验结果表明，对华北平原的冬小麦喷灌来说，目前我国采用的喷灌均匀系数不小于 75% 的设计标准不会引起明显的水氮淋失和作物减产。

依托本项目，硕士研究生宿梅双完成了学位论文《喷灌均匀系数对土壤水氮淋失及作物生长影响的田间试验研究》，博士研究生王迪完成了学位论文《喷灌作物冠层截留水量及其消耗机制》。作为这一项目的延续，硕士研究生张立秋完成了学位论文《华北平原夏玉米喷灌水肥高效利用模式研究》，硕士研究生张红梅完成了学位论文《喷灌水氮管理对土壤水氮动态及作物生长的影响》。项目取得的成果对喷灌均匀系数设计标准的制定、喷灌及精准施肥技术的应用具有重要参考价值。

试验观测使用的涡度协方差系统、波文比能量平衡系统和大型称重式蒸渗仪
（中国农业科学院农业气象研究所气象站，2004 年）

#### 2.5.1.3 作物对滴灌水氮的动态响应及其人工神经网络调控模型

项目来源：国家自然科学基金面上项目（50379058）

起止时间：2004年1月—2006年12月

主要完成单位：中国水利水电科学研究院

团队参加人：李久生、栗岩峰、张建君、孟一斌、饶敏杰 、王迪、王春辉

项目概要：滴灌是水利用率最高且可以将灌溉与施肥相结合，按照作物需求精确供给水分和养分的现代灌水方法，而作物对滴灌水氮的响应机制是进行水氮调控的基础。针对滴灌施肥装置运行规程缺乏的现状，对我国使用最为广泛的压差式施肥罐的水力性能进行了系统测试，构建了描述肥液浓度变化规律的通用模型；对不同施肥装置、灌水器类型的灌水和施肥均匀性进行了田间评价，建立了不同施肥装置类型的滴灌系统施肥量均匀性与灌水均匀性之间的定量关系，定量评估了灌水器制造偏差对灌水和施肥均匀性的影响，对滴灌系统施肥装置的选型提出了建议。以番茄为对象，利用连续两年的田间试验，研究了作物生理生态指标对滴灌水氮的动态响应机制，监测分析了氮素在根区的变化及作物对氮素的吸收，提出了有利于提高产量、改善品质和减轻氮素淋失的滴灌施肥灌溉制度及系统运行方式。基于滴灌水氮运移的大量室内外试验资料，改进和完善了作物生长条件下滴灌水氮运移的动力学模型；鉴于氮素运移、转化和吸收表现出的高度非线性特征，构建了描述水分和氮素在土壤中运移的人工神经网络模型。

依托本项目，博士研究生栗岩峰完成了学位论文《滴灌水肥管理对土壤水氮动态及番茄生长的影响》，硕士研究生孟一斌完成了学位论文《微灌施肥装置水力性能研究》，硕士研究生计红燕完成了学位论文《层状土壤滴灌施肥条件下水氮分布规律的试验研究》，取得的成果对滴灌施肥灌溉系统的运行和管理具有重要参考价值，为滴灌相关技术标准的制定和完善提供了科学依据。

#### 2.5.1.4 土壤非均质条件下地下滴灌水氮运移规律及其调控机理

项目来源：国家自然科学基金面上项目（50579077）

起止时间：2006年1月—2008年12月

主要完成单位：中国水利水电科学研究院

团队参加人：李久生、刘玉春、杜珍华、杨风艳、栗岩峰

项目概要：地下滴灌应用中存在灌水均匀系数低和水分向上运动少无法满足作物的水肥需求两大问题，而这两个问题都与土壤水力特性在水平及垂直方向的变异密切相关。本项目利用室内土箱试验，研究了不同层状质地结构条件下灌水器在土壤中的流量特性。分析了灌水器流量、灌水量、肥料溶液浓度、灌水器埋置深度与土壤质地发生变化深度的相对位置等因素对土壤水分和氮素运移分布的影响，建立了相应的数学模型；在日光温室内

连续两年进行了番茄地下滴灌试验，研究了层状质地、地下滴灌毛管埋深和施肥量对土壤水氮动态、作物生理生态指标及产品品质影响；在田间连续两年进行了玉米地下滴灌试验，探讨了地下滴灌系统性能的田间评价方法和标准，定量评估了土壤特性空间变异和水力性能对土壤水氮空间分布均匀程度及作物生长的影响，初步建立了土壤特性对地下滴灌系统性能影响的模拟模型。研究成果为土壤非均质条件下地下滴灌系统的设计和运行提供了科学依据，对地下滴灌系统水肥优化管理措施的制订具有重要参考价值。取得的主要成果可以概括为以下三个方面：

（1）层状土壤地下滴灌水氮运移分布规律研究

利用试验研究了土壤质地在剖面上变化及灌水器流量和埋置深度、灌水量、肥料溶液浓度对水分和氮素在土壤中运移分布的影响，明确了水分和氮素在不同层状质地土壤中的分布特点，提出了减轻层状质地不利影响的调控措施；分析了灌水器与土壤质地变化界面相对位置对水氮分布的影响，建立了层状质地地表和地下滴灌水氮运移数值模型，为层状结构土壤的滴灌系统设计提供了参考依据。

① 对地下滴灌灌水器流量监测结果指出，在土壤中灌水器流量随时间呈幂函数规律减少，且小于自由出流状态时的流量，减小幅度为11%~63%，受灌水器额定流量、土壤层状质地等因素控制，灌水器流量越小减小幅度越大，土壤层状质地结构对灌水器在土壤中的流量影响明显，上砂下壤层状土壤比均质土壤减少3%~5%，壤土中有砂土夹层土壤中灌水器流量与其所处位置有关，当灌水器位于砂土夹层中时，流量比均质土壤减少13%。

② 不同土壤层状质地和灌水器埋深条件下滴灌水氮分布试验结果表明，层状质地对地下滴灌湿润体形状和水氮分布影响明显，上粗下细层状结构会限制土壤水分向上层粗质地土层运动，造成上层土壤水分增加较少；对壤土中有砂土夹层而言，灌水器在垂直剖面上的位置对湿润体形状和水氮分布会产生重要影响，灌水器位于下层壤土会大大减少水分向灌水器上方的运移，灌水器位于上层壤土会增加上层土壤的水分而减小湿润深度，灌水器位于砂土夹层会使湿润深度增加。这些结果为层状质地土壤条件下地下滴灌系统的设计提供了有益的帮助。

（2）滴灌系统性能田间评价方法与标准研究

针对滴灌系统性能田间评价标准体系不够完善的问题，对地表和地下滴灌系统的灌水和施肥均匀性进行了田间评估，评价了灌水器类型及制造偏差、施肥装置类型、毛管埋深对系统性能的影响，研究了灌水器堵塞程度对系统灌水均匀性的影响特征，建立了不同施肥装置类型的施肥均匀性与灌水均匀性的定量关系，探讨了土壤特性空间变异和系统水力学特性对地下滴灌水、氮分布和作物生长的影响，为滴灌系统性能评价体系和标准的完善提供了参考依据。

① 通过施肥装置类型和灌水器制造偏差对滴灌系统施肥均匀性影响的田间评价，发现施肥装置类型和灌水器制造偏差影响显著，制造偏差越小，灌水量和施肥量分布越均匀，对给定的灌水器来说，压差式施肥罐施肥量的均匀性明显低于可调比例式施肥泵和文丘里施肥器；滴灌系统施肥量均匀性与灌水量均匀性之间的关系与施肥装置类型密切相关，灌水量均匀的系统，施肥量不一定均匀，因此，滴灌施肥灌溉系统设计中应考虑施肥装置类型及其性能。

② 利用土壤特性和滴灌带埋深及施肥装置类型对地下滴灌水氮空间分布及产量影响的田间试验，评价了地下滴灌系统水力特性和土壤特性空间变异影响的相对重要性，结果表明，土壤特性的空间变异是造成土壤水氮分布不均匀的重要原因，灌水和施肥不均匀性也有一定影响；作物地上部分干物质、吸氮量和产量的变异系数明显小于土壤氮素的变异系数，而接近或小于灌水量与施肥量的变异系数，因此，在地下滴灌系统设计中应考虑土壤特性空间变异的影响。

③ 对运行两年后的地表和地下滴灌系统灌水器堵塞情况进行评价的结果表明，较高的灌水频率可有效防止根系入侵堵塞；灌水器堵塞最易发生在毛管末端，对滴灌系统进行定期全面冲洗有利于降低堵塞发生的可能性；灌水器堵塞可导致滴灌系统灌水均匀性变差，流量变异系数随堵塞引起的流量降低百分数的增大而线性增大。

（3）层状土壤地下滴灌条件下水氮动态及作物生长特性研究

通过两年日光温室内的番茄滴灌试验，研究了土壤层状质地、灌水器埋深、灌水量、施氮量等因素对土壤水氮动态、作物产量和品质的影响，探讨了土壤水分和养分动态与作物根系生长发育的互反馈机制，分析了番茄生理生态特性对滴灌水氮管理措施的动态响应特征，初步构建了地下滴灌水氮管理模式，为层状土壤条件下地下滴灌系统的设计和运行管理提供了依据。

① 番茄生育期内的土壤水分和硝态氮动态取决于灌水施肥，随灌水器埋深增加，表层（0~20cm 土层）含水量降低，硝态氮含量增加，而深层（40~70cm）含水率增大；根系发育与水氮分布相互影响，随灌水器埋深增加，表层根长密度增大，深层根长密度减小，最大根长密度出现在更深土层，但灌水器埋深对总根长密度的影响不显著。

② 番茄产量随灌水器埋深增加呈增大趋势，而番茄的维生素 C 含量随着毛管埋深的增加呈降低趋势；毛管埋深和施氮量对水分利用效率影响显著，随施氮量的增加水分利用效率呈增大趋势。

③ 土壤层状质地对土壤水氮动态和作物生长影响明显，与均质壤土处理相比，上砂下壤层状土壤中表层土壤含水率降低 28%，硝态氮含量降低 55%，严重影响了作物根系生长和水氮吸收，致使根长密度降低 35%，产量降低 33%，因此，在这类层状土壤中应慎重采用地下滴灌。

依托该项目，博士研究生刘玉春完成了学位论文《层状土壤条件下番茄对地下滴灌水氮管理措施的响应特征及其调控》，被评为中国水利水电科学研究院优秀博士学位论文；硕士研究生杜珍华完成了学位论文《土壤特性空间变异对地下滴灌系统水氮分布及夏玉米生长的影响》，被评为中国农业大学优秀硕士学位论文；硕士研究生杨风艳完成了学位论文《层状土壤质地对地下滴灌灌水器流量特性及水氮分布的影响》。

#### 2.5.1.5 灌水器堵塞对再生水滴灌系统水力特性的影响及其化学处理方法

**项目来源：**国家自然科学基金面上项目（50779078）

**起止时间：**2008 年 1 月—2010 年 12 月

**主要完成单位：**中国水利水电科学研究院

**团队参加人：**李久生、陈磊、栗岩峰、尹剑锋、张航、张红梅、王随振

**项目概要：**滴灌在再生水安全高效利用方面具有喷灌和地面灌溉无法比拟的优势，但再生水的盐分和藻类引起的化学和生物堵塞成为再生水滴灌技术应用的重要限制因素。本项目从再生水滴灌条件下灌水器堵塞发生规律、化学处理运行参数对防止和减轻灌水器堵塞的效果以及化学处理方法对土壤理化性能及作物生长的影响三个方面开展了系统的试验和模拟。在再生水滴灌系统灌水器堵塞规律研究中选择具有补偿功能和没有补偿功能的多种灌水器开展试验，结果表明灌水器堵塞是一个渐进发展过程，一旦灌水器流道发生部分堵塞，堵塞将会迅速加剧，并降低系统均匀性，再生水水质、灌水器型式（补偿与非补偿）、流道尺寸等对堵塞有重要影响。加氯处理是减轻和防止再生水滴灌灌水器堵塞的有效化学处理方法，处理效果受加氯间隔和浓度控制，低浓度较频繁加氯通常比高浓度长间隔加氯处理更有效。以对氯中等敏感的番茄为对象，研究了加氯处理对盐分和养分离子在土壤中的动态以及对作物生长的影响，指出加氯处理不会造成土壤盐分累积；虽然对根系分布有一定影响，但对产量和品质没有明显负作用。因此，加氯处理是一种安全有效的防止再生水滴灌系统堵塞的方法。

依托该项目，硕士研究生陈磊完成了学位论文《再生水滴灌灌水器堵塞规律及加氯处理方法试验研究》，被评为中国农业大学优秀硕士学位论文，硕士研究生尹剑锋参加了部分研究工作。取得的成果为再生水滴灌系统化学处理运行规程的制订提供了依据。通过这一项目，加快了团队研究方向向劣质水（再生水、微咸水）滴灌的拓展，为后续国家自然科学基金重点项目选择再生水滴灌作为主题打下了较好基础。

#### 2.5.1.6 再生水滴灌条件下作物耗水规律对水质变化的响应机制及调控措施

**项目来源：**国家自然科学基金青年科学基金项目（50909101）

**起止时间：**2010 年 1 月—2012 年 12 月

**主要完成单位**：中国水利水电科学研究院

**团队参加人**：栗岩峰、温江丽、李久生、王随振

**项目概要**：再生水灌溉作为再生水利用的重要途径，已经在许多国家得到广泛应用，有效缓解了农业水资源紧缺的矛盾。再生水中含有的各种养分和盐分离子都会对作物的耗水过程产生影响，而目前有关再生水灌溉条件下作物耗水规律及灌溉管理措施的研究还十分缺乏。本项目以最适宜再生水灌溉的滴灌技术为对象，研究作物选取番茄，2010—2011年在日光温室内开展了两年的再生水滴灌试验，研究了再生水滴灌条件下水质变化、灌水周期和滴灌带埋深对番茄耗水、产量、品质、水分利用效率以及土壤中养分和盐分动态的影响。试验中水质设二级处理再生水、混合水（利用二级处理再生水和地下水在灌前按照1∶1比例进行混掺）和地下水3个水平；灌水周期设4d、8d和16d 3个水平；滴灌带埋深设0cm、15cm和30cm 3个水平。为了进一步研究再生水水质变化对作物根系发育和耗水过程的影响，2012年开展了再生水灌溉番茄的盆栽试验，同时开展了室内土柱试验，研究了水质变化对土壤电导率的影响，得出利用再生水电导率预测土壤电导率的数学模型。结果表明，再生水滴灌增加了0~30cm表层土壤的盐分含量，对作物的耗水过程产生抑制。水质对植株茎流量的影响主要体现在对灌后3d内茎流量均值变化过程的改变，在作物生育后期，再生水灌溉对植株蒸腾的抑制作用更加明显。缩短灌水周期和增加滴灌带埋深可减少表层土壤中盐分的累积，同时增加根区土壤中的养分含量，缓解再生水灌溉对作物耗水的抑制作用。再生水灌溉增加了番茄的产量，从而显著提高了番茄的水分利用效率，对果实的可溶性糖和可滴定酸度等口感指标有一定程度改善，对维生素C和可溶性固形物等营养指标不会产生明显的不利影响。灌水周期缩短，番茄产量和耗水量的增加，而水分利用效率无明显变化。滴灌带埋深增加带来番茄产量的增加和耗水量的降低，水分利用效率随之增加，埋深30cm处理能够有效地改善番茄的各项品质指标。对日光温室的番茄而言，以较短的灌水周期和较深的滴灌带埋深进行再生水滴灌能够增加根区土壤中的养分含量、减少盐分累积，缓解再生水对作物耗水的抑制作用，同时增加产量、改善产品品质，具有较好的节水增产效果。

依托该项目，硕士研究生温江丽完成了学位论文《再生水滴灌水质与灌水周期对土壤溶质动态及番茄生长的影响》。

#### 2.5.1.7 滴灌均匀系数对土壤水氮分布与作物生长的影响及其标准研究

**项目来源**：国家自然科学基金面上项目（50979115）

**起止时间**：2010年1月—2012年12月

**主要完成单位**：中国水利水电科学研究院

**团队参加人**：李久生、张航、关红杰、赵伟霞、栗岩峰、王珍、王随振

项目概要：现行滴灌均匀性设计与评价标准由于缺乏作物对滴灌均匀系数响应特征和土壤水氮分布及淋失与滴灌均匀系数关系的定量研究而显得科学依据不足。本项目紧密围绕田间尺度土壤水氮运移规律和作物对滴灌水氮的动态响应过程两个关键科学问题，在位于半湿润区的华北平原和位于干旱内陆区的新疆选择典型作物开展田间试验，研究作物生长特性、干物质积累、氮素吸收、产量、品质等对滴灌均匀系数、灌水量、施肥量的动态响应过程，建立土壤水氮空间分布及淋失与均匀系数的定量关系，探索田间尺度滴灌水氮运移分布的模拟方法，评价土壤特性空间变异对土壤水氮分布和动态的影响，构建综合考虑投资、运行费用、产量、品质和环境效应的滴灌均匀系数优化方法和模型，初步提出了不同生态区典型作物的滴灌均匀系数设计和评价标准。研究结果对认知田间尺度水氮运移与转化规律、完善滴灌均匀系数设计标准、制定科学合理的灌溉制度、提高滴灌系统效益等具有重要学术价值和实际意义。

综合考虑我国滴灌发展的典型区域和代表性作物，围绕影响均匀系数标准的关键因素，以西北干旱内陆区棉花（2010、2011 年）、华北平原半湿润地区玉米（2009、2010 年）和温室大棚蔬菜（2009、2010 年）为对象，系统开展了不同滴灌均匀系数和灌水量（施氮量）条件下土壤水氮分布、作物生长、产量和品质的田间试验，评价了土壤空间变异对水氮分布和作物产量的影响（图 2–1）。试验中滴灌（克里斯琴森）均匀系数 Cu 设置除考虑现行滴灌均匀系数标准规定值外，还分别设置一个明显低于和高于标准值的水平，即 0.6、0.8 和 0.95 以上 3 个水平，以探讨降低均匀系数标准的可能性。由于均匀系数对作物生长的影响与平均灌水量密切相关，因此，灌水量设置为作物灌溉需水量的

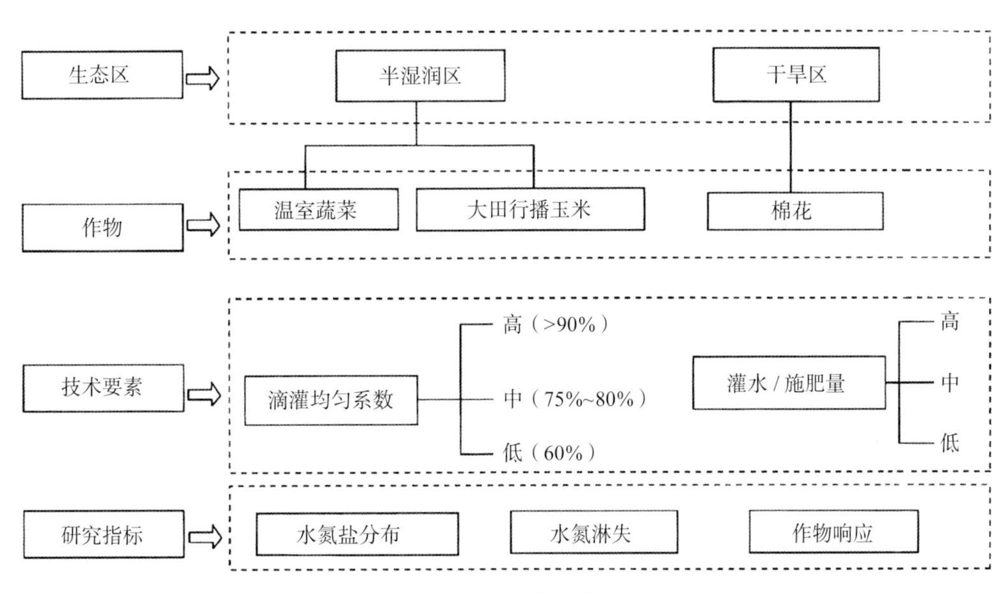


图 **2–1**　滴灌均匀系数标准研究框图

50%、75% 和 100% 3 个水平。

不同生态区代表性作物的滴灌试验表明，无论在半湿润地区还是在干旱地区，由于水分和溶质在土壤中的沿水平方向和深度方向的再分布，作物生育期内根系层土壤含水率均匀系数保持在较高水平（0.8~0.98），滴灌均匀系数和灌水量及其交互作用的影响均未达到显著水平。土壤硝态氮含量均匀系数随时间和空间表现出较强的变化特征，滴灌均匀系数和灌水量及其交互作用对硝态氮含量均匀系数的影响也不显著。在半湿润地区，滴灌均匀系数和灌水量对作物生长、产量和品质的影响不显著，但是在干旱地区，由于生育期内较少的降雨难以弥补灌水 / 施肥不均匀对作物生长带来的负面影响，棉花产量随均匀系数的降低而显著降低。研究还指出，土壤空间变异会在一定程度上增强灌水 / 施肥不均匀性对作物产量的负面影响。本研究建议半湿润地区的现行滴灌均匀系数设计标准（Cu=0.8）可适当降低（如：0.7），而现行标准对干旱地区较为适宜。研究成果为滴灌均匀系数标准的修订和完善提供了重要科学依据。

依托该项目，博士研究生张航完成了学位论文《滴灌均匀系数对华北平原土壤水氮分布和春玉米生长的影响》；博士研究生关红杰完成了学位论文《干旱区滴灌均匀系数对土壤水氮及盐分分布和棉花生长的影响》，被评为中国水利水电科学研究院优秀博士学位论文；硕士研究生尹剑锋完成了学位论文《滴灌均匀性对土壤水氮分布和白菜生长的影响》；硕士研究生任锐完成了学位论文《滴灌均匀系数和灌水器间距对土壤水分运移及分布的影响》。取得的成果对滴灌均匀系数标准的修订和完善提供了重要科学依据。

#### 2.5.1.8 滴灌技术参数对农田尺度水氮淋失的影响及其风险评估

**项目来源：**国家自然科学基金面上项目（51179204）

**起止时间：**2012 年 1 月—2015 年 12 月

**主要完成单位：**中国水利水电科学研究院

**团队参加人：**李久生、王珍、赵伟霞、栗岩峰、任锐、张志云、王军、王随振

**项目概要：**滴灌技术参数对水氮淋失的影响是确定最优系统设计与运行管理参数的重要依据。由于缺乏对农田尺度上水氮淋失的系统研究，现行规范推荐的滴灌均匀系数、灌水与施肥频率等技术参数的确定方法显得依据不够充分。以华北平原半湿润地区玉米（2011、2012 年）和温室大棚蔬菜（2013 年）为对象，系统开展了不同滴灌技术参数条件下土壤水氮分布、作物产量、水氮淋失的田间试验。试验中滴灌均匀系数 Cu 设置 59%、80% 和 95% 三个水平，以探讨降低滴灌均匀系数标准后对滴灌条件下水氮淋失的可能影响。田间试验还设置了不同的灌水频率和施氮量，评价滴灌主要技术参数对滴灌水氮淋失的影响。玉米田间试验结果表明，滴灌均匀系数对作物生长、氮素吸收、产量、氮肥生产率和氮素的表观损失量影响均不显著。在半湿润地区，水分的深层渗漏主要是由较大降雨

引起的，滴灌后仅可能会发生轻微的渗漏；滴灌均匀系数对水氮淋失量影响不显著，但施氮量和土壤初始无机氮含量对硝态氮淋失有明显影响；可以通过适当降低施氮量的方法减少硝态氮淋失。同时，为降低水氮淋失风险，应尽量避免在华北平原使用过低的滴灌均匀系数（如 Cu<60%）。日光温室番茄滴灌试验结果表明，水分深层渗漏和硝态氮淋失几乎发生在番茄整个生育期内；灌水间隔 3 d 和 6 d 处理的番茄生育期累积渗漏量接近，灌水间隔增加为 9 d 时生育期渗漏量明显增大，从减少水氮淋失和方便灌溉管理方面考虑，建议温室滴灌番茄适宜的灌水间隔为 6 d。基于 HYDRUS–2D 软件构建了考虑滴灌均匀性和土壤空间变异的水氮运移模型，对模型参数进行了敏感性分析，利用田间试验数据对建立的模型进行率定和验证，模拟分析了降雨、土壤空间变异及滴灌均匀系数综合作用对农田尺度水氮淋失特征的影响。结果表明，在半湿润地区，滴灌均匀系数对硝态氮淋失的影响程度与降雨密切相关。在平水年和湿润年，均匀系数为 95% 的处理和均匀系数为 60% 的处理生育期内硝态氮累积淋失量差异不大。土壤空间变异对农田尺度硝态氮淋失量有明显影响，土壤空间变异会在一定程度上减弱滴灌均匀系数对农田尺度水氮淋失的影响。中等变异程度土壤条件下，当滴灌均匀系数低于 60% 时，较小的滴灌均匀系数减小量即可引起硝态氮淋失量的明显增加，因此，在滴灌系统的设计和运行管理中，应避免使用过低的滴灌均匀系数（如 Cu<60%）。

依托项目，博士研究生王珍完成了学位论文《滴灌均匀系数与土壤空间变异对农田水氮淋失的影响及其风险评估》，被评为中国水利水电科学研究院优秀博士学位论文，获张光斗科技教育基金优秀学生奖学金；硕士研究生张志云完成了学位论文《滴灌灌水频率和施氮量对温室番茄水氮利用率的影响》。取得的成果对优化滴灌技术参数，减轻非点源污染，完善农田尺度水氮淋失风险评估方法，具有重要学术价值和应用前景。

#### 2.5.1.9 再生水灌溉对系统性能与环境介质的影响及其调控机制

**项目来源：**国家自然科学基金重点项目（51339007）

**起止时间：**2014 年 1 月—2018 年 12 月

**主要完成单位：**中国水利水电科学研究院，中国农业大学，北京市水科学技术研究院

**团队参加人：**李久生、王珍、栗岩峰、王军、赵伟霞、温洁、仇振杰、郭利君、郝锋珍

**项目概要：**与常规灌溉水源相比，再生水中含有丰富的营养物质可供植物利用，同时含有一定量可能引起农田生态环境污染的有害物质，实现水肥高效利用与降低污染风险是再生水灌溉最为关注的问题。本项目考虑再生水灌溉的系统（管网及灌水器）安全、环境安全和农产品安全，采用理论分析、数值模拟、室内试验、田间试验和产品研发相结合的方法，以滴灌技术为重点，研究再生水灌溉对系统性能的影响过程及防止与减缓堵塞措

施，探索了不同再生水灌溉模式下备受关注的病原体（如粪大肠菌群）、重金属、持久性有机污染物等的行为特征和影响机制，同时研究了再生水中氮素的有效性及土壤酶活性对水肥管理措施的响应，为实现再生水的高效安全灌溉提供科学依据（图 2–2）。

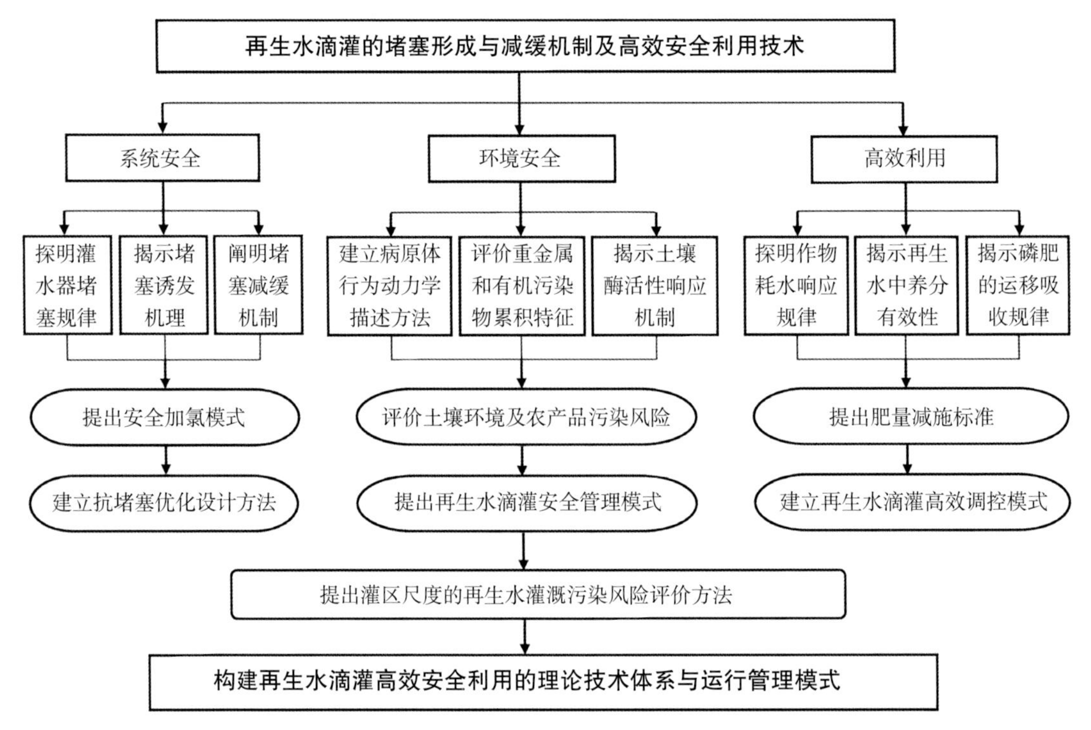


图 **2–2**　项目研究结构框图

研究的主要结果如下：（1）再生水灌溉条件下，非生物物质和有机聚合物基质在微生物群体作用下形成的生物膜是造成灌水器堵塞的主要物质，其中的磷脂脂肪酸（PLFAs）对堵塞的贡献最大；（2）加氯处理可以减少生物膜中 PLFAs 含量和种类，使得灌水器抗堵塞能力（Dra）提升 40% 以上，使用低浓度较高频率的加氯处理措施可有效控制滴灌系统堵塞，且不会对土壤环境造成明显影响；（3）指示性病原体大肠杆菌（*Escherichia coli*）在进入土壤后，受土壤颗粒吸附作用明显，再生水带入的 *E. coli* 主要分布于滴头附近，采用地下滴灌或较长的灌溉间隔（如 7 d 左右）均能有效控制土壤 – 作物系统病原体污染风险；（4）再生水灌溉不会造成土壤 – 作物系统中有机污染物和重金属污染，再生水灌溉长期应用时可将有机污染物中的 PAHs、PAEs 和酚类和重金属中的 As、Cr、Cu 和 Cd 作为污染风险控制指标；（5）再生水灌溉不会对土壤酶活性造成显著影响，但再生水氮对玉米生长的有效性仅相当于尿素氮的 50%~69%，且随施氮量的增加而降低，华北地区再生水滴灌玉米条件下施氮量可比常规水灌溉减少 20 kg/hm$^2$，以减少氮素淋失，实现再生水中氮素的高效利用。

依托该项目，博士研究生温洁完成了学位论文《再生水滴灌对 *Escherichia coli* 在土壤—作物系统中运移残留的影响》；博士研究生仇振杰完成了学位论文《再生水地下滴灌对土壤酶活性和大肠杆菌（*Escherichia coli*）迁移的影响》；博士研究生郭利君完成了学位论文《再生水氮素对滴灌玉米生长有效性的研究》；博士研究生郝锋珍完成了学位论文《化学处理对再生水滴灌灌水器堵塞及土壤环境与作物生长的影响》。取得的成果对丰富水肥盐灌溉调控理论和再生水高效安全灌溉具有重要意义。

项目 2019 年 2 月 21 日通过国家自然科学基金委员会的验收，评分结果为 9A1B。2021 年 7 月 21 日水利部推广中心组织专家对项目取得的成果“再生水滴灌抗堵塞及高效安全利用关键技术”进行了评价，评分 95 分，认为成果的创新点为：

① 系统揭示了再生水滴灌灌水器堵塞的生物膜组成及动态生长过程，探明了铁和钙对生物膜堵塞的诱发机理，建立了灌水器抗堵塞性能的定量评价方法，研发了再生水滴灌防堵塞灌水器系列产品。

② 揭示了加氯 / 酸减缓堵塞运行模式对滴灌系统安全、作物安全和土壤环境安全的影响规律，制定了微灌系统加氯 / 酸技术标准，构建了安全运行管理模式。

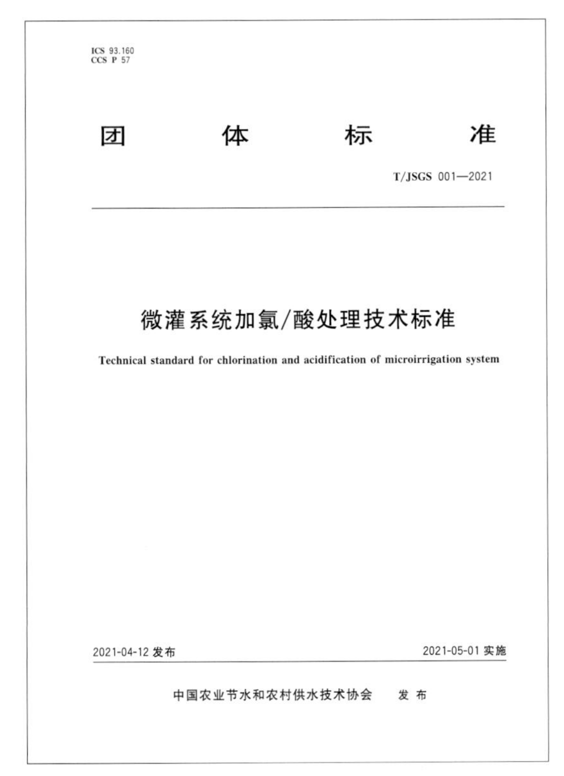

ICS 93.160
CCS P 57

团 体 标 准

T/JSGS 001—2021

微灌系统加氯/酸处理技术标准

Technical standard for chlorination and acidification of microirrigation system

2021-04-12 发布 2021-05-01 实施

中国农业节水和农村供水技术协会 发 布

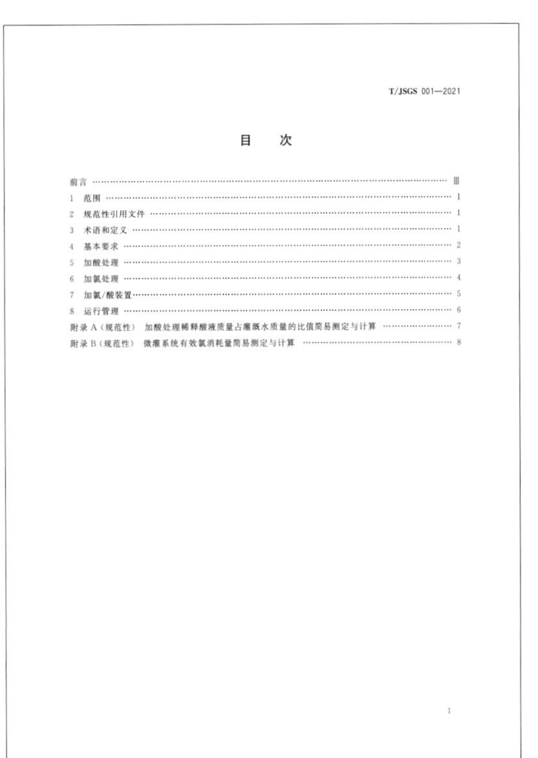

T/JSGS 001—2021

目 次



I

《微灌系统加氯 / 酸处理技术标准》封面和目录

③ 研究了再生水滴灌下土壤酶活性对土壤养分动态响应机制，提出了基于 $^{15}$N 示踪肥料当量法评价再生水滴灌中氮素有效性的方法，建立了再生水滴灌氮磷高效利用关键技术体系。

④ 建立了再生水滴灌中大肠杆菌、重金属和有机污染物在农田介质中的迁移富集规律和风险评价体系。

成果获 2019 年度中国水利水电科学研究院科学技术奖应用成果特等奖，获 2020—2021 年度农业节水科技奖一等奖。

**2021 年 7 月 21 日**“再生水滴灌抗堵塞及高效安全利用关键技术”成果评价会

**2.5.1.10　考虑土壤空间变异的喷灌变量灌溉水分管理模式研究**

**项目来源：**国家自然科学基金青年科学基金项目（51309251）

**起止时间：**2014 年 1 月—2016 年 12 月

**主要完成单位：**中国水利水电科学研究院

**团队参加人：**赵伟霞、李久生、栗岩峰、李秀梅、杨汝苗

**项目概要：**为了解决农田尺度内土壤空间变异导致的作物生长和产量分布不均匀问

题，本课题搭建了国内第一台具有自主知识产权的圆形喷灌机变量灌溉系统。通过对该系统进行水力性能测试，评估了变量灌溉系统的建立对圆形喷灌机水力性能的改变程度，提出了变量灌溉水深精准控制方法。通过该系统的田间应用，提出了基于土壤可利用水量的变量灌溉管理分区方法；以均一灌溉为对照，对比研究了变量灌溉管理对作物生长、产量及其空间均匀性的影响，评估了变量灌溉技术节水增产效果；研究了土壤空间变异对作物产量和水分生产效率的影响，提出了需根据土壤空间变异特性分区制定灌水下限的变量灌溉水分管理方法，以及农田尺度内土壤水分传感器埋设方法。主要研究结论如下：

① 变量灌溉系统的建立不会改变喷灌机轴向灌水均匀性，但径向灌水均匀系数由于喷头水量的叠加作用降低了 9~12 个百分点。喷灌机行走速度和电磁阀占空比的非耦合作用导致灌水深度平均低估了 1.5mm。为提高灌水深度控制精度，需根据电信号中的“抽样定理”调节电磁阀脉冲周期。

② 在不同管理区基于相同的灌水控制指标进行变量灌溉管理时，与均一灌溉相比，夏玉米节水 14%，冬小麦灌水量相同；变量灌溉对冬小麦、夏玉米生长指标、产量及其空间均匀性的影响均未达到显著水平。但是除 2014 的夏玉米外，不同管理区的冬小麦和夏玉米产量、水分生产效率产生了显著差异。这表明土壤可利用水量可用于进行变量灌溉管理分区，解释土壤空间变异特性；为获得更高的变量灌溉效益，建议不同管理区采用不同的灌水控制指标。

③ 变量灌溉管理减小了整个试验田内土壤含水率空间结构的时间稳定性，且改变程度与降水量有关。基于平均含水率点位提出了确定变量灌溉管理区内土壤水分传感器埋设位置的方法，并基于土壤黏粒含量提出了平均含水率点位的预判准则。

依托该项目，硕士研究生杨汝苗完成了学位论文《变量灌溉系统水力性能及其对作物生长影响的评估》。取得的成果为发展变量喷灌技术，提高喷灌机水分管理精度和灌溉水利用效率提供了指导。

#### 2.5.1.11 大型喷灌机施肥的水肥损耗利用机制与调控方法

**项目来源：**国家自然科学基金面上项目（51679255）

**起止时间：**2017 年 1 月—2020 年 12 月

**主要完成单位：**中国水利水电科学研究院

**团队参加人：**李久生、赵伟霞、栗岩峰、张萌、范欣瑞

**项目概要：**喷灌施肥灌溉过程中的肥液蒸挥发漂移损失、冠层截留损失和叶面灼伤风险是限制大型喷灌机施肥灌溉技术发展的主要因素。为了量化大型喷灌机条件下各过程的水肥损失量及其影响因素，并建立喷灌施肥调控方法，本项目一方面通过对圆形喷灌机施肥灌溉系统水力性能的测试，量化了肥液的蒸挥发损失量；另一方面通过室内和田间试验

研究了作物冠层截留肥液量，分析了作物对肥液浓度、氮肥追施次数的响应特征，得到的主要结论如下：

① 圆形喷灌机施肥灌溉时，肥液浓度均匀系数为98%，灌水量均匀系数为80%~85%，施肥量均匀系数为78%~86%，说明肥液浓度均匀性主要依赖于施肥系统注肥稳定性，而施肥量均匀性主要依赖于喷灌机灌水均匀性。

② 不考虑蒸挥发漂移损失和冠层截留损失有效性的条件下，肥液与养分的蒸挥发漂移损失率分别为5.1%和1.5%，冬小麦生育期内最大肥液冠层截留量为0.64mm，夏玉米为0.58mm，冬小麦和夏玉米喷灌施肥由氨挥发产生的养分损失率分别为1.2%~2.9%和2.8%~11.3%，叠加计算后得到的冬小麦和夏玉米的喷灌施肥肥液损失率分别为6.5%~8.3%和5.3%~8.0%，养分损失率分别为4.9%~6.7%和5.0%~7.7%。

③ 喷施不同浓度的氮磷钾肥液后，植株叶片SPAD、光合能力Fv/F0和Fv/Fm值分别平均增加了1.22、1.57和1.11倍，且氮肥促进作用大于磷钾肥。与促进叶片光合能力增大的肥液浓度相比，促进叶片SPAD值增加的肥液浓度范围更大。

④ 尿素喷施浓度对夏玉米株高、SPAD的影响较小，对LAI的影响较大。与肥料撒施的地面灌溉处理相比，2017和2018年喷施尿素处理的玉米产量分别提高0.1t/hm$^2$和1.1t/hm$^2$，玉米大喇叭口期尿素喷施浓度宜控制在0.146%以内，证明了喷灌施肥的可行性，验证了基于测土配方施肥技术推荐玉米施氮量的可行性。

⑤ 基于测土配方施肥技术推荐小麦施氮量后，氮肥施用量和氮肥追施次数对冬小麦产量和吸氮量的影响在土壤基础肥力较低的田块更为明显。籽粒和秸秆吸氮量随氮肥施用量的增加显著增加，产量随氮肥追施次数的增加而增大。从提高作物产量和减少喷灌施肥养分损失量的角度出发，适宜推荐2~3次的氮肥追施次数。

依托该项目，硕士研究生张萌完成了学位论文《圆形喷灌机施肥灌溉水肥损失与管理方法研究》，被评为中国水利水电科学研究院优秀硕士学位论文；博士研究生范欣瑞即将完成学位论文《华北平原夏玉米喷灌水肥损失与绿色高效利用模式研究》（暂定题目）。取得的成果对推动大型喷灌机水肥一体化技术在我国的应用具有重要意义。

#### 2.5.1.12 农田节水控盐灌溉技术及系统优化

**项目来源：**国家自然科学基金重大项目“西北旱区节水抑盐机理与灌排协同调控”（51790531）

**起止时间：**2018年1月—2022年12月

**主要完成单位：**中国水利水电科学研究院，中国农业大学

**团队参加人：**李久生、王珍、王军、栗岩峰、林小敏、车政、马超、孙章浩、张志昊、杨晓奇

**项目概要**：针对西北内陆旱区规模化节水灌溉条件下土壤次生盐渍化突出的问题，以灌溉系统性能提升和水肥盐综合调控为主线，阐释了滴灌系统性能的时空尺度传递规律以及对土壤水盐分布的影响机理，明确了通过滴灌系统性能提升抑制土壤盐渍化的可行性；揭示了微咸水条件下的灌水器堵塞和安全控制机理，构建抗堵塞灌水器优化设计方法，提出了规模化滴灌系统性能提升方法；揭示复杂水分通量条件下土壤—作物系统中水肥盐运移和吸收的耦合作用机制，突破灌排条件下作物根区水肥盐精准调控的技术难题，建立面向节水控盐的西北旱区滴灌系统性能优化方法与运行管理综合调控模式，为缓解规模化灌溉工程的次生盐渍化、实现节水控盐和灌排协同调控目标提供支撑（图 2–3）。

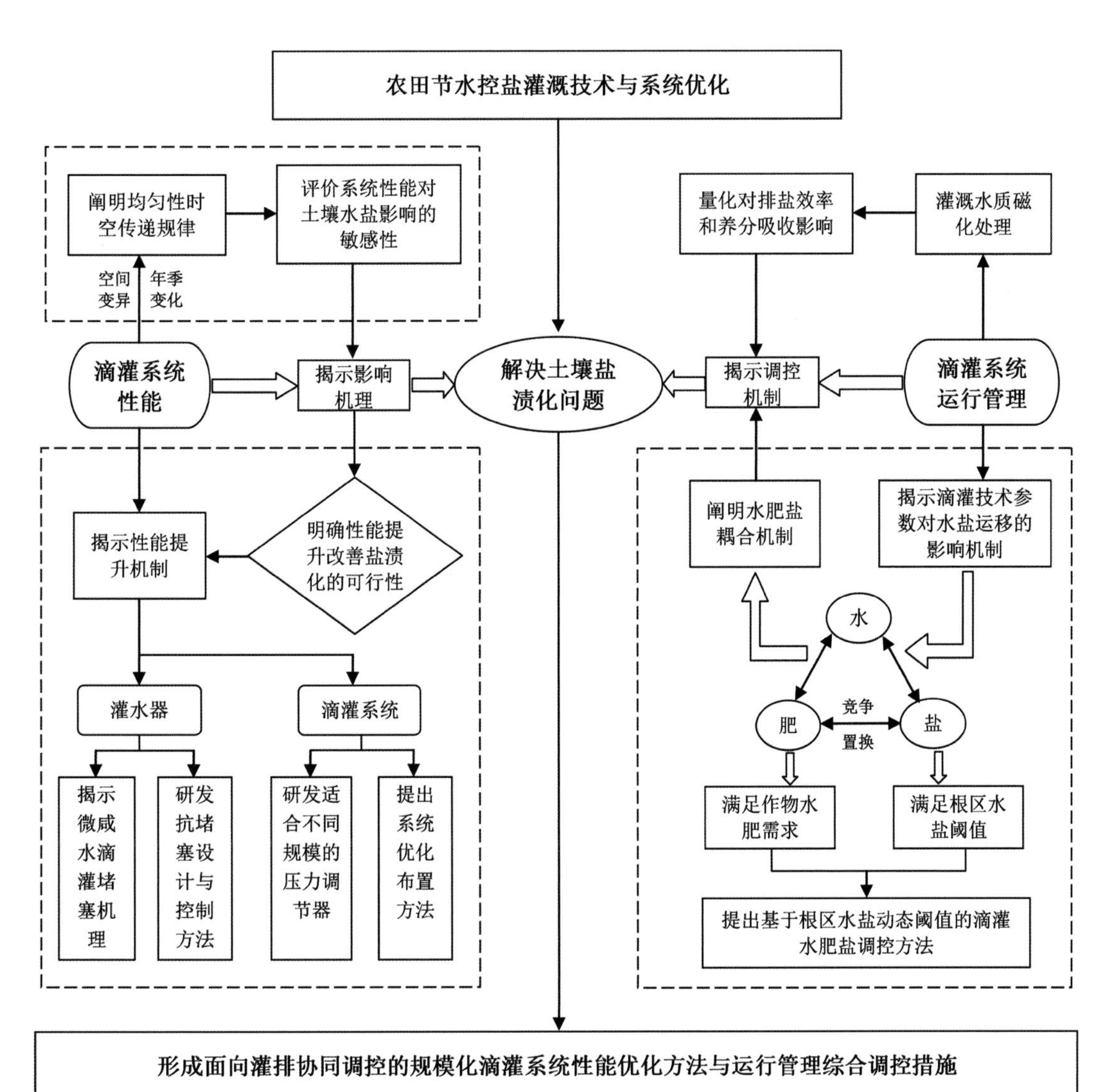


图 **2–3** 项目研究结构框图

项目取得的主要结果如下：

① 创新提出了基于多尺度数据综合评估系统水肥分布和能效性能的方法，基于遗传算法实现了系统性能评测中测点数量和位置的优化，首次辨明压力偏差和堵塞分别是灌溉季节早期和中后期影响均匀性的关键因素。

② 基于机器学习方法系统辨析了毛管尺度、单元尺度、系统尺度影响土壤水分、盐分和作物产量分布的关键因素，发现不均匀灌水造成单元尺度盐分的局部淋洗和累积，灌水均匀性对土壤盐分分布的影响随均匀性的降低而增加，在均匀性降至70%左右时，灌水均匀性的影响达到显著水平。

③ 提出了毛管双向供水模式，降低流量偏差率18%~43%，提高毛管极限铺设长度60%，灌水均匀性平均提升7%，管网系统投资降低5%左右。

④ 发明了以单位面积年费用最低及控制面积最大为目标的规则 / 不规则单元管网优化设计方法，实现了水力偏差在支 / 毛管上的合理分配，单元压力偏差平均降低7%~29%，单元控制面积增加30%~75%，年费用降低10%左右。

⑤ 提出了不同灌水水质下的棉花作物系数推荐值，首次量化了不同灌水水质下蒸渗仪与大田种植棉花不同生育阶段作物系数差异，修正了蒸渗仪与大田种植作物系数的盐分胁迫参数Ks，实现了不同盐分区域灌水量的精准调控。

⑥ 创新引入了土壤盐分与阈值的差值为滴灌水肥盐管理措施优化评价指标，发现最优施肥次数（5次）能够降低硝态氮淋洗率达9%~18%，关键生育期水质和水量差异化配置（如蕾期为100% ETc的微咸水灌溉，花铃期则需150% ETc的微咸水灌溉），才能维持土壤盐分处于较低水平。

依托该项目，博士研究生林小敏完成了学位论文《干旱区滴灌系统性能对不同尺度土壤水盐分布及棉花生长的影响》；博士研究生车政完成了学位论文《干旱区膜下滴灌条件下水—氮—盐协同调控对棉花生长的影响》，获得潘家铮奖学金；硕士研究生张志昊完成了学位论文《规模化滴灌系统灌溉施肥性能评价及模拟》；硕士研究生杨晓奇完成了学位论文《氮磷协同水肥一体化模式对微咸水滴灌灌水器堵塞及番茄生长的影响》。博士研究生马超即将完成学位论文《干旱区微咸水滴灌棉田灌溉施肥制度研究》（暂定题目）；博士研究生孙章浩正在开展考虑盐分控制的旱区滴灌系统水力设计与分区水肥管理方法。取得的成果为建立面向节水控盐的西北旱区滴灌系统性能优化方法与运行管理综合调控模式提供了理论和技术支撑。

**2019** 年 **8** 月在新疆阿拉尔试验站试验人员合影
马超，张志昊，车政，李久生，王随振，王珍

**2019** 年 **8** 月国家自然科学基金重大项目进展专家咨询会合影（前排左三李久生）

**2021 年 7 月国家自然科学基金重大项目观摩交流合影（二排右三李久生，新疆阿拉尔）**

### 2.5.1.13 旱区滴灌土壤水肥盐相互作用机制与模拟

项目来源：国家自然科学基金面上项目（52179055）

起止时间：2022 年 1 月—2025 年 12 月

主要完成单位：中国水利水电科学研究院

团队参加人：王军、李久生、马超、刘浩、陈昊、赵旭

项目概要：针对滴灌土壤水盐环境与氮素转化吸收之间相互作用机制不清，现有模型难以描述作物生长与土壤水肥盐多要素变化及相互作用的响应关系等问题，项目以认识土壤水肥盐多要素相互作用机理为主线，以量化水肥盐交互作用对作物生长影响为目标，采用同位素示踪盆栽试验和田间水肥盐调控试验，并开展模型开发及应用。重点突破土壤水盐变化对不同来源氮素转化吸收影响的定量表征、滴灌根区土壤肥—盐相互作用机制及定量表征等关键科学问题，发展二维根区土壤离子交换和吸收模型，构建滴灌二维土壤水肥盐动态与作物生长的耦合模拟模型，定量表征滴灌土壤水—肥—盐迁移转化吸收特征及其对作物生长影响等多过程，提出基于根区土壤肥盐动态阈值的滴灌水肥调控方法，为滴灌技术在我国旱区的规模化和科学化应用提供技术支撑。

#### 2.5.1.14 滴灌施肥条件下磷素运移分布特征与水氮磷协同调控机制

项目来源：国家自然科学基金面上项目（52279053）

主要完成单位：中国水利水电科学研究院

起止时间：2023 年 1 月—2026 年 12 月

团队参加人：王珍、李久生、郭艳红、王慧云、栗岩峰

项目概要：针对磷在土壤中运移机制与氮差异显著且利用效率较低的问题，本项目计划开展土柱、土箱和大田春玉米试验，通过不同尺度相结合的系统研究，揭示滴灌技术参数及水肥管理措施对磷素分布特征和吸收利用的影响，明确作物根系生长和结构特征对磷素分布特征的响应机制。在试验基础上，耦合 HYDRUS2D/3D 和 RootBox 模型，构建考虑根系向肥性影响的滴灌条件下水氮磷运移分布和吸收利用模型，以提高滴灌条件下水、氮素和磷素与根系的综合一致性为优化目标，提出滴灌条件下水—氮—磷—根系动态协同调控方法与模式，实现滴灌水肥精准调控的理论和技术突破。

项目初步成果如下：

① 定量评估了施入磷肥在土壤中的转化和运移特征，并建立了滴灌条件下磷肥运移分布模拟模型，为优化滴灌水肥管理措施提供了有力工具。

② 综合考虑水分、氮肥及磷肥在土壤中运移及分布特征的差异性，提出了通过优化滴灌带埋深及滴灌带间距等措施提升水、氮和磷分布区域与作物根系分布相协调的思想，发现地下滴灌磷肥追施处理可以有效提高 10~30cm 土层土壤有效磷含量，实现水肥的高效利用。

③ 综合考虑水肥分布异质性会对作物根系生长及其结构产生影响，定量分析了水肥分布特征对作物根系结构的影响，发现滴灌带埋深 15cm 和 30cm、磷肥追施磷肥条件下，玉米根系与茎秆夹角较地表滴灌小 5° ~8°，明显改变了作物根系分布特征；同时，通过 Matlab 软件构建了根系结构与养分分布特征耦合模型，为进一步实现滴灌条件下的水肥优化提供了支撑。

依托该项目，博士研究生郭艳红正在进行相关试验和模型研究工作，正在完成学位论文《滴灌水肥一体化条件下磷素运移分布特征与水氮磷协同调控》（暂定题目）；硕士研究生王慧云正在进行土箱试验，计划完成学位论文《根系发育过程对滴灌施磷条件下磷素分布特征的响应》（暂定题目）。

### 2.5.2 国家高技术研究发展计划（“863 计划”）

#### 2.5.2.1 田间固定式与半固定式喷灌系统关键设备及产品研制与产业化开发

项目来源：国家高技术研究发展计划（“863 计划”）课题（2002AA2Z4151）

**起止时间：** 2002年06月—2005年12月

**主要完成单位：** 太原丰泉喷灌设备厂有限公司，中国水利水电科学研究院，中国农业科学院农田灌溉研究所，山西征宇喷灌有限公司，国家节水灌溉杨凌工程技术研究中心

**团队参加人：** 李久生、徐茂云

**项目概要：** 该课题属于"十五"国家"863计划"重大专项"现代节水农业技术体系与新产品研究与开发"，所属专题为"节水农业关键设备与重大产品研制与产业化开发"。申报指南要求课题由企业牵头申报。经过行业内主要从事喷灌技术研究和产品开发的研究单位和企业协商，推选太原丰泉喷灌设备厂有限公司牵头申报，牵头企业聘请山西省农业机械研究所张又良所长以企业总工的身份作为申报课题责任人，课题申报书由李久生牵头组织撰写。课题获得资助后，李久生作为课题的执行组长组织和领导了课题实施全过程。

课题以跟踪当代世界前沿技术，提高我国喷灌技术和设备的现有水平为目标，针对制约喷灌发展的主要因素——投资大、能耗高、易受风影响和存在蒸发飘移损失等，研制开发新一代适合我国国情的喷灌技术和设备。在喷头方面，研制开发了节能、防风的方形喷洒域喷头、可调仰角和雾化程度的喷头、园林用短流道系列喷头、园林地埋升降式喷头及非圆形喷洒域喷头。其中园林用短流道系列喷头和园林地埋升降式喷头已实现产业化生产，分别达到年产25万只和15万只的生产能力，推广应用面积800余亩，部分产品出口巴基斯坦、美国。在喷灌用管道方面，研制成功了轻型镁合金喷灌移动管道，管道重量比铝合金移动管道降低20%以上，防腐蚀性能和水力性能均优于铝合金管道，形成了年产5 000t的生产能力，推广应用面积3万亩，并开发了6种规格38个品种的系列化标准化固定式与半固定式喷灌配套管件。获得国家专利10件，其中发明专利2件，形成8套适合我国国情的固定式和半固定式喷灌系统，缩短了我国喷灌技术与国外的差距，推动了喷灌产品的升级换代。

李久生、徐茂云和宁海县润茵节水喷灌设备有限公司谢时友主要负责新型园林系列喷头研制与产业化开发。针对当时我国园林喷灌发展迅速，而园林喷灌设备全部依赖进口的局面，开发了适合我国国情的园林喷灌设备，研制出散射升降式喷头、齿轮驱动升降式喷头、蜗轮驱动升降式喷头、短流道异形喷嘴喷头。在升降式喷头方面，首次采用齿轮和蜗轮驱动，涡轮、蜗杆传动的喷头驱动方式和内置式具有记忆功能的喷洒角度调节装置，使喷头连续旋转，喷洒范围控制准确，降低了产生地表径流的可能性。研发的园林升降式喷头实现了产业化，打破了国外产品的市场垄断，提高了我国喷灌设备的市场竞争力。喷头研制过程中，徐茂云教授数月驻守宁海，与谢时友通力合作，攻克了喷头流道设计、材料、加工工艺等诸多卡脖子技术，为升降式喷头的研制成果作出了重要贡献。

通过项目实施，与太原丰泉喷灌设备厂有限公司康国义总经理、山西征宇喷灌有限公司郑庚石副总经理建立了深厚友谊。

“863 计划”课题年度工作交流会
（太原丰泉喷灌设备厂有限公司，面对镜头自左至右：李金山，李久生，张又良，龚时宏，郭志新）

### 2.5.2.2 轻质多功能喷灌产品

**项目来源**：国家高技术研究发展计划（“863 计划”）课题（2006AA100212）

**起止时间**：2006 年 12 月—2010 年 10 月

**主要完成单位**：中国水利水电科学研究院，中国农业科学院农田灌溉研究所，太原丰泉喷灌设备厂有限公司，中国农业大学

**团队参加人**：李久生、栗岩峰、赵伟霞、尹剑锋、张航、关红杰、王珍

**项目概要**：该课题是“十一五”国家“863 计划”喷灌课题，李久生为课题组长。围绕管道式喷灌的系统设计、关键设备、运行控制、性能评价等关键产品与技术开展研究，发明了具有记忆功能的喷头旋转角度控制装置和自动换向装置，使喷头具有抗干扰和自我保护功能；发明了新型镁合金喷灌移动管道材料配方、加工工艺和防腐处理工艺；研制了集调压罐和变频调节优势于一体的新型恒压喷灌设备及智能控制软件；开发出系列化的喷灌系统设计与评价的通用化、标准化软件，为喷灌系统规划设计和科学评价提供了有力工具。授权发明专利 10 件，实用新型专利 2 件，获得软件著作权登记 6 件，发表论文 17 篇。研发的轻质多功能产品实现产业化，近三年销售额达 1 亿元，项目成果在北京、河

2009年国家节水灌溉北京工程技术研究中心大兴试验基地园林升降式喷头再生水试验台

南、山西、内蒙古、河北、黑龙江、山东、浙江等地推广应用25 000余亩，经济和社会效益显著。成果获2013年度农业节水科技奖一等奖，获奖人员：李久生、郭志新、栗岩峰、韩文霆、王福军、康国义、王建东、李金山、焦炳生、赵伟霞、尹剑锋、张航、谢时友、关红杰、王珍。

硕士研究生尹剑锋在大兴试验基地开展了喷头的再生水抗堵塞性能试验，为产品的优化定型提供了数据。该课题是团队完成的科研项目中产业化程度较好的，给企业带来了很好的效益，喷头销量一度达到国内市场占有率的30%以上，并大量出口到中东和欧洲，较好实现了依托科研项目孵化和培育企业、扩大市场的目标。

### 2.5.2.3 低能耗高均匀性灌溉施肥技术与产品研发

**项目来源：**国家高技术研究发展计划（“863计划”）课题（2011AA100506）

**起止时间：**2011年1月—2015年12月

**主要完成单位：**中国水利水电科学研究院，浙江宁海润茵节水喷灌设备有限公司

**团队参加人：**李久生，赵伟霞，栗岩峰，杨汝苗

**项目概要：**该项目属于“十二五”“国家863计划”喷灌课题“精确喷灌技术与产品”（编号：2011AA100506）的子课题，课题组长是江苏大学袁寿其教授，李久生是课题组副

组长，子课题负责人。针对现有喷灌设备能耗较高、多目标综合利用优势没有充分发挥等问题，研发精准变量喷灌技术及产品，推动喷灌产品的升级换代。课题经过 4 年的实施，开发出高均匀性旋转射线喷头，发明了旋转射线喷头的角度调节装置，经过多轮性能测试对喷头性能进行了改进，并开展了再生水灌溉性能考核，制定了再生水喷灌运行管理规程，产品已完成定型和批量生产。完成了圆形喷灌机变量精准灌溉系统建设和变量施肥装置测试平台搭建，基于土壤可利用水量进行了管理分区，开展了变量灌溉田间试验，明确了分区变量灌溉管理对作物生长、产量、深层渗漏量和作物耗水量的影响规律，提出了基于土壤可利用水量的分区变量灌溉水分管理模式。研发的高均匀旋转射线喷头在北京绿化工程中示范应用 600 余亩，大型喷灌水肥高效利用模式在内蒙古磴口、丰镇、乌兰察布等地示范应用 16 500 亩。

依托该项目，赵伟霞完成了博士后出站报告《考虑田间小气候变化的喷灌水利用率模拟模型及应用》，牵头完成了圆形喷灌机变量灌溉控制系统及软件的研发；硕士研究生杨汝苗在位于河北省涿州市的中国农业大学教学实验农场开展了 2 年的冬小麦 – 夏玉米变量灌溉试验；栗岩峰牵头完成了高均匀性旋转射线系列喷头的研制。

## 2.5.3　国家科技支撑计划

### 2.5.3.1　玉米膜下滴灌技术集成研究与示范

项目来源：国家科技支撑计划课题（2011BAD25B06）

起止时间：2011 年 1 月—2013 年 12 月

主要完成单位：中国水利水电科学研究院，中国灌溉排水发展中心，黑龙江省水利科学研究院

团队参加人：栗岩峰、李久生、刘洋、王军

项目概要：该项目是“十二五”国家科技支撑计划课题，主持人栗岩峰。课题以提高膜下滴灌技术的设备系列化、设计标准化和管理科学化、充分发挥膜下滴灌技术的节水增产效益为核心，针对膜下滴灌的关键设备、技术和模式开展系统研究。在移动式膜下滴灌关键设备方面，研究了不同流道结构参数对滴头流态指数和流道内悬浮颗粒浓度最大值的影响规律，揭示了不同压力工作条件下滴灌灌水器设计机理，确定了低压膜下滴灌专用灌水器的材料配方与流道结构优化定型设计，实现批量生产；针对国内现有移动式滴灌供水施肥装置存在的问题，构建了 6 种适用于不同水源和灌溉条件的组合机型，完成产品性能测试和定型。在膜下滴灌综合配套技术与管理模式方面，开展了 3 年的膜下滴灌节水增产机理和优化水肥管理模式田间试验，通过研究滴灌覆膜对土壤温度、农田小气候、土壤含水率、土壤氮素、作物生长和产量的影响，揭示了膜下滴灌技术的节水增产机理；通过研

2011年5月硕博连读研究生刘洋（前）在黑龙江省水利科学研究院哈尔滨综合试验站安装玉米膜下滴灌系统

2014年10月李久生在黑龙江水利科学研究院哈尔滨综合试验站进行试验观摩
栗岩峰，李久生，郑文生，韩松俊

究不同水肥管理模式对土壤水氮运移规律和作物生长及产量的影响，揭示了膜下滴灌的水肥运移规律和调控机理，提出了玉米膜下滴灌技术的水肥优化管理模式。在膜下滴灌水肥运移转化模拟方面，建立了二维水氮迁移转化和作物生长耦合模拟模型，实现了水氮运移机理模型和作物生长模型的耦合，为膜下滴灌技术的适应性评价提供了有力工具。在玉米膜下滴灌经济性评价方面，分析了玉米膜下滴灌在不同积温带的经济性适应性，并对不同覆膜方式、灌溉方式和水肥管理模式下的膜下滴灌进行了经济性评价。在玉米膜下滴灌配套技术与示范区建设方面，开展了不同土质地区膜下滴灌技术的适用性研究，提出不同土质地区玉米膜下滴灌的适宜灌溉制度；设置五种不同的覆膜方式，研究了不同覆膜条件对降雨利用率的影响，提出不同气候和土质地区的适宜覆膜方式、适宜种植模式、不同积温带玉米膜下滴灌施肥灌溉系统运行管理模式，完成示范区建设 2 310 亩。

依托该项目，硕博连读研究生刘洋在黑龙江省水利科学研究院哈尔滨综合试验站连续开展了 3 年田间试验，研究膜下滴灌节水增产机理和优化水肥管理模式，完成了博士学位论文《东北半湿润区膜下滴灌玉米增产机理及水氮优化管理研究》，博士课程期间发表的论文“东北半湿润区膜下滴灌对农田水热和玉米产量的影响”（农业机械学报，46（10）：93–104，135）引用次数超过 100 次，被评为 2022 年度领跑者 5 000 论文。博士后王军完成了二维水氮迁移转化和作物生长耦合模拟模型的建立，实现了水氮运移机理模型和作物生长模型的耦合。

F5000

领跑者 5000

中国精品科技期刊顶尖学术论文

FRONTRUNNER 5000

TOP ARTICLES IN OUTSTANDING S&T JOURNALS OF CHINA

入选证书

证书编号（Lw_20221064）：H278201510014

论文标题：东北半湿润区膜下滴灌对农田水热和玉米产量的影响

文献来源：农业机械学报,2015,46(10):93-104,135

作　　者：刘洋;栗岩峰;李久生;严海军

机　　构：中国农业大学

经过定量分析遴选和同行评议推荐，该篇论文被评为2020年度F5000论文。

特此证明。

2022年12月29日

中国科学技术信息研究所

Institute of Scientific and Technical Information of China

北京复兴路 15 号 100038　　www.istic.ac.cn

ISTIC

#### 2.5.3.2 灌区高效节水灌溉标准化技术模式及设备

**项目来源：**国家科技支撑计划课题（2012BAD08B02）

**起止时间：**2012年1月—2016年12月

**主要完成单位：**中国水利水电科学研究院，中国科学院地理科学与资源研究所，中国农业科学院农田灌溉研究所，中国科学院遗传与发育生物学研究所农业资源研究中心，北京市水科学技术研究院

**团队参加人：**李久生、赵伟霞、王珍、王军、栗岩峰、温江丽

**项目概要：**该项目是“十二五”国家支撑计划课题，主持人李久生。针对不同地域和不同水源特征的灌区，系统开展节水灌溉技术的地区适应性评价方法、水肥耦合调控机制、多目标利用技术、再生水安全高效利用技术等方面研究。在集约化农田精准喷灌技术与应用模式方面，搭建了国内第一台具有自主知识产权的圆形喷灌机变量灌溉系统，发明了基于喷灌机百分率计时器限值的电磁阀启闭循环周期设置方法，提出了大型喷灌机均一灌溉时土壤水分传感器埋设方法，建立了基于土壤可利用水量的变量灌溉分区水分管理方法。研制出移动式喷灌专用施肥装置1套，使施肥精度和稳定性显著提高。连续在内蒙古达拉特旗开展两年的大型喷灌机玉米水肥优化管理试验研究，揭示了大型喷灌机土壤水肥运移规律及其对玉米生长和产量的影响，以田间试验数据为基础对DSSAT模型进行了参数率定和验证，优化并提出了不同水文年型春玉米水氮管理模式；研究了圆形喷灌机和平移式喷灌机灌溉条件下，土壤特性和玉米产量的空间变异特性，辨识了影响作物生长和产量的主要障碍因子，提出了适用变量灌溉的土壤性质空间变异阈值。在集约化农田微灌多目标利用产品与水肥高效利用技术方面，系统研究了滴灌水肥耦合调控对马铃薯生长、产量和水肥利用的影响规律，提出了不同类型区灌区滴灌水肥耦合灌溉计划制定方法，确定了滴灌水肥耦合调控与平衡管理技术关键参数，提出4套集约化农田多目标利用微灌模式。针对集约化农田微灌多目标利用的需求，集成已有成果提出集约化农田微灌变量施肥施药技术模式，配套了关键设备，构建了集约化农田多目标微灌设计决策系统。在水肥调控技术与平衡管理模式方面，开展了高效节水品种筛选及水肥高效利用机制、不同灌溉条件下提高作物水分利用效率的水肥耦合技术及集成、小麦缩畦减灌精细地面灌溉技术配套及应用等三方面研究，充分结合品种快速筛选技术和农艺技术，提出高水效品种鉴选技术、缩畦减灌精细地面灌溉技术、隔畦限量节水灌溉技术、水肥耦合调控技术等4项平衡管理关键技术，建立了3套小麦－玉米（谷子）高产节水栽培模式。在再生水安全高效灌溉技术与模式方面，系统开展了再生水灌溉条件下典型污染物富集规律及健康风险评价研究，明确了再生水灌溉重金属迁移转化过程，建立了不同人群的暴露评价与剂量/效应关系，构建了重金属健康风险评价模型。开展了再生水灌溉条件下典型过滤设备的水力学特征研究，提出了典型过滤系统选型配套模式与运行参数。基于灌区调研和监

测资料，构建了灌区标准化地理信息数据库系统；研发了灌区综合考虑防汛安全的灌区调度模型和输配水调度系统，制定了灌区多水源联合调度方案。在节水灌溉技术地区适应性评价方法与指标体系方面，获取了农田和区域尺度数据，利用分布式农业水文模型 GSWAP–EPIC 优化了不同水文年型不同喷灌灌水技术设备以及灌水情景下的研究区玉米产量和水分生产力，评估喷灌技术在松嫩平原的适用性，综合考虑投入与产出，提出了适合于东北地区大规模推广应用的喷灌灌水技术模式。在不同地域开展了甘蔗田、小麦、玉米等作物的灌溉技术适应性研究，构建了节水灌溉技术适应性评价的指标体系，提出了灌区节水灌溉技术选用方法与标准化配置模式。2017 年 3 月 16 日通过水利部组织的验收。

国家科技支撑计划课题验收专家意见书

| 课题编号 | 2012BAD08B02 |
| --- | --- |
| 课题名称 | 灌区高效节水灌溉标准化技术模式及设备 |
| 课题组织单位 | 水利部 |

**验收意见：**

2017 年 3 月 16 日，水利部国际合作与科技司在北京主持召开了由中国水利水电科学研究院等单位承担的国家科技支撑计划项目“大型灌区节水技术及设备研究与示范”课题二“灌区高效节水灌溉标准化技术模式及设备（编号：2012BAD08B02）”验收会。验收专家组（名单附后）听取了课题组的成果汇报，对提交的技术文件进行了审阅，经质询和讨论，形成验收意见如下：

1、提交的成果报告和技术文件资料齐全，符合验收要求。

2、课题采用调研、试验与理论研究相结合的方法，系统研究了灌区高效节水灌溉标准化技术模式及设备，对指导大型灌区节水改造具有重要支撑作用。

3、课题取得的主要成果：

（1）研发了国内第一台具有自主知识产权的可实现变量灌溉的圆形喷灌机，发明了精确控制变量灌水深度的电磁阀启闭循环周期设置方法，发展了变量灌溉分区和水分管理方法；提出了综合考虑产量和水氮淋失的内蒙半干旱区大型喷灌机玉米水肥优化管理参数确定方法。

（2）提出了饱和泥浆法监测土壤有效养分的新方法，发展了确定滴灌作物施肥量的比例法，确定了滴灌马铃薯水肥耦合调控与平衡管理技术参数，开发出多目标利用微灌系统设计决策支持系统。

（3）提出了缩畦减灌精细地面灌溉、隔畦限量节水灌溉、水肥耦合调控平衡管理等关键技术，构建了小麦-玉米（谷子）高产节水栽培技术体系；提出了考虑地下水与土壤变异条件下的主要农作物灌溉制度优化方法。

（4）提出了基于分布式农业水文模型的节水灌溉技术地区适用性评估方法，构建了节水灌溉技术适应性评价指标体系。

（5）提出了再生水灌溉典型污染物富集规律及健康风险评价方法，建立了不同人群的暴露评价与剂量/效应关系，构建了重金属健康风险评价模型，提出了适用于再生水的滴灌过滤系统选型配套模式与运行参数及灌区多水源联合调度方案。

研制出节水灌溉设备6套，提出适用于不同地区不同作物的喷灌、微灌及精细地面灌溉水肥高效利用模式12套，建成示范区26000亩，田间水利用率和肥料利用率显著提高，增产效果显著。发表论文60篇，其中SCI、EI收录25篇，获国家发明专利授权8件，实用新型专利4件，软件著作权6件，编写地方标准1项，参编国家标准（报批稿）5项，培养研究生44人，课题主持人获国际灌排委员会节水技术奖和美国农业与生物工程学会微灌奖。

综上，该课题全面完成了任务书规定的内容，达到了预期目标，同意通过验收。

验收专家组组长（签字）：
验收专家组副组长（签字）：
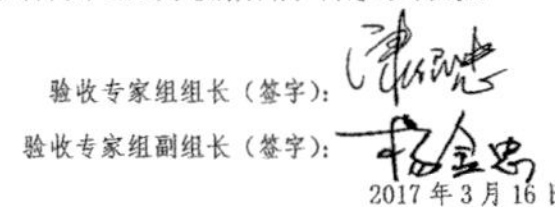
2017 年 3 月 16 日

依托该项目，博士研究生温江丽完成了学位论文《大型喷灌机水肥管理对农田水氮动态及玉米生长的影响》，获潘家铮水电奖学金；王军开展了喷灌技术在松嫩平原的适用性调研，开发了基于 GSWAP–EPIC 模型的松嫩平原春玉米喷灌灌溉制度优化模型，完成了博士后出站报告《松嫩平原喷灌技术适用性评价研究》。

**2015** 年 **5** 月项目组成员在研制出的圆形喷灌机变量灌溉系统前合影

张星，杨汝苗，赵伟霞，李久生，吴文勇，栗岩峰，顾华（中国农业大学教学实验农场，涿州）

### 2.5.4 国家重点研发计划项目

#### 2.5.4.1 城郊高效安全节水灌溉技术集成与典型示范

**项目来源：** 国家重点研发计划项目（2016YFC0403100）

**起止时间：** 2016 年 7 月—2020 年 12 月

**主要完成单位：** 中国水利水电科学研究院，北京市水科学技术研究院，北京市农林科学院，北京市大兴区人民政府节水办公室，中灌润华水务科技发展（北京）有限公司

**团队参加人：** 李久生、王珍、王军、栗岩峰

**项目概要：** 该项目是“十三五”重点研发计划项目，主持人李久生。围绕城郊节水灌溉标准技术模式、评价指标体系和成果典型示范开展研究（图 2–4），构建了设施农田滴灌水肥优化管理标准化技术模式，提出了基于时间稳定性的水肥利用效率监测评价方法；构建了基于果园增产、调质目标的综合灌溉决策控制指标体系，研制出基于物联网技术的分布式果园精量灌溉决策与控制系统及装备；构建了协同考虑堵塞减缓效果、土壤酶活性与作物生长安全的加氯 / 加酸防堵塞运行管理模式，提出了再生水中养分有效性定量评估方法。建立了基于经济性、生态环境性、适用性、社会效应等指标的城郊高效安全节水灌溉技术适用评价指标体系，开发出技术评价决策支持系统。提出 3 套促进节水技术成果转化应用的配套政策措施和激励机制，实现了技术应用与政策研究的有机结合。在基础理论方面，基于时间稳定性原理，首次提出考虑滴灌局部湿润特征和布置方式，同时反映氮素不同形态分布差异的水肥利用效率监测方法。实现了对非饱和土壤病原体行为的动力学描述，全面解析了加氯技术对灌水器堵塞、土壤环境及作物生长的影响机制，评估验证了再生水中养分的有效性。在技术开发方面，运用新一代信息化技术赋能，创新了果园“需水感知—智能决策—精准控制—模式调控”的果园精量灌溉集成新模式，实现了国内大面积果园的闭环式高效灌溉控制。开发了点尺度城郊节水灌溉效益评价的二维土壤水氮迁移转化与作物生长耦合模拟模型，提出了基于点尺度和区域尺度农业水文模型的城郊节水灌溉效益评价方法。在集成应用方面，创新了基础台账采集—技术模式构建—配套机制激励—政府文件引导—宣传意识提升的城郊高效节水灌溉技术推广应用路径，实现了技术成果和转化机制的创新。项目在北京郊区开展集成示范，建成了设施农田滴灌水肥优化管理示范区面积 1 100 亩、果园精量灌溉示范区面积 2 500 亩、公园绿地再生水灌溉示范区面积 2 500 亩，辐射推广面积 2 万亩以上，全面支撑了北京市农业高效节水灌溉设施的标准化建设。

项目设置 5 个课题，中国水利水电科学研究院主持承担了课题 3 和课题 5，王珍组织完成了课题 3“城郊再生水安全高效灌溉标准化技术模式”，王军组织完成了课题 4“城郊高效安全节水灌溉技术评价方法和指标体系”。

2021 年 9 月 3 日，中国科技部 21 世纪议程管理中心组织专家在北京开展项目综合绩效评价。项目综合绩效评价专家组由国务院南水北调工程建设委员会办公室宁远教授级高级工程师、中国工程院康绍忠院士等 10 位专家组成。中国 21 世纪议程管理中心、水利部国际合作与科技司、项目组相关单位人员参加了会议。专家组听取了项目汇报，经过质询和讨论，认为项目技术研发创新突出，集成应用程度高，示范应用效果好，推广前景广阔，达到了预期目标，为“水资源高效开发利用”专项目标的实现作出了积极贡献，一致同意通过验收。

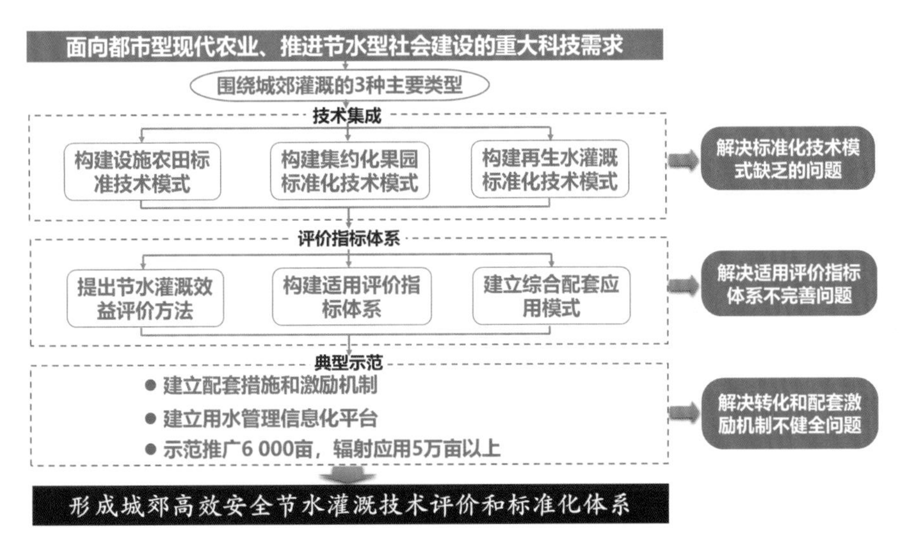


图 2–4　项目研究框图

**2021** 年 **9** 月 **3** 日“城郊高效安全节水灌溉技术集成与典型示范”项目验收会

#### 2.5.4.2 精量化高效滴灌技术与产品

项目来源：国家重点研发计划课题（2016YFC0400105）

起止时间：2016年7月—2020年12月

主要完成单位：中国水利水电科学研究院，中国农业大学，中国科学院地理科学与资源研究所，内蒙古沐禾金土地节水工程设备有限公司

团队参加人：栗岩峰、李久生、薄晓东、张守都

项目概要：该项目是“十三五”国家重点研发计划项目“东北粮食主产区高效节水灌溉技术与集成应用”中的课题5，主持人栗岩峰。针对东北地区规模化滴灌机械化作业和精量控制的需求，研发适宜于长毛管低压滴灌的灌水器设计理论与方法及调压注肥技术与产品，研究滴灌系统水肥监控关键技术与设备，提出规模化滴灌系统多过程、多养分综合管理技术。在长毛管低压灌水器研发与滴灌管网优化研究方面，揭示了齿形迷宫流道灌水器物理堵塞的内在流动特性成因，同步优化提出高抗堵型齿形灌水器流道结构，研发出2种规格的长毛管滴灌灌水器进行了批量生产，并进行了示范应用。利用遗传算法进行毛管铺设距离、管径组合及管网投资优化，提出了管网投资最小的“圭”形布置方式。在高效大田作物滴灌设备开发方面，基于动网格的方法建立了压力调节器动力学模型，对压力调节器的调压性能进行了优化设计，研发出2种规格的压力调节器，性能优于国外同类产品。研发出2套适合规模化滴灌系统的大流量注肥装置，提出大田施肥系统关键设备选型配套方法。在精量化高效滴灌水肥监测技术及产品方面，研发出2种自动补水张力计。研发出基于“稳定供水—负压提取”的土壤溶液提取装置，突破低土壤含水量条件下土壤溶液不容易提取的难题。通过集成电子张力计、在线电导率仪传感器和自主研制的土壤溶液提取装置，研制了无线传输的土壤水肥原位监测和信息采集传输装置。在滴灌系统水、肥、气、热等多过程调控技术方面，系统揭示了滴灌条件下不同覆膜时间对玉米生长、氮素吸收、产量的影响机制，定量分析不同覆膜方式/覆膜比例对土壤氮素转化、淋失和吸收的影响，全面阐明了膜下滴灌技术的节肥增产机理。构建了膜下滴灌施肥制度优化模拟模型，提出了东北半湿润区膜下滴灌玉米的适宜灌溉施肥制度。课题提出的多养分多过程水肥优化管理技术以及适用于东北半湿润区膜下滴灌玉米的综合配套管理模式，在吉林通榆县等地示范应用，大幅提高了水肥利用效率，增加了作物产量，减少了水肥淋失和生态环境污染风险。

博士后薄晓东和硕士研究生张守都在吉林省水利科学研究院乐山镇灌溉试验站开展了2年滴灌水肥气热多过程调控的试验。依托该项目，薄晓东完成了博士后出站报告《东北半湿润区覆膜滴灌玉米农田土壤氮素转化吸收和淋失规律试验研究》；张守都完成了学位论文《膜下滴灌条件下土壤氮素和玉米生长对揭膜时间的响应特征及施肥制度优化》。

**2017** 年覆膜滴灌玉米农田土壤氮素转化吸收和淋失规律田间试验
（吉林省水利科学研究院乐山灌溉试验站）

**2017** 年滴灌水肥气热多过程调控田间试验（吉林省水利科学研究院乐山灌溉试验站）

#### 2.5.4.3 大型喷灌机变量灌溉分区管理与控制技术

项目来源：国家重点研发计划课题（2016YFC0400104）

起止时间：2016年7月—2020年12月

主要完成单位：中国水利水电科学研究院

团队参加人：赵伟霞、李久生、栗岩峰、李秀梅

项目概要：该项目是"十三五"国家重点研发计划项目"东北粮食主产区高效节水灌溉技术与集成应用"中的课题4"集约化农田多功能喷灌技术与设备"的子课题，项目主持人是龚时宏研究员，课题主持人是中国农业科学院农田灌溉研究所黄修桥研究员，赵伟霞是子课题主持人。研究了大型喷灌机控制面积内土壤和作物参数的时空变异特征，揭示了土壤可利用水量是作物产量变异形成的主要因素；针对玉米生育期内降水量较大的特点，建立了基于土壤水分传感器和降雨预报信息的非充分变量灌溉水分管理决策方法；基于土壤含水率时间稳定性原理提出了将土壤水分传感器布置在直接代表平均土壤含水率点位的方法，并基于土壤粒级组成和水分亏缺程度，提出了变量灌溉系统土壤水分传感器网络布设方法；发明了大型喷灌机机载式红外温度观测系统，提出了冠层温度传感器沿喷灌机桁架方向的布置方法，并基于滤波技术提出了精确测量作物冠层温度的最大采样时间间隔。"圆形喷灌机变量灌溉技术"纳入2019年水利部国家成熟适用节水技术推广目录。

依托该项目，博士研究生李秀梅完成了学位论文《华北平原冬小麦—夏玉米变量灌溉水分管理方法》，被评为中国水利水电科学研究院优秀博士学位论文。

### 2.5.5 引进国际先进水利科学技术项目

#### 2.5.5.1 节水设备先进检测技术装备引进

项目来源：引进国际先进水利科学技术项目（水利部"948"项目）（200117）

起止时间：2002年7月—2004年12月

主要完成单位：中国水利水电科学研究院

团队参加人：李久生、栗岩峰、王迪

项目概要：该项目主持人为许迪正高级工程师和龚时宏研究员，主要参加人李久生、余根坚。为了配合国家节水灌溉北京工程技术研究中心大兴试验基地建设，项目采用贸易购买方式从美国、德国、荷兰等国家引进橡塑材料耐老化试验箱（QUV/spray）、时域土壤水分计（TRIME Moisture Meter）、精密天平、自动气象站（AZWS–001）、植物茎流计（SF1–DL2 Sap Flow System）、流动分析仪（AutoAnalyzer 3–AA3）、沙箱法pF曲线测定系统、便携式叶面积仪（AM100）、便携式光合作用系统（CIRAS–1）、压力传感器式张力计系统（T-serials Pressure-sensor Tensimeter System）、土工布渗透仪（S–500）、称重式蒸渗仪（Weighing lysimeter）等12套仪器性能先进的测试设备。为了准确把握引进设备

的型号，2002 年 12 月项目组成员赴美国进行了考察。考察期间访问了田纳西大学、美国农业部 Conservation and Production Research Laboratory（Bushland，Texas）、Texas A & M University、雨鸟公司总部、耐特菲姆加州总部、加州州立大学费雷斯诺灌溉设备检测中心等单位。由于称重式蒸渗仪从美国直接引进价格过高，遂决定在吸收国外先进技术的条件下，由西安理工大学和中国水利水电科学研究院研制建造。西安理工大学张建丰教授团队在充分调研国内外大型称重式蒸渗仪建造技术的基础上，在国家节水灌溉北京工程技术研究中心建成了有效蒸散面积 4m$^2$（2m × 2m）的称重式蒸渗仪，土箱高 2m，土体下部设置 0.3m 厚砂层。箱底做成 1∶40 的斜坡以保证渗入砂层的水分及时通过排水口流出。精度为 0.1mm 水深（400g），灵敏度 0.02mm 水深（80g），与国外称重式蒸渗仪精度相当。系统除了可以测量土壤总水重（kg）、蒸降强度（mm/h）、渗漏量（升）、还可测量各层土壤（10、20、40、60、80、100cm）深度处的温度和（10、20、40、60、80、100、

称重式蒸渗仪原状土箱吊装

称重式蒸渗仪施工期间西安理工大学教授
王文焰先生在观测高程

称重式蒸渗仪外观（中国农业科学院农业环境与可持续发展研究所气象站，饶敏杰，张建丰）

称重式蒸渗仪称重系统（地下室）

120、140、160、180、200cm）深度处的水势。

项目的实施提高了测试水平，在相关项目中发挥了重要作用，有力地提高了国家节水灌溉北京工程技术研究中心的创新能力和国际影响力。

#### 2.5.5.2 小型节电节水喷灌设备

项目来源：引进国际先进水利科学技术项目（水利部“948”项目）（200411）

起止时间：2004 年 3 月—2006 年 12 月

主要完成单位：中国水利水电科学研究院

团队参加人：李久生

项目概要：该项目为引进国际先进水利技术项目，主持人为高占义、李久生。针对我国小型绞盘式喷灌机存在的能耗高、喷洒质量差等问题，从奥地利保尔灌溉及泵工程公司引进了先进的小型喷灌机水涡轮技术、桁架技术和 PE 管制造技术，通过消化吸收，实现了国产化批量生产。国产小型绞盘式喷灌机采用精密的水涡轮驱动，0.3MPa 的入机压力时即可正常工作，达到了降低能耗的目的；采用先进的高密度 PE 管生产技术和排管回收系统，保证每一层 PE 管都铺排到位，水头损失小；采用速度补偿技术及数字化显示装置，回卷速度和灌溉量可根据需要调整，喷灌质量明显改善，喷灌均匀系数可达到 85% 以上。国产机型的价格比进口的同规格产品降低 30%~40%。项目实施期间在河北、河南、山东、内蒙古、陕西、黑龙江、广东、安徽、新疆累计销售 300 余台，实现销售收入 525 万元，取得良好的经济和社会效益。项目于 2008 年 7 月通过验收。

**2008** 年 **7** 月“小型节电节水喷灌设备”验收会（国家节水灌溉北京工程技术研究中心大兴试验基地）

## 2.5.6 农业科技成果转化资金项目

### 2.5.6.1 高效滴灌施肥装置与技术示范应用

项目来源：农业科技成果转化资金项目（04EFN216800348）

起止时间：2004 年 4 月—2006 年 11 月

主要完成单位：中国水利水电科学研究院，南宫市水务局，邢台市水务局

团队参加人：李久生、孟一斌、栗岩峰

项目概要：项目针对我国在滴灌施肥灌溉技术方面存在的几个关键问题进行了试验研究和成果转化，主要成果包括：

① 在对文丘里施肥器性能测试的基础上进一步完善了产品性能，优化了不同规格文丘里施肥器的结构参数，研制出四种性能良好的文丘里施肥器，并在合作生产厂家的配合下形成了批量生产能力。

② 在田间试验示范的基础上，提出棉花膜下滴灌和日光温室番茄水肥高效利用模式，在河北、北京等地示范应用 17 900 亩，与地面灌溉相比，棉花膜下滴灌节水 50%，增产

河北省南宫市项目核心示范区井房（南宫市水务局教授级高级工程师杜和景）

2006年7月17日与南宫市水务局教授级高级工程师杜和景（左）在项目核心示范区合影

在南宫市项目核心示范区进行滴灌系统性能田间评估

滴灌系统灌水与施肥均匀性田间评估（中国农业科学院农业环境与可持续发展研究所气象站，北京）

27%，经济和社会效益显著，并初步完成了微灌施肥灌溉操作规程的编制。

硕士研究生孟一斌在国家农业灌排设备检验检测中心检测大厅对文丘里、压差式施肥罐和比例施肥泵等施肥装置性能进行了全面测试，提出了适宜运行参数，在中国农业科学院农业环境与可持续发展研究所气象站和南宫市开展了施肥均匀性田间评估及滴灌水肥高效利用试验。博士研究生栗岩峰在国家节水灌溉工程技术研究中心大兴试验站开展了日光温室番茄滴灌水肥高效利用模式试验。

#### 2.5.6.2 新型园林系列喷头中试与产业化

**项目来源**：农业科技成果转化资金项目（2008 GB 23320438）

**起止时间**：2008 年 5 月—2010 年 4 月

**主要完成单位**：中国水利水电科学研究院，宁海县润茵节水喷灌设备有限公司

**团队参加人**：李久生、栗岩峰

**项目概要**：项目针对升降式喷头角度控制稳定性和准确性较差的问题，改进和研制了具有记忆功能的升降式喷头旋转角度控制装置和自动换向装置，显著提高了升降式喷头的可靠性、稳定性和耐久性，耐久性达到 2 000h；掌握了再生水条件下升降式喷头的运行特性，提出了防止喷头堵塞和提高系统运行可靠性的技术措施，扩大了升降式喷头的适用范围。完成了 3 种类型喷头的定型与产业化，改进了升降式喷头生产线，提高了升降式喷头的生产能力，年生产能力达到 30 万只；实现产值

2009 年园林升降式喷头在
北京市朝阳区北小河公园现场考核

| 齿轮驱动型（DPX-TS） | | 散射式（DPX-RB） | | 涡轮驱动型（DPX-RR） | |
|---|---|---|---|---|---|
|  | 壳体高度193mm<br>升降高度127mm<br>角度调节机构具有记忆功能<br>40°~360°连续可调<br>接口为3/4”内螺纹<br>配有12个喷嘴 |  | 壳体高度124~406mm<br>升降高度76~305mm<br>5种规格喷嘴<br>接口为1/2”内螺纹 | | 壳体高度184mm<br>升降高度92mm<br>角度调节机构具有记忆功能<br>全圆和20°~350°扇形旋转<br>接口为3/4”内螺纹<br>5种规格的喷嘴 |

实现了定型生产的 3 种园林升降式喷头

426.64 万元，出口创汇额 10.02 万美元，利润 68.85 万元，税收 16.48 万元，全面完成了合同规定的技术经济指标。项目取得的成果在北京城市绿地示范推广 50 亩，辐射应用 1 200 亩，取得了良好的经济、社会和生态效益。项目研制的新型园林系列喷头价格比同规格进口产品降低 30% 以上，大大提高了国产喷头的市场占有率，抑制了进口产品的价格上涨，在一定程度上满足了我国城市绿地喷灌迅速发展的需求，具有广阔的市场前景。项目于 2011 年 3 月 11 日通过水利部科技推广中心组织的验收。

栗岩峰在水利部节水灌溉设备质量检验中心（河南新乡）开展了喷头性能测试，在北京市朝阳区北小河公园开展了喷头田间应用评估和示范。

**2011** 年 **3** 月 **11** 日农业科技成果转化资金项目“新型园林系列喷头中试与产业化”验收会

# 教　育

## 3.1　研究生

### 3.1.1　招生

自 1998 年我被中国农业科学院研究生院确认硕士研究生导师资格以来，从时间上研究生招生大致可分成三个阶段。1999—2002 年是起步阶段。这一阶段招收了 2 名学生，学籍在中国农业科学院，培养单位是中国农业科学院农业气象研究所。张建君是第一位硕士研究生，1999 年入学。这一阶段适逢团队组建初期，没有实验室，经费也不够充足。研究生没有专门的学习室，建君和我一直在一个办公室。尽管工作和试验条件不够完备，但师生朝夕相处，建立了深厚的师生情谊，同时也为指导学生提供了便利。建君结合我主持的国家自然科学基金项目“滴灌施肥灌溉系统运行特性及氮素运移规律的研究”完成了硕士学位论文。建君在团队最早开展滴灌水肥一体化研究，为团队现代灌溉水肥高效利用研究方向的确立奠定了良好而坚实的基础。这一阶段招收的第二位学生是闫庆健。庆健是在职攻读硕士学位，学位论文是我承担的科技部公益性研究项目“风沙区农业灌溉定额的制订与修订”的部分内容。

第二个阶段大致从 2002—2013 年。我 2001 年 11 月从中国农业科学院气象所调入中国水利水电科学研究院水利研究所，研究生招生单位随之从中国农业科学院变成了中国水利水电科学研究院。2002 年被中国水利水电科学研究院遴选为博士研究生导师，是水利研究所第一位博士研究生导师。中国水利水电科学研究院规定，博士研究生导师原则上不安排硕士研究生招生指标。由于刚调入中国水利水电科学研究院，需要组建团队，因此积极探寻拓宽研究生招生的途径。经多方协商，自 2002 年起兼任中国农业大学水利与土木工程学院硕士研究生导师，在水利与土木工程学院招收硕士研究生。2002—2013 年的

12年间共招收13位硕士研究生，历经中国农业大学硕士研究生学制3年改2年的变化。受招生指标限制，自2014年开始，中国农业大学未再安排我的硕士生招生计划。

2002年报考水文水资源专业的白美健转入水利水电工程专业，成为我指导的第一位博士研究生，开启了指导博士研究生的历程。美健在职攻读学位，依托许迪和李益农两位副导师主持的“863计划”等课题完成了地面灌溉方面的学位论文，对水利所地面灌溉技术研究方向的确立和发展起到了承上启下的作用。

自2003年开始博士招生计划正式列入中国水利水电科学研究院研究生招生目录。这一时期，团队由组建期逐渐进入快速发展阶段，可以同时招收硕士研究生和博士研究生为团队力量的壮大提供了便利。水利所在大兴建成了节水灌溉试验基地，基地的研究设施、仪器设备在当年处于国内领先水平，为研究培养和学术发展提供了难得的条件和机遇。这一阶段研究生选题大多来自团队承担的国家自然科学基金项目、国家高技术发展计划（“863计划”）和国家科技支撑计划等项目，大部分田间试验和理化指标测试在大兴试验基地完成。在这一阶段，开启了变量灌溉研究，2013级硕士研究生杨汝苗是第一位从事这一方向研究的学生。取得的成果较好地奠定了团队在国内外的学术地位，同时为团队的后期稳步发展提供了可能。

2013年开始大致是研究生招生的第三个阶段。从研究上，这一阶段与第二阶段没有明确界限，唯一不同的是，这一阶段只招收博士研究生。2013年国家自然科学基金重点项目“再生水灌溉对系统性能与环境介质的影响及其调控机制”的申报成功，成为研究生培养新的增长点，进一步拓宽了研究生选题的专业范围。2012—2014年招收的博士研究生中有4位围绕重点项目开展研究工作，较好地实现了团队再生水研究方向的拓展。

为了扩大博士研究生招生规模，中国水利水电科学研究院开始探索与高校联合培养博士研究生。2015年获得中国农业大学博士研究生招生资格认定，2015—2022年招收的9位博士研究生中，有3位学籍为中国农业大学。2017年国家自然科学基金重大项目课题“农田节水控盐灌溉技术与系统优化”申报成功，团队开启了西北旱区滴灌系统水肥盐协同调控研究，4位博士研究生围绕这一项目开展研究工作。

随着团队成员栗岩峰、赵伟霞硕士研究生招生资格相继通过认定，2014年团队开始在中国水利水电科学研究院招收硕士研究生。我协助指导了2014—2019年招收的3名硕士研究生。

除了课题组招生的研究生外，时有来自外单位的学生以客座研究生的身份在课题组工作，结合课题组承担的研究任务完成学位论文，以便解决研究生招生指标的不足与科研任务较多的矛盾。河北农业大学城乡建设学院硕士研究生张红梅（导师杨路华教授）、杨晓奇（导师刘宏权教授）分别于2007—2009年和2018—2020年在课题组完成了学位论文。相继还有来自山西农业大学、西北农林科技大学、内蒙古大学、太原理工大学、华北水利水电大学等兄弟院校的硕士研究生在课题组开展客座研究。这些学生的加入不仅为课题组增添了新的研究力量，同时极大地促进了不同院校、导师在研究生培养方式和模式方面的交流，对提高研究生培养质量发挥了重要作用。

## 3.1.2 培养

### 3.1.2.1 选题

研究生培养的一个重要环节是选题。选题首先要处理好的一个问题是学位论文与研究项目之间的关系。研究生培养需要经费，但把学位论文内容完全等同于项目往往也是不可取的。对农田水利 / 水利水电工程专业的研究生来说，选题类型应属于应用基础研究，完全推广应用类的项目一般不宜作为研究选题。研究生选题另外一个需要考虑的因素是要能使学生得到试验、数据分析、模型、论文撰写不同环节全方位的学术训练。课题组研究生的选题原则多是试验为主，兼顾模型，尤其是博士学位论文都有一定的模型训练内容。

创新性是学位论文选题要考虑的核心。要使选题具有创新性，文献阅读是基础。选题过程中重视引导学生广泛阅读文献，精读关键和核心文献，引导、培养学生关注和跟踪学

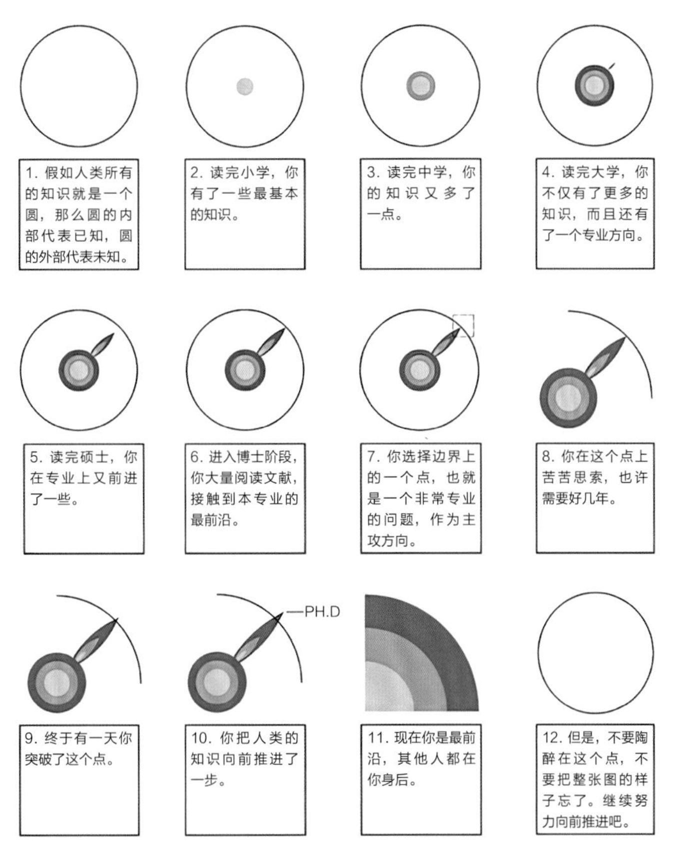


图 3–1 研究生选题讲解参考挂图（来源：http://blog.might.net/）

科前沿的主动性和热情。学生选题讨论中，常用图 3–1 向学生介绍选题创新的重要性和实现创新的途径。

工作量和系统性也是选题需要考虑的因素。这些年招收的博士研究生的学制大致是 4 年，第一学期需要学习基础课，修满要求学分，试验一般按 2 年（2 季）安排，用 1.5~2 年的时间用来分析数据、发表论文以及完成学位论文和答辩。

选题原则可简要总结为：

- 具有前瞻性和实用价值
- 有一定难度
- 目标要集中
- 具有较好的系统性和相对完整性
- 最好团队有一定研究基础
- 毕业后还能继续往前做

#### 3.1.2.2 试验

所有学生的选题都是以试验为主，因此，试验对学位论文的质量显得尤为重要。试验地点因研究内容也不尽相同，除了在大兴试验基地完成试验外，在新疆（乌鲁木齐、阿拉尔）、内蒙古（达拉特旗）、黑龙江（哈尔滨）、吉林（长春）、河北（南宫、涿州、大曹庄）等地都有学生开展过田间试验。对在大兴试验基地开展的试验，我坚持每周或每两周到试验基地查看一次试验，了解试验进展，与学生交流试验中的小技巧，回答学生试验过程中产生的疑问，了解试验中出现的困难和问题，并及时提出解决方案。对在北京以外开展的试验，多年来一直坚持每个试验季至少两次去试验现场，看望长期驻守现场的学生和工作人员，与学生同吃同住，了解试验进展，解决试验中出现的困难和问题。

#### 3.1.2.3 发表论文

发表论文是学生取得学位的要件。早期中国水利水电科学研究院要求博士研究生在申请学位前要在指定的期刊（大多是学会的学报）发表论文。学生多数来自农业院校的农田水利和农学专业，就业意向也多是农业类院校和科研单位，从方便学生求职考虑，鼓励每位博士研究生在《水利学报》《农业工程学报》和《中国农业科学》上各发表一篇论文，前几届博士研究生大体都达成了这一目标。实践证明，这种发表论文的期刊分布在学生到农业或水利部门求职意向不十分明确时，对扩大求职专业面是有帮助的。后来，中国水利水电科学研究院和中国农业大学都要求学生在国际 SCI 收录期刊上发表论文。为了适应这一变化，遂鼓励学生在国际期刊发表论文。在期刊选择上，引导学生在农田水利专业主流期刊上发表论文，避免盲目追逐影响因子。这些年，发表论文的主要期刊包括：*Agricultural Water Management*、*Irrigation Science*、*Irrigation and Drainage*、*Transactions of the ASABE*、*Field Crops Research*。为了使学生熟悉中文论文的撰写要领和技巧，在发表英文论文的同时，鼓励学生在学期间有 1 篇中文论文发表。大部分学生达成了这一目标。

#### 3.1.2.4 学位论文

随着对研究生在学期间发表论文要求的提高，或多或少降低了学校和研究生本人对学位论文本身质量的关注度。实际上，完成一篇 10 万 ~15 万字的博士学位论文是对学生学术素质提升的重要训练，对学生而言，也是一次难得的机会。学位论文不是已发表的 3~4 篇学术论文的简单叠加，长期指导学生过程中，一直花比较多精力指导学生从逻辑关系、前后呼应、论证方法、结论总结、创新点提炼等方面对学位论文进行仔细打磨，直至成为一篇令人比较满意的学位论文。毕业的学生中，白美健、刘玉春、关红杰、王珍、李秀梅等 5 人获中国水利水电科学研究院优秀博士学位论文，杜珍华、陈磊等 2 人获中国农业大学优秀硕士论文。

#### 3.1.2.5 答辩

答辩是学位论文的最后一个环节，也是研究生培养的终点站。学生经过 4 年甚至 5 年的努力，终于完成了学位论文，往往会感觉到入学以来少有的轻松。提醒和督促学生准备好答辩需要的文件是老师的最后职责。答辩不通过罕见，因此，认真准备所有答辩文件的目的不是通过答辩，而是把自己 3~5 年来日夜奋斗做出的论文以最好的形式展现给答辩委员，使自己的学术素养、逻辑思维能力、语言组织能力等充分浓缩并体现于汇报的 PPT 中，给答辩委员留下深刻印象，因为各位答辩委员应该是国内在你论文涉及方向做得最出色的学者，他们极有可能成为你未来申报的青年基金、博士后基金等项目的评阅人。同时，做好答辩的准备工作也给学生自己这么多年辛勤工作一个完美交代。

## 3.2 博士后

在中国水利水电科学研究院工作的二十多年时间里，先后有 6 位博士加入团队开展博士后研究，分别是：

孔东，内蒙古农业大学博士，2004 年 7 月—2006 年 7 月在站

赵伟霞，西北农林科技大学博士，2009 年 7 月—2012 年 6 月在站

王军，中国农业大学博士，2013 年 7 月—2016 年 12 月在站

薄晓东，中国农业大学博士，2017 年 7 月—2020 年 9 月在站

王罕博，中国农业科学院研究生院（农业环境与可持续发展研究所）博士，2020 年 6 月进站

朱忠锐，西北农林科技大学博士，2023 年 3 月进站

博士后的加入，增添了团队活力，增进了不同院校培养的博士之间的相互交流和取长补短，预防和消除了团队固定人员近亲繁殖。博士后在站期间学术思想活跃，工作勤奋务实，荣获博士后基金、博士后基金特别资助等项目支持，为团队学术发展和研究方向拓展作出了重要贡献，在站期间或出站当年均获得国家自然科学基金青年基金项目资助。

## 3.3 授 课

自 2012 年开始，承担了农业水土工程学科学位课程《灌溉原理与技术》授课任务。该课程属于一级学科核心课程。2012—2021 年，由我和中国农业科学院农田灌溉研究所孙景生研究员（分别承担 2/3 和 1/3 的课时）共同讲授，2022 年起，由我和灌溉研究所高阳研究员共同讲授。自 2012 年讲授该课程以来，2013—2021 年度被评为中国农业科学院研究生院优秀教师，2018—2019 年度被评为中国农业科学院研究生院教学名师。

十一年连续讲授《灌溉原理与技术》课程给我创造了与学生密切接触的机会，为我提供了跟踪和了解学生思想状况的机遇，同时也锻炼和提高了授课能力。授课也迫使我不断学习，跟踪相关学科的发展趋势和前沿。

### 灌溉原理与技术<br>一级学科研究生核心课程教学大纲

课程中文名称：灌溉原理与技术

课程英文名称：Irrigation Principles and Technologies

课程序号：4163

#### 一、课程概述

《灌溉原理与技术》是农业水土工程专业硕士研究生的学位课程，也是相关专业硕士研究生和博士研究生的选修课。该课程重点讲授从事农业水土工程学科相关研究需要的基础知识，注重对学科发展趋势和前沿的跟踪介绍，激发学生探索作物—水分—养分相互关系及研发新型灌溉技术的兴趣，为将来从事科学研究打好基础。

#### 二、课程学分、学时

总学时：36，其中讲授 32 学时，实验实习 2 学时，研讨 2 学时。

## 三、先修课程

要求学生具备农田水利学和作物栽培学基础知识，希望学生对土壤水动力学、水力学等基础知识有一定了解。

## 四、课程目标

通过本课程的学习，希望学生能了解我国及世界农田灌溉的发展历史，充分认识灌溉对保障粮食安全的重要性，掌握作物需水量的测试、计算原理与方法，熟悉喷灌、微灌、地面灌溉技术的主要技术参数及其性能测试与评价方法；引导学生关注相关学科的前沿科学问题及研究方法。课程修完后，学生能独立开展作物需水规律、灌溉技术参数的测试及相关试验研究工作。

## 五、适用对象

适用于农业水土工程专业硕士研究生或博士研究生。

## 六、授课方式

以课堂讲授为主，辅以实习参观。

## 七、课程内容

第一章　概述

　　第一节　世界灌溉与水资源状况

　　第二节　中国水资源供需状况

　　第三节　中国节水灌溉发展历程回顾

　　第四节　节水灌溉技术体系

　　第五节　节水灌溉理论与技术研究展望

第二章　作物与水分关系

　　第一节　作物水分生理

　　第二节　作物与水的生态关系

　　第三节　土壤植物大气水分传输系统

　　第四节　水分胁迫对作物的影响

　　第五节　作物对水分亏缺的适应性

第六节　作物水分亏缺状况的诊断指标

第三章　作物需水量测定与计算

第一节　作物需水量的概念

第二节　作物需水量的测定

第三节　作物需水量的估算

第四章　作物水分生产函数与非充分灌溉理论

第一节　作物非充分灌溉理论研究及进展

第二节　作物非充分灌溉试验研究

第三节　作物水分生产函数的基本概念

第四节　作物水分生产函数的数学模型

第五节　作物水分生产函数模型的建模

第六节　作物非充分灌溉技术研究及进展

第五章　喷灌技术

第一节　概述

第二节　喷灌系统的型式

第三节　喷灌系统组成

第四节　喷头水力参数

第五节　喷灌均匀系数

第六节　蒸发与飘移损失

第七节　冠层截留水量及其消耗机制

第八节　变量灌溉研究进展

第六章　微灌技术

第一节　概述

第二节　微灌系统的组成

第三节　灌水器

第四节　过滤器

第五节　减轻堵塞的化学处理方法

第六节　注肥装置

第七节　微灌系统性能的田间评价

第八节　滴灌水肥盐联合调控

第七章　地面灌溉技术

　　第一节　概述

　　第二节　地面灌溉技术要素

　　第三节　地面灌溉系统性能评价

　　第四节　地面灌溉模拟模型

　　第五节　地面灌溉技术研究进展

第八章　《灌溉原理与技术》专题（请相关专家或企业家就相关专题作报告）

实习：按就近原则，选择位于北京市区或郊区，代表我国灌溉发展水平的实验室（中心）参观实习。尽最大可能，让学生从事一些与课程相关的试验数据采集和报告撰写工作。

## 八、考核要求

期末考核：

闭卷考试（80 分），考试时间 2.5 小时。

平时考核：

考勤和作业完成情况（10 分）。

讨论课（10 分）。

## 九、课程资源

### 教材或参考书

1. 陈亚新，康绍忠，1995. 非充分灌溉原理．中国水利水电出版社．

2. 陈玉民，等，1995. 中国主要作物需水量与灌溉．中国水利水电出版社．

3. 李远华，等，2003. 节水灌溉理论与技术．武汉大学出版社．

4. 陈大雕，林中卉，1992．喷灌技术．2 版．科学出版社．

5. Lamm F R, et al, 2007. Microirrigation for crop production: Design, Operation, and Management. Elsevier.

6. 李久生，等，2003. 滴灌施肥灌溉原理与应用．中国农业科技出版社．

7. 李久生，等，2008. 现代灌溉水肥管理原理与应用．黄河水利出版社．

8. 李久生，等，2015. 喷灌与微灌水肥高效安全利用原理．中国农业出版．

9. 康绍忠，孙景生，张喜英，等，2018. 中国北方主要作物需水量与耗水管理．中国水利水电出版社．

**2012** 年《灌溉原理与技术》课程学生在中国水利水电科学研究院大兴试验基地实习

**2022** 年《灌溉原理与技术》课程结课合影

# 社会活动

## 4.1 学术兼职

### 4.1.1 单位内部

中国农业科学院第三届学术委员会委员

中国水利水电科学研究院第七至十届学位委员会委员（2004—2019 年）

中国水利水电科学研究院水利所学术小组成员、科技委员会委员

### 4.1.2 学术团体

中国农业工程学会第八、第九届理事会理事（2008 年 12 月—2017 年 8 月）

中国农业工程学会农业水土工程专业委员会委员（2000—2022 年）

中国农业机械学会第十一届理事会理事（2018—2022 年）

北京农业工程学会第五届（2010—2014 年）、第六届（2014—2018 年）理事会理事，第七届常务理事（2018—2023 年）

### 4.1.3 学术期刊

*Irrigation and Drainage* 编委会主席（2021—），主编（2016—），副主编（2013—），编委会委员（2012—）

*Irrigation Science* 副主编（2012—）

*Journal of Integrative Agriculture* 编委会委员（2017—）

*Journal of International Agricultural and Biological Engineering* 第一届编委

农业工程学报第六届编委会委员（2004.1—2009.12），第七届编委会委员兼农业水土

工程栏目副主编（2010.1—2020.2）

水利学报编委会委员（2016—）

中国农业科学编委会委员（2017—）

农业机械学报第九届编委会委员（2018—）

灌溉排水学报编委会委员（2016—）

排灌机械工程学报第十届编委会委员（2016—2022）

### 4.1.4 其他

教育部旱区农业节水重点实验室学术委员会委员（西北农林科技大学）

国家节水灌溉北京工程技术研究中心第一届工程技术委员会委员（水利所）

中国科学院地理科学与资源研究所客座研究员（2002—2005年）

## 4.2 海外学习与学术交流

学术生涯中多次赴海外参加国际会议、学术考察交流和培训授课，早期的海外交流活动多是参加美国农业与生物工程学会国际年会（ASABE）、国际农业工程大会（CIGR），自2012年担任国际灌排委员会（ICID）会刊 *Irrigation and Drainage* 编委以来，海外交流多集中于参加ICID执行理事会（IEC）和世界灌溉论坛（WIF）。通过这些学术交流和考察，结识了国外同行，开阔了视野，提升了对研究动态和发展趋势的把握能力，对团队研究方向的确立以及拓展发挥了重要作用，同时也宣传了团队的研究成果，提升了团队在国际学术界的地位和影响力。主要海外学习和交流活动记述如下。

1. 1990年5月14日—6月2日，参加联合国粮食及农业组织（FAO）在韩国举办的农民参与改善灌溉管理研讨培训班（International Workshop and Training for Improved Irrigation Management with Farmers’ Participation）。来自亚太地区13个国家的学员参加了培训和交流，在研讨培训班做了“利民灌区水资源统一管理”（The measures and principles of unified management of water resources in Limin Irrigation Project，Shanxi Province）的学术报告。

研讨培训班开幕式

研讨培训班合影

在研讨培训班上作报告

宾馆门口留影

2. 1992 年 10 月—1995 年 10 月，日本爱媛大学（香川大学农学部）攻读博士学位。

研究室活动

王长君，藤森才博，河野広，李久生，福崎富代，

**Nguyen Quang Kim**

博士学位论文中期考核

**1993** 年 **3** 月访问日本农业工学研究所
**Nguyen Quang Kim**，安养寺久男，
李久生，河野広

参观日本农业工学研究所的喷头水量分布测试设施。令我惊讶的是这个设施和中国农业科学院农田灌溉研究所的喷灌试验场非常类似

和河野先生一起赏樱花
**Nguyen Quang Kim**，河野広，
李久生，李楠，孟秀华

李久生与王长君（右）、康跃虎（左）在香川大学

**1994** 年元旦李久生、孟秀华在租住的
公寓楼上合影

**1993** 年 **7** 月在东京参加日本农业土木学会年会
藤森才博，李久生，姜华英，康跃虎

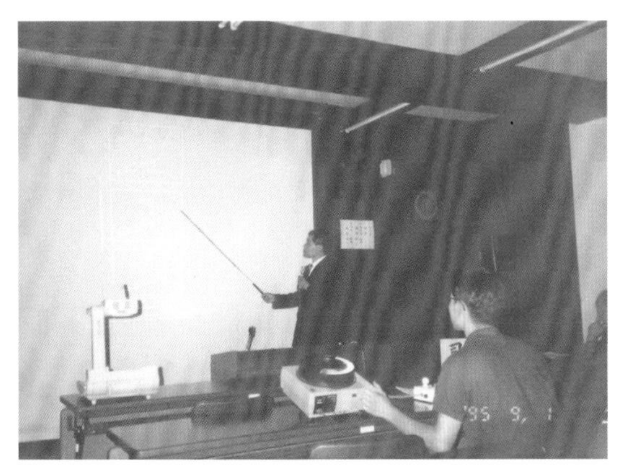

1995 年 9 月博士论文答辩

1995 年 9 月学位授予典礼

1995 年 9 月学位授予典礼李久生（右一）与黄介生（右二）等合影

1995 年 7 月在河野先生宫崎市自宅门前合影
王长君，友人，河野広，李楠，孟秀华，李久生

3. 1994 年 3 月 21—23 日，参加由东京农业工程大学在东京举办的“Soil Moisture Control in Arid to Semi-Arid Regions for Agro-Forestory”国际会议，做大会报告“Uniformity of soil moisture under sprinkler irrigation”。我的导师河野広先生一同参加会议。

4. 1998 年 7 月赴美国参加美国农业工程学会国际年会（ASAE Annual International Meeting，Florida，USA）。

在 ASAE 年会上作学术报告

李久生与 **Ron Yoder** 教授（左）
在 **ASAE** 年会上合影

李久生与 **Terry A Howell Sr.** 博士（左）
在 **ASAE** 年会上合影

李久生与杨邦杰教授（中）和张忠龙博士（左）在 **ASAE** 年会上合影

**ASAE** 年会后和林而达先生在美国考察
李玉娥，李久生，林而达

5. 2000 年 1 月赴日本筑波参加国际农业工程大会第十四次大会（XIV Memorial CIGR World Congress 2000, Tsukuba, Japan），做分组会议报告“Crop yield as affected by uniformity of sprinkler irrigation”，主持一个分会场报告（Luis Santos Pereira 教授为第二主持）。

6. 2001 年 9 月 16—21 日，参加在韩国汉城（现首尔）召开的第 52 届国际灌排委员会执行理事会及第一届亚洲区域大会（52nd International Executive Council Meeting (IEC), 1st Asian Regional Conference, Seoul, Rep. of Korea）。参加会议的国际旅费得到国家自然科学基金项目（50115114）资助。

李久生在第 **52** 届国际灌排委员会执行理事会及第一届亚洲区域大会上做学术报告

7. 2002 年 10 月 19 日—2003 年 1 月 13 日，美国田纳西大学高级访问学者（国家留学基金资助），合作教授 Ronald E. Yoder（时任田纳西大学生物系统工程与环境科学系主任）。学术访问期间与 Ron Yoder 教授和 Lameck O. Odhiambo 博士合作开展了人工神经网络模型应用于滴灌水氮运移模拟方面的研究工作。合作研究结果在 *Irrigation Science*（23：29–37）发表。

**2002**年**11**月李久生与田纳西大学生物系统工程与环境科学系主任**Ron Yoder**教授合影

**2002**年**12**月在田纳西大学访学期间参观当地水利工程

8. 2002年12月9—24日，李久生、龚时宏、余根坚、邹辛执行“948”项目“节水设备先进检测技术装备引进”引进考察任务，考察了田纳西大学、美国农业部Conservation and Production Research Laboratory (Bushland, Texas)、Texas A & M University、雨鸟公司总部、耐特菲姆加州总部、加州州立大学费雷斯诺灌溉设备检测中心等单位。考察结束后返回田纳西大学继续学术访问工作。

访问得州农工大学农业研究推广中心
（左一盛祝平，左二龚时宏，右一余根坚，右二邹辛，右四李久生）

参观得州农工大学环境科学分析实验室

9. 2004 年 8 月 1—4 日，参加在加拿大安大略省渥太华召开的美国 / 加拿大农业工程学会国际年会（2004 ASAE/CSAE Annual International Meeting），做分组学术报告“Drip irrigation design based on wetted soil geometry and volume from a surface point source”（ASAE paper no. 042245）。与当时在 McGill University 大学进行学术交流的余根坚一起参加会议。参加会议的国际旅费得到国家自然科学基金项目（50410205032）资助。

10. 2007 年 9 月赴日本考察农田水利现代化，考察团成员还有许迪、龚时宏、李益农，考察了农业工学研究所等科研单位及霞之浦灌区、丰川用水、北海道等地。

考察团参观激光平地机具

考察团参观日本农业工学研究所
龚时宏，中达雄，许迪，李益农，李久生，
右一袁新

11. 2011 年 4 月 30 日—5 月 6 日，李久生、李益农、栗岩峰、王建东等赴美国内布拉斯加州林肯市参加作物和水（Crop for Water）论坛。论坛由内布拉斯加大学（The Daugherty Water for Food Global Institute at the University of Nebraska）主办。会前参观了内布拉斯加州的农场和畜牧场，会议期间内布拉斯加大学副校长 Ron Yoder 教授陪同参观了内布拉斯加大学 South Central Agricultural Laboratory（SCAL）和世界上最大的大型喷灌机生产企业维蒙特（Valmont）公司位于 Valley 的总部，会后李久生、栗岩峰、王建东参观考察了美国农业部 Conservation and Production Research Laboratory (Bushland, Texas)、加州大学戴维斯分校等单位。通过这次活动，初步形成了团队关于变量灌溉研究的设想和实施步骤。

王建东，李益农，李久生，栗岩峰

沈彦俊，张福锁，李益农，李久生，陈新平

参加 **Crop for Water** 论坛

参观内布拉斯加大学 **South Central Agricultural Laboratory**（**SCAL**）田间微灌设施

参观内布拉斯加州的一个农场

参观维蒙特公司总部

与维蒙特专家交流
（左侧依次是栗岩峰、李久生、李益农）

参观美国农业部 **Conservation and Production Research Laboratory**（**Bushland，Texas**）
栗岩峰，**Terry A Howell Sr.**，李久生

美国农业部 **Conservation and Production Research Laboratory**（**Bushland，Texas**）的变量灌溉系统

参观加州大学戴维斯分校，背后是直径 **7 m** 的称重式蒸渗仪
李久生，**Snyder** 教授，胡永光，栗岩峰

加州大学戴维斯分校的田间观测系统

12. 2012 年 3 月 10—15 日，应巴基斯坦水电开发署（WAPDA）的邀请，李久生、龚时宏、李光永、王建东、于颖多等赴巴基斯坦进行滴灌技术培训。我主讲了滴灌水肥一体化原理与技术应用。

培训班授课

与培训班学员合影
（前排右二龚时宏，右四李光永，右五李久生）

13. 2012年4月9—14日，受亚洲开发银行（Asian Development Bank, ADB）的邀请，李久生、高占义、阎存立（水利部农业综合开发办公室）、朱山涛（财政部农业司）、马发展（国家农业综合开发办公室）等赴菲律宾马尼拉出席了由亚洲开发银行主办的“亚洲灌溉论坛”（Asian Irrigation Forum），会前（4月10日）参观了位于马尼拉附近的国际水稻研究所。

参加亚洲灌溉论坛的代表合影

参加亚洲灌溉论坛

国际水稻研究所前留影

14. 2012 年 6 月 26—30 日，参加在澳大利亚阿德莱德召开的第 63 届国际灌排委员会执行理事会及第 7 次亚洲区域大会（63rd International Executive Council Meeting（IEC），7th Asian Regional Conference，Adelaide，Australia）。经中国国家灌排委员会提名，*Irrigation and Drainage* 期刊编委会同意，李久生担任期刊编委。

参加第 **63** 届国际灌排委员会执行理事会及第 **7** 次亚洲区域大会的部分中国代表合影
李久生，党平，郝钊，闫冠宇，
王少丽，高虹，穆建新

李久生在第 **7** 次亚洲区域大会上做学术报告

15. 2013 年 10 月 1—5 日，参加在土耳其马尔丁召开的第 64 届国际灌排委员会执行理事会和第一届世界灌溉论坛（9 月 29 日—10 月 3 日）（64th International Executive Council Meeting (IEC), 1st World Irrigation Forum (WIF1), Mardin, Turkey）。经编委会主席 Bart Schultz 提名，编委会同意，李久生担任 *Irrigation and Drainage* 期刊副主编。

参加第一届世界灌溉论坛

参加第一届世界灌溉论坛的部分中国代表合影
（后排右四李久生）

会后考察

参观以色列耐特菲姆公司总部
（后排左一李久生）

16. 2014 年 9 月 14—20 日，参加在韩国光州召开的第 65 届国际灌排委员会执行理事会［65th International Executive Council Meeting (IEC), Gwangju, Rep. of Korea］。

参加第 **65** 届国际灌排委员会执行理事会的部分中国代表合影
李久生，王少丽，高虹，李若曦，闫冠宇，于颖多，党平

17. 2015 年 10 月 11—16 日，参加在法国蒙彼利埃召开的第 66 届国际灌排委员会执行理事会［66th International Executive Council Meeting (IEC), Montpellier, France］。经编委

会主席 Bart Schultz 提名，李久生担任 *Irrigation and Drainage* 期刊主编。这是期刊创刊 64 年来第一次由中国学者担任主编。

参加第 **66** 届国际灌排委员会执行理事会

参加第 **66** 届国际灌排委员会执行理事会与张宝忠（左）、闫冠宇（中）合影

18. 2015 年 11 月 9—11 日，参加在美国加州长滩召开的中美节水技术旗舰项目研讨会和美国灌溉大会，会议期间举办了 Sr. Terry A. Howell 学术生涯庆祝会（2015 Sino-USA Water Saving Technologies Flagship Program Conference; 2015 ASABE/IA Irrigation Symposium: Emerging Technologies for Sustainable Irrigation; A Tribute to the Career of Terry A. Howell, Sr., PhD, PE, D.WRE, Long Beach, California）。在旗舰项目研讨会上做了“Design Standard of Microirrigation System Uniformity: A summary of eight years study”和“Effects of lateral depth and water applied on transport of *E. coli* in soil and residuals within plants and

参加美国灌溉大会与段杰辉合影。背后左侧是 **Sr. Terry A. Howell** 学术生涯庆祝会的海报

在美国灌溉大会上做学术报告

asparagus lettuce production for SDI applying secondary sewage effluent”2 个报告，在灌溉大会上做了“Assessing the effects of drip irrigation system uniformity and spatial variability in soil on nitrate leaching through simulation”报告。会议期间参观了美国灌溉展。团队赵伟霞一同参加会议。

19. 2016 年 11 月 6—12 日，参加在泰国清迈召开的第 67 届国际灌排委员会执行理事会和第 2 届世界灌溉论坛［67th International Executive Council Meeting (IEC), 2nd World Irrigation Forum (WIF2), Chiang Mai, Thailand］。被授予国际节水奖（技术奖）［Watsave Award (Technology)］。

参加 ***Irrigation and Drainage*** 期刊编委会会议（前排左一李久生）

国际灌排委员会主席纳瑞兹先生为李久生颁发节水技术奖（**ICID WatSave Award**），
泰国农业部官员为李久生颁发奖金

在节水工作组会议上介绍
**ICID** 节水技术奖成果

获 **ICID** 节水技术奖后同参加第 **67** 届国际灌排委员会执行理事会和第 **2** 届世界灌溉论坛的部分中国代表团成员合影
吴文勇，杜丽娟，王蕾，王少丽，李久生，穆建新，彭致功，丁昆仑

20. 2017 年 7 月 16—19 日李久生、栗岩峰、陈皓锐赴美国参加了在华盛顿州斯波坎市召开的美国农业与生物工程学会（ASABE）国际年会。被授予微灌奖（ASABE Netafim Award for Advancements in Microirrigation），这是该奖项设立以来第 4 次授奖，也是中国学者第一次获得该奖项。会议期间做了 4 个报告（3 个口头报告，1 个墙报）。

参加 **ASABE** 年会并作学术报告（左侧海报上部是李久生获 **2017** 年度微灌奖的介绍）

ASABE 主席（左）和 Netafim 总裁（右）为李久生颁奖

李久生与 Freddie Ray Lamm 教授（左）和 Ron Yoder 教授（右）合影

21. 2018 年 6 月 26—29 日应邀参加在智利圣地亚哥召开的中国—智利水资源研究双边研讨会。会议由国家自然科学基金委员会、智利科技委员会、智利发展创新理事会水资源分会、中国驻智利大使馆主办。会议包括 4 个研究议题：A1 水文水资源，A2 水与农业，A3 水环境与生态水利，A4 水资源监测与调控的信息系统。参加会议的经费得到国家自然科学基金项目（51881220204）资助。

会议代表合影（右六李久生）

会议期间李久生与严登华（左）、雷晓辉（右）合影

22. 2018 年 8 月 12—17 日，参加在加拿大萨斯卡通召开的第 69 届国际灌排委员会执行理事会［69th International Executive Council Meeting (IEC), Saskatoon, Canada］。会议期间，期刊编委会主席 Bart Schulfz 教授第一次提出让我接任期刊编委会主席的想法。

参加第 **69** 届国际灌排委员会执行理事会

参加第 69 届国际灌排委员会执行理事会的部分中国代表合影（后排左三李久生）

部分编委代表合影（右四李久生）

23. 2019 年 1 月 15—19 日，李久生、丁昆仑、吴文勇、高黎辉等赴印度奥兰加巴德参加了第九届国际微灌大会（9th International Micro Irrigation Conference，Aurangabad，India）。应邀做大会报告“Microirrigation in China: History, Present, and Future”，报告获得与会者高度评价，接受了印度时报（Times of India）等媒体现场采访。应邀主持分会场“Session ID: 23 Technical Session on Sub-Theme 1: New Innovations & Products”，做分会场报告“Influence of irrigation frequency and lateral depth on yield and quality of asparagus lettuce for subsurface drip irrigation applying sewage effluent”。

李久生参加第九届国际微灌大会

李久生做大会主题报告

李久生（左三）主持会议讨论

李久生（右三）与参加会议的代表合影

24. 2019 年 9 月 1—7 日，参加在印度尼西亚巴厘岛召开的第 70 届国际灌排委员会执行理事会和第 3 届世界灌溉论坛［70th International Executive Council Meeting (IEC), 3nd World Irrigation Forum (WIF2), Bali, Indonesia］。根据期刊编委会主席提议，编委会决定从本次会议开始启动编委会主席工作交接，下届执行理事会李久生正式就任编委会主席。

参加会议的部分中国代表合影（二排右二李久生）

李久生与 **Chandra Madramootoo** 教授（中）和李益农教授（左）合影

25. 2020 年 12 月 7—8 日，受新冠疫情（COVID–19）影响，第 71 届国际灌排委员会执行理事会采用线上会议形式举行（71st IEC Meeting (ICID Central Office hosted the meeting on virtual platform)）。根据 ICID 总部的安排，各工作组在执行理事会前召开了工作组会议。在 9 月 29 日召开的 *Irrigation and Drainage* 期刊编委会（EB-JOUR）线上会议上，李久生正式就任编委会主席，继续兼任主编。第一次主持编委会，做了“Continuous Enhancing Journal Quality through Improving Review Process”的主旨报告。

26. 2021 年 11 月 24—30 日，第 72 届国际灌排委员会执行理事会在摩洛哥马拉喀什举行（72nd International Executive Council Meeting, Marrakesh, Morocco），受疫情影响会议采用线上线下结合方式举行，李久生线上参加了会议。在理事会上宣布了 *Irrigation and Drainage* 期刊 2021 年度最佳论文（线下由 ICID 秘书长代为宣布）。会议期间主持了期刊管理委员会（MT-JOUR）和编委会（EB-JOUR）。

27. 2022 年 10 月 3—10 日，第 73 届国际灌排委员会执行理事会在澳大利亚阿德莱德举行（73rd International Executive Council Meeting, Adelaide, Australia），受新冠疫情影响未能参加会议，委托 *Irrigation and Drainage* 编委会名誉主编 Bart Schultz 宣布 2022 年度期刊最佳论文并主持期刊管理委员会（MT-JOUR）和编委会（EB-JOUR）。

# 论著与知识产权

## 5.1 概 要

### 5.1.1 论文

经不完全统计，1985—2022 年独（合）著发表学术期刊 / 会议论文近 300 篇，年发表论文数量变化如图 5–1 所示。2000 年之前的论文多是第一或独著作者发表，自 2000 年开始，随着研究团队的逐渐形成，研究生逐渐增多，论文发表多以研究生为第一作者。发表成果数量与代表性研究成果的集成紧密相关。1995 年，发表论文呈现第一个高峰，主要得益于以喷灌水力学为代表的系列成果发表；2002 年前后出现第二个论文产出高峰，与课题组滴灌水肥运移规律研究相关；2007 年的第三次高峰，主要得益于喷灌田间小气候和滴灌系统运行方式的系列成果发表；2014 年出现第四次论文产出高峰，主要体现在以滴灌

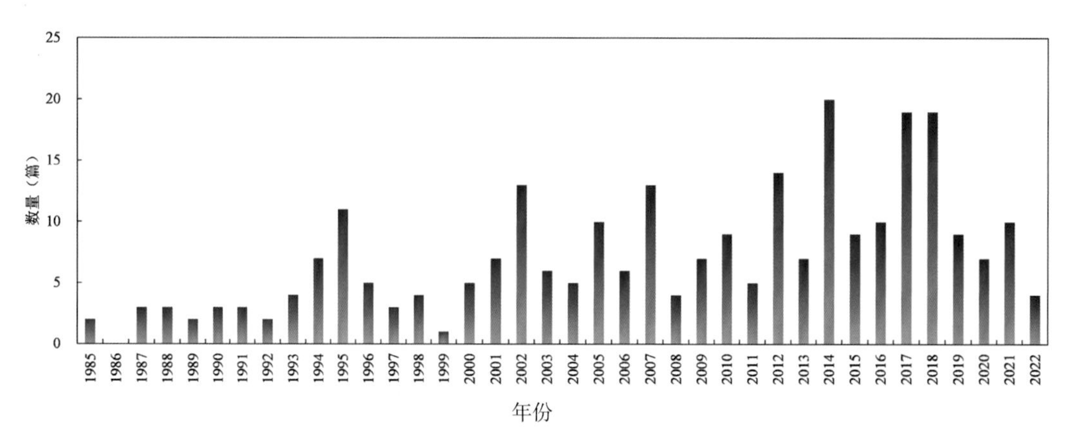


图 **5–1** 发表论文数量年度变化

均匀系数为主题的系列成果上；2017—2018 年的第五次高峰，则与课题组再生水滴灌原理与技术成果的集中发表有关。这些论文为课题组喷 / 微灌方面国内外的学术地位奠定了良好基础。

图 5–2 和图 5–3 分别给出了中文和英文论文合作者关系图。中文论文合作作者共有 85 位，英文论文合作作者 39 位。图中作者名赋值颜色代表与合作发表论文的平均时间段，作者名赋值圆圈半径代表发表论文数量。该图大致反映出科研生涯中不同阶段与不同人员的合作时段及产出。自 1995 年在清华大学水利系做博士后研究以来，与超过 80 位合作者发表了中文论文。这些合作者中包括早期中国农业科学院农田灌溉研究所和中国农业科学院农业气象研究所（环发所）的导师和同事，华北水利水电学院北京研究生部、武汉水利电力学院的老师，清华大学水利系的博士后导师，后期的合作者主要是团队的骨干、博士后和研究生。

在中文论文的合作者有我国喷灌领域研究和教育事业的开拓者施钧亮、陈学敏、李英能、许一飞等老先生，这是我学术生涯中感到荣幸和引以为豪的事。施钧亮先生是华北水利水电学院北京研究生部的教授，我国最早招收喷灌方向研究生的导师之一。陈学敏先生是武汉水利电力学院（现武汉大学水利水电学院）教授、我硕士阶段的副导师；李英能是中国农业科学院农田灌溉所研究员，也是我硕士阶段的副导师；许一飞是北京农业工程大学（现中国农业大学）教授。诸位先生都是农田水利方面的知名学者，在喷灌方面都有很深的造诣。和诸位先生合作发表论文两篇：

① 施钧亮，陈学敏，罗金耀，李英能，李久生，1985. 喷洒水利用系数的测定［J］. 喷灌技术（2）：37–39.

② 许一飞，施钧亮，吴涤非，李久生，陈学敏，1992. 我国喷灌工程规划设计的研究与发展［J］. 喷灌技术（4）：30–31.

第一篇论文发表时我还是硕士研究生在读。硕士第一学年暑假（1984 年）根据导师余开德先生的安排，跟随副导师李英能先生参加喷洒水利用系数的测定，为《喷灌工程技术规范》的制订提供参数。当时在全国不同气候区选择多个典型地点开展喷洒水利用系数测定和研究，我参加了河南新乡点的测试工作。实际上，当时参加测试工作就是硕士论文选题前的实习，非常感谢李英能先生提携后辈，倾尽全力为我的学术发展铺路，把当时还是硕士研究生的我列为论文作者，使我有机会同诸位喷灌学术界的前辈成为合著者。

第二篇论文是对我国喷灌工程设计的综述论文。记忆中是为即将召开的喷灌学术研讨会提交了一篇论文。由于当时参加工作时间还不长，对喷灌工程设计谈不上有什么深入见解，想来陈学敏先生在执笔写这篇论文时也没有吸收我论文中有价值的观点，但是陈先生在署名时把我放在了她的前面，当时还没有像现在有通讯作者身份一说。现在回想起来还深深为这些老先生、老前辈淡泊名利、提携后辈的高风亮节而感动。

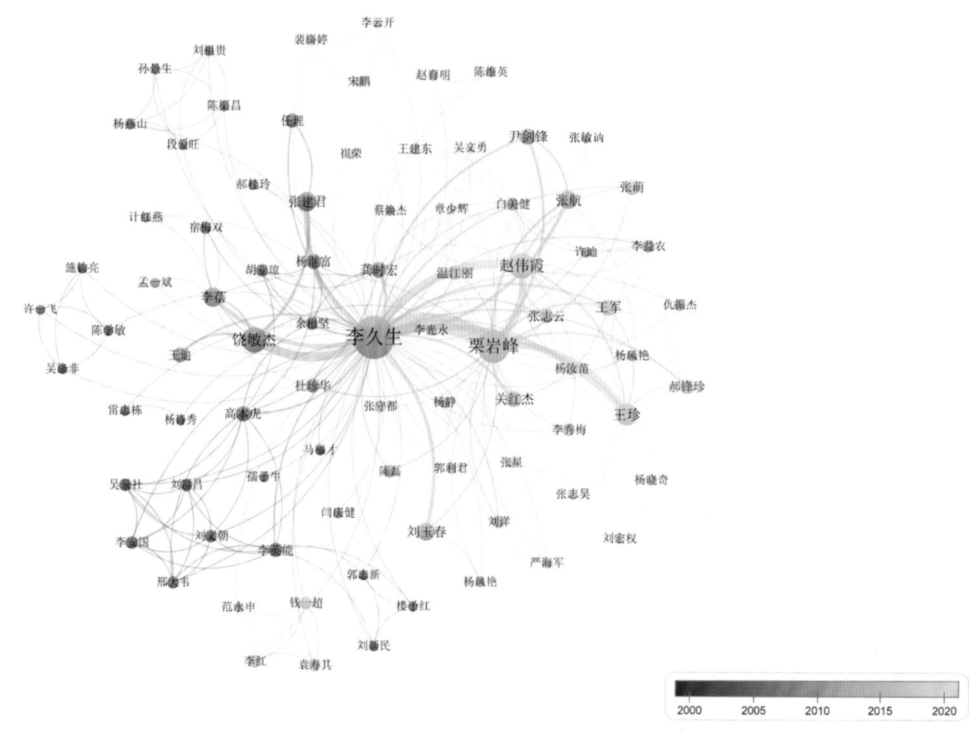


图 5-2　中文论文合作者关系图

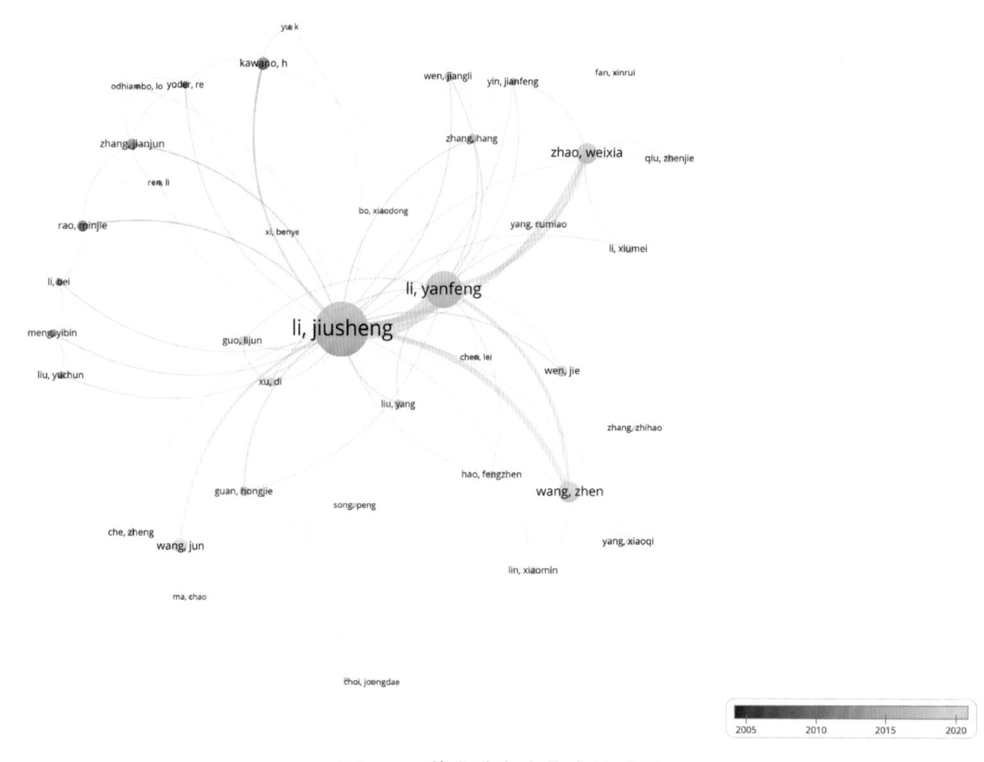


图 5-3　英文论文合作者关系图

这两篇论文对我学术作风的形成起到积极而重要的作用，在我可以带学生，有了自己的学术团队后，一直以这些老先生为学习楷模和标杆，用真心培养学生，积极主动提携后辈，在学术成果署名一贯坚持按学术贡献排序的法则。

与 30 余位作者合作发表了英文论文。1994 年在美国农业工程师学会（ASAE）会刊 *Transactions of the ASAE* 发表了第一篇英文论文，随后在美国土木工程师学会（ASCE）*Journal of Irrigation and Drainage Engineering* 等期刊上发表了几篇论文，这一阶段的英文论文的主要内容是博士课程期间的研究结果及硕士阶段研究结果的挖掘和延伸，合作者多是博士课程导师河野広先生和硕士课程导师余开德先生。1996 和 1998 年，分别在 *Agricultural Water Management* 和 *Irrigation Science* 发表了第一篇论文。2000 年后的约 10 年间发表的英文论文多是我指导的硕士研究生的研究结果，由于受学制和硕士研究生英语能力的限制，大多我是第一作者，而这一阶段博士研究生的研究结果大部分在中文期刊上发表，学生一般是第一作者，我是通讯作者（图 5–3）。2010 年以后，学校鼓励研究生在国际期刊发表论文，2012 年以学生为第一作者在 *Agricultural and Forest Meteorology* 上发表了第一篇英文论文，自此之后，每位博士研究生都在农田水利领域的主流期刊上以第一作者发表 1~3 篇英文论文。因此，英文论文的合作者多是团队的研究生。

2003 年 10 月—2004 年 1 月在美国田纳西大学（The University of Tennessee，Knoxville）进行了为期 3 个月的学术访问和交流，这段时间主要是与时任生物工程与环境科学系主任 Ronald E. Yoder 教授和 Lameck O. Odhiambo 博士合作，开展了人工神经网络在滴灌水氮运移模拟方面的研究，与两位美国作者及张建君合著论文在 *Irrigation Science*（2004 年）上发表。

图 5–4 和图 5–5 分别给出了中文和英文论文关键词聚类图谱，中文论文包含关键词 354 个，英文论文包含关键词 155 个。由图 5–4 可以看出，研究工作主要围绕喷灌、微灌两种在中国和世界范围内应用广泛且前景广阔的现代高效灌溉技术展开，研究内容大体涵盖了从“水力性能”、技术参数（“均匀系数”）到作物—水分—养分互作机制的诸多环节，而将这些环节联系起来的纽带是“施肥灌溉”（水肥一体化）。喷灌方面研究早期集中在固定式喷灌系统“均匀系数”“冠层截留”和水肥消耗机制上，近 10~15 年，针对农业集约化和自动化的发展趋势，将研究对象逐渐拓展到“大型喷灌机”和“变量灌溉”等新技术和装备上，开拓和引领了国内变量灌溉研究。在滴灌方面，从 20 世纪 90 年代末期开始，开拓和发展了“施肥灌溉”（水肥一体化）研究方向，较系统研究了滴灌施肥灌溉条件下水氮运移分布和作物响应规律，对水肥一体化和“再生水”条件下“灌水器堵塞”机制和“加氯处理”措施对减轻堵塞效果及土壤理化性能与作物产量、品质影响开展了全面研究，提出了滴灌系统加氯处理技术标准。研究中密切跟踪滴灌水肥一体化技术应用中出现的新问题，例如，针对地下滴灌应用中出现的灌水不均匀导致作物长势差异大的难题，

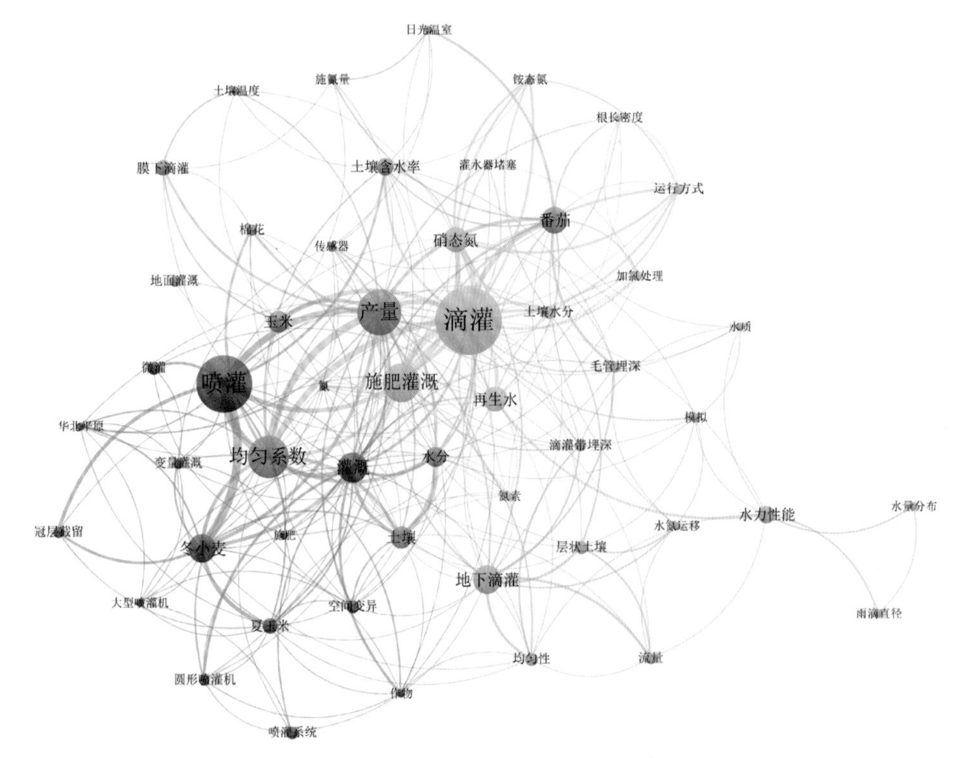


图 5–4　中文论文关键词聚类图谱

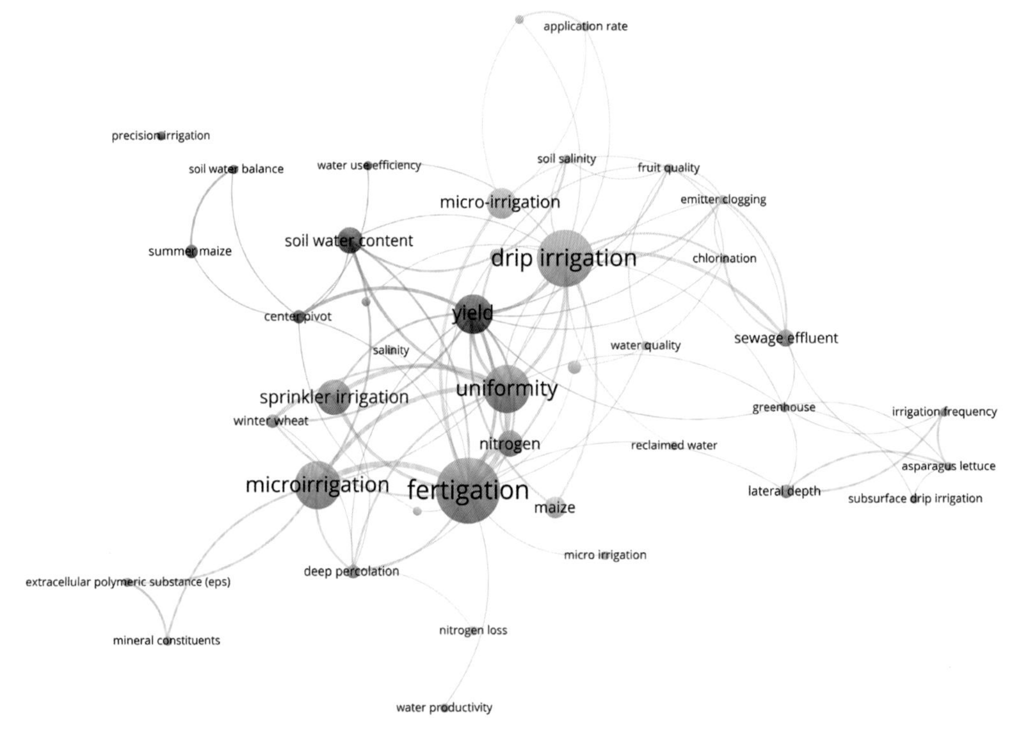


图 5–5　英文论文关键词聚类图谱

开展了“土壤空间变异”“层状土壤”等对地下滴灌性能和作物影响的研究，为地下滴灌系统设计和运行提供了支撑。

近三十年喷、滴灌水肥高效利用机制和模式方面的研究涵盖了华北、西北、东北不同气候区的“小麦”“玉米”“棉花”和蔬菜等代表性作物，为水肥一体化技术在我国的标准化和规模化推广应用作出了贡献。

与中文论文关键词图谱类似，英文主题关键词与其他关键词组合形成英文论文关键词图谱。

20 世纪 90 年代末期，滴灌技术在西北旱区得到规模化应用。西北旱区降雨稀少、蒸发量大以及土壤母质含盐量较高的特殊环境，长期滴灌带来的土壤盐渍化问题受到越来越多的关注。2017 年开始，团队承担了国家自然科学基金重大项目“西北旱区农业节水抑盐机理与灌排协同调控”课题 3“农田节水控盐灌溉技术与系统优化”（51790531），研究主题向旱区滴灌条件下“土壤盐分（soil salinity）”拓展。由于开展研究的时间较短，发表的中英文论文数量还不多，相信在未来几年围绕这一主题会有更多成果涌现。

图 5–6 为 2018 年 3 月经国家农业图书馆检索确认的团队发表论文在“drip irrigation”和“fertigation”方向的世界排名情况。在“drip irrigation”方向，世界范围内排名第一，在“fertigation”方向，世界范围内排名第二，体现了团队相关研究方向的实力和贡献。

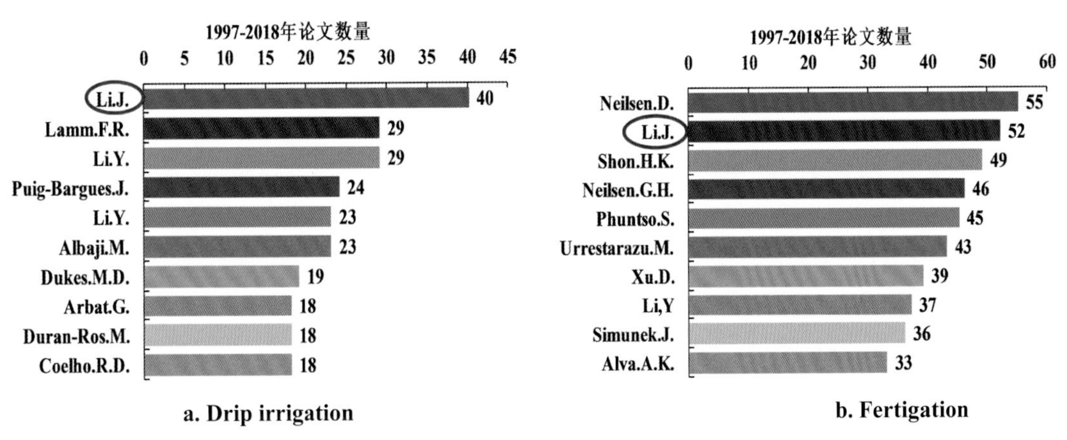


图 5–6　主要研究方向成果的世界排名情况（2018 年国家农业图书馆检索结果）

### 5.1.2　著书

在围绕一个研究主题进行了较系统研究后，一般会出版一部专著，对研究工作进行系统的阶段性总结。主编出版专著 5 部。第 1 部专著是博士学位论文和主持完成的第一项国家自然科学基金面上项目“喷灌均匀系数对土壤水分空间分布及作物产量的影响”（59779025）

部分成果集成而成，书名《Sprinkler Irrigation: Hydraulic Performance and Crop Yield》。

2002 年完成国家自然科学基金面上项目“滴灌施肥系统运行特性及氮素运移规律的研究（59979027）”。2003 年，基于项目成果出版了第 2 部专著《滴灌施肥原理与应用》。这是我国第一部滴灌水肥一体化方面的专著。专著出版发行后很快售罄，出版社第 2 次印刷。这部专著对滴灌水肥一体化技术研究起到了很好的引领作用，同时促进了公众对滴灌施肥灌溉技术的了解和接纳，得到滴灌界学者和基层技术人员的广泛关注和好评。中国农业大学、西北农林科技大学、内蒙古农业大学、河北农业大学等院校的水利专业将这本书作为研究生教材和参考书。截至 2022 年 12 月 8 日，中国知网（CNKI）他引次数 241 次。现在水肥一体化已经成为农田水利领域一个热门研究方向，这项技术也被农业农村部列为主推技术，我们为自己的研究成果和出版的这部专著为水肥一体化技术推广应用发挥的作用感到欣慰和自豪。

在完成国家自然科学金面上项目“喷灌作物冠层截留水量的消耗机制及其对水利用率的影响（50179037）”和“作物对滴灌水氮的动态响应及其人工神经网络调控模型（50379058）”后，2008 年出版了第 3 部专著《现代灌溉水肥管理原理与应用》，系统总结了团队在喷、微灌条件下水分和氮素高效利用原理与调控方法方面的研究成果。

2015 年出版了第 4 部专著《喷灌与微灌水肥高效安全利用原理》。这部专著系统总结了团队自 2008 年以来围绕喷、微灌设计参数和再生水安全利用完成的多项应用基础研究课题的成果，包括 3 项国家自然科学基金面上项目：“滴灌均匀系数对土壤水氮分布与作物生长的影响及其标准研究（50979115）”“滴灌技术参数对农田尺度水氮淋失的影响及其风险评估（51179204）”“灌水器堵塞对再生水滴灌系统水力特性的影响及其化学处理方法（50779078）”，栗岩峰主持的国家自然科学基金青年科学基金项目“再生水滴灌条件下作物耗水规律对水质变化的响应机制及其调控措施（50909101）”，赵伟霞主持的博士后基金“喷灌作物冠层截留损失模型与水利用率的评估”和博士后特别资助“华北地区温室滴灌作物需水量模拟模型研究”。

2013 年申请的国家自然科学基金重点项目“再生水灌溉对系统性能与环境介质的影响及其调控机制（51339007）”获批。项目以再生水高效安全灌溉为目标，重点围绕灌水效率最高的灌水技术——滴灌，开展了系统的室内外试验和理论研究。在提高再生水灌溉安全性方面，重点关注灌溉系统安全、环境安全和农产品安全，探讨再生水中典型污染物（如：病原体、大肠菌群）从滴灌灌水器内部流道到农田环境介质中的迁移富集规律和行为特征，揭示再生水灌溉对灌溉系统性能和环境介质的影响机理与数学描述方法，提出再生水灌溉环境污染风险评估方法和安全的系统防堵塞化学处理模式；在提高再生水灌溉水肥利用率方面，以水、盐分和微生物（酶）对养分迁移转化及吸收利用规律的影响和参与机制为重点，从土壤根际到田间尺度研究再生水灌溉的水肥盐耦合循环机理，提出利用灌溉技术参数对养分、盐分和典型污染物行为特征进行调控的方法及优化技术参数组合。基于上述成果，2020 年出版了第 5 部专著《再生水滴灌原理与应用》。

2000 年以来参编了 14 部专著 / 培训教材。参编专著大致可以分为 4 类：宏观战略研究、学科发展报告、指南与培训教材和专刊客座编辑。宏观战略研究方面参编的代表性专著是《中国农业需水与节水高效农业建设》，是中国工程院重大咨询项目“中国可持续发展水资源战略研究”第 3 专题“中国农业需水与节水高效农业建设”的研究成果。

通过参加《中国学科发展战略》《当代水利科技前沿》《基础农学学科发展报告》等学科发展报告的编写，拓宽了视野，促进了对学科发展前沿的了解，增强了跟踪学科发展的主动性，提高了未来研究选题的针对性。

教育和培训是研究成果推广应用的基础，培训教材对培训质量和效果至关重要，在把研究成果用论文和专著发表的同时，积极参与喷、微灌技术培训教材的编写，推介国内外和我们团队在灌溉技术方面的新成果，加快成果的转化和推广应用。20 多年来，参加编写了《微灌工程技术》《微灌施肥实用技术》等培训教材，还参加编写了《节水农业在中国》《节水农业技术》等科普类书籍，介绍中国在节水农业方面的进展、成就和经验教训。

2013 年有幸参加了 FAO（联合国粮农组织）Water Report 40，Guidelines to Control Water Pollution from Agriculture in China 的编写，较系统介绍了我国灌溉排水引起的面源污染现状和防治措施。

### 5.1.3 论著被引用情况

论著发表后得到较广泛引用，CNKI 统计的中文论著被引用次数超过 4 500 次；SCI 收录论文被来自 50 余个国家的 1 200 多位研究者引用约 2 600 次（据 Web of Science，Google，Researchgate）。下面给出的几个引用实例旨在说明论文选题的创新性及成果学术意义和实用价值。

（1）土壤水热溶质运移知名软件 Hydrus–2D/3D 创始人 Simunek 教授 2008 和 2016 年发表在 Vadose Zone Journal 上的综述文章均介绍了团队考虑水 / 溶质土壤界面动态过程的滴灌水氮运移模型，并给予高度评价。

（2）农业与环境模型领域学者 Elnesr 2017 年在发表的研究论文中指出我们是国际上最早利用人工神经网络研究滴灌施肥水氮分布的学者。

## 水肥一体化成果被国外知名学者引用情况节选

■国际水和溶质运移模拟的权威学者Simunek 2008和2016年在Vadose Zone Journal《渗流区杂志》的综述文章中两次介绍我们滴灌水氮模拟成果

**第一次**

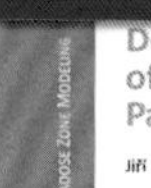

Development and Applications of the HYDRUS and STANMOD Software Packages and Related Codes

Jiří Šimůnek,* Martinus Th. van Genuchten, and Miroslav Šejna

**User Feedback and Software Support**

The various programs discussed here, especially the HYDRUS and STANMOD codes and their predecessors, have been used over the years in a large number of applications. We refer to the HYDRUS website (www.hydrus2d.com) for an extensive list of examples. As an example, we list here several references for a single application: drip irrigation and associated processes. References include Meshkat et al. (1999), Assouline (2002), Schmitz et al. (2002), Cote et al. (2003), Skaggs et al. (2004), Beggs et al. (2004), Li et al. (2005), Lazarovitch et al. (2005, 2007), Gärdenäs et al. (2005), and Hanson et al. (2006, 2008).

**第二次**

Review and Analysis

Recent Developments and Applications of the HYDRUS Computer Software Packages

Jiří Šimůnek,* Martinus Th. van Genuchten, and Miroslav Šejna

Roberts et al. (2008, 2009), Shan and Wang (2012), Selim et al. (2012, 2013), and Phogat et al. (2014), among others. Still others used the HYDRUS models to evaluate N leaching for different fertigation strategies using drip irrigation (Li et al., 2004, 2005; Gärdenäs et al., 2005; Hanson et al., 2006; Ajdary et al., 2007).

Furrow Irrigation

The HYDRUS (2D/3D) software, and its predecessors such as SWMS-2D and HYDRUS-2D, also has been used widely to

引用论文：李久生，张建君，饶敏杰. 2004. Wetting patterns and nitrogen distributions as affected by fertigation strategies from a surface point source. Agricultural Water Management 67(2): 89-104.
李久生，张建君，饶敏杰. 2005. Modeling of water flow and nitrate transport under surface drip fertigation. Transaction of ASAE 48:627-637.

■农业与环境模型领域著名学者Elnesr 2017年发表Computer and Electronics in Agriculture的综述论文中指出我们是“国际上最早利用人工神经网络研究滴灌施肥水氮分布的学者”

One of the earliest attempts was the work of Li et al. (2004) who combined laboratory experiments with the ANN in simulating the distribution of nitrate fertigated by a dripper; they concluded that the ANN models are reasonably accurate and can provide an easy and efficient

引用论文：李久生，R. E. Yoder, L. O. Odhiambo, J. Zhang. 2004. Simulation of nitrate distribution under drip irrigation using artificial neural networks. Irrigation Science, 23: 29-37.

（3）提出的喷洒水滴分布指数函数模型被美国农业与生物工程学会（ASABE）纳入《灌溉系统设计管理指南》，还被美国农学会（ASA）出版的《农作物灌溉》手册引用，推荐作为改善喷灌系统性能的重要技术手段。

## 喷洒水滴分布公式被ASABE《灌溉系统设计管理指南》推荐应用

**Design and Operation of Farm Irrigation Systems**

*2nd edition*

*Glenn J. Hoffman*
*Robert G. Evans*
*Marvin E. Jensen*
*Derrel L. Martin*
*Ronald L. Elliott*

**PREFACE** 序言

Irrigated agriculture has played an important role in food production during the past century and will become even more important as the global population continues to increase. The internet has hastened the dissemination of new irrigation technology and water management guidelines developed by specialists. Personal computers have facilitated complex calculations and control of automated irrigation systems. However, there is still a need for irrigation system designers and system operators to have a comprehensive book on farm irrigation systems readily available. This monograph has been widely disseminated since first published in 1980 and reprinted in 1982. This second edition is expected to meet an important need for several future decades.

This edition provides the latest technology in the design of surface, sprinkler, and microirrigation systems along with basic information about soils and current information on estimating crop water requirements. New chapters have been added on plan-

**该指南提供地面灌、喷灌和微灌系统最新设计方法。预期可满足未来数十年灌溉发展的重要需求。（摘自序言）**

Until recently, the limitation on considering drop size distributions in design has been the scarcity of experimental data for commonly used sprinklers. Kincaid et al. (1996) developed methods to estimate the distribution of drop sizes for fourteen sprinkler devices. They analyzed four models of impact sprinklers that were equipped with straight bore, flow control, or square nozzles. They also examined ten spray head devices equipped with jets that impinged onto fixed or moving plates. An exponential model was used for the drop size distribution. Li et al. (1994) had indicated that the exponential model was comparable in accuracy to the upper-limit lognormal model but much easier to use. The exponential distribution model is given by

$$P_v = 100\left\{1-\exp\left[-0.693\left(\frac{d}{d_{50}}\right)^{\eta}\right]\right\} \quad (16.14)$$

where $P_v$ = percent of the total drops that are smaller than $d$
$d$ = drop diameter, mm

引用论文：李久生，Kawano H, Yu K. Droplet size distributions from different shaped sprinkler nozzles. Transactions of the ASAE, 37(6): 1871-1978.

**喷洒水滴分布公式被 ASA《农作物灌溉》手册推荐应用**

**Irrigation of Agricultural Crops**
**Second Edition**

*Co-Editors:*
R.J. Lascano
R.E. Sojka

*Editorial Committee*
Floyd Adamsen
James Hook
Grant Cardon
John Letey

*ASA-CSSA-SSSA Book Publishing Committee*
David Baltensperger, Chair
Kenneth Barbarick, ASA Editor-in-Chief
Craig Roberts, CSSA Editor-in-Chief
Sally Logsdon, SSSA Editor-in-Chief
Michel Ransom, ASA Representative
Hari Krishnan, CSSA Representative
April Ulery, SSSA Representative

*Managing Editor:* Lisa K. Al-Amoodi
*Production Editor:* Pamm Kasper

Number 30 in the series
AGRONOMY

American Society of Agronomy, Inc.
Crop Science Society of America, Inc.
Soil Science Society of America, Inc.
Madison, Wisconsin, USA
Publishers

2007

Soil Science Society of America

**FOREWORD 前言**

This edition of *Irrigation of Agricultural Crops* is a supplement to the earlier edition published in 1990. Subjects discussed in the current edition range from the latest information on monitoring technology, efficiency, to specific information tailored to individual crops. It is hoped that this Agronomy Monograph will provide the basis for improved management strategies associated with irrigation. As the worldwide human population continues to increase, applying the latest scientific principles associated with irrigating crops will be of growing importance.

**该农学专著预期可为灌溉管理的改进提供技术支撑。（摘自前言）**

Nozzle geometry and pressure affect water droplet sizes from sprinklers (Solomon et al., 1985; Li et al.,1994; Kincaid et al., 1996). The high-velocity jet breaks up into small drops as it travels through the air, and falls to the ground like natural rainfall. Large droplets travel farther (large wetted radius) but their higher kinetic energy can also cause breakdown of surface soil aggregates and reduce soil infiltration rates (Kincaid, 1996). Small droplets drift and evaporate in the wind (Yazar, 1984). In low-pressure sprinklers, jet breakup and water distribution is enhanced by using noncircular nozzle shapes or mechanical diffusers (Kincaid, 1991; Li et al., 1995).

引用论文：李久生, Kawano H, Yu K. Droplet size distributions from different shaped sprinkler nozzles. Transactions of the ASAE, 37(6): 1871-1978.

李久生, Li, Y., Kawano, H., Yoder, R. E. Effects of double-rectangular-slot design on impact sprinkler nozzle performance. Transactions of the ASAE 38(5): 1435-1441.

（4）提出的喷、微灌水肥淋失评价与精量调控方法等成果被联合国粮食及农业组织（FAO）技术手册《中国农业水污染控制指南》详细介绍并推荐应用。

**喷微灌水肥淋失评价与精量调控方法被 FAO 技术手册《中国农业水污染控制指南》推荐应用**

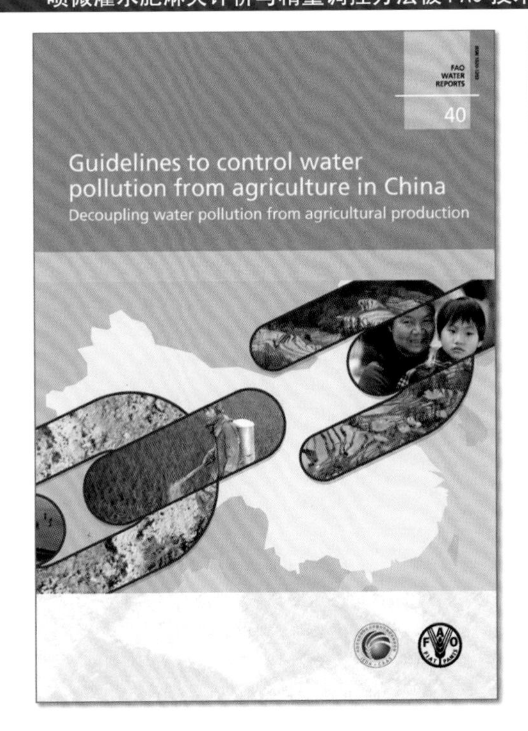


iv *Guidelines to control water pollution from agriculture in China*

**Foreword 前言**

This publication is the result of the collaboration over a number of years between the Chinese Ministry of Agriculture and FAO in the field of agricultural non-point source (NPS) pollution and its role in water quality. The aim of this collaboration was to exchange knowledge and experience in dealing with NPS pollution. It also sought to improve identification of the causes and assessment of the impacts of agriculture on water quality, and promote the development and application of technologies to control NPS in China.

**该指南预期可推动面源污染控制技术在中国的发展和应用。（摘自前言）**

*Chapter 5 - Pollution from irrigation and drainage* 59

**5. Pollution from irrigation and drainage**

LI Jiusheng[1], PENG Shizhang[2], HAO Weiping[3]

**5.1 INTRODUCTION**

With almost 63 million ha equipped for irrigation (FAO, 2012), China accounts for 22 percent of the world's irrigation area. The development of large irrigation projects has been an important factor in increasing food security, but it has often been associated with water quality problems caused by salt and fertilizer runoff as well as other pollutants such as pesticides. These have exposed aquatic ecosystems and human health to serious risks and have presented a major challenge requiring urgent attention. This chapter reviews the main causes and effects of water quality degradation induced by irrigation and suggests preventive and remedial actions.

（5）完成的调控水肥施入次序实现灌溉施肥性能优化的成果被国际肥料工业协会（IFA）纳入《水肥一体化》手册，作为滴灌系统设计和灌溉制度制定的依据，提出的“1/4–1/2–1/4”运行管理模式被手册推荐应用。

**水肥施入次序调控模式被 IFA 纳入《水肥一体化》手册推荐应用**

**该书为农业技术人员提供全面的灌溉施肥知识及技术，有望为世界范围内可持续农业发展、粮食产量提高提供技术支撑**

**4.3.2. Irrigation schedule or rate of discharge, to prevent water ponding under the trickle**

An on/off automatic irrigation command to allow the presence of air in the root zone below the trickle may be necessary, a procedure that might save large quantities of N from being lost to the atmosphere.

The water front movement in sand and loam soil was described by Li *et al.* (2004) who presented a general analysis on the effects of water application rate on the water distribution pattern. For a given volume applied, increasing the water application rate augments water distribution in the horizontal direction, whereas, decreasing the rate allows more water to be distributed in the vertical direction. A similar conclusion was reached earlier from calculations made by Bresler (1977).

the potential loss of nitrate from the root zone. Li *et al.* (2004) recommended the following fertigation procedure for nitrate fertilizer:

- Apply only water for one-fourth of the total irrigation time.
- Apply nitrate fertilizer solution for one-half of the total irrigation time.
- Apply water for the remaining one-fourth of the total irrigation time.

This procedure maintained most of the nitrate close to the trickle emitter.

引用论文：李久生, 张建君, 饶敏杰. 2004. Wetting patterns and nitrogen distributions as affected by fertigation strategies from a surface point source. Agricultural Water Management 67(2): 89-104.

（6）喷嘴结构对喷洒水滴形成及分布特征影响的成果被国际农业工程学会（CIGR）技术手册《农业工程手册》推荐作为确定喷灌系统设计参数的依据。

**喷嘴结构与喷洒水滴分布特征的关系成为 CIGR《农业工程手册》中喷灌系统设计依据**

CIGR Handbook
of Agricultural Engineering

Volume I
Land and Water Engineering

Edited by CIGR–The International Commission of Agricultural Engineering

Volume Editor:
H. N. van Lier
*Wageningen Agricultural University, The Netherlands*

Co-Editors:
L. S. Pereira
*Instituto Superior de Agronomia, Portugal*
F. R. Steiner
*Arizona State University, USA*

➤ Front Matter

➤ Table of Contents

Published by the American Society of Agricultural Engineers

iii

**Foreword 前言**

This handbook is designed to cover the major fields of agricultural engineering such as soil and water, machinery and its management, farm structures and processing agricultural, as well as other emerging fields. Information on technology for rural planning and farming systems, aquaculture, environmental technology for plant and animal production, energy and biomass engineering is also incorporated in this handbook. These emerging technologies will play more and more important roles in the future as both traditional and new technologies are used to supply food for an increasing world population and to manage decreasing fossil resources. Agricultural technologies are especially

**该工程手册对农业工程相关领域（主要包括农业水土工程及农业机械工程）的设备、装置及其技术提供了详细介绍，预计可为未来数十年内世界范围内的农业发展提供支撑。（摘自前言）**

*Drop Sizes*

A sprinkler normally produces a wide range of drop sizes from 0.5 mm up to 4.0 mm in diameter. The small drops usually fall close to the sprinkler whereas the large ones travel much farther. Information about drop-size distributions along the wetted radius as influenced by pressure is given by Kincaid *et al.* [87]. The range of drop sizes can be controlled by the size and shape of the nozzle and its operating pressure. At low pressures, drops tend to be large. At high pressures they are much smaller and misting may occur. Noncircular nozzle shapes have been developed to produce smaller drops at low pressures. A detailed analysis is provided by Li *et al.* [88, 89].

引用论文：李久生, Kawano H, Yu K. Droplet size distributions from different shaped sprinkler nozzles. Transactions of the ASAE, 37(6): 1871-1978.

李久生, Li, Y., Kawano, H., Yoder, R. E. Effects of double-rectangular-slot design on impact sprinkler nozzle performance. Transactions of the ASAE 38(5): 1435-1441.

（7）完成的均匀系数对作物需水量和产量影响研究成果，被美国土木工程学会（ASCE）《蒸发蒸腾与灌溉需水量》引用，认为相关成果显著提高了确定作物需水量的准确程度。

（8）在美国喷微灌著名学者 F. R. Lamm 对美国近 40 年大型喷灌机研究与应用的综述中，引用 1967—2017 年发表的论文 49 篇，其中非美国作者论文 4 篇，2 篇是我们团队关于喷灌均匀系数设计标准的论文。论文作者对我们的结果进行了较详细介绍，并给予高度评价。

**均匀系数对作物需水量的影响成果被 ASCE《蒸发蒸腾与灌溉需水量》引用**

Evaporation, Evapotranspiration, and Irrigation Water Requirements

Second Edition

Prepared by the
Task Committee on Revision of Manual 70

Edited by
Marvin E. Jensen, Ph.D., NAE
Richard G. Allen, Ph.D., P.E.

Sponsored by the
Committee on Evapotranspiration in Irrigation and Hydrology of the Irrigation and Drainage Council of the Environmental and Water Resources Institute of the American Society of Civil Engineers

ASCE

**PREFACE**

序言

This Manual of Practice provides information on evaporation and evapotranspiration that practicing engineers, hydrologists, and others need to evaluate data received from various sources. It also provides background information to enable practicing engineers, educators, and researchers to improve procedures for estimating evapotranspiration (ET) to achieve the accuracy needed for specific purposes.

该实用手册为农业工程师、水文学家及其他学者提供作物需水量精准计算方法。（摘自序言）

Hundreds of papers have been written about sprinkler application uniformity and wind effects, spray losses, runoff, erosion, and crop yields since the 1950s. Examples of publications are those of Mateos et al. (1997), Jiusheng and Kawano (1996), Howell et al. (1995), Mantovani et al. (1995), Han et al. (1994), Seginer et al. (1991), Kranz and Eisenhauer (1990), Kohl and DeBoer (1984), Hathoot et al. (1994), and Yazar (1984).

引用论文：李久生, Kawano, H. The areal distribution of soil moisture under sprinkler irrigation. Agricultural Water Management 32(1): 29-36.

**喷灌均匀系数设计标准被美国喷微灌著名学者 F R. Lamm 发表的综述引用**

A REVIEW OF IN-CANOPY AND NEAR-CANOPY SPRINKLER IRRIGATION CONCEPTS

F. R. Lamm, J. P. Bordovsky, T. A. Howell, Sr.

ABSTRACT. *The use of in-canopy and near-canopy sprinkler application with mechanical-move systems is prevalent in the U.S. Great Plains. These systems can reduce evaporative losses by nearly 15%, but they introduce a much greater potential for irrigation non-uniformity and other water losses. This article is a review of these application technologies for mechanical-move sprinkler irrigation systems that have been widely adopted in the region, where irrigation capacities are typically less than those required to meet "fully irrigated" crop water demand and there is limited seasonal precipitation. Close attention to the design, installation, management, and operating guidelines for these systems can prevent many of the non-uniformity and water loss issues that reduce system performance and crop water productivity.*

**Keywords.** *Center pivot, In-canopy sprinkler application, LEPA, LESA, LPIC, MESA, PARM, Sprinkler irrigation.*

In the U.S. Great Plains, center-pivot (CP) sprinkler irrigation is the predominant irrigation method. There are far fewer linear lateral-move (LL) sprinkler irrigation systems, and together with CP systems they are jointly termed mechanical-move (MM) sprinkler irrigation systems. Windy and semi-arid conditions in the region during the growing season affect MM irrigation uniformity and evaporative losses. As a result, many producers have adopted MM sprinkler systems and methods that apply water at a lower height within or near the crop canopy height, thus avoiding some of the application nonuniformity caused by wind and droplet evaporative losses. However, these sprinkler systems are often adopted without appropriate understanding of the requirements for proper water management, and thus other problems occur, such as runoff and poor soil water redistribution (Evans et al., 1998; Foley et al., 2006; Lamm and Porter 2017). This article discusses in-canopy and near-canopy MM sprinkler irrigation from a conceptual standpoint with supporting data from research studies conducted in the U.S. Great Plains region and beyond.

GUIDELINES, DEFINITIONS, AND DESCRIPTIONS

Traditionally, MM sprinkler irrigation systems have been designed to apply water uniformly to the soil at a rate less than the soil intake rate to prevent runoff from occurring (Heermann and Kohl, 1983; Scherer et al., 1999). These design guidelines need to be either followed or intentionally circumvented with appropriate design criteria and other cultural practices for managing a MM system that applies water within the canopy or near the canopy height where the sprinkler application pattern is intercepted by the plant canopy. Peak application rates can easily be 5 to 30 times greater for in-canopy sprinklers than for above-canopy sprinklers (fig. 1). Peak application rate is a direct function of the system length, the irrigation capacity (flow rate per unit ground area irrigated), and the application technology's wetted diameter and is independent of the application depth

Peak application rate (highest to lowest)
LEPA
LESA
MESA
Rotating Spray
Impact Sprinkler
Application rate (mm/hour)
Distance from nozzle centerline (m)

Figure 1. Typical application rates for various sprinkler systems to apply an equivalent irrigation depth. Curves from highest to lowest are LEPA, LESA, MESA, rotating spray, and impact sprinkler.



Submitted for review in November 2018 as manuscript number NRES 13229; approved for publication as an Invited Review and as part of the Center-Pivot Irrigation Tech Transfer Collection by the Natural Resources & Environmental Systems Community of ASABE in February 2019.

Contribution No. 19-220-J from the Kansas Agricultural Experiment Station.

The authors are **Freddie R. Lamm**, Professor and Research Irrigation Engineer, Northwest Research-Extension Center, Kansas State University, Colby, Kansas; **James P. Bordovsky**, Senior Research Scientist and Agricultural Engineer, Texas A&M AgriLife Research, Plainview, Texas; **Terry A. Howell, Sr.**, Laboratory Director and Research Agricultural Engineer (Retired), USDA Agricultural Research Service, Lago Vista, Texas. **Corresponding author:** Freddie R. Lamm, P.O. Box 505, Colby, KS 67701; phone: 785-462-6281; e-mail: flamm@ksu.edu.

Transactions of the ASABE

Vol. 62(5): 1355-1364 © 2019 American Society of Agricultural and Biological Engineers ISSN 2151-0032 https://doi.org/10.13031/trans.13229 1355

论文综述了美国近50年（1967—2017）大型喷灌机研究与应用，其中参考文献49篇，被引用的中国和以色列作者均为2人

EFFECTS OF SPRINKLER SYSTEMS ON WATER LOSSES

There are numerous water loss pathways for CP sprinklers, and each sprinkler system has advantages and disadvantages, as outlined by Schneider (2000) and Howell (2006), that must be balanced against the risk of water loss (table 3).

EVAPORATIVE LOSSES

In-canopy and near-canopy application systems can reduce evaporative losses (tables 3 and 4), but these water savings must be balanced against runoff, deep percolation, and

SURFACE WATER REDISTRIBUTION AND RUNOFF WATER LOSSES

Although evaporative losses are typically reduced with in-canopy and near-canopy sprinkler application, other serious water problems, such as surface water redistribution and runoff, can be exacerbated due to the reduction in the wetted radius of sprinklers operating in or near the canopy.

Some amount of surface water redistribution can be tolerated, particularly if variations in soil infiltration rates and soil water redistribution smooth out the applied water (Hart, 1972; Stern and Bresler 1983; Li and Kawano, 1996; Li, 1998). Simulation modeling by Hart (1972) indicated that differences in irrigation water distribution occurring over an

approximate distance of 1 m are probably of little overall consequence and will be evened out through soil water redistribution. Summarizing his own field research, with additional work from Stern and Bresler (1983), Li (1998) illustrated that the Christiansen uniformity (CU) of soil water content averaged an acceptable 90% to 94%, while the CU of sprinkler water application ranged from approximately 67% to 83%. In another field study, Li and Kawano (1996) reported that soil characteristics (e.g., texture, infiltration rate, water holding capacity), sprinkler application uniformity, total amount of sprinkler-applied water, and initial soil water content were all important variables in the resulting soil water redistribution, with the latter two factors being most important. Some irrigators in the U.S. Central Great Plains contend that their low-capacity systems on nearly level fields restrict runoff to the general area of application. However, nearly every field has small changes in slope as well as field depressions that cause field runoff on medium to heavy textured soils, in-field redistribution, or deep per-

and near-canopy sprinkler application runoff and deterioration of furrow dikes. LEPA performed sufficiently well when coupled with reservoir tillage (i.e., furrow diking on furrow pitting) with field slopes less than 1% to 2% on silt loam soils in Kansas (Spurgeon et al., 1995). However, in that study, the flat spray mode (i.e., LESA or LPIC) was more effective in maintaining soil water and ultimately corn yields, probably due to the greater wetted radius as compared to LEPA. Decreasing the irrigation application rate is the most effective way to prevent field runoff losses and surface redistribution within the field (fig. 4), and numerous resources are available to help irrigators appropriately address this topic (Scherer et al., 1999, Rogers et al., 2008; Martin et al., 2017). When runoff and surface redistribution occur using in-canopy sprinklers because of a reduced wetting pattern, one easy solution is to raise the sprinkler height, which increases the wetted radius, but of course moves away from the concept of in-canopy and near-canopy sprinkler application. However, raising the sprinklers can

引用论文：李久生 (1998). Modeling crop yield as affected by uniformity of sprinkler irrigation system. Agricultural Water Management , 38(2), 135-146.

李久生 & Kawano, H. (1996). The areal distribution of soil moisture under sprinkler irrigation. Agricultural Water Management ., 32(1), 29-36.

### 5.1.4 专利与软件著作权

自“十五”开始，国家鼓励科研人员将研发出的产品申报专利，以便知识产权得到有效保护。取得发明专利授权 20 项，实用新型专利 12 项，取得软件著作权 3 项。早期的专利主要集中在节能型喷头和园林升降式喷头上。短流道异形喷嘴喷头、具有换向旋转装置和角度控制记忆功能的升降式喷头、射线式流量可调喷头等专利喷头产品对园林升降式喷头的国产化和批量生产发挥了重要作用，定型了齿轮传动、散射、涡轮驱动和旋转射线喷头等 4 个系列产品，培育了国内规模最大的园林喷头生产企业，打破了进口产品对国内市场长期垄断的局面，1/3 产品出口到美国、墨西哥、南非等国家，有力抑制了进口产品价格，提升了我国喷灌产业的自主创新能力。

2010 年团队开始变量灌溉研究，相继获得土壤含水率监测网络布设方法、分区技术、变量灌溉精度提升技术、机载式冠层温度采样、变量灌溉决策支持系统等方面专利 7 项，获得“圆形喷灌机变量灌溉控制系统”软件著作权，较好地实现了团队变量灌溉研究紧密跟踪国际前沿的目标。

2017 年团队开始干旱区滴灌系统水肥盐联合调控研究，相继在复杂水质灌水器堵塞机制与防止技术、规模化系统性能评价与提升、咸水滴灌灌水和施肥制度优化、水肥盐均衡与联合调控方面取得 7 项专利和 1 项软件著作权。

### 5.1.5 标准

把研究成果纳入相关标准是实现成果转化推广的重要途径。主编 / 参编 8 个国家、行业和团体标准的编写。2021 年，在 15 年再生水滴灌灌水器堵塞机制和防止技术系列成果的基础上，编写了《微灌系统加氯 / 酸处理技术标准》。这是第一个针对微灌系统堵塞加氯 / 加酸处理的标准。标准实施后，已开始在灌溉水质偏差的滴灌系统中应用并取得良好效果，相信随着施用多种养分的水肥一体化技术和劣质水应用的不断增长，这一标准会发挥越来越大的作用。鉴于国际上还没有微灌系统加氯处理标准，正在通过国际灌排委员会劣质水工作组对标准进行宣传推广，谋划相关国际标准的制订。

有幸参加了现代灌溉技术方面两个重要国家标准《喷灌工程技术标准 GB/T 50085》（送审稿）和《微灌工程技术标准 GB/T 50485–2020》的修订。同时对团队的相关研究成果能够纳入这两个标准倍感欣慰。

**标准引用实例 1**

《喷灌工程技术标准 GB/T 50085》(送审稿)

**3.3.6** 符合下列条件宜选用变量灌溉:

1 土壤空间变异性大;

2 作物水肥需求差异大;

3 地形起伏较大。

条文说明

3.3.6 本条为新增内容。变量灌溉是国内外灌溉领域研究的热点,也是田间灌溉技术发展的方向,目前变量灌溉技术在国内外均已开展了不同程度的应用。实施变量灌溉解决的目的就是解决大尺度农田空间引起的作物水肥需求差异过大问题,水肥需求差异出现的原因包括土壤性质空间变异,以及作物种植结构、种植模式及生长差异等。根据李久生和温江丽等 2012 年在内蒙古达拉特旗开展的圆形喷灌机水肥试验结果,当土壤黏粒和粉粒含量变异系数 CV ≥ 0.2 时,宜实施变量灌溉(温江丽,李久生,赵伟霞,栗岩峰 . 2018. 土壤空间变异对水氮淋失和产量影响的模拟研究 . 排灌机械工程学报,36(10):1035–1040.)。

**标准引用实例 2**

《喷灌工程技术标准 GB/T 50085》(送审稿)

**4.2.2** 在干旱、半干旱地区,定喷式喷灌系统喷灌均匀系数不应低于 0.75,行喷式喷灌系统不应低于 0.8;在湿润和半湿润地区,喷灌均匀系数可降低 0.05。

条文说明

4.2.2 将原标准中统一的均匀系数标准修改为按不同气候区分别设定喷灌均匀系数标准值,实现在不影响作物生长和产量的同时,降低系统投资和运行费用。分区标准取值是根据李久生等在华北、西北、东北等地区连续开展 6 年喷灌试验结果提出的(李久生,栗岩峰,赵伟霞,王珍,关红杰,张航 . 2015. 喷灌与微灌水肥高效安全利用原理 . 北京:中国农业出版社 .)忽视不同生态区域均匀系数对作物影响的差异,统一采用较高的均匀系数标准是导致喷、微灌工程投资和运行费用高的原因。湿润和半湿润区存在较强的降雨补偿作用,减弱或抵消了不均匀性对作物生长的负面效应,采用的均匀系数可适当降低;而在干旱区,由于生育期较少的降雨难以弥补灌水和施肥不均匀的负面影响,均匀系数标准应高于湿润和半湿润区。

除上述两项国家标准外,还参加了国家标准《农田水分盈亏量计算方法》和《作物节水灌溉气象等级》以及水利部行业标准《灌溉用施肥装置基本参数及技术条件》的编制。

**标准引用实例 3**

《微灌工程技术标准 GB/T 50485—2020》

**10.6.4** 当施肥（药）液浓度较高时，宜在轮灌组工作时段内，前 1/4 时间内灌清水、中间 1/2 时间内施肥（药）水 、后 1/4 时间内灌清水。

条文说明

10.6.4 微灌施肥（药）系统运行方式对养分在植物根区的分布、植物吸收和淋失等都有影响，本条推荐的运行方式是参考了李久生等人的研究结果（《现代灌溉水肥管理原理与应用》，黄河水利出版社，2008 年）提出的。

## 5.1.6 学术奖励

（1）国际灌排委员会节水奖

2016 年获国际灌排委员会（ICID）国际节水技术奖，该奖每年全球仅授 1 项。获奖理由是：研究团队自 1980 年代中期开始在喷、微灌系统设计及水肥管理方面所做的大量研究工作，为推动喷、微灌在中国乃至世界范围内的发展作出了杰出贡献。《中国水利报》报道“该奖是国际灌溉领域的最高奖项。”

**国际节水技术奖颁奖词及媒体报道**

**获得国际灌排委员会（ICID）2016年度节水技术奖，该奖每年全球范围仅授予1人。**

第二届国际灌溉论坛闭幕
**我国专家获国际节水技术奖**

**本报讯**（特约通讯员 **李云鹏**）在泰国清迈召开的国际灌排委员会第67届国际执行理事会会议暨第二届世界灌溉论坛于11月12日闭幕。会议颁发了2016年度的国际节水奖，来自中国水利水电科学研究院的李久生研究员获得国际节水技术奖，这是国际灌溉技术领域最高奖项。

中国水利报2016. 12. 23

**WATSAVE AWARD WORDS**

Increasing crop productivity ecofriendly by improving sprinkler and micro irrigation design and management

**颁奖词节录**

自1980年代中期，李久生及其研究团队在喷、微灌系统设计及水肥管理方面做了大量研究工作，为推动喷、微灌在中国乃至世界范围内的发展做出了重要贡献。

Since the mid-1980s, the author and his team have been making extensive contributions in the field of design, management, and extension of sprinkler and micro irrigation to enhance crop productivity using environment-friendly systems in China, and other parts of the world.

（2）美国农业与生物工程学会国际微灌奖

2017 年度获美国农业与生物工程学会（ASABE）国际微灌奖，该奖每年全球仅授 1 项，首次授予非美国籍科学家。获奖理由是：研究团队在微灌系统设计、运行和水肥管理方面做出了开创性研究，提高了水肥利用效率，减轻了施肥对环境的负面影响，推动了世界范围内的微灌技术进步。

ASABE 微灌奖颁奖词及媒体报道

获得2017年度美国农业与生物工程学会（ASABE）授予的国际微灌奖，获奖的首位非美国籍学者。



**ASABE Award Words**

Jiusheng Li, is the 2017 recipient of the Netafim Microirrigation award for outstanding research in microirrigation management to enhance crop productivity while conserving environmental quality.

Li is a professor at the China Institute of Water Resources and Hydropower Research in Beijing, China. Li has conducted pioneering research in China on water and solute transport under drip irrigation to alleviate environmental fears about vadose zone contamination from fertigation. His work on design and operation of microirrigation systems has enhanced water conservation and fertilizer use efficiency in China and other countries of the world. Li's recent research has focused on utilizing reclaimed water effluents in microirrigation systems emphasizing the effects of emitter clogging and pathogen transport. Li has been leading the research of variable rate irrigation (VRI) in China. His work has led to the development and revisions of several technical standards regarding sprinkler and microirrigation technology.

**颁奖词节录**

在微灌系统的设计、运行和水肥管理方面做出了开创性研究。

提高了水肥利用率、减轻施肥对环境负面影响，推动了世界范围内的微灌技术进步。

中国科学报

进展

**我科学家首次获得国际微灌奖**

本报讯（记者张晴丹）当地时间 7 月 19 日，美国农业与生物工程学会（ASABE）2017 年学术年会在华盛顿州斯波坎市闭幕。会议颁发了 2017 年度学会奖。该年度微灌奖（Microirrigation Award）授予中国水利水电科学研究院研究员李久生，以表彰其在推动微灌技术进步方面的杰出贡献。这是中国籍专家首次获得 ASABE 的学会奖。美国在微灌技术研究与应用方面处于世界前列，此次我国科学家获得微灌奖，表明我国在微灌领域的研究获得了美国等国际同行的认可和赞许。

李久生长期致力于微灌理论与技术的研究和推广，在微灌水肥一体化领域进行了开创性研究。围绕微灌技术应用中存在的科学与技术问题，针对不同地区的典型作物，在微灌水分消耗机制、水肥热联合调控及再生水安全高效利用等方面开展了系统深入研究，提出了微灌水肥一体化调控方法与技术，并通过多种科普途径提升了公众对水肥一体化技术的认知和接受程度。

三十余年来，李久生以第一作者和通讯作者发表学术论文 230 余篇，第一作者出版专著 4 部，参编专著 10 余部，获国家发明专利授权 12 件，软件著作权登记 2 项，获 2016 年度国际灌排委员会节水技术奖，获得国家科技进步奖 1 项，省部级奖励 7 项。

美国农业与生物工程学会于 2014 年设立微灌奖，由国际著名微灌企业耐特菲姆公司（美国）冠名，旨在奖励在微灌系统设计、研发、评价、运行与管理以及推动微灌技术应用方面做出突出贡献的个人。每年度仅遴选一人授奖。

（3）大禹水利科技奖

2018 年，主持完成的成果“喷、微灌水肥一体化精量调控技术与规模化应用”获大禹水利科技奖一等奖。这是团队 20 余年研究的结晶。项目针对我国节水灌溉发展迅速，而与之配套的水肥一体化及精量调控技术严重滞后，面源污染日趋严峻的问题，构建起较为完善的水肥一体化理论体系，研发出 9 种高性能喷、微灌水肥精量调控产品，实现了产业化；提出了作物喷、微灌水肥一体化高效利用模式并广泛应用，亩均化肥用量可降低 30%，为实现 2020 年化肥使用量零增长目标作出了重要贡献。发表论文 158 篇（SCI 49 篇，EI 72 篇），被国际农业工程学会、国际肥料工业协会、美国土木工程学会、美国农业与生物工程学会等纳入实用技术手册，总引用 3 280 次；获发明专利 18 件，软件著作权 4 件；成果被 9 项国家 / 行业标准吸收或采纳。成果居国际领先水平。

① 率先探明了水肥一体化条件下水氮运移、分布、吸收和淋失规律，建立了施肥装

置的性能参数优化方法和田间评价体系，揭示了滴灌施肥时机、频率对氮素运移的影响规律，提出了考虑土壤空间变异对水肥分布影响的微灌系统设计新方法，揭示了水肥热调控对氮素转化的影响机理，形成了面向水肥利用全过程、考虑水肥热多因素的综合调控理论。首次提出了均匀系数设计标准应考虑水力学、作物响应、土壤水肥动态及水氮淋失的理念，阐释了不同生态区典型作物对喷、滴灌均匀系数响应特征的差异，阐明了喷、滴灌系统适当降低均匀系数及低压运行的可行性，提出了喷、滴灌均匀系数分区标准值，并被规范采纳，丰富和完善了喷、微灌水肥精量调控理论。

② 发展了变量灌溉理论，提出了实施变量分区管理的控制指标阈值和不同分区采用差异化灌水下限生成变量灌溉处方图的思想；发明了降低喷灌机走—停状态与电磁阀开—闭状态非耦合作用引起灌水深度误差的电磁阀脉冲周期确定方法、基于无线射频识别（RFID）技术的地缘识别器、基于时间稳定性原理的土壤水分传感器布设准则；建成我国第一套具有自主知识产权的高精度变量灌溉系统，灌溉水深控制误差降低21%。大大缩短我国变量灌溉领域与国际领先水平的差距。

③ 发明了低压滴灌灌水器流道优化设计和滴灌带抗灼伤涂层制备及耐热材料改性方法，定型3种耐高温低压薄壁滴灌带产品；研制出注入式比例调节自动施肥机等水肥调控设备；发明了喷头的自动换向、旋转角度控制和流量调节装置，定型了4个系列多功能喷头产品。产品累计销售额逾6亿元，控制面积超过150万亩，部分出口美国、巴西、墨西哥、伊朗等国家。实现了喷、微灌产品向低压高性能的更新换代。

**2018年10月20日李久生在南昌大学举行的2018年度大禹奖颁奖大会上留影**

④ 形成了东北、华北和西北地区主要粮食和蔬菜作物喷、微灌水肥精量调控模式，在示范区推广应用170万亩，取得显著的经济、社会和生态效益。

获奖人员：李久生、栗岩峰、王冲、赵伟霞、王珍、王军、张振华、郑文生、薛瑞清、关红杰、张航、张建君、谢时友、王飞、张超奇。

2010 年，主持完成的项目“现代灌溉水肥管理原理与技术”获大禹水利科技奖二等奖。机理研究与实用技术紧密结合，在喷灌方面，获取了小麦和玉米冠层截留水量范围及其占灌水量的比例，首次建立了基于能量平衡原理的冠层截留水量损失估算模型，科学评价了截留净损失，阐明了冠层截留与节水效果的关系，确定了喷灌均匀系数对水氮淋失的影响程度，首次提出了不同气候区喷灌均匀系数的取值范围。在滴灌方面，评价了施肥装置类型、灌水器制造偏差、毛管埋深等对系统性能的影响，构建了不同类型施肥装置肥液浓度变化模型，提出了施肥均匀性与灌水均匀性的定量关系，评估了土壤特性空间变异对田间尺度水氮分布和作物生长的影响，完善了滴灌系统设计与评价理论，提出了滴灌施肥灌溉系统优化运行方式，建立了水氮运移人工神经网络预测模型。在实用技术方面，提出了喷灌系统设计关键参数确定方法、滴灌系统设计新方法及滴灌水肥高效利用模式。

发表论文 70 篇，三大检索收录 46 篇，出版专著 2 部，制定地方标准 1 项，为 4 个国家和行业标准的编写与修订提供了依据，经济和社会效益显著。成果通过鉴定，总体上达到国际先进水平，其中喷灌冠层截留有效性及不同气候区喷灌均匀系数的取值范围研究达到国际领先水平。

获奖人员：李久生，栗岩峰，王迪，张建君，饶敏杰，杜和景，张英林，孟一斌，宿梅双，杜珍华。

（4）农业节水科技奖

2012 年，主持完成的国家高技术研究发展计划（“863 计划”）项目成果“轻质多功能喷灌产品研制及软件开发”获 2012 年度农业节水科技奖一等奖。项目从喷灌设备研发与喷灌系统设计及管理技术两个层面入手，围绕管道式喷灌的系统设计、关键设备、运行控制、性能评价等关键产品与技术开展研究。在喷头方面，发明了具有记忆功能的喷头旋转角度控制装置和自动换向装置，形成了散射式、涡轮驱动和齿轮驱动三种类型升降式喷头的多功能系列产品；在喷灌管道方面，发明了新型镁合金喷灌移动管道材料配方和防腐处理工艺，开发出重量比常用铝合金管道低 30% 的轻质镁合金管道及其配套管件，研制出喷灌给水控制阀；在喷灌系统设计和管理技术研究方面，研制出调压罐与变频结合的恒压喷灌系统及运行管理规程，开发出喷灌系统管网布置与水力计算软件、智能型恒压喷灌系统控制软件、喷灌均匀系数模拟计算软件和喷灌水利用率及其对环境调节模拟软件。授权发明专利 10 件，实用新型专利 2 件，实现了喷头和镁合金移动管道的产业化；获得软件著作权登记 6 件。成果在北京、河南、山西、内蒙古、河北、黑龙江、山东、浙江等地推广应用，经济和社会效益显著。

获奖人员：李久生，郭志新，栗岩峰，韩文霆，王福军，康国义，王建东，李金山，焦炳生，赵伟霞，尹剑锋，张航，谢时友，关红杰，王珍。

2021 年，主持完成的国家自然科学基金重点和面上项目成果“再生水滴灌抗堵塞及高效安全利用关键技术”获 2020—2021 年度农业节水科技奖一等奖。

获奖人员：李久生、王珍、肖洋、栗岩峰、王军、李云开、赵伟霞、张航、李艳、胡雅琪、温洁、郭利君、郝锋珍、仇振杰、李秀梅。

2020 年以课题组为核心力量的“水利研究所现代灌溉水肥高效利用理论与技术创新团队”获中国水利水电科学研究院首届创新团队奖，这是对团队创建 20 多年来所取得成绩的肯定。

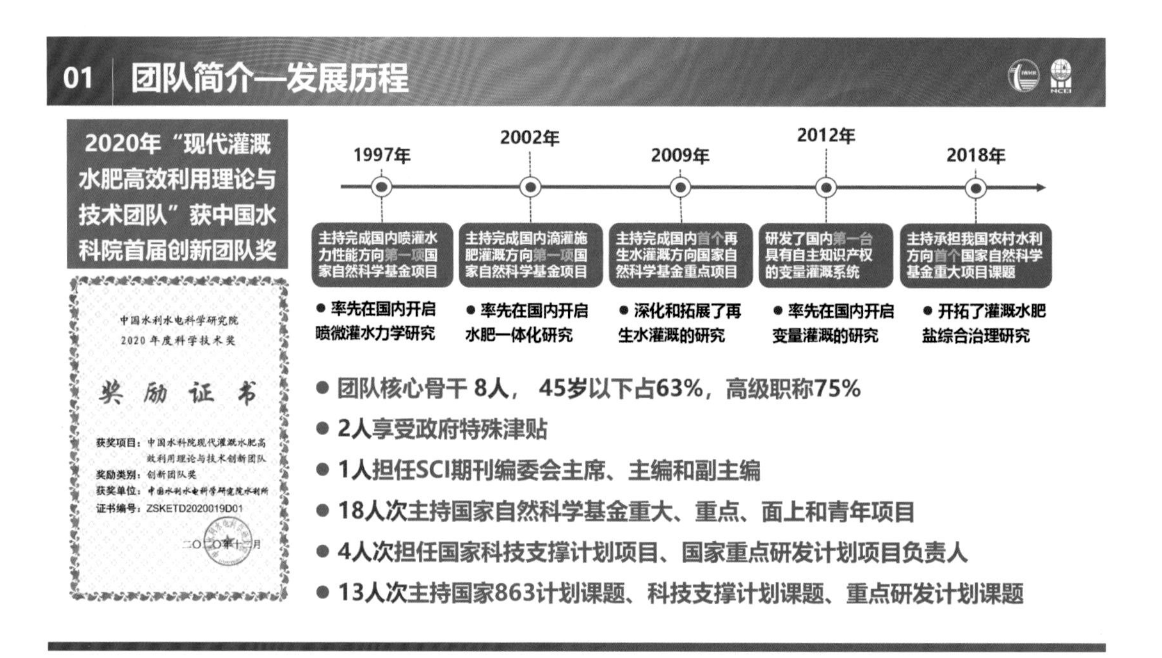


学术生涯中获国家科技进步二等奖 1 项，省部级一等奖 6 项，二等奖 2 项，三等奖 2 项；中国水利水电科学研究院特等奖 2 项，1 等奖 1 项，创新团队奖 1 项；多篇论文获学会、学报优秀论文奖。

## 5.2 论著与知识产权清单

### 学位论文

1. 李久生 . 1986. 摇臂式喷头方形喷嘴水力性能的研究 . 中国农业科学院研究生院·中国农业科学院农田灌溉研究所（指导教师：余开德研究员）.

2. 李久生 . 1995. The Effects of Nozzle Shape on Saving Energy and the Spatial Distribution of Soil Moisture under Sprinkler Irrigation. United Graduate School of Agricultural Science,

Ehime University, Japan（指导教师：河野広教授）.

## 著书

1. 李久生 . 2000. Sprinkler Irrigation：Hydraulic Performance and Crop Yield. Beijing：China Agricultural Scientech Press.

2. 李久生，张建君，薛克宗 . 2003. 滴灌施肥灌溉原理与应用 . 北京：中国农业科学技术出版社 .

3. 李久生，王迪，栗岩峰 . 2008. 现代灌溉水肥管理原理与应用 . 郑州：黄河水利出版社 .

4. 李久生，栗岩峰，赵伟霞，王珍，关红杰，张航 . 2015. 喷灌与微灌水肥高效安全利用原理 . 北京：中国农业出版社 .

5. 李久生 . 2020. 再生水滴灌原理与应用 . 北京：科学出版社 .

6. 李久生，饶敏杰 . 2000. Field valuation of crop yield response to uniformity of sprinkler irrigation system. *In*: Theory and Practice of Water-Saving Agriculture, Proceeding of Chinese-Israeli Bilateral International Workshop on Water-Saving Agriculture. pp. 141–148，北京：中国水利水电出版社（参编）.

7. 李久生 . 2001. 高新技术在节水农业中的应用 . 卢良恕，石玉林主编，中国农业需水与节水高效农业建设，北京：中国水利水电出版社 .

8. 李久生 . 2001. Methodological and Technological Issues in Technology Transfer. pp. 269–289, Cambridge University Press.

9. 李久生，段爱旺 . 2004. 高效节水农业技术及新产品 . 2003 年中国农村科技发展报告 . 北京：中国农业出版社 .

10. 李久生，2006. 微灌施肥实用技术 . 北京：中国农业出版社（参编）.

11. 李久生 . 2006. 当代水利科技前沿（水利部国际合作与科技司编著），第 4 章，农田水利，pp. 105–142. 北京：中国水利水电出版社（参编）.

12. 李久生 . 2006. 节水农业在中国（科学技术部中国农村技术开发中心组编）. 第 5 章，灌溉节水技术，第 3 节，喷灌技术，pp. 98–107，北京：中国农业科学技术出版社 .

13. 李久生 . 2007. 第 7 章 喷灌水分高效利用技术与产品 . 许迪等主编，农业高效用水技术研究与创新 . 北京：中国农业出版社 .

14. 李久生 . 2007. 喷灌节水灌溉技术研究的新进展 . 康绍忠主编 . 农业水土工程概论 . 北京：中国农业出版社 .

15. 李久生 . 2007. 节水农业技术（科学技术部中国农村技术开发中心组编）. 第 3 章，灌溉节水技术，第 3 节，喷灌技术，pp. 78–89. 北京：中国农业科学技术出版社 .

16. 李久生 . 2010. 中国北方节水高效农作制度水肥配套技术 . 蔡典雄，武雪萍，等著，中国北方节水高效农作制度 . 北京：科学出版社 .

17. 李久生 . 2012. 微灌工程技术（姚彬，王留运主编），第 8 章，微灌施肥 . pp. 131–136，黄河水利出版社 .

18. 李久生，彭世彰，郝卫平 . 2013. Guidelines to Control Water Pollution from Agriculture in China. FAO Water Report 40 (Editors: Mateo-Sagasta J., Ongley E. D., Hao W., Mei X.), Chapter 5. Pollution from Irrigation and Drainage. pp. 59–70.

19. 李久生，栗岩峰（参编）. 2014. 2012—2013 基础农学学科发展报告（中国科学技术协会，中国农学会）. 北京：中国农业科学技术出版社 .

20. 李久生，栗岩峰，赵伟霞（参编）. 2016. 中国学科发展战略 水利科学与工程（国家自然科学基金委员会，中国科学院）. pp. 111–124，第 3 章 农田水利学——作物耗水过程与农业水资源高效利用，第 3 节 节水灌溉理论与技术 . 北京：科学出版社 .

21. Choi, Joongdae， 李 久 生，Schultz, Bart (Guest Editors). 2016. Special Issue with Selected Papers of the ICID Gwangju Congress by Korean Authors. Irrigation and Drainage, 65(S2): 1–257.

22. Zain, Muhammad, Muhammad, Adeel, Noman, Shakoor, Muhammad, Arslan Ahmad, Saliha, Maqbool, 李久生，Shafeeq, Ur-Rahman, Ming Xu, Asif Iqbal, Waqar Afzal Malik, 段爱旺 . 2022. Chapter 3. Organic Phosphorous as an Alternative to Mineral Phosphatic Fertilizers. In: A. Iqbal et al. (eds.), Sustainable Agriculture Reviews 58, Phosphorus Use Efficiency for Sustainable Agriculture. Springer Nature Switzerland AG.

## 期刊论文

1. 李久生 . 1985. 灌水定额和灌水周期对半固定式喷灌系统投资的影响 . 喷灌技术（3）: 19–21.

2. 施钧亮，陈学敏，罗金耀，李英能，李久生，等 . 1985. 喷洒水利用系数的测定 . 喷灌技术,（2）: 37–39.

3. 李久生 . 1987. 摇臂式喷头方形喷嘴水力性能的研究 . 喷灌技术（3）: 7–15.

4. 李久生 . 1987. 摇臂式喷头方形喷嘴水力性能的研究 . 灌溉排水（3）: 15–25.

5. 李久生 . 1987. 谈平均水滴直径的计算方法 . 喷灌技术（4）: 21–23.

6. 李久生 . 1988. 对喷洒水舌末端雨滴直径影响因素的分析 . 水利水电技术（2）: 22–25.

7. 李久生 . 1988. 坡地喷灌系统中竖管适宜偏角的选择 . 水利学报 19（5）: 45–48.

8. 李久生 . 1988. 喷洒水滴分布规律的研究 . 水利学报 19（10）: 38–45.

9. 龚时宏，李久生 . 1989. 恒压喷灌系统运行压力限的确定 . 农田水利与小水电，

（2）：10–12.

10. 李英能，李久生，郭志新，刘新民，楼予红 . 1990. 节能异形喷嘴水力性能的研究及研制 . 灌溉排水（2）：43–50.

11. 李久生 . 1990. 南朝鲜的灌溉及水管理 . 灌溉排水（4）：36–38.

12. 李久生 . 1990. The measures and principles of unified management of water resources in Limin Irrigation Project, Shanxi Province. Paper for the International Workshop and Training for Improved Irrigation Management with Farmers' Participation. FAO, ADC, Korea. 8pp.

13. 李久生 . 1991. 喷洒水滴分布的数学模型研究 . 水利学报，22（3）：48–55.

14. 李久生 . 1991. 异形喷嘴雾化状况的研究 . 喷灌技术（3）：28–32，64.

15. 许一飞，施钧亮，吴涤非，李久生，陈学敏 . 1992. 我国喷灌工程规划设计的研究与发展 . 喷灌技术（4）：30–31.

16. 李久生 . 1993. 灌水均匀度与深层渗漏量关系的研究 . 农田水利与小水电（1）：1–4.

17. 李久生 . 1993. 喷洒水滴直径测试方法的研究 . 排灌机械，11（2）：45–47.

18. 李久生，Kawano，H., Fujimori, M., 1994. Study on the designing methods of square and triangular nozzles with impact sprinklers. Technical Bulletin of Faculty of Agriculture, Kagawa University, 46(1): 37–45.

19. 李久生，Kawano, H., 1994. Effect of pressure and nozzle shape on sprinkler droplet formation. Technical Bulletin of Faculty of Agriculture, Kagawa University, 46(2): 141–149.

20. 李久生，Kawano, H., 1994. Irrigation water utilization efficiency under sprinkler irrigation. *In*: Proceeding of the Japan International Rainwater Catchment Systems Association, 103–110.

21. 李久生，Kawano, H., 余开德，1994. Droplet size distributions from different shaped sprinkler nozzles. Transactions of the ASAE, 37(6): 1871–1978.

22. 李久生，Kawano, H., 1994. Effect of nozzle shape on sprinkler water distribution and energy saving. Transactions of the Japanese Society of Irrigation, Drainage and Reclamation Engineering (JSIDRE), 173: 39–47.

23. 李久生，Kawano, H., 1995. Estimation of spatial soil water distribution and deep percolation under sprinkler irrigation. Journal of Japan Society of Hydrology and Water Resources, 8(1): 49–56.

24. 李久生，Kawano, H., 1995. Simulating water-drop movement from noncircular sprinkler nozzles. Journal of Irrigation and Drainage Engineering, ASCE, 121(2): 152–158.

25. 李久生，Kawano, H., 1995. Uniformity of soil moisture under sprinkler irrigation. *In*: Soil Moisture Control in Arid to Semi-Arid Region for Agro-Forestry (edited by M. Anase and R.

Yasutomi) 177–182. Tokyo University of Agriculture Press, Japan.

26. 李久生，李英能，Kawano, H., 1995. Design parameters of square and triangular nozzles with impact sprinklers. Irrigation Engineering and Rural Planning, JSIDRE, 28: 37–45.

27. 李久生，李英能，Kawano, H., 1995. Design parameters of double rectangular nozzles with impact sprinklers. Irrigation Engineering and Rural Planning, JSIDRE, 29: 66–77.

28. 李久生，Kawano, H., Fujimori, M., 1995. Sprinkler performances with different inside contraction angle nozzles. Technical Bulletin of Faculty of Agriculture, Kagawa University, 47(1): 71–78.

29. 林世皋，河野広，李久生，1995. 中国における灌漑用水の管理と节水灌溉 . 农业土木学会志，63（4）: 369–373.

30. 李久生，Kawano, H., 1995. Uniformity of water within the root zone under sprinkler irrigation. Irrigation Engineering and Rural Planning, JSIDRE, 30: 89–93.

31. 李久生，Kawano, H., Fujimori, M., 1995. Spatial variability of physical properties of two soil types. Technical Bulletin of Faculty of Agriculture, Kagawa University, 47(2): 153–160.

32. 李久生，李英能，Kawano, H., Yoder, R. E., 1995. Effects of double-rectangular-slot design on impact sprinkler nozzle performance. Transactions of the ASAE, 38(5): 1435–1441.

33. 李久生 . 1996. Sprinkler performance as function of nozzle geometrical parameters. Journal of Irrigation and Drainage Engineering, ASCE, 122(4): 244–247.

34. 李久生，Kawano, H., 1996. Sprinkler rotation nonuniformity and water distribution. Transactions of the ASAE, 39(6): 2027–2031.

35. 李久生，Kawano, H., 1996. The areal distribution of soil moisture under sprinkler irrigation. Agricultural Water Management, 32(1): 29–36.

36. 李久生 . 1996. 日本的水资源及其利用 . 灌溉排水（2）: 59–61.

37. 李久生 . 1996. 喷灌均匀系数对作物产量影响的模拟研究 . 农业工程学报，12(4): 106–111.

38. 李久生 . 1997. Effect of pressure and nozzle shape on the characteristics of sprinkler droplet spectra. Journal of Agricultural Engineering Research, 66(1): 15–21.

39. 李久生，Kawano, H., 1997. Sprinkler water utilization efficiency. Journal of International Rainwater Catchment Systems, 3(1): 41–51.

40. 李久生，马福才 . 1997. 喷嘴形状对喷洒水滴动能的影响 . 灌溉排水（2）: 3–8.

41. 李久生，Kawano H. 1998. Sprinkler performance as affected by nozzle inner contraction angle. Irrigation Science, 18(2): 63–66.

42. 李久生 . 1998. Modeling crop yield as affected by uniformity of sprinkler irrigation system.

Agricultural Water Management, 38(2): 135–146.

43. 李久生，雷志栋，杨诗秀 . 1998. 喷灌条件下土壤水分空间分布特性研究 . 水科学进展（1）: 8–15.

44. 李久生 . 1998. 喷灌均匀系数对土壤水分空间分布及作物产量影响的研究现状 . 农业工程学报，14（2）: 138–143.

45. 李久生，饶敏杰 . 1999. 喷灌水量分布均匀性评价指标的试验研究 . 农业工程学报，15（4）: 78–82.

46. 李久生，饶敏杰 . 2000. Sprinkler water distribution as affected by winter wheat canopy. Irrigation Science, 20(1): 29–35.

47. 李久生，饶敏杰 . 2000. Crop yield as affected by uniformity of sprinkler irrigation system. *In*: Proceeding of the XIV Memorial CIGR World Congress 2000, Tokyo, Japan, 181–186.

48. 李久生，饶敏杰 . 2000. 喷灌均匀系数对土壤水分及冬小麦产量影响的试验研究 . 水利学报，31（1）: 9–14.

49. 吴景社，李久生，李英能，李安国，刘群昌，邢大韦，高本虎，刘文朝 . 2000. 21世纪节水农业中的高新技术重点研究领域 . 农业工程学报，16（1）: 9–13.

50. 李久生，饶敏杰 . 2000. 喷灌施肥均匀性对冬小麦产量影响的田间试验评估 . 农业工程学报，16（6）: 38–42.

51. 李久生，饶敏杰 . 2001. Crop water consumption under nonuniform sprinkler irrigation. Transactions of the CSAE 17(1): 58–63.

52. 李久生，饶敏杰 . 2001. 喷灌均匀系数对冬小麦需水规律的影响（英文）. 农业工程学报，17（1）: 58–63.

53. 贾大林，李久生 . 2001. 不同类型区节水灌溉的发展模式 . 中国水利报，6–05（A03）.

54. 贾大林，李久生 . 2001. 中国节水农业何处去 . 中国水利报，8–28（007）.

55. 李久生 . 2001. 北方地区干旱变化趋势分析 . 干旱地区农业研究（3）: 42–51.

56. 王金霞，黄季焜，梅旭荣，李久生，居辉，雷水玲 . Water policy, management and institutional arrangement of the Fuyang River Basin in China. In: Water Policy Reform: Lessons from Asia and Australia (Ed. D. Brennan), Proceedings of an International Workshop held in Bangkok, ACIAR Proceedings, No. 106, pp. 237–253.

57. 李久生，张建君，任理 . 2002. Nitrogen distribution in soil under fertigation from a point source. Transactions of the CSAE，18（5）: 61–66.

58. 李久生，饶敏杰 . 2002. 喷灌洒水与施肥均匀性对冬小麦产量的影响 . 水利学报，

33（1）：28–34.

59. 余根坚，李久生，龚时宏，高本虎 . 2002. 哪些因素影响喷微灌技术发展 . 中国水利报，3–12.

60. 李久生，饶敏杰，张建君 . 2002. 土壤及喷灌水量不均匀性对干旱区春小麦产量影响的试验研究 . 农业工程学报，18（3）：15–21.

61. 贾大林，李久生 . 2002. 不同类型区节水灌溉的发展模式（上）. 科技日报，6–4（007）.

62. 贾大林，李久生 . 2002. 不同类型区节水灌溉的发展模式（下）. 科技日报，6–18（007）.

63. 张建君，李久生，任理 . 2002. 滴灌施肥灌溉条件下土壤水氮运移的研究进展 . 灌溉排水（2）：75–79.

64. 贾大林，李久生 . 2002. 中国节水农业何处去 . 科技日报，7–2.

65. 李久生，张建君，任理 . 2002. 滴灌点源施肥灌溉对土壤氮素分布影响的试验研究（英文）. 农业工程学报，18（5）：61–66.

66. 余根坚，李久生，龚时宏，高本虎，杨继富，胡亚琼 . 2002. 喷微灌技术发展的影响因素分析 . 节水灌溉（5）：1–4.

67. 李久生，饶敏杰，张建君 . 2002. 干旱地区喷洒水利用系数的田间试验研究 . 农业工程学报，18（6）：42–45.

68. 李久生，饶敏杰 . 2003. Field evaluation of crop yield as affected by nonuniformity of sprinkler-applied water and fertilizers. Agricultural Water Management, 59(1): 1–13.

69. 李久生，张建君，任理 . 2003. Water and nitrogen distribution as affected by fertigation of ammonium nitrate from a point source. Irrigation Science, 22(1): 19–30.

70. 李久生，饶敏杰，张建君 . 2003. 干旱区玉米滴灌需水规律的田间试验研究 . 灌溉排水学报（1）：16–21.

71. 李久生，饶敏杰 . 2003. 地面灌溉水流特性及水分利用率的田间试验研究 . 农业工程学报，19（3）：54–58.

72. 李久生，张建君，饶敏杰 . 2004. Wetting patterns and nitrogen distributions as affected by fertigation strategies from a surface point source. Agricultural Water Management，67(2): 89–104.

73. 李久生，R. E. Yoder, L. O. Odhiambo, 张建君 . 2004. Simulation of nitrate distribution under drip irrigation using artificial neural networks. Irrigation Science, 23: 29–37.

74. 李久生，张建君，饶敏杰 . 2004. 滴灌系统运行方式对砂壤土水氮分布影响的试验研究 . 水利学报，35（9）：31–37.

75. 李久生，李蓓，饶敏杰 . 2004. 地面灌溉技术参数对氮素运移分布影响的研究进展 . 农业工程学报，20（6）：51–55.

76. 李久生，饶敏杰，李蓓 . 2005. 喷灌施肥灌溉均匀性对土壤硝态氮空间分布影响的田间试验研究 . 农业工程学报，21（3）：51–55.

77. 闫庆健，李久生 . 2005. 地面灌溉水流特性及水分利用率的数学模拟 . 灌溉排水学报，2：62–66.

78. 李久生，李蓓，饶敏杰 . 2005. Spatial and temporal distributions of nitrogen and crop yield as affected by nonuniformity of sprinkler fertigation. Agricultural Water Management, 76(3): 160–180.

79. 李久生，张建君，饶敏杰 . 2005. Modeling of water flow and nitrate transport under surface drip fertigation. Transactions of the ASAE, 48(2): 627–637.

80. 李久生，李蓓，宿梅双，饶敏杰 . 2005. 冬小麦氮素吸收及产量对喷灌施肥均匀性的响应 . 中国农业科学，38（8）：1600–1607.

81. 李久生，张建君，饶敏杰 . 2005. 滴灌施肥灌溉的水氮运移数学模拟及试验验证 . 水利学报，36（8）：932–938.

82. 宿梅双，李久生，饶敏杰 . 2005. 基于称重式蒸渗仪的喷灌条件下冬小麦和糯玉米作物系数估算方法 . 农业工程学报，21（8）：25–29.

83. 白美健，许迪，李益农，李久生 . 2005. 地面灌溉土壤入渗参数时空变异性试验研究 . 水土保持学报（5）：122–125，152.

84. 杨继富，李久生 . 2006. 改善我国农村水环境的总体思路和建议 . 中国水利（5）：21–23，30.

85. 陈渠昌，杨燕山，李久生，段爱旺，孙景生，刘祖贵 . 2006. 喷灌技术在干旱风沙区的应用研究 . 灌溉排水学报（2）：50–52，57.

86. 栗岩峰，李久生，饶敏杰 . 2006. 滴灌系统运行方式施肥频率对番茄产量与根系分布的影响 . 中国农业科学，39（7）：1419–1427.

87. 栗岩峰，李久生，饶敏杰 . 2006. 滴灌施肥时水肥顺序对番茄根系分布和产量的影响 . 农业工程学报，22（7）：205–207.

88. 王迪，李久生，饶敏杰 . 2006. 玉米冠层对喷灌水量再分配影响的田间试验研究 . 农业工程学报，22（7）：43–47.

89. 王迪，李久生，饶敏杰 . 2006. 喷灌冬小麦冠层截留试验研究 . 中国农业科学，39（9）：1859–1864.

90. 李久生，孟一斌，刘玉春 . 2006. Hydraulic performance of differential pressure tanks for fertigation. Transactions of the ASABE. 49(6): 1815–1822.

91. 孟一斌，李久生，李蓓 . 2007. 微灌系统压差式施肥罐施肥性能试验研究 . 农业工程学报，23（3）：41–45.

92. 王迪，李久生，饶敏杰 . 2007. 喷灌田间小气候对作物蒸腾影响的田间试验研究 . 水利学报，38（4）：427–433.

93. 栗岩峰，李久生，李蓓 . 2007. 滴灌系统运行方式和施肥频率对番茄根区土壤氮素动态的影响 . 水利学报，38（7）：857–865.

94. 王迪，李久生，饶敏杰 . 2007. 基于能量平衡的喷灌作物冠层净截留损失估算 . 农业工程学报，23（8）：27–33.

95. 李久生，孟一斌，李蓓 . 2007. Field evaluation of fertigation uniformity as affected by injector type and manufacturing variability of emitter. Irrigation Science, 25: 117–125.

96. 李久生，计红燕，李蓓，刘玉春 . 2007. Wetting patterns and nitrate distributions in layered-textural soils under drip irrigation. Agricultural Sciences in China, 6(8): 970–980.

97. 李久生，杜珍华，栗岩峰，李蓓 . 2008. 壤土特性空间变异对地下滴灌水氮分布及夏玉米生长的影响 . 中国农业科学，41（6）：1717–1726.

98. 李久生，杜珍华，栗岩峰 . 2008. 地下滴灌系统施肥灌溉均匀性的田间试验评估 . 农业工程学报，24（4）：83–87.

99. 李久生，陈磊，栗岩峰 . 2008. 地下滴灌灌水器堵塞特性田间评估 . 水利学报，39（10）：150–156.

100. 李久生，杨风艳，刘玉春，栗岩峰 . 2009. 土壤层状质地对小流量地下滴灌灌水器特性的影响 . 农业工程学报，25（4）：1–6.

101. 李久生，栗岩峰，杨风艳 . 2009. 层状土壤质地对地下滴灌水氮分布影响的试验研究 . 农业工程学报，25（7）：25–31.

102. 刘玉春，李久生 . 2009. 毛管埋深和土壤层状质地对地下滴灌番茄根区水氮动态和根系分布的影响 . 水利学报，40（7）：782–790.

103. 刘玉春，李久生 . 2009. 毛管埋深和土壤层状质地对滴灌番茄水氮利用效率的影响 . 农业工程学报，25（6）：7–12.

104. 李久生，陈磊，栗岩峰 . 2009. Comparison of clogging in drip emitters during the application of sewage effluent and groundwater. Transactions of the ASABE, 52(4): 1203–1211.

105. 栗岩峰，李久生，尹剑锋 . 2010. 再生水对园林升降式喷头水力性能的影响 . 农业机械学报，41（8）：56–61.

106. 栗岩峰，李久生 . 2010. 再生水加氯对滴灌系统堵塞及番茄产量与氮素吸收的影响 . 农业工程学报，26（2）：18–24.

107. 刘玉春，李久生 . 2010. 滴灌灌溉计划制定中毛管埋深对负压计布置方式的影响 .

农业工程学报，26（4）：18–24.

108. 李久生，陈磊，栗岩峰 . 2010. 加氯处理对再生水滴灌系统灌水器堵塞及性能的影响 . 农业工程学报，26（5）：7–13.

109. 李久生，尹剑锋，张航，栗岩峰 . 2010. 滴灌均匀系数对土壤水分和氮素分布的影响 . 农业工程学报，26（12）：27–33.

110. 李久生，陈磊，栗岩峰，尹剑锋，张航 . 2010. Effects of chlorination schemes on clogging in drip emitters during application of sewage effluent. Applied Engineering in Agriculture, 26(4): 565–578.

111. 李久生，刘玉春 . 2011. Water and nitrate distributions as affected by layered-textural soil and buried dripline depth under subsurface drip fertigation. Irrigation Science, 29: 469–478.

112. 张航，李久生 . 2011. 华北平原春玉米生长和产量对滴灌均匀系数及灌水量的响应 . 农业工程学报，27（11）：176–182.

113. 李久生，尹剑锋，张航，栗岩峰 . 2011. 滴灌均匀系数和施氮量对白菜生长及产量和品质的影响 . 农业工程学报，27（1）：36–43.

114. 张航，李久生，栗岩峰 . 2012. 利用电容式传感器连续监测土壤硝态氮质量分数的试验研究 . 灌溉排水学报，31（1）：23–28.

115. 李久生，赵伟霞，尹剑锋，张航，栗岩峰，温江丽 . 2012. The effects of drip irrigation system uniformity on soil water and nitrogen distributions. Transactions of the ASABE, 55(2): 415–427.

116. 赵伟霞，李久生，栗岩峰 . 2012. Modeling sprinkler efficiency with consideration of microclimate modification effects. Agricultural and Forest Meteorology, 161: 116–122.

117. 赵伟霞，李久生，栗岩峰，尹剑锋 . 2012. Effects of drip system uniformity on yield and quality of Chinese cabbage heads. Agricultural Water Management，110：118–128.

118. 张航，李久生 . 2012. 华北平原春玉米滴灌均匀系数对土壤水氮时空分布的影响 . 中国农业科学，45（19）：4004–4013.

119. 刘玉春，李久生 . 2012. 层状土壤条件下地下滴灌水氮运移模型及应用 . 水利学报，43（8）：898–905.

120. 赵伟霞，李久生，栗岩峰 . 2012. 考虑喷灌田间小气候改变作用确定灌水技术参数方法探讨 . 中国农业生态学报，20（9）：1166–1172.

121. 李久生，栗岩峰，张航 . 2012. Tomato yield and quality and emitter clogging as affected by chlorination schemes of drip irrigation systems applying sewage effluent. Journal of Integrative Agriculture, 11(10): 1744–1754.

122. 赵伟霞，李久生，蔡焕杰 . 2012. 扩展 CUPID 模型模拟喷灌水利用率 . 水利学报，43（11）：1357–1364.

123. 关红杰，李久生，栗岩峰 . 2012. 干旱区滴灌均匀系数和灌水量对土壤水氮分布的影响 . 农业工程学报，28（24）：121–128.

124. 王珍，李久生，栗岩峰 . 2013. 土壤空间变异对滴灌水氮淋失风险影响的模拟评估 . 水利学报，44（3）：302–311.

125. 关红杰，李久生，栗岩峰 . 2013. Effects of drip system uniformity on cotton yield and quality under arid conditions. Agricultural Water Management, 124: 37–51.

126. 关红杰，李久生，栗岩峰 . 2013. Effects of drip system uniformity and irrigation amount on water and salt distributions in soil under arid conditions. Journal of Integrative Agriculture, 12(5): 924–939.

127. 王珍，李久生，栗岩峰 . 2013. 基于三维 Copula 函数的滴灌硝态氮淋失风险评估方法 . 农业工程学报，29(19): 79–87.

128. 王珍，李久生，张航，栗岩峰 . 2013. 基于空间效应模型的滴灌均匀系数对春玉米产量的影响研究 . 中国农业科学，46(23): 4905–4915.

129. 关红杰，李久生，栗岩峰 . 2014. 干旱区滴灌均匀系数对土壤水氮分布影响的模拟研究 . 农业机械学报，45（3）：107–117.

130. 关红杰，李久生，栗岩峰 . 2014. 干旱区棉花水分胁迫指数对滴灌均匀系数和灌水量的响应 . 干旱地区农业研究，32（1）：52–59.

131. 赵伟霞，李久生，王珍，张志云，栗岩峰 . 2014. 土壤含水率监测位置对温室滴灌番茄耗水量估算的影响 . 中国农业生态学报，22（1）：37–43.

132. 王珍，李久生，栗岩峰 . 2014. Effects of drip system uniformity and nitrogen application rate on yield and nitrogen balance of spring maize in the North China Plain. Field Crops Research, 159: 10–20.

133. 王珍，李久生，栗岩峰 . 2014. Effects of drip irrigation system uniformity and nitrogen applied on deep percolation and nitrate leaching during growing seasons of spring maize in semi-humid region. Irrigation Science, 32(3): 221–236.

134. 王珍，李久生，栗岩峰 . 2014. Simulation of nitrate leaching under varying drip system uniformities and precipitation patterns during the growing season of maize in the North China Plain. Agricultural Water Management, 142: 19–28.

135. 栗岩峰，李久生，张航 . 2014. Effects of chlorination on soil chemical properties and nitrogen uptake for tomato drip irrigated with secondary sewage effluent. Journal of Integrative Agriculture, 13(9): 2049–2060.

136. 刘洋，栗岩峰，李久生 . 2014. 东北黑土区膜下滴灌施氮管理对玉米生长和产量的影响．水利学报，45（5）：529–536.

137. 赵伟霞，张志云，李久生．2014. 灌水周期对日光温室滴灌番茄耗水量的影响．灌溉排水学报，33（4–5）：1–5.

138. 王军，关红杰，李久生．2014. 棉花膜下滴灌二维土壤水与作物生长耦合模拟模型率定与验证．灌溉排水学报，33（4–5）：343–347.

139. 栗岩峰，温江丽，李久生．2014. 再生水水质与滴灌灌水技术参数对番茄产量和品质的影响．灌溉排水学报，33（4–5）：204–208.

140. 赵伟霞，李久生，杨汝苗，栗岩峰．2014. 田间试验评估圆形喷灌机变量灌溉系统水量分布特性．农业工程学报，30（22）：53–62.

141. 刘洋，李久生，栗岩峰．2015. Effects of split fertigation rates on the dynamics of nitrate in soil and the yield of mulched drip-irrigated maize in the sub-humid region. Applied Engineering in Agriculture, 31(1): 103–117.

142. 张志云，赵伟霞，李久生．2015. 灌水频率和施氮量对番茄生长及水氮淋失的影响．中国水利水电科学研究院学报，13（2）：81–90.

143. 温江丽，李久生．2015. 半干旱地区喷灌玉米 CERES-Maize 模型率定验证及应用．水利学报，46（5）：584–593.

144. 栗岩峰，李久生，赵伟霞，王珍．2015. 再生水高效安全灌溉关键理论与技术研究进展．农业机械学报，46（6）：102–110.

145. 刘洋，栗岩峰，李久生，严海军．2015. 东北半湿润区膜下滴灌对农田水热状况和玉米产量的影响．农业机械学报，46（10）：93–104，135.

146. 温江丽，李久生，栗岩峰．2015. Response of maize growth and yield to different water and nitrogen schemes on very coarse sandy loam soil under sprinkler irrigation in the semi-arid region of China. Irrigation and Drainage, 64: 619–636.

147. 温洁，李久生，栗岩峰．2015. Wetting patterns and bacterial distributions in different soils from a surface point source applying effluents with varying *E. coli* concentrations. Journal of Integrative Agriculture, 15(7): 1625–1637.

148. 张建君，李久生，赵炳强，李艳婷．2015. Simulation of water and nitrogen dynamics as affected by drip irrigation strategies. Journal of Integrative Agriculture, 14(12): 2434–2435.

149. 李久生．2016. 从政策管理层面看看微灌技术推广中的重要问题．改革内参，2016 年 3 月 25 日．

150. 王珍，李久生，栗岩峰．2016. Assessing the effects of drip irrigation system uniformity and spatial variability in soil on nitrate leaching through simulation. Transactions of the ASABE, 59(1): 279–290.

151. 王军，李久生，关红杰 . 2016. 北疆膜下滴灌棉花产量及水分生产率对灌水量响应的模拟 . 农业工程学报，32（3）：62–68.

152. 李久生，栗岩峰，王军，王珍，赵伟霞 . 2016. 微灌在中国：历史，现状，未来 . 水利学报，47（3）：372–381.

153. 赵伟霞，李久生，栗岩峰 . 2016. 大型喷灌机变量灌溉技术研究进展 . 农业工程学报，32（13）：1–7.

154. 仇振杰，李久生，赵伟霞 . 2016. 再生水地下滴灌对玉米生育期土壤脲酶活性和硝态氮的影响 . 节水灌溉（8）：1–6.

155. 郝锋珍，李久生，王珍，栗岩峰 . 2016. 化学离子对再生水滴灌灌水器堵塞的影响 . 节水灌溉（8）：12–18.

156. 王珍，李久生，栗岩峰 . 2016. 园林升降式旋转射线喷头对再生水的适应性评价 . 节水灌溉（8）：7–12.

157. 张星，栗岩峰，李久生 . 2016. 滴灌水热调控对土壤温度及白菜生长和产量的影响 . 节水灌溉（8）：48–53.

158. 郭利君，李久生，栗岩峰 . 2016. 再生水水质对滴灌玉米生长和氮肥吸收的影响 . 节水灌溉（8）：127–131.

159. 温洁，李久生 . 2016. Effects of water managements on transport of *E. coli* in soil-plant system for drip irrigation applying secondary sewage effluent. Agricultural Water Management, 178(1): 12–20.

160. Choi J，李久生，Schultz B. 2016. Editorial. Special Issue with selected Papers of the ICID Gwangju Congress by Korean Authors. Irrigation and Drainage, 65(S2): 4–6.

161. 宋鹏，李云开，李久生，裴旖婷 . 2017. 加氯及毛管冲洗控制再生水滴灌系统灌水器堵塞 . 农业工程学报，33（2）：80–86.

162. 赵伟霞，李久生，杨汝苗，栗岩峰 . 2017. 基于土壤水分空间变异的变量灌溉作物产量及节水效果 . 农业工程学报，33（2）：1–7.

163. 郭利君，李久生，栗岩峰，许迪 . 2017. Balancing the nitrogen derived from sewage effluent and fertilizers applied with drip irrigation. Water, Soil, and Air Pollution, 228: 12.

164. 王军，李久生，关红杰 . 2017. Evaluation of the influence of drip system uniformity on cotton yield in the arid region using a two-dimensional soil water transport and crop growth coupling model. Irrigation and Drainage, 66: 351–364.

165. 王军，黄冠华，李久生，郑建华，黄权中，刘海军 . 2017. Effect of soil moisture-based furrow irrigation scheduling on melon (Cucumis melo L.) yield and quality in an arid region of Northwest China. Agricultural Water Management, 179: 167–176.

166. 李久生 . 2017. Increasing crop productivity in an eco-friendly manner by improving sprinkler and micro-irrigation design and management: a review of 20 years' research at the IWHR, China. Irrigation and Drainage, 67: 97–112.

167. 王珍，李久生，栗岩峰 . 2017. Using reclaimed water for agricultural and landscape irrigation in China: a review. Irrigation and Drainage, 66: 672–686.

168. 郭利君，李久生，栗岩峰，许迪 . 2017. Nitrogen utilization under drip irrigation with sewage effluent in the North China Plain. Irrigation and Drainage, 66: 699–710.

169. 仇振杰，李久生，赵伟霞 . 2017. Effect of applying sewage effluent with subsurface drip irrigation on soil enzyme activities during the maize growing season. Irrigation and Drainage, 66: 723–737.

170. 栗岩峰，李久生，温江丽 . 2017. Drip irrigation with sewage effluent increased salt accumulation in soil, depressed sap flow, and increased yield of tomato. Irrigation and Drainage, 66(5): 711–722.

171. 温洁，李久生，栗岩峰 . 2017. Modelling water flow and Escherichia coli transport in unsaturated soils under drip irrigation. Irrigation and Drainage, 66: 738–749.

172. 郝锋珍，李久生，王珍，栗岩峰 . 2017. Effect of ions on clogging and biofilm formation in drip emitters applying secondary sewage effluent. Irrigation and Drainage, 66: 687–698.

173. 赵伟霞，李久生，杨汝苗，栗岩峰 . 2017. Determining placement criteria of moisture sensors through temporal stability analysis of soil water contents for a variable rate irrigation system. Precision Agriculture, 1–2: 1–18.

174. 刘洋，杨海顺，栗岩峰，严海军，李久生 . 2017. Modeling effects of plastic film mulching on irrigated maize yield and water use efficiency in sub-humid Northeast China. International Journal of Agricultural and Biological Engineering, 10(5): 69–84.

175. 仇振杰，李久生，赵伟霞 . 2017. Effects of lateral depth and irrigation level on nitrate and *E. coli* leaching in the North China Plain for subsurface drip irrigation applying sewage effluent. Irrigation Science, 35: 469–482.

176. 刘洋，杨海顺，栗岩峰，严海军，李久生 . 2018. Estimation of irrigation requirements for drip-irrigated maize in a sub-humid climate. Journal of Integrative Agriculture, 17(3): 677–692.

177. 张守都，栗岩峰，李久生 . 2018. 基于 DNDC 模型的东北半湿润区膜下滴灌玉米施肥制度优化 . 中国水利水电科学研究院学报，16（2）：113–121.

178. 郭利君，李久生，栗岩峰，许迪 . 2018. Nitrogen availability of sewage effluent to maize compared to synthetic fertilizers under drip irrigation. Transactions of the ASABE, 61(4): 1365–1377.

179. 郝锋珍，李久生，王珍，栗岩峰 . 2018. Effect of chlorination and acidification on clogging and biofilm formation in drip emitters applying secondary sewage effluent. Transactions of the ASABE, 61(4): 1351–1363.

180. 郝锋珍，李久生，王珍，栗岩峰 . 2018. Influence of chlorine injection on soil enzyme activities and maize growth under drip irrigation with secondary sewage effluent. Irrigation Science, 36(6): 363–379.

181. 赵伟霞，张萌，李久生，栗岩峰 . 2018. 喷头安装高度对圆形喷灌机灌水质量的影响 . 农业工程学报，34（10），107–112

182. 赵伟霞，李久生，王珍，栗岩峰 . 2018. 滴灌均匀性对土壤水分传感器埋设位置的影响 . 农业工程学报，34（9）：123–129.

183. 李秀梅，赵伟霞，李久生，栗岩峰 . 2018. 水分亏缺程度对变量灌溉水分传感器埋设位置预判的影响 . 农业工程学报，2018，34（23）：94–100.

184. 宋鹏，李久生，李云开 . 2018. Controlling mechanism of Chlorination on emitter bio-cloggiing for drip irrigation using reclaimed water. Agricultural Water Management, 184: 36–45.

185. 赵伟霞，李久生，杨汝苗，栗岩峰 . 2018. Determining placement criteria of moisture sensors through temporal stability analysis of soil water contents for a variable rate irrigation system. Precision Agriculture, 19: 648–665.

186. 李久生，栗岩峰，王军 . 2018. 城郊高效安全节水灌溉技术集成与典型示范 . 中国环境管理，10（2），97–98.

187. 李久生，李益农，栗岩峰，赵伟霞，王珍，王军 . 2018. 现代灌溉水肥精量调控原理与应用 . 中国水利水电科学研究院学报，16（5），373–384.

188. 李秀梅，李久生，栗岩峰 . 2018. 降水预报准确率对变量灌溉水分管理的影响 . 排灌机械工程学报，36（10）：985–989.

189. 王军，李久生，栗岩峰，郝锋珍，仇振杰 . 2018. 滴灌玉米根系生长动态对灌水量响应的试验研究 . 排灌机械工程学报，36（10）：925–930.

190. 王珍，李久生，栗岩峰，郝锋珍 . 2018. 磷肥施入方式对土壤速效磷含量及玉米生长的影响 . 排灌机械工程学报，36（10），1023–1028.

191. 温江丽，李久生，赵伟霞，栗岩峰 . 2018. 土壤空间变异对水氮淋失和产量影响的模拟研究 . 排灌机械工程学报，36（10）：1035–1040.

192. 李秀梅，赵伟霞，李久生，栗岩峰 . 2019. Maximizing water productivity through managing zones of variable rate irrigation at different deficit levels. Agricultural Water Management, 216: 153–163.

193. 李秀梅，李久生，赵伟霞，栗岩峰 . 2019. Crop yield and water use efficiency as affected by different soil-based management methods for variable rate irrigation in a semi-humid climate, Transactions of the ASABE, 61(6): 1915–1922.

194. 张守都，栗岩峰，李久生 . 2019. 滴灌条件下揭膜时间对土壤酶活性及玉米吸氮量的影响 . 排灌机械工程学报，37（5）：454–460.

195. 李久生 . 2020. Microirrigation in China: history, current situation and future. Irrigation and Drainage, 69(S1): 88–96.

196. 王珍，杨晓奇，李久生 . 2020. Effect of phosphorus coupled nitrogen fertigation on clogging in drip emitters when applying saline water. Irrigation Science, 38, 337–351.

197. 赵伟霞，张萌，李久生，栗岩峰 . 2020. 尿素浓度对喷灌夏玉米生长和产量的影响 . 农业工程学报，36（4），98–105.

198. 赵伟霞，张萌，李久生，栗岩峰 . 2020. 基于简易吸水法的喷灌施肥冬小麦冠层截留量 . 水利学报，51（3）：335–341.

199. 张志昊，王珍，栗岩峰，李久生 . 2020. 滴灌系统毛管单 / 双向供水方式对灌水和施肥均匀性的影响 . 水利学报，51（6）：727–737.

200. 赵伟霞，单志杰，李久生，栗岩峰 . 2020. Effects of fertigation splits through center pivot on the nitrogen uptake, yield, and nitrogen use efficiency of winter wheat grown in the North China Plain. Agricultural Water Management, 240. 106291. https://doi.org/10.1016/j.agwat.2020.106291.

201. 杨晓奇，王珍，刘宏权，李久生 . 2020. 微咸水滴灌条件下氮磷肥协同施入对灌水器堵塞的影响 . 灌溉排水学报，39（7）：68–76.

202. 王珍，郝锋珍，李久生，栗岩峰 . 2020. 基于 EPANET 的再生水滴灌系统余氯分布模型构建 . 农业工程学报，36（10）：99–106.

203. 李久生 . 2020. A tribute to Bart Schultz's career dedicated to ICID. Editorial. Irrigation and Drainage, 70(1): 3.

204. 温洁，李久生，胡宏昌，Mohd Yawar Ali Khan. 2021. Impact of lateral depth and irrigation frequency on inorganic nitrogen distribution, yield and quality of asparagus lettuce utilizing sewage effluent under drip Irrigation. Communications in Soil Science and Plant Analysis, 52(20): 2550–2561.

205. 王珍，李久生，杨晓奇 . 2021. Determining injection strategies of phosphorus-cou-

pled nitrogen fertigation based on clogging control of drip emitters with saline water application. Irrigation and Drainage, 70(5): 1010–1026.

206. 王珍，李久生，张志昊，栗岩峰 . 2021. Field evaluation of fertigation performance for a drip irrigation system with different lateral layouts under low operation pressures. Irrigation Science, 40(20): 191–201.

207. 林小敏，李久生，王珍 . 2021. Identifying the factors dominating the spatial distribution of water and salt in soil and cotton yield under arid environments of drip irrigation with different lateral lengths. Agricultural Water Management, 250: 106834.

208. 车政，李久生，王军 . 2021. Effects of water quality, irrigation amount and nitrogen applied on soil salinity and cotton production under mulched drip irrigation in arid Northwest China. Agricultural Water Management, 247: 106738.

209. 李秀梅，李久生，赵伟霞，栗岩峰 . 2021. Effects of irrigation strategies and soil properties on the characteristics of deep percolation and crop water requirements for a variable rate irrigation system. Agricultural Water Management, 257: 1–8.

210. 车政，王军，李久生 . 2021. Determination of threshold soil salinity with consideration of salinity stress alleviation by applying nitrogen in the arid region, Irrigation Science, 40(2): 283–296.

211. 王军，黄冠华，詹红兵，Binayak Mohanty, 李久生 , Lincoln Zotarell. 2021. A semianalytical solution of the modified two-dimensional diffusive root growth model. Vadose Zone Journal, DOI: 10.1002/vzj2.20132.

212. 薄晓东，栗岩峰，李久生 . 2021. Response of productivity and nitrogen efficiency to plastic-film mulching patterns for maize in sub-humid northeast China. Irrigation Science, 39: 251–262.

213. 席本野，Brent Clothier, Mark Coleman, 段劼，胡伟，李豆豆，邸楠，刘洋，付静懿，李久生，贾黎明，Jose-Enrique Fernandez. 2021. Irrigation management in poplar (*Populus spp.*) plantations: A review. Forest Ecology and Management, 494: 119330.

214. 林小敏，王珍，李久生 . 2022. Spatial variability of salt content caused by nonuniform distribution of irrigation and soil properties in drip irrigation subunits with different lateral layouts under arid environments. Agricultural Water Management, 266: 107564.

215. 车政，王军，李久生 . 2022. Modeling strategies to balance salt leaching and nitrogen loss for drip irrigation with saline water in arid regions. Agricultural Water Management, 274: 107943.

216. 马超，王军，李久生 . 2022. Evaluation of nitrogen mineralization under various

irrigation water qualities and nitrogen application rates for mulched drip irrigation in an arid region. Irrigation and Drainage, 1–17, doi: 10.1002/ird.2743.

217. 范欣瑞，赵伟霞，李久生 . 2022. Dynamic responses of physiological indexes in maize leaves to different spraying fertilizers at varying concentrations. Irrigation Science, https://doi.org/10.1007/s00271-022-00820-z.

218. 王罕博，张大胜，何久兴，王丽娟，任佳梦，张栓堂，白文波，宋吉青，吕国华，李久生 . Changes in soil properties,bacterial communities and wheat roots responding to subsoiling in south loess plateau of China. Agronomy, https://doi.org/10.3390/agronomy12102288.

219. 张敏讷，赵伟霞，李久生，栗岩峰 . 2022. 基于冠层温度的水分亏缺指标空间分布图插值方法研究 . 灌溉排水学报，41（6）：31–38.

220. 李秀梅，赵伟霞，李久生，栗岩峰 . 2022. 圆形喷灌机变量灌溉效益的田间试验评估 . 农业工程学报，38（21）：60–66. DOI：10.11975/j.issn.1002–6819.2022.21.008.

221. 张吉娜，王珍，李敏，李久生 . 2023. 考虑灌水均匀性及年费用的不规则微灌单元管网优化布置 . 水利学报，54（2）：208–219.

222. 陈昊，王军，马超，胡海珠，李久生 . 2023. 不同水质滴灌与施氮措施下土壤盐分及关键离子变化研究 . 灌溉排水学报，42（1）：80–86.

223. 马超，王军，李久生 . 2023. Evaluation of the effect of soil salinity on the crop coefficient (Kc) for cotton (*Gossypium hirsutum* L.) under mulched drip irrigation in arid regions. Irrigation Science, 41: 235–249.

224. 马超，王军，李久生 . 2023. Utilization of soil and fertilizer nitrogen supply under mulched drip irrigation with various water qualities in arid region. Agricultural Water Management. https://doi.org/10.1016/j.agwat.2023.108219.

225. 范欣瑞，赵伟霞，李久生 . 2023. Field evaluation of nitrogen volatilization loss during the fertigation process through center pivots. Agricultural Water Management. https://doi.org/10.1016/j.agwat.2023.108215.

226. 范欣瑞，赵伟霞，李久生 . 2023. Greenhouse gas emissions and ammonia loss of maize fertigation with a center pivot system in the North China Plain. Irrigation and Drainage. http://doi.org/10.1002/ird. 2826.

## 会议论文

227. 李久生 . 1991. 喷灌技术的研究与展望 . 第 7 次全国喷灌科技情报网大会交流论文，11pp.，西安 .

228. 李久生 . 1992. 作物滴灌条件下水分运动规律的研究 . 全国第 5 次土壤物理学术讨论会交流论文，10pp.，济南 .

229. 李久生，Kawano, H., Nishiyama, S., Fujimori, M., 1993. Water distribution profiles from different shape nozzles. 日本农业土木学会讲演会讲演要旨集，pp. 130–131.

230. 李久生，Kawano, H., Fujimori, M., 1993. Statistical analysis and simulation for distribution of soil moisture under sprinkler irrigation. 日本农业土木学会中国四国支部讲演会讲演要旨，48：128–130.

231. 李久生，Kawano, H., Fujimori, M., 1994. Spatial distribution of soil moisture under sprinkler irrigation. 日本农业土木学会讲演会讲演要旨集，pp. 596–597.

232. 李久生，Kawano, H., Fujimori, M., 1994. Soil water distribution under sprinkler applications – Two-dimensional simulation model. 日本农业土木学会中国四国支部讲演会讲演要旨，49: 117–119.

233. 李久生，Kawano, H., Fujimori, M., 1995. Spatial variability of physical properties of two soil types. 日本农业土木学会讲演会讲演要旨集，pp. 650–651.

234. 李久生，1996. 喷灌条件下土壤水分空间分布特性的研究 . 全国第 6 次土壤物理学术讨论会交流论文，北京 .

235. 李久生，饶敏杰，高占义 . 2001. Crop yield as affected by nonuniformity of sprinkler-applied water and fertilizer. Proceeding of 2001 Asian Regional Conference of ICID, Korea.

236. 李久生，饶敏杰 . 2001. 喷灌均匀系数对土壤水分空间分布影响的数学模拟 . 农业水土工程科学（中国农业工程学会农业水土工程专业委员会编），pp. 87–93，呼和浩特：内蒙古教育出版社 .

237. 张建君，李久生，任理 . 2002. 滴灌施肥灌溉条件下水氮分布规律的试验研究 . 农业工程青年科技论坛论文集 . 中国农业工程学会 .

238. 李久生 . 2003. 滴灌系统运行方式对砂壤土水氮分布影响的试验研究 . 中国水利学会首届青年科技论坛论文集 . 中国水利学会 .

239. 余根坚，李久生，龚时宏，高本虎，杨继富 . 2003. 喷微灌技术发展的影响因素分析 . 第七届北京青年科技论文评选获奖论文集 .

240. 李久生，张建君，李蓓 . 2004. Drip irrigation design based on wetted soil geometry and volume from a surface point source. ASAE Paper 042245, 2004 ASAE/CSAE Annual International Meeting. doi: 10.13031/2013.16467.

241. 李久生，张建君，李蓓 . 2005. Analysis of nitrate distributions as affected by drip fertigation strategies and soil textures using Hydrus–2D. ASAE Paper No. 052246. St. Joseph, Mich.: ASAE.

242. 栗岩峰，李久生，饶敏杰 . 2005. Effects of drip fertigation strategies on tomato root distribution and yield. ASAE Paper No. 052215. St. Joseph, Mich.: ASAE.

243. 王迪，李久生，饶敏杰 . 2005. Sprinkler water distributions as affected by corn canopy. ASAE Paper No. 052186. St. Joseph, Mich.: ASAE.

244. 杨继富，李久生，郝桂玲 . 2005. 改善我国农村水环境的总体思路和建议 . 中国水利学会 . 中国水利学会第二届青年科技论坛论文集 . 中国水利学会，6.

245. 刘玉春，李久生，栗岩峰 . 2007. 地下滴灌毛管埋深对土壤水氮分布和番茄产量品质的影响 . 2007 年中国农业工程学会学术年会论文摘要集 . 中国农业工程学会 .

246. 李久生 . 2007. 滴灌施肥条件下层状土壤水分运移分布的试验研究 . 2007 年中国农业工程学会学术年会论文摘要集 . 中国农业工程学会 .

247. 李久生，计红燕 . 2007. Wetting patterns and nitrate distributions in layered soils from a surface point source. ASABE Paper No. 072199. St. Joseph, Mich.: ASABE. doi:10.13031/2013.23419.

248. 李久生 . 地下滴灌系统性能的田间试验评估 . 中国农业工程学会 . 2007 年中国农业工程学会学术年会论文摘要集 . 中国农业工程学会 .

249. 李久生，刘玉春，栗岩峰，陈磊 . 2008. Field evaluation of emitter clogging in subsurface drip irrigation systems. ASABE Paper No. 083512. St. Joseph, Mich.: ASABE. doi: 10.13031/2013.24588.

250. 李久生，栗岩峰 . 2009. Effects of chlorination on emitter clogging and tomato yield and nitrogen uptake in a drip irrigation system with sewage effluent. ASABE Paper No. 096067. St. Joseph, Mich.: ASABE. doi:10.13031/2013.27047.

251. 李久生，陈磊 . 2009. Assessing emitter clogging in drip irrigation systems with sewage effluent. ASABE Paper No. 095827. St. Joseph, Mich.: ASABE. doi:10.13031/2013.26970

252. 李久生，赵伟霞，张航，尹剑锋，栗岩峰 . 2011. Drip fertigation uniformity effects on soil water and nitrogen distribution. ASABE Paper No. 1110901. St. Joseph, Mich.: ASABE. doi:10.13031/2013.37360.

253. 李久生，杜珍华，栗岩峰 . 2011. Drip fertigation uniformity and moisture distribution as affected by spatial variation of soil properties and lateral depth and injector type. ASABE Paper No. 1110670. St. Joseph, Mich.:ASABE. doi: 10.13031/2013.38489.

254. 赵伟霞，李久生 . 2011. Modeling of sprinkler efficiency with consideration of microclimate modification effects. ASABE Paper No. 1111684. St. Joseph, Mich.: ASABE. doi: 10.13031/2013.38501.

255. 龚时宏，李久生，李光永 . 2012. 喷微灌技术现状及未来发展重点 . 中国水利，

2：66–70.

256. 李久生，栗岩峰 . 2012. Responses of tomato yield and water consumption to water quality and drip irrigation technical parameters. ASABE Paper No. 121340899. St. Joseph, Mich.: ASABE. doi:10.13031/2013.41997.

257. 李久生，关红杰 . 2012. Effects of drip system uniformity on cotton yield and quality under arid conditions. ASABE Paper No. 121340896. St. Joseph, Mich.:ASABE. doi:10.13031/2013.41996.

258. 温江丽，李久生，栗岩峰 . 2013. Response of maize growth and yield to different irrigation and fertilization regimes under sprinkler irrigation in semi-arid region. ASABE Paper No. 131618700. St. Joseph，Mich.: ASABE. doi: 10.13031/aim.20131618700.

259. 刘洋，李久生，栗岩峰 . 2013. Nitrogen dynamics in soil and maize yield as affected by drip fertigation splits and rates in semi-humid region. ASABE Paper No. 131591101. St. Joseph，Mich.: ASABE. doi: 10.13031/aim.20131591101.

260. 赵伟霞，李久生，王珍 . 2013. Developing crop coefficients and pan coefficient for greenhouse-grown tomato under drip irrigation. ASABE Paper No. 131591086. St. Joseph, Mich.: ASABE. doi: 10.13031/aim.20131591086.

261. 王珍，李久生，栗岩峰 . 2013. Effects of drip irrigation system uniformity and nitrogen applied on deep percolation and nitrate leaching during growing seasons of spring maize in semi-humid region. ASABE Paper No. 131593667. St. Joseph, Mich.: ASABE. doi: 10.13031/aim.20131593667.

262. 温江丽，李久生，栗岩峰 . 2014. Soil water and nitrogen distributions as affected by different irrigation and nitrogen applied by lateral move sprinkler system in the semi-arid region. ASABE Paper No. 141911999. St. Joseph, Mich.: ASABE. doi: 10.13031/aim.20141911999.

263. 温洁，李久生 . 2014. The distributions of water and bacteria in soil from a point source applying sewage effluents with varying concentrations of *E. coli*. ASABE Paper No. 141920753. St. Joseph, Mich.: ASABE. doi: 10.13031/aim.20141920753.

264. 王珍，李久生，栗岩峰 . 2015. Assessing the effects of drip irrigation system uniformity and spatial variability in soil on nitrate leaching through simulation. ASABE Paper No. 152143458. In:Emerging Technologies for Sustainable Irrigation, ASABE/IA Irrigation Symposium. St. Joseph, Mich.: ASABE, doi: 10.13031/irrig.20152143458.

265. 郭利君，李久生，栗岩峰 . 2015. Comparison of plant growth and nitrogen uptake of maize under drip irrigation applying treated sewage effluent and groundwater. ASABE Paper No. 152188920. St. Joseph, Mich.: ASABE. doi: 10.13031/aim.20152188920.

266. 杨汝苗，李久生，赵伟霞 . 2015. Influence of variable rate irrigation on growth and yield of winter wheat in the alluvial flood plain. ASABE Paper No. 152188932. St. Joseph, Mich.: ASABE. doi:10.13031/aim. 20152188932.

267. 仇振杰，李久生，赵伟霞 . Effects of lateral depth on transport of *E. coli* in soil and maize production for subsurface drip irrigation system applying treated sewage effluent. ASABE Paper No. 152189588. St. Joseph, Mich.: ASABE. doi: 10.13031/aim.20152189588.

268. 栗岩峰，李久生，温江丽 . 2015. Effects of sewage application on salt accumulation in soil and on sap flow of tomato plants under drip irrigation. ASABE Paper No. 152143534. *In*: Emerging Technologies for Sustainable Irrigation，ASABE/ IA Irrigation Symposium. St. Joseph，Mich.: ASABE. doi: 10.13031/irrig.20152143534.

269. 郭利君，李久生，栗岩峰 . 2015. Response of maize growth, nitrogen uptake, and yield to different schemes of drip irrigation applying treated sewage effluent and groundwater in the north China plain. 26th Euro-Mediterranean Regional Conference and 66th IEC, International Commission on Irrigation and Drainage, 12–15 October 2015, Montpellier, France.

270. 赵伟霞，李久生，杨汝苗，栗岩峰 . 2015. Field evaluating system performance of a variable rate center pivot irrigation system. Workshop:Precision Irrigation for Sustainable Crop Production. 26th Euro-Mediterranean Regional Conference and 66th IEC, International Commission on Irrigation and Drainage, 12–15 October 2015, Montpellier, France.

271. 温洁，李久生 . 2015. Effects of lateral depth and water applied on transport of *E. coli* in soil and residuals within plants and asparagus lettuce production for drip irrigation applying secondary sewage effluent. 26th Euro-Mediterranean Regional Conference and 66th IEC，International Commission on Irrigation and Drainage，12–15 October 2015，Montpellier，France.

272. 赵伟霞，李秀梅，李久生，栗岩峰 . 2017. Water use and productivity of maize under different variable rate irrigation managements in sub-humid climates. ASABE Paper No. 1700462. St. Joseph, Mich.: ASABE. doi: 10.13031/aim.201700462.

273. 李秀梅，赵伟霞，李久生，栗岩峰 . 2017. Application of deficit irrigation management to variable rate irrigation for winter wheat in sub-arid climates. ASABE Paper No. 1700875. St. Joseph, Mich.: ASABE. doi: 10.13031/aim.201700875.

274. 王珍，李久生，栗岩峰 . 2017. Effects of phosphorus fertigation and lateral depths on distribution of Olsen-P in soil and yield of maize under subsurface drip irrigation. ASABE Paper No. 1701105. St. Joseph, Mich.: ASABE. doi: 10.13031/aim.201701105.

275. 郝锋珍，李久生，王珍，栗岩峰 . 2017. Influence of chlorine injection on growth and yield of maize under drip irrigation with secondary sewage effluent. ASABE Paper No.

1700957. St. Joseph, Mich.: ASABE. doi: 10.13031/aim.201700957.

276. 赵伟霞，李秀梅，李久生，栗岩峰 . 2018. Diurnal dynamics of canopy temperature in management zones for a variable rate irrigation system. ASABE Paper no. 1800423. St. Joseph, Mich.: ASABE. doi:10.13031/aim.201800423.

277. 李秀梅，赵伟霞，李久生，栗岩峰 . 2018. Effect of soil-based managements for a variable rate irrigation system on the spatial variability of maize growth and yield. ASABE Paper no. 1800425. St. Joseph, Mich.: ASABE. doi: 10.13031/aim.201800425.

278. 张萌，赵伟霞，李久生，栗岩峰 . 2018. Effect of solution concentration from center pivot Fertigation on the growth and yield of summer maize. ASABE Paper no. 1800427. St. Joseph, Mich.: ASABE. doi: 10.13031/aim.201800427.

279. 王珍，李久生，栗岩峰 . 2018. Effects of phosphorus fertigation on the Olsen-P content in soil and yield of spring maize under drip irrigation with secondary sewage effluent. ASABE Paper no. 1901097. St. Joseph, Mich.: ASABE. doi: 10.13031/aim.201901097.

280. 王军，李久生，栗岩峰 . 2019. Evaluating the necessity of supplementary irrigation in Songnen Plain of Northeast China using a distributed agro-hydrological model. ASABE Paper no. 1900493. St. Joseph, Mich.: ASABE. doi: 10.13031/aim.201900493.

281. 薄晓东，李久生，栗岩峰，王军 . 2019. Effects of different plastic-film mulching practices on maize growth and yield under drip irrigation in sub-humid region of Northeast China. 2019 ASABE Annual International Meeting. doi：10.13031/aim.201900467.

282. 张志昊，李久生，王珍，栗岩峰 . 2019. Field evaluation of drip irrigation and fertigation performance as affected by lateral layout of subunits. ASABE Paper no. 1900966. St. Joseph, Mich.: ASABE. doi:10.13031/aim.201900966.

283. 车政，李久生，王军，栗岩峰 . 2019. Coupling effects of water and fertilizer on cotton growth and yield under mulched drip irrigation with different qualities of water in the arid region. ASABE Paper no. 1900945. St. Joseph, Mich.: ASABE. doi: 10.13031/aim.201900945.

284. 杨晓奇，李久生，王珍，栗岩峰，王军 . 2019. Effect of phosphorus fertigation on clogging in drip emitters applying saline water. ASABE Paper no. 1901127. St. Joseph, Mich.: ASABE. doi:10.13031/aim.201901127.

285. 林小敏，李久生，王珍，栗岩峰，王军 . 2019. Effects of drip system uniformity on salt dynamics and cotton yield in the arid region of southern Xinjiang,China. ASABE Paper no. 1901109. St. Joseph, Mich.: ASABE. doi: 10.13031/aim.201901109.

286. 薄晓东，李久生，栗岩峰，王军 . 2020. Effects of fertilizer application rates for key growing stages on maize growth and yield in sub-humid Northeast China. ASABE Paper no.

2000837. St. Joseph, Mich.: ASABE. doi: 10.13031/aim.202000837.

287. 马超，李久生，王军 . 2021. Effects of water quality and nitrogen applied on soil salinity and cotton growth under drip irrigation in arid region. ASABE Paper no. 2100765. St. Joseph, Mich.: ASABE. doi: 10.13031/aim.202100765.

288. 王珍，李久生，郭艳红 . 2021. Water and Olsen-P distribution as affected by phosphate fertilizer types and emitter discharge rates from a point source. ASABE Paper no. 2100767. St. Joseph, Mich.: ASABE. doi: 10.13031/aim.202100767.

289. 范欣瑞，李久生，赵伟霞 . 2021. Effects of sprayer height in center pivot system on growth of summer maize under semi-humid climates. ASABE Paper no. 2100367. St. Joseph, Mich.: ASABE. doi: 10.13031/aim.202100367.

290. 田璐婵，王军，李久生，栗岩峰，郭向红 . 2021. Simulation of Optimal Irrigation Amount for Main Crops in different hydrological years of Fenxi Irrigation District, Shanxi Province, China. ASABE Paper no 2100766, St. Joseph, Mich.: ASABE. doi: 10.13031/aim.202100766.

291. 张敏讷，赵伟霞，孟凡玉，李久生 . 2021. Research on conversion time and reference location of canopy temperature in scaled method for variable rate irrigation. ASABE Paper no 2100761, St. Joseph, Mich.: ASABE. doi: 10.13031/aim.202100761.

## 发明专利

1. 李久生，栗岩峰，谢时友 . 具有记忆功能的升降式喷头旋转角度控制装置 . 国家发明专利：200810090197.7.

2. 龚时宏，许迪，王建东，于颖多，李久生 . 一种管网恒压智能控制方法 . 国家发明专利：200810127059.1.

3. 栗岩峰，李久生，李蓓，谢时友 . 具有换向旋转装置和角度控制记忆功能的升降式喷头 . 国家发明专利：200910080297.6.

4. 许迪，高付海，刘钰，李新，蔡甲冰，李益农，翟松，龚时宏，李久生 . 一种陆面蒸散发测量系统 . 国家发明专利：200910091547.6.

5. 赵伟霞，李久生，栗岩峰 . 一种自吸式局部灌溉系统 . 国家发明专利：200910180766.1.

6. 栗岩峰，李久生，赵伟霞，谢时友 . 一种旋转射线喷头的角度调节装置 . 国家发明专利：201310192794.1.

7. 栗岩峰，李久生，赵伟霞，谢时友 . 移动式多功能恒压灌溉施肥机及其灌溉施肥方法 . 国家发明专利：201310009370.7.

8. 张振华，李久生，杨润亚，赵伟霞，潘英华．一种水肥气高效耦合灌溉供水系统及灌溉方法．国家发明专利：201310269757.6.

9. 张振华，李久生，姜中武，张亮，于君宝．一种测量水气耦合滴灌水气出流量的系统与方法．国家发明专利：201310555391.9.

10. 赵伟霞，李久生，栗岩峰，王珍．一种确定土壤水分监测仪器埋设位置的方法和装置．国家发明专利：201410814832.7.

11. 赵伟霞，李久生，王春晔，栗岩峰．设置电磁阀启闭循环周期的方法及装置．国家发明专利：201410635754.4.

12. 栗岩峰，李久生，赵伟霞，谢时友．旋转射线喷头．国家发明专利：201410391137.4.

13. 赵伟霞，李久生，栗岩峰．圆形喷灌机喷头配置方法及灌溉方法．国家发明专利：201710272320.6.

14. 赵伟霞，李久生，栗岩峰．一种土壤分层特征获取方法及应用．国家发明专利，201710789938.X.

15. 王珍，李久生，栗岩峰，郝锋珍．防止滴灌灌水器堵塞的系统以及方法．国家发明专利：201810206381.7.

16. 王珍，李久生，栗岩峰，张志昊．滴灌系统性能评价方法及装置．国家发明专利：201811642062.7.

17. 赵伟霞，李久生，王春晔，栗岩峰．一种作物冠层温度获取系统，国家发明专利：201710324021.2.

18. 王珍，李久生，栗岩峰，郭艳红，赵伟霞，王军．一种滴灌水肥一体化灌溉施肥方法．国家发明专利：202110744318.0.

19. 赵伟霞，张敏讷，李久生，栗岩峰，王军，王珍．喷灌机机载式红外温度传感器系统采样时间间隔确定方法．国家发明专利：202010659925.2.

20. 赵伟霞，李久生，栗岩峰，王珍，王军．一种变量灌溉管理决策方法．国家发明专利：202110243593.4.

21. 王军，马超，李久生，栗岩峰．盆栽试验作物系数确定方法及装置．国家发明专利：202110162625.8.

22. 王军，车政，李久生，马超，栗岩峰．一种平衡土壤氮素淋失和盐分淋洗的灌溉施肥控制方法．国家发明专利：202210459053.4.

23. 王军，马超，李久生，栗岩峰．一种一年生作物不同生育阶段的时间节点的预测方法．国家发明专利：202210459053.4.

24. 王珍，张吉娜，李久生，栗岩峰，赵伟霞，孙章浩，郭艳红，孙嘉明．微灌管网设置方法及装置．国家发明专利：202211216909.1.

## 实用新型专利

1. 李久生，郭志新．节能型双矩形喷嘴．国家实用新型专利：03206676.7.

2. 李久生，郭志新．流道渐变式节能型方形喷嘴．国家实用新型专利：03206675.9.

3. 李久生．流道渐变式节能型三角形喷嘴．国家实用新型专利：03206690.2.

4. 李久生，张建丰，刘玉春．可同时计量水量和调节压力的恒压供水实验装置．国家实用新型专利：200820301936.8.

5. 赵伟霞，张振华，蔡焕杰，李久生．一种原位测量田间土壤饱和导水率的装置．国家实用新型专利：201020121907.0.

6. 赵伟霞，李久生，栗岩峰．一种植物根系时空结构测定装置．国家实用新型专利：201120266348.7.

7. 刘琪，郝卫平，李久生，张建君，梅旭荣，李昊儒，张建丰，顾峰雪，龚道枝，郭瑞，夏旭，毛丽丽．一种用于研究滴灌施肥条件下土壤中水肥迁移转化的实验装置．国家实用新型专利：201220717416.1.

8. 赵伟霞，李久生，栗岩峰．一种自加热式恒压灌溉施肥机．国家实用新型专利：201620330751.4.

9. 赵伟霞，李久生，王珍，栗岩峰，王军．用于绞盘式喷灌机喷头车的驱动装置．国家实用新型专利：201620080874.7.

10. 赵伟霞，李久生，王军，栗岩峰，王珍．用于水田的自动化灌溉系统．国家实用新型专利：201620081639.1.

11. 王珍，杨晓奇，李久生，栗岩峰．拆卸工具．国家实用新型专利：201920905415.1.

12. 王珍，杨晓奇，李久生，栗岩峰．多功能拆卸工具．国家实用新型专利：202020644071.6.

## 软件著作权

1. 赵伟霞，李久生，栗岩峰．喷灌水利用率及其对环境调节模拟软件 V1.0，登记号：2010SR040819.

2. 赵伟霞，李久生，栗岩峰．圆形喷灌机变量灌溉控制系统 V1.0，登记号：2014SR199156.

3. 王军，李久生．二维土壤水氮迁移转化与作物生长耦合模型．登记号：2021SR0572744.

## 标　准

1. 中华人民共和国国家标准 . 农田水分盈亏量计算方法 .

2. 中华人民共和国国家标准 . 作物节水灌溉气象等级　小麦 .

3. 中华人民共和国国家标准 . 作物节水灌溉气象等级　玉米 .

4. 中华人民共和国国家标准 . 作物节水灌溉气象等级　棉花 .

5. 中华人民共和国国家标准 . 作物节水灌溉气象等级　大豆 .

6. 中华人民共和国国家标准 . 喷灌工程技术标准 GB/T 50085—2007（修订）.

7. 中华人民共和国国家标准 . 微灌工程技术标准 GB/T 50485—2020（修订）.

8. 中华人民共和国水利行业标准 . 灌溉用施肥装置基本参数及技术条件 SL 550—2012.

9. 中国农业节水和农村供水技术协会 . 微灌系统加氯 / 酸处理技术标准 T/JSGS 001—2021.

## 学术奖励

### 国际奖

1. “Innovation and Extension of Sprinkler and Micro irrigation Technologies in China”, ICID（International Commission on Irrigation d Drainage）WatSave Award（Technology）2016（国际灌排委员会 2016 年度节水技术奖），该年度全球仅 1 人获奖 .

2. 2017 ASABE Award for Advancements in Microirrigation（American Society of Agricultural and Biological Engineers 美国农业与生物工程学会 2017 年度微灌奖），该年度全球仅 1 人获奖 .

### 国家奖

3. 都市型现代农业高效用水原理与集成技术研究 . 2012 年度国家科学技术进步奖二等奖（排名第五）.

### 省部级奖

4. 2018—2019 年度农业节水科技奖突出贡献奖 .

5. 喷、微灌水肥一体化精量调控技术与规模化应用 . 2018 年度大禹水利科技奖一等奖（排名第一）.

6. 再生水滴灌抗堵塞及高效安全利用关键技术 . 2020—2021 年度农业节水科技奖一等奖（排名第一）.

7. 轻质多功能喷灌产品研制及软件开发 . 2012 年度农业节水科技奖一等奖（排名第一）.

8. 现代灌溉水肥管理原理与技术 . 2010 年度大禹水利科学技术奖二等奖（排名第一）.

9. 精量高效灌溉水管理关键技术与产品研发 . 2009 年度大禹水利科学技术奖一等奖（排名第四）.

10. 再生水安全高效灌溉关键技术与应用 . 2017 年度农业节水科技奖一等奖（排名第三）.

11. 首都农林绿地系统综合节水技术示范研究 . 2010 年度北京市科学技术奖一等奖（排名第八）.

12. 喷洒水滴分布规律及喷头雾化状况的研究 . 1993 年度水利部科技进步奖三等奖（排名第一）.

13. 喷头水力性能及喷灌条件下土壤水分空间分布特性 . 1999 年度农业部科技进步奖三等奖（排名第一）.

14. 喷灌均匀系数对土壤水分空间分布及作物产量的影响 . 2001 年度中国农业科学院科学技术奖二等奖（排名第一）.

院级奖

15. 现代灌溉水肥管理原理与技术 . 2009 年度中国水利水电科学研究院科学技术奖应用成果特等奖（排名第一）.

16. 现代灌溉施肥精量调控原理与技术研究及其应用 . 2017 年度中国水利水电科学研究院科学技术奖应用成果一等奖（排名第一）.

17. 再生水滴灌的堵塞形成与减缓机制及高效利用技术 . 2019 年度中国水利水电科学研究院科学技术奖应用成果特等奖（排名第一）.

18. 中国水利水电科学研究院现代灌溉水肥高效利用理论与技术创新团队 . 2020. 首届中国水利水电科学研究院科学技术奖创新团队奖（排名第二）.

部分优秀论文奖

1. 1987 年独著论文“摇臂式喷头方形喷嘴水力性能的研究”获河南省自然科学论文三等奖 .

2. 异形喷嘴雾化状况的研究 . 1992 年河南省水利学会优秀论文奖（独著）.

3. 喷灌均匀系数对作物产量影响的模拟研究 . 1999 年中国农业工程学会农业工程学报优秀论文奖（独著）.

4. 基于能量平衡的喷灌作物冠层净截留损失估算 . 2009 年中国农业工程学会三十周年百篇优秀论文奖（通讯作者，第一作者：王迪）.

5. 中国水利水电科学研究院优秀博士学位论文指导教师 . 白美健（2007）；刘玉春（2010）；关红杰（2013）；王珍（2014）；李秀梅（2019）.

6. 中国农业大学优秀硕士论文指导教师 . 杜珍华（2007）；陈磊（2009）.

7. 干旱区滴灌均匀系数和灌水量对土壤水氮分布的影响 . 2012 年中国农业工程学会农业水土工程专业委员会第七届学术研讨会优秀青年学术论文奖（通讯作者，第一作者：关红杰）.

8. 灌水周期对日光温室滴灌番茄耗水量的影响 . 2014 年中国农业工程学会农业水土工程第八届学术研讨会的优秀青年学术论文（通讯作者，第一作者：赵伟霞）.

## 荣　誉

1. 1992 年 1 月被评为河南省新乡市优秀青年科技工作者，并被授予新长征突击手称号 .

2. 1993 年 10 月获国务院政府特殊津贴 .

3. 1994 年 1 月获河南省新乡市优秀青年标兵称号 .

4. 中国农业科学院研究生院优秀教师（2013—2014，2014—2015，2015—2016，2016—2017，2017—2018，2019—2020，2020—2021 年）.

5. 中国农业科学院研究生院教学名师（2018—2019 年）.

6. 中国水利水电科学研究院优秀党员（2011 年），水利部机关优秀党员（2011 年）.

## 媒体报道

1. 李久生 . 新华网科技名家风采录栏目专访 .

2. 我国专家获国际节水技术奖 . 中国水利报，2016 年 11 月 23 日 .

3. 他让每滴水肥价值最大化 . 科技日报，2017 年 9 月 19 日 .

4. 我科学家首次获得国际微灌奖 . 中国科学报，2017 年 7 月 26 日 .

5. 中国水利水电科学研究院专家获国际微灌奖 . 中国水利报，2017 年 7 月 26 日 .

6. 李久生 . 一犁水足望丰年 . 科技名家笔谈，人民日报海外版，2020 年 11 月 9 日 .

7. 李久生，王珍 . 节水节肥实现农业高效灌溉 . 中国水利报，2022 年 9 月 22 日 .

# 第二篇

# 团队建设

# 团队建设

## 6.1 团队发展历程

1990 年代末期，我从清华大学水利系博士后出站后到中国农业科学院农业气象研究所工作，随着 1997、1999 年相继获得国家自然科学基金面上项目“喷灌均匀系数对土壤水分空间分布及作物产量的影响（59779025）”和“滴灌施肥灌溉系统运行特性及氮素运移规律的研究（59979027）”资助，开始组建研究团队，经过较长时间思考，将现代灌溉水肥管理原理与技术作为团队的主要研究方向，按照先易后难逐步推进的策略循序渐进，研究尺度从土柱试验开始，逐渐向小区、田间、农田和区域扩展。研究介质由常规水、氮，然后扩展到盐分，再扩展到再生水和水、氮、磷、细菌、酶（图 6–1）。研究内容上，亦是从简单问题逐渐向复杂问题延伸，按照步步为营稳步推进的策略，逐渐拓展研究方向和内容（图 6–2）。

在气象所工作期间（1997—2001 年），团队主要人员是我、饶敏杰、张建君和王春辉。我主要负责项目申报、研究计划和实施方案制定，饶敏杰负责方案落实和实施，王春辉负责试验工作，张建君主要参加基金项目的试验和模拟工作。两个基金项目的完成，为团队在喷、微灌学术界地位的建立和提升发挥了重要作用。

在水利研究所工作的 22 年是团队规模由小到大、研究水平持续提升的时期。首先是随着我 2002 年在中国水利水电科学研究院和中国农业大学博士研究生导师资格获得认定，开始在中国水利水电科学研究院招收博士研究生，在中国农业大学水利与土木工程学院招收硕士研究生，每年研究生招生名额维持在 2~3 人，团队有了比较充足的研究力量。团队的固定人员也在不断增加，2006 年 10 月栗岩峰博士毕业后留团队工作，研究方向聚焦于滴灌水肥热耦合及设备研制；2012 年 7 月赵伟霞博士后出站后留团队工作，主要从事喷

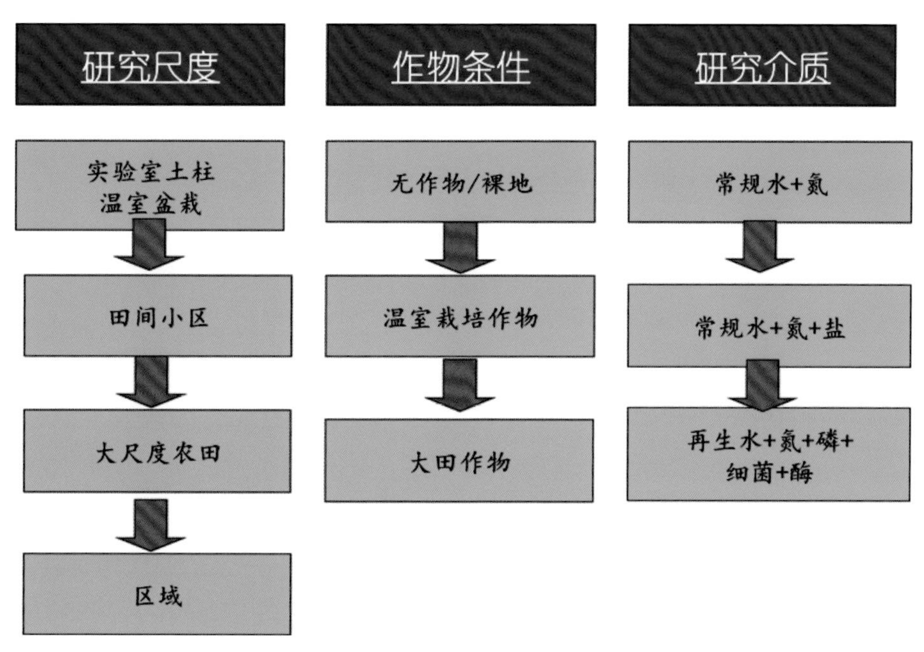


图 **6–1**　团队研究的技术路径

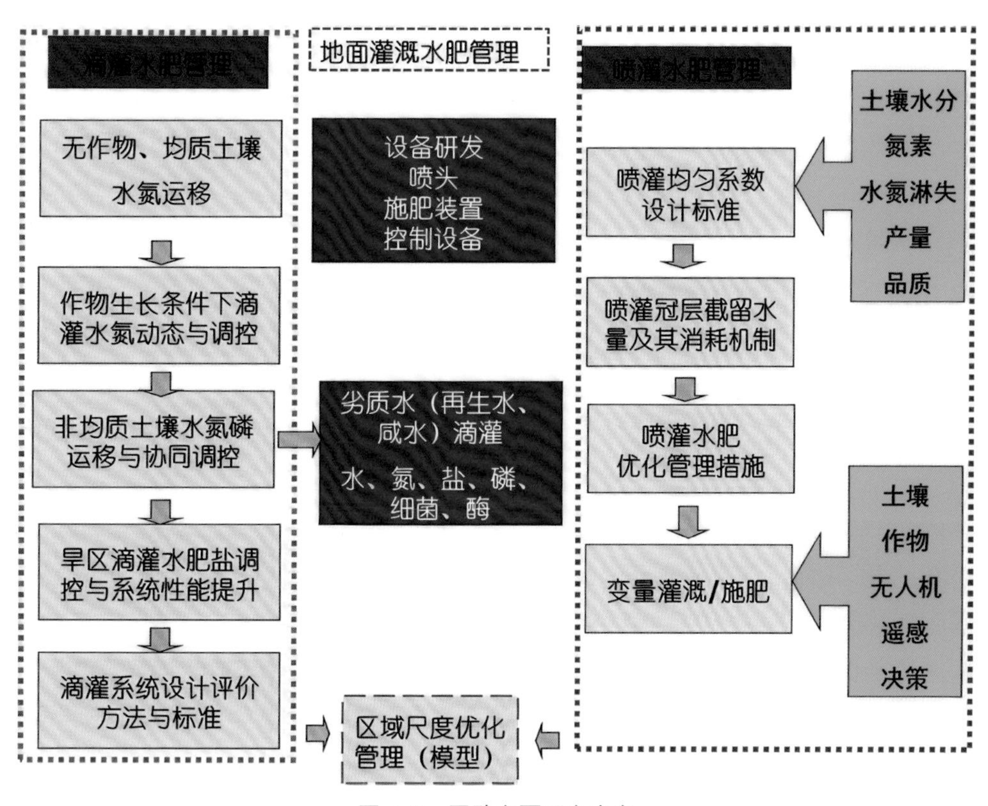


图 **6–2**　团队主要研究内容

灌水肥一体化和变量灌溉方向研究；2014年王珍博士毕业后留团队工作，主要从事再生水滴灌和氮磷协同调控方向研究；2016年12月王军博士后出站后留团队工作，主要从事水肥盐耦合模拟与调控。团队固定人员5人，研究生10人左右。每个人研究方向相对独立，但研究内容都围绕现代灌溉水肥盐管理原理与应用这一主题，不同灌水技术都有一些研究，但主要聚焦于喷灌和微灌，对地面灌溉研究很少。工作中始终坚持将研究结果服务于指导喷、微灌水肥盐高效管理与实践的宗旨。随着每位骨干在各自研究方向的深入和积累，研究方向都有一些发展和延伸，但作为团队负责人，始终把握每位骨干的研究方向既相对独立，又围绕一个主题。栗岩峰和赵伟霞的硕士研究生导师资格分别于2013和2018年获得认定，并均于次年开始招生，为团队注入了更多新生力量。

在水利所的22年间，我和团队骨干主持了自“十五”至“十二五”国家“863计划”中的喷灌课题，获批国家自然科学基金重大项目课题1项、重点项目1项、面上项目12项、青年科学基金项目4项，主持国家科技支撑课题2项、国家重点研发计划项目和课题各1项，这些项目为团队学术发展提供了强有力的经费支持。

到水利所之初，适逢国家节水灌溉北京工程技术研究中心大兴试验基地开始建设，作为主要参加人完成的引进国外先进水利技术（948）项目“节水设备先进检测技术装备引进”，我负责引进了自动气象站、涡度协方差系统、流动分析仪、土壤水分特征曲线测定系统、Ku-pF土壤非饱和导水率测定系统、离心机、土壤水分自动监测系统等先进测试设备，建成了称重式蒸渗仪和移动称重式蒸渗仪系统等先进的测试设施，后期又依托其他项目购置了自动凯式定氮仪，良好的仪器设备为团队开展研究提供了强有力的条件保障。

团队的研究从喷、微灌水力学起步，其后围绕喷、微灌发展不同时期的重大科技需求，逐渐扩展到水肥一体化调控理论与技术、水肥精量调控设备、喷灌和微灌水肥高效利用模式、水肥盐耦合调控、灌溉技术标准化与区域发展模式等方向，逐步建立起基础理论研究、技术开发、设备研制和推广应用紧密结合，以青年骨干和研究生为主体的团队。历经20余年发展，见证、参与和推动了现代灌溉水肥一体化在我国的起步、快速发展和规模化应用，为喷、微灌发展不同时期出现的理论和技术难题提供了一些解决方案，形成了围绕水肥利用全过程的多尺度分区域精量调控理论、装备、技术、集成模式等成果，获得国内外权威组织和学会的高度评价，成为推动我国喷、微灌技术革新、带动世界范围内灌溉学科发展和进步的重要力量。

团队青年骨干迅速成长，栗岩峰从“十一五”开始，参与组织实施农田水利方向的国家科技计划项目并连续主持相关课题，建立了考虑农田环境条件差异的水肥一体化调控方法，发明的高性能系列喷灌产品实现了产业化，打破了国外高性能喷头的技术垄断。赵伟霞致力于变量灌溉/施肥技术研究，建成了国内第一套具有自主知识产权的圆形喷灌机变量灌溉系统，系统研究了喷灌施肥的水肥损失与作物吸收利用机制，提出了绿色高效利用模式。王军专注于不同生态环境下农业水文模型的开发和完善，深入研究旱区不同水质滴灌条件下水肥盐耦合机制，探讨有机肥配施和替代对土壤盐分及特色林果产量品质的影响，探索水肥盐联合调控新途径。王珍致力于再生水滴灌系统堵塞形成与减缓措施研究，将团队水氮一体化调控拓展到水氮磷协同调控，系统构建规模化滴灌系统性能评价与提升方法，探索大型滴灌系统分区管理策略。青年骨干的成果是团队学术发展的源泉。

## 6.2 团队的主要贡献

### 6.2.1 创新能力与水平

**（1）发展完善了喷、微灌水肥运移、分布、吸收调控理论体系，攻克了应用初期导致喷、微灌发展出现徘徊的理论难题。**首次完整描述了水肥施入、运移和吸收全过程的非同步性，阐明了水肥喷洒损耗机理，构建了考虑养分运移滞后性的水肥运移模拟与调控方法，提出了“1/4–1/2–1/4”的水肥运行管理模式，消除了公众对喷灌节水效果以及水肥一体化是否危害根区环境等疑虑。

**（2）创制了喷、微灌水肥精量调控系列产品，破解了快速发展时期制约喷、微灌水肥施入精度提升的技术难题。**发明了具有记忆功能、自动换向及大流量连续调节的多功能系列喷头，国内市场占有率达 20%~30%，有力抑制了进口产品价格，推动了我国喷、微灌装备的产业化升级。

**（3）创新了变量灌溉理论技术，首次提出喷、微灌均匀系数分区标准，突破了规模化应用时期农田尺度提升和区域条件差异导致水肥精准调控难度增加的技术瓶颈。**发明了变量水深控制和传感器布设的新方法，水深控制误差比国际通用方法降低 21%，建成了国内第一台具有自主知识产权的圆形喷灌机变量灌溉系统；创立了考虑水肥施入、田间分布淋失及作物响应全过程的均匀系数优化思想，提出干旱和湿润 / 半湿润区均匀系数比现行标准分别降低 0.05~0.10 和 0.10~0.15，投资和运行费用降低 15%~20%。

**（4）深化和拓展了再生水安全高效灌溉理论技术体系，为解决复杂水源条件下实现水肥高效利用和降低污染风险难题提供了依据。**系统解析了再生水滴灌的堵塞规律、演化特征和减缓机制，建立了再生水中病原体、有机污染物和重金属等典型污染物迁移行为动力学描述方法和健康风险评价机制，提出了再生水中养分有效性的定量评估方法，制定了再生水灌溉工程技术规范，为再生水灌溉规模化应用奠定了理论基础。

**（5）构建了规模化滴灌系统性能评价方法，揭示了旱区滴灌农田水肥盐耦合机制，为系统性能提升和管理策略制定提供了科学依据。**辨识了影响毛管、灌水单元、滴灌系统不同时间和空间尺度性能的关键因子，构建了灌水、施肥和能耗评价准则，提出了系统性能优化方法；深入揭示了旱区滴灌不同水质下农田水肥盐耦合机制，量化了作物对不同来源氮素的吸收利用特征，提出了不同水质下水肥盐优化管理模式，为旱区滴灌节水抑盐提供了重要参考。

### 6.2.2 社会贡献和服务能力

**（1）引领现代灌溉水肥一体化学科创新。**团队自承担滴灌水肥一体化方向第一个国家自然科学基金、出版国内第一部滴灌施肥灌溉专著开始，始终站在国际灌溉学科前沿，开创和引领了国内喷、微灌水肥管理的研究。2016年国际灌排委员会评价团队“为推动喷、微灌在中国乃至世界范围内的发展作出重要贡献”，并授予国际节水技术奖。2017年美国农业与生物工程学会评价团队“推动了世界范围内的微灌技术进步”，授予团队骨干李久生国际微灌奖，成为首获该奖的非美国籍学者。

**（2）规范我国灌溉行业的健康发展。**持续主编和修订喷、微灌工程、设备使用和验收等重要标准，并连续担任国家级质检中心国家农业灌排设备质量检验检测中心的技术及质量负责人，牵头实施国家监督抽查4次、行业专项抽查150余次，出具检测报告上万份，实现了灌溉设备生产、施工、验收和应用等环节的标准化建设和监督管理，为我国灌溉事业的健康发展提供了决策支持。

**（3）推动世界灌溉文化传播与技术进步。**自2016年团队创始人李久生受聘担任ICID会刊*Irrigation and Drainage*（IRD）主编和编委会主席以来，凝聚了全球来自50个国家的数百位专家作者群和年均超过7 200集团订户的读者群，为灌排知识与经验的传播和交流搭建了良好平台。

## 6.3 团队制度与文化

团队，以前称课题组，是研究所最小的管理单元。团队的高效运行是研究成果质量的重要保证。1983年，我开始攻读硕士学位，科研生涯也就此展开。硕士毕业后，进入中国农业科学院农田灌溉研究所工作，加入的第一个团队是我的导师余开德先生领导的喷灌课题组。读博士时，我成为日本香川大学河野広先生农村水土环境改善团队的一员。在清华大学水利系做博士后期间，我在雷志栋院士领导的水资源团队工作。1997年，我开始组建自己的团队。每个团队在发展过程中都会积淀形成自身的学术文化，其风格在很大程度上取决于创始人的学术理念。作为团队创始人和带头人，不断拓展研究方向是必要的，但是坚持方向拓展循序渐进的方针，防止盲目扩张，这是对带头人学术定力与智慧的考验和挑战。我在领导和管理团队后，花大力气协助每位骨干确定一个相对独立并且可以专注 5 年以上的方向，在团队中营造“板凳坐得十年冷”的学术氛围，克服急躁和浮躁情绪，避免短期行为。

容错和纠错机制是团队文化的一部分。宽容和包容研究工作中的失误甚至失败是团队带头人学术品质的重要体现，倡导和营造团队内部开展学术批评的氛围，是及时纠正出现的偏差甚至错误，避免出现大的失误的重要保障。实践证明，组会是建立容错和纠错机制的有效方式。通过组会及时交流研究进展和阶段结果，对研究中出现的问题和难点展开讨论，在讨论的基础上，团队带头人归纳大家的看法，对下一步工作提出指导意见，及时纠正工作中的偏差。担任团队带头人以来的 20 多年时间里，一直坚持每两周一次组会的制度。2019 年新冠疫情发生以来，根据疫情情况，召开线上组会，并启动了研究生周报制度，大大增强了对研究生指导的针对性。

使团队每位成员都有归属感是团队带头人的职责，而归属感的建立很大程度上取决于团队带头人的公正公平。团队成员之间在成果署名、排序上不可避免地会存在一些竞争。为了团队的可持续发展，在团队内部建立起可操作性较强的论文署名、成果排序等多项制度，依制度决策，避免一事一议，一事一策，增进团队成员之间团结和信任，营造出有序竞争的氛围。

培养严谨求实的良好学风是团队文化建设的重要内容，自团队成立之初就建立了一套试验数据校核、确认的制度，对每个数据、每个图表都做到有据可查，可以溯源。对研究成果，严禁出现没有实质贡献的署名。

为了促进团队青年骨干的成长，近年在骨干成员研究生导师资格没有认定之前，团队内博士研究生培养实行副导师制度，鼓励和倡导副导师对研究生采用师带徒的培养模式。这些年培养博士研究生的实践表明，副导师和师带徒培养模式对增强青年骨干的责任感、加快学术成长是十分有效的。

人民日报 海外版

2020年11月9日　星期一
责编：张保淑　邮箱：beijing2008@people.cn

科教观潮 09

作者李久生肖像画。本版画家张武昌绘

# 一犁水足望年丰

李久生

1983年，我开始攻读硕士学位，科研生涯也就此展开。硕士毕业后，我进入中国农业科学院农田灌溉研究所工作，加入的第一个团队是我的导师余开德先生领导的喷灌课题组。读博士时，我成为日本香川大学河野广农村水土环境改善团队的一员。在清华大学水利系做博士后期间，我在雷志栋院士领导的水资源团队工作。

1997年，我开始组建自己的团队。每个团队在发展过程中都会形成自身学术文化，其风格在很大程度上取决于创始人的学术理念。

团队成立之初，我将现代灌溉条件下的作物-土壤-水分-养分关系与调控确立为团队研究主攻方向，选择应用最多的肥料——氮为对象，从研究微灌和喷灌的水分和氮素的运移吸收特征开始。随着研究的积累和平台不断完善，我们近年把研究的肥料种类扩展到磷，研究尺度逐步由土柱试验——小区试验——农田尺度试验向区域过渡，研究方法由最初的试验为主转向试验与模拟有机结合。随着信息和智能技术在农田灌溉中应用的不断增加，近十年又在逐步实现向智慧灌溉的拓展，引导传统灌溉施肥决策方法研究向土壤和水分信息结合的动态精准决策的转变和提升。作为团队带头人，不断拓展研究方向是必要的，但是坚持方向拓展循序渐进的方针，防止盲目扩张，这是对带头人学术定力与智慧的考验和挑战。

容错和纠错机制是团队文化的一部分。我在领导和管理团队后，花大力气协助每位骨干确定一个相对独立并且可以专注5年以上的方向，在团队中营造“板凳坐得十年冷”的学术氛围，克服急躁和浮躁情绪，避免短期行为，宽容和包容研究工作中的失误甚至失败。同时倡导和营造团队内部开展学术批评的氛围，通过组会等形式及时交流阶段研究结果，及时纠正出现的偏差甚至错误，避免出现大的失误。

使团队每位成员都有归属感是团队带头人的职责。团队成员之间在成果署名、排序上不可避免地会存在一些竞争，带头人的公平公正是处理好这些事务的关键。为了团队的可持续发展，在团队内部建立起可操作性较强的论文署名、成果排序等多项制度，依制度决策，避免一事一议，一事一策，增进团队成员之间团结，营造有序竞争的氛围。

培养严谨求实的良好学风是团队文化建设的重要内容，自团队成立之初就建立了一套试验数据校核、确认的制度，对每个数据、每个图表都做到有据可查、可以溯源。对研究成果，严禁出现没有实质贡献的署名。

二十多年来，我们在喷、微灌水肥一体化精量调控原理与技术方面，提出的滴灌水肥一体化水肥管理模式以及喷、微灌均匀系数分区标准被国家标准《微灌工程技术规范》和《喷灌工程技术标准》采纳，构建的施肥装置性能测试及评价方法纳入了行业标准《灌溉用施肥装置基本参数及技术条件》，研究成果被国际农业工程学会、联合国粮食与农业组织、国际肥料工业协会、美国农业与生物工程学会、美国土木工程学会、美国农学会、美国作物学会、美国土壤学会等多个国际学会（组织）的技术手册采纳，2016年度获国际灌溉领域最高奖——节水技术奖，2017年获美国农业与生物工程学会国际微灌奖，我还受聘担任国际灌排委员会会刊《灌溉排水》编委会主席兼主编和《灌溉科学》副主编，提升了团队的学术地位。

“一犁水足望年丰。”水利技术和设施自古就是农业丰收的重要保障。今天，中国正加速推进农业现代化，包括灌排科技工作者在内的广大水利科技人员承担光荣而艰巨的历史使命。我和我的团队一定努力奋斗、只争朝夕，为把中国灌排科技推向世界最前沿作出应有的贡献。

**（作者为中国水利水电科学研究院研究员，中国农业机械学会理事，长期从事灌溉原理与技术研究，推动了喷灌和微灌工程及水肥一体化产业的技术进步，2016年获国际灌溉排水领域最高奖——国际节水技术奖。）**

科技名家笔谈

本版携手科学出版社推出

人民日报海外版
科技名家笔谈——李久生

**2023**年**1**月**14**日团队**2022**年度年终学术交流会。由于新冠疫情原因，交流会采用了线上线下结合方式（水利研究所）

**2023**年**1**月**15**日在团队的退休演讲（水利研究所）

**2023**年**1**月**9**日在灌溉技术研究室的退休演讲（水利研究所）

## 6.4 团队固定人员介绍

### 李久生

团队创始人，1962年12月出生，河北省邢台人。1995年毕业于日本爱媛大学，获农学博士学位。享受国务院特殊津贴专家。中国水利水电科学研究院研究员，水利研究所副总工，农田水利领域重要国际期刊《Irrigation and Drainage》编委会主席兼主编，《Irrigation Science》副主编，曾任《农业工程学报》编委、农业水土工程栏目副主编，《Journal of Integrative Agriculture》《水利学报》《中国农业科学》《农业机械学报》《灌溉排水学报》《排灌机械工程学报》等期刊编委。曾担任中国农业科学院第三届学术委员会委员，中国农业工程学会第八、第九届理事，中国农业工程机械学会第十一届理事，北京农业工程学会第五、第六届理事会理事，第七届常务理事，中国农业工程学会农业水土工程委员会委员，中国水利水电科学研究院学位委员会委员。

2016年获国际灌溉排水领域最高奖——国际节水技术奖；2017年获美国农业与生物工程学会国际微灌奖，成果得到微灌技术处于世界前沿的美国农业工程界的赞赏，成为首位获此奖项的非美国籍学者；2019年获农业节水突出贡献奖。第一/通讯作者发表论文280余篇，第一作者出版专著5部，参编专著/培训教材16部，获发明专利24件，实用新型专利12件，软件著作权3项；获国家科技进步二等奖1项，省部级奖励10项；参编国家和行业标准8项，主编团体标准1项。主要学术贡献：

**1. 发展完善了喷、微灌水肥运移、分布、吸收调控理论体系，攻克了应用初期导致喷、微灌发展出现徘徊的理论难题**

针对施肥管理中忽略水肥施入非同步性导致施肥性能变差的问题，建立了水肥施入过程非同步性模拟与调控理论，澄清了施肥均匀性与灌水均匀性完全一致的认识误区。提出的施肥装置性能定量曲线被编入教材，构建的施肥装置性能测试与评价方法被编入行业标准《灌溉用施肥装置基本参数及技术条件》。创新提出了“1/4-1/2-1/4”系统运行管理模式，比传统模式增产9%~14%，减少氮素淋失12%~17%，被国家标准《微灌工程技术规范》和《喷灌工程技术规范》采纳，并被纳入国际肥料工业协会《水肥一体化》手册和联合国粮农组织《中国农业水污染控制指南》，作为滴灌系统设计和运行管理的依据。在

"滴灌系统"方向发表论文及引用数量分别排名世界第一和第三（2018 年）。

针对定量评估水肥喷洒损失的难题，系统阐释了不同类型喷头水滴形成过程及分布规律，建立了水肥喷洒模拟与损耗评估方法，明确区分了喷灌作物冠层有效与无效截留损失，消除了公众对喷灌节水效果的疑虑，广泛应用于喷头及喷灌系统选型与设计，被国际农业工程学会《农业工程手册》推荐为提升喷灌系统性能的新途径。构建的喷洒水滴分布指数函数模型，被美国农业与生物工程学会纳入《灌溉系统设计管理指南》，作为描述喷洒水滴分布的通用公式，还被美国农学会、作物学会、土壤学会的《农作物灌溉》手册引用。

作为滴灌水肥一体化方向第一个国家自然科学基金项目（59979027）负责人，开拓了国内该方向的研究。探明了滴灌施肥条件下不同形态氮素的运移分布特征，首次构建了可以精确描述滴灌条件下溶质 – 土壤界面动态过程的水氮运移动力学模型，在国际上最早建立了基于水氮运移物理机制和动态过程的人工神经网络模型，土壤水热溶质运移知名软件 Hydrus–2D/3D 创始人 Simunek 在 2008 和 2016 年两次综述中均予以推介。针对层状土壤中含水率分布不连续性导致水氮调控难度增加的难题，创立了考虑水肥运移三维特征和养分滞后性的微灌系统设计与调控新方法。出版了我国第一部滴灌施肥灌溉专著《滴灌施肥灌溉原理与应用》，被中国农业大学、西北农林科技大学、内蒙古农业大学等多个院校选作教材或参考书，在"水肥一体化"方向发表论文及引用数量分别排名世界第二和第六（2018 年）。

**2. 创新和发展了变量灌溉技术、均匀系数分区标准及再生水安全高效灌溉等关键技术，破解了制约喷、微灌快速发展的技术难题**

针对农田空间变异导致水肥精准调控难度增加的问题，创建了国内第一台具有自主知识产权的圆形喷灌机变量灌溉系统，发明了将电磁阀脉冲周期设置为喷灌机走、停时间最大公约数的新方法，灌水深度误差与国际通用方法相比降低 21%。创立了不同分区采用差异化灌水下限生成变量灌溉处方图的非充分变量灌溉技术，发明了基于土壤质地变化和含水率时间稳定性的传感器布设准则，传感器埋设数量较传统方法降低 30% 以上。实现了变量灌溉设备的产业化，开拓并引领了国内变量灌溉方向的研究。

忽视不同气候区均匀系数对作物影响的差异，统一采用较高的均匀系数标准是导致喷、微灌工程投资和运行费用高的原因。首次提出考虑水肥施入、田间分布、淋失及作物响应全过程的均匀系数优化思想，系统阐释了降雨和土壤中水肥再分布对灌溉施肥不均匀性的补偿机制，首届国际微灌奖得主 Lamm 等（2019）在综述论文中详细介绍了该成果并给予高度评价，还被美国土木工程师学会《蒸发蒸腾与灌溉需水量》手册引用。首次提出了喷、微灌均匀系数分区标准，干旱区和湿润 / 半湿润区均匀系数比现行标准分别降低 0.05~0.10 和 0.10~0.15，投资和运行费用降低 15%~20%，被《喷灌工程技术规范》和

《微灌工程技术规范》采纳。在“均匀系数”方向发表论文及引用数量分别排名世界第一和第三（2018 年）。

围绕再生水灌溉的系统安全、环境安全和高效利用等焦点问题，系统解析了再生水滴灌的堵塞规律、演化特征和减缓机制，提出了低浓度高频次的安全加氯加酸化学处理方法和管理规范；揭示了病原体在土壤–作物系统中的迁移、衰减规律，构建了防止病原体污染的灌溉管理方法；提出了基于 $^{15}N$ 示踪肥料当量法评价再生水中氮素有效性的方法，得出有效性约为当量尿素的 60%，纳入科技部等四部委发布的《节水治污水生态修复先进适用技术指导目录》。

**3. 创制了多功能喷头系列产品，构建了满足不同种植条件和管理模式的喷、微灌水肥精量调控技术集成应用模式，提升了我国喷、微灌工程的应用和管理水平**

创制了多功能喷头系列产品，打破国外对喷头记忆和自我保护功能设计的技术垄断，提升了喷头的抗干扰能力以及流量和角度调节精度。定型了齿轮传动、散射、涡轮驱动和旋转射线喷头等 4 个系列产品，培育了国内规模最大的园林喷头生产企业，市场占有率达 20%，1/3 产品出口，有力抑制了进口产品价格，提升了我国喷灌产业的自主创新能力。

针对集约化农田管理中插花种植、土壤和地形差异较大导致水肥调控精度降低的难题，构建了集约化农田水肥变量控制技术集成应用模式；针对设施作物水肥管理不科学导致的面源污染加剧、品质下降等问题，构建了标准化设施滴灌水肥一体化精量调控技术模式；针对规模化滴灌应用中低压运行与高均匀性之间的矛盾，构建了滴灌系统性能优化与水肥热调控技术应用模式，已成为西北、华北、西南和东北地区灌溉水肥管理的主导应用模式，为我国喷、微灌面积超 1.5 亿亩、跃居世界前列，作出了重要贡献。

**4. 提出了我国不同类型灌区的宏观发展战略，为我国节水农业发展提供了决策支持**

作为中国工程院重大咨询项目“中国可持续发展水资源战略研究”的子专题负责人，早在 20 世纪末就和贾大林先等共同提出了节水灌溉首先要充分利用当地水资源、工程建设重点放在渠灌区、以改进地面灌溉为主有条件地发展喷灌和微灌、加强工程与农艺节水技术结合等发展战略，明确了节水灌溉发展的重点地区和工程建设重点。成果被国务院作为国务院的参阅文件下发各省（区、市）和各部委，在 2001 年水利部《全国大型灌区续建配套节水改造规划报告》、国务院办公厅《全国新增 1 000 亿斤粮食生产能力规划（2009—2020 年）》及《全国大中型灌区续建配套节水改造实施方案（2016—2020 年）》等规划制定中发挥了重要作用。

## 栗岩峰

2003年9月开始在团队攻读博士学位，2006年10月毕业后正式加入团队，正高级工程师。1974年1月生于山西省长子县。现任中国水利水电科学研究院水利研究所灌溉技术室主任，国家农业灌排设备质量检验检测中心常务副主任，技术负责人。担任中国水利学会检验检测专业委员会委员，北京农业工程学会理事。

自攻读博士学位开始，从事喷微灌设备研发、灌溉水肥优化调控理论与技术、再生水高效安全利用等研究，主持国家自然科学基金项目2项、国家科技支撑计划课题1项、国家重点研发计划课题2项，参与各类国家重大科技项目20余项。在水肥调控机理方面，系统揭示了滴灌水肥管理对根区水氮分布、根系发育、产量和品质的调控机理，提出不同作物的水肥优化管理模式，建立了人工神经网络水氮运移模型，完善了滴灌水肥调控的理论基础。针对再生水灌溉，揭示了作物生长和土壤特性对灌溉水质的响应机制，探明再生水加氯处理对灌水器堵塞的减缓机制和土壤作物环境的影响特征。在滴灌水肥气热调控技术方面，首次完整考虑氮素转化、土壤酶活性、氧化还原电位等指标，系统阐明水肥气热和作物生长等多过程响应和调控机制，量化表征不同积温和覆盖条件下的氮素转化、吸收及损失比例，解决了现有滴灌水肥管理未考虑环境因素影响下的养分动态转化、导致对养分可利用量缺乏准确估算的问题，为提升水肥调控精度和减施增效提供有力工具。提出的水肥气热多因素、多过程滴灌综合调控理论与技术入选国家4部委发布的先进技术指导目录，推广170万亩。在喷头研制方面，研发了两个系列的多功能园林喷头，解决了喷头流量精确调控，以及受喷头内部结构限制，无法进行较大范围流量调节的难题，实现旋转角度记忆控制、自动转向和大流量连续调节，扩大了适用范围，有力抑制了进口产品价格，定型4个系列产品，促进了喷灌产品升级换代和国产化。

获省部级科技一等奖4项、二等奖1项，发表论文130余篇，SCI收录46篇，参编专著3部，获国家发明专利13件、软件著作权2项，参编国家标准2项。

# 赵伟霞

1980 年 5 月出生，河南省长葛市人，正高级工程师，本硕博就读于西北农林科技大学。2009 年 7 月开始在中国水利水电科学院博士后流动站做博士后，2012 年 7 月博士后出站加入团队工作至今。博士后期间，参与了“十一五”“863 计划”喷灌课题“轻质多功能喷灌产品”和国家自然科学基金面上项目“滴灌均匀系数对土壤水氮分布与作物生长的影响及其标准研究”，主持完成了博士后科学基金资助项目“喷灌作物冠层截留损失模拟模型与水利用率的评估”，博士后科学基金特别资助项目“华北地区温室滴灌作物需水量模拟模型研究”，中国水利水电科学研究院科研专项青年项目“喷灌作物冠层截留损失模拟模型及软件开发”。通过这些项目的完成，一方面构建了综合考虑喷灌水分蒸发损失对农田小气候调节作用的喷灌水利用率计算模型，开发了基于 CUPID 模型的喷灌水利用率及其对环境调节模拟软件，另一方面对比研究了温室大棚内外气象参数的差异及其对参考作物蒸发蒸腾量计算的影响，评估了滴灌均匀系数对温室大棚白菜土壤水氮分布、作物生长、产量和品质的影响。“十二五”期间，参与了“863 计划”课题研究任务“低能耗高均匀性灌溉施肥技术与产品研发”，主持了国家科技计划课题研究任务“喷灌变量水氮管理模式”和国家自然科学基金青年项目“考虑土壤空间变异的喷灌变量灌溉水分管理模式研究”。通过这些项目的完成，搭建了国内第一台具有自主知识产权的圆形喷灌机变量灌溉系统，开发了圆形喷灌机变量灌溉系统控制软件，发明了变量灌溉水深精准控制方法和土壤水分传感器网络优化布设方法，提出了基于土壤可利用水量的静态变量灌溉分区管理方法。“十三五”期间，参与了国家重点研发计划项目子课题“喷灌机条件下冬小麦精准水肥一体化管理模式研究与应用”和国家自然科学基金面上项目“基于冠层温度和土壤水分亏缺时空变异的喷灌变量灌溉水分管理方法”，主持了国家重点研发计划项目子课题“大型喷灌机变量灌溉分区管理与控制技术”和国家自然科学基金面上项目“大型喷灌机变量灌溉分区管理与控制技术”。通过这些项目的完成，一方面研发了喷灌机机载式红外温度传感器系统，将大型喷灌机变量灌溉管理方法由静态分区管理发展为基于冠层温度的动态分区管理，并发明了变量灌溉管理决策支持系统；另一方面发展了大型喷灌机水肥一体化技术，量化了喷灌施肥过程中的养分挥发损失量、冠层截留肥液量及叶片吸肥作用对叶片光合和相对叶绿素含量的影响、氮肥在土壤中的挥发损失量及其对温室气体排放的影响。

“十四五”期间，主持了水科院重点实验室自由探索项目“变量灌溉动态分区管理与决策支持系统研发”，并主持了国家重点研发计划项目“农田智慧灌溉关键技术与装备”子课题，一方面将无人机热红外和多光谱技术进行应用，另一方面将喷灌机变量灌溉技术与水肥一体化技术进行耦合，发展基于大气、土壤和作物参数的多源信息融合的智慧变量施肥灌溉决策支持系统。截至目前，共发表论文 64 篇（SCI/EI 43 篇），获得陕西省优秀博士学位论文奖 1 项、优秀论文奖 5 项，授权国家发明专利 12 项，实用新型专利 5 项，软件著作登记权 3 项，合著学术专著 3 部，参编国家标准 1 项，团体标准 1 项，获得省部级一等奖 3 项，二等奖 1 项。

# 王　军

1984年12月出生，安徽安庆人，正高级工程师。2007年毕业于中国农业大学水利水电工程专业，获工学学士学位；2013年毕业于中国农业大学，师从黄冠华教授和詹红兵教授，获工学博士学位；期间在美国 Texas A&M University 联合培养一年，师从 Binayak Mohanty 教授。2016年于中国水利水电科学研究院博士后流动站出站，师从李久生研究员，并留院工作至今。

主持国家自然科学基金项目2项，国家重点研发计划课题1项，兵团科技计划项目1项，参与了国家自然科学基金重大项目、重点项目、水利部科技示范项目等项目10余项。长期从事土壤水氮迁移转化与作物生长模型开发及应用、滴灌土壤水肥盐协同调控技术、节水灌溉技术适用性评价方法等基础理论和技术研发，取得的主要成果和创新如下：

（1）在土壤水氮迁移转化与作物生长模型开发及应用方面，发展了二维动态根系生长扩散模型，研发了不同土壤类型根系补偿性吸水临界指标，开发了二维土壤水氮迁移转化与作物生长耦合模型，量化表征了滴灌均匀系数对作物产量的影响，完善了均匀系数分区标准，定量分析了城郊节水灌溉技术效益，克服了传统模型无法定量描述滴灌作物产量的不足。

（2）在滴灌土壤水肥盐协同调控方面，系统研究了滴灌土壤水肥盐与作物互馈过程机制，揭示了适当增施氮肥缓解盐分胁迫的机理，定量表征了肥盐交互对土壤氮素矿化的影响，评价了非常规水灌溉下不同来源氮素的有效性，提出了水肥盐调控关键技术参数和方法，研发了土壤盐氮淋洗平衡指标，解决了协同调控中增加盐分淋洗与降低氮素淋失之间矛盾的问题。

（3）在节水灌溉技术适用性评价方法方面，研发了基于分布式农业水文模型和经济效益评价参数的区域尺度节水灌溉效益统计估算方法，构建了城郊高效安全节水灌溉技术适用评价指标体系，提出了基于分布式农业水文模型和遥感数据的节水灌溉技术地区适用性评价方法，弥补了传统专家打分等评价方法的不足。发表论文40余篇，其中SCI/EI收录30余篇，获省部级一等奖2项，软件著作权1项。

# 王　珍

王珍，1986 年 2 月生人，正高级工程师。2010 年进入中国水利水电科学研究院攻读博士学位，2014 年毕业后留团队工作至今。主要传承并发展团队滴灌水肥一体化、滴灌系统水力学和再生水利用等方面的研究，取得成果如下：

（1）在滴灌系统性能评价方面，发明了国内首套规模化滴灌系统性能综合评价方法，发现了系统首部压力与轮灌组控制面积不匹配是导致系统能效降低的主要原因，阐释了灌溉季节的不同阶段影响系统均匀性的主要因素及相对贡献，揭示了毛管、灌水单元和系统等不同尺度的水盐变化规律及影响机制。结合 CT 和电镜扫描技术、X 射线衍射技术和分子动力学模型等现代测试手段和方法，从灌水器结构优选、减缓灌水器堵塞和优化管网布置等多个途径，探明了规模化滴灌系统性能的提升机制。

（2）在滴灌水肥一体化研究方面，系统评价了滴灌均匀系数对水氮运移、淋失和作物生长的影响，利用 Matlab 和 HYDRUS 2D 软件构建了综合考虑滴灌灌水均匀系数、降雨年型和土壤变异综合作用的统计学—动力学水氮运移模拟模型，实现了滴灌条件下水氮运移的批量运算和分布式模拟；定量评估了施入磷肥在土壤中的转化和运移特征，构建了滴灌条件下磷肥运移分布模拟模型；综合考虑水分、氮肥和磷肥在土壤中运移及分布特征的差异性，提出了通过优化滴灌带埋深及滴灌带间距等措施提升水、氮和磷分布区域与作物根系分布相协调的技术模式。

（3）在劣质水安全高效利用方面，系统揭示了再生水中病原体在土壤—作物系统中的迁移、衰减规律，创新提出了病原体在滴灌非饱和土壤中的运移—衰减过程模拟方法，构建了防止病原体污染的灌溉管理方法；解析了再生水滴灌条件下灌水器堵塞规律、演化特征，揭示了加氯处理及运行模式对滴灌系统安全、作物生长和土壤环境的影响机制，制订了协同考虑堵塞减缓效果、土壤酶活性与作物生长安全的加氯 / 加酸防堵塞运行管理模式，构建了滴灌系统余氯分布特征模拟模型，基于模型提出了以余氯分布均匀性为约束条件的再生水滴灌系统水力性能优化设计方法。

基于以上研究成果在国内外重要学术期刊发表论文 46 篇，其中 SCI/EI 收录 33 篇，合著学术专著 2 部，参编团体标准 1 项、北京市地方标准 1 项，授权国家专利 9 项，荣获省部级奖励 3 项。兼任《Irrigation and Drainage》期刊副主编和编委会秘书、《Frontiers in Agronomy | Irrigation》期刊编委、中国农业工程学会会员等社会职务。

# 博士后出站报告和研究生学位论文信息汇编

## 7.1 博士后出站报告

### 7.1.1 孔 东

**在站时间：2004 年 7 月至 2006 年 7 月**
**出站报告题目：冬小麦水肥（氮）响应关系研究**
**现工作单位：水利部信息中心**
**出站报告答辩信息：**
答辩日期：2006 年 7 月 31 日
答辩委员会主席：窦以松
委员：刘洪禄、黄冠华、李玉中、许迪
秘书：李蓓

**出站报告摘要：**

冬小麦水肥（氮）响应关系研究以促进农业用水增效为目的，开展了作物水肥生理调控技术研究，选用主要农作物冬小麦，进行不同水肥耦合的灌溉试验，对冬小麦生理生态指标（株高、干物质量、叶面积指数、根系、光合作用和籽实产量等）进行了统计分析以探索冬小麦水肥（氮）响应规律；参照作物水模型引入肥料反应函数建立了作物水肥响应模型，在此基础上，引入 SWAP2.0 模型探讨了其在不同水分、氮肥处理条件下作物实际腾发量计算的应用。进行分析的结果表明：

对株高、叶面积指数和干物质积累量的统计分析得出高氮处理的株高、叶面积指数和干物质积累量的指标值要高于低氮处理各指标值。

株高在拔节期对水、氮的响应最明显；叶面积指数在同一氮肥不同阶段缺水的处理中，返青水缺水灌溉时叶面积下降迅速，下降速率最高的处理为低氮返青水缺水处理，达到 0.051/d。而在同一灌溉水平下，高氮处理的叶面积指数在抽穗、灌浆期仍然在上升而低氮处理的叶面积指数除低氮灌浆水缺水灌溉的处理外，其他三个处理均开始下降，可知低氮处理的氮肥施入量偏低，水分的利用率不高，因此在生长上并没有表现出优越性；干物质积累量与水肥的响应关系与叶面积指数与水肥的响应关系相一致。

对根系的研究结果表明，施氮量增加促进根系的发育，整根的根长、根表面积、根体积和各层土壤的根密度都随施氮量的增加而增加；在生育前期缺水处理下高氮处理的根系增长比低氮的高。水氮不同处理引起根体积的减小主要体现在对直径大于 1mm 的根系的影响上，直径小于 1mm 的根系的长度平均占总根长 96% 左右，小于 1mm 的根系表面积和体积无明显变化。冬小麦根系集中分布在 0~40cm 土层，且不同处理的根长、根密度随土层递减的趋势是一致的，均随着深度增加根密度快速递减。

对冬小麦光合作用的分析也得出了相同的结论，适量增施氮肥可以提高冬小麦的光合速率和蒸腾速率，生育后期过度的灌水量反而抑制其光合与蒸腾作用。

**2005** 年冬小麦水肥（氮）响应关系研究试验（国家节水灌溉北京工程技术研究中心大兴试验基地）

通过对冬小麦生理生育指标的统计分析及比较可知，各处理之间各生物指标的生长趋势相同，而高氮处理的各生物指标普遍优于低氮处理的各生物指标，这表明在低肥力条件下适当增施氮肥，可以提高产量，不过各处理下冬小麦籽粒产量和总生物量并无显著性差异。在水分处理上灌浆水和返青水很关键，只是在灌灌浆水时已进入雨季，可以减少灌溉水量而充分利用雨水，并不影响冬小麦的生长及最终产量。腾发量为 300mm（返青至成熟）时对应的产量最高。

拟合了肥料反应函数，200~300kg/hm$^2$ 施肥量最具有增产效果，为了降低氮肥对环境的污染，在生产中选择 200kg/hm$^2$ 施肥量（尿素）即可，同时满足了冬小麦的增产又降低了氮肥对环境的污染。

参照 4 种常见的作物—水模型，以作物实际腾发量为自变量，引入肥料反应函数，构建了修正后的 Jensen 型、Blank 型、Singh 型和 Minhas 型作物—水肥生产函数模型。求得 4 个模型中各生育阶段水分敏感指数。通过实测资料检验确认 Jensen 型修正模型具有较高精度，且与冬小麦的生长规律相一致，可以较准确地揭示作物产量与土壤水分、氮素的量化关系。本地区冬小麦需水敏感期为灌浆期、抽穗期、拔节期、黄熟期。其中灌浆期和拔节期为水分敏感期适宜的水量供给是增产的关键。

在本试验条件下，引入了 SWAP2.0 模型探讨了其在不同水肥处理下作物需水量的计算。首先利用试验中 2 个不同程度施肥量中充分灌溉试验处理的实测土壤含水率对模型进行了率定，而后利用其他 6 组非充分灌溉试验处理的实测含水率进行检验。通过模拟计算将根系层土壤含水率的模拟值与实测值进行比较所得结果表明拟合效果良好。因此，SWAP 模型是求解作物实际腾发量的一个有效工具。

关键词：冬小麦；响应；节水灌溉；氮肥

### 7.1.2 赵伟霞

**在站时间：2009 年 7 月至 2012 年 6 月**

**出站报告题目：考虑田间小气候变化的喷灌水利用率模拟模型及应用**

**现工作单位：中国水利水电科学研究院**

**出站报告答辩信息：**

答辩日期：2012 年 6 月 4 日

答辩委员会主席：康跃虎

委员：刘洪禄、李光永、龚时宏、李益农

秘书：栗岩峰

**出站报告摘要：**

喷灌水利用率是干旱和半干旱地区喷灌技术区域适应性评价的重要技术参数。喷灌蒸发损失是降低喷灌水利用率的重要因素，然而大量研究表明，喷灌蒸发损失，尤其是作物冠层截留水量的蒸发损失并非全部是无效消耗，它们对农田小气候的改善作用能够抑制土壤蒸发和植株蒸腾，对提高喷灌水利用率具有重要作用。本项目以描述土壤—植物—大气连续体内水量和能量平衡过程的 CUPID 模型为基础，根据模型输出参数对喷灌水滴蒸发损失和喷灌作物冠层截留各部分水量的量化描述，对考虑喷灌农田小气候变化后的喷灌水利用率计算方法和应用效果进行了研究，主要结论如下：

（1）提出了考虑喷灌对田间小气候调节作用的喷灌水利用率定义，以 CUPID 模型为基础，开发了喷灌水利用率计算软件。模型模拟的空气温度和相对湿度与实测值的相对误差分别为 8% 和 14%，满足喷灌水利用率的估算精度要求，为喷灌水利用率的科学评估提供了规范、快捷的平台。

（2）喷灌水分蒸发对农田小气候的调节作用不仅发生在喷灌过程中，在喷灌停止后的 10~20 h 内仍能继续保持。与空气温度调节的持续时间长度相比，大气湿度调节的持续时间更长或更短，主要与灌溉时间有关。因此，利用喷灌水利用率软件计算喷灌水利用率时，计算时间段应以大气温度和湿度均恢复到无灌溉区水平时为收敛标准。

（3）根据 CUPID 模型的输入参数的变化特征，将其划分为常量参数、日参数和小时参数三类。在常量参数和日参数中，喷灌水利用率共有 19 个敏感参数，但除了叶片热发射率属于一般敏感性参数外，其余均属于不敏感参数等级。小时参数对喷灌水利用率模拟精度的影响呈现季节变化特征，主要依赖于从喷灌开始到喷灌停止后喷灌区农田小气候恢复到对照区水平时间段内的气象条件。当小时参数的变化范围为 10% 时，喷灌水利用率

**2010** 年 **7** 月在河北省大曹庄管理区开展大型喷灌机应用情况调研

的相对偏差率在 1% 以内。

（4）对华北平原的夏玉米喷灌来说，喷灌水利用率随着夏玉米的生长逐渐减小。喷灌强度对喷灌水利用率年际变化的影响程度与喷灌地区有关。整个生育期内，与不考虑喷灌农田小气候变化作用相比，新乡和大兴地区不同喷灌强度时的喷灌水利用率平均分别提高 3.2 个和 3.7 个百分点。若以喷灌水利用率最高为目标，新乡地区适宜的喷灌强度为 10 mm/h，大兴地区适宜的喷灌强度为 15 mm/h。

（5）大兴地区和新乡地区喷灌水利用率在 8：00 时开始灌溉时最大，在 16：00 时开始灌溉时最小，白天灌溉的喷灌水利用率具有较大的年际变化特征。整个生育期内，与不考虑喷灌农田小气候变化作用相比，新乡和大兴地区不同灌溉时间的平均喷灌水利用率分别提高 1.9 个和 2.2 个百分点。若以喷灌水利用率最高为目标，上述两地的喷灌开始时间宜选择在 8：00。

关键词：喷灌；冠层截留；灌溉水利用率；CUPID 模型；敏感性分析；技术参数；夏玉米

### 7.1.3 王 军

**在站时间：2013年7月至2016年12月**

**出站报告题目：松嫩平原喷灌技术适用性评价研究**

**现工作单位：中国水利水电科学研究院**

**出站报告答辩信息：**

答辩日期：2016年12月20日

答辩委员会主席：康跃虎

委员：黄冠华、李光永、李玉中、龚时宏

秘书：赵伟霞

**出站报告摘要：**

近几年东北地区作物生长季降雨量偏多，加之喷灌等节水灌溉设备初始投入高，导致民众对节水灌溉技术的研究区适用性产生疑虑。为了回答上述疑问，本文以松嫩平原为研究对象，实地调查分析研究区现有灌溉技术模式以及投入与产出情况，查阅文献资料获取研究区土壤类型、种植结构、气象数据和灌水数据，考虑区域尺度各要素的空间变异性，划分用于分布式模拟的均值单元格。结合研究区典型试验站点详细的田间试验数据和研究区遥感反演ET数据以及研究区各区县的玉米产量统计数据分别率定了分布式农业水文模型GSWAP-EPIC作物模型参数和土壤水分运动参数，并利用验证后的GSWAP-EPIC模拟研究不同水文年不同喷灌灌水技术设备（大型喷灌机和小型移动式喷灌系统）以及灌水情景（补充灌溉和雨养）下的研究区玉米产量和水分生产力（WP），综合考虑投入与产出，计算各种情景下的经济效益，提出适合于东北地区大规模推广应用的喷灌灌水技术模式。主要研究结论如下：

**2014年11月**在吉林省通榆县开展农户调查

（1）分布式农业水文模型GSWAP-EPIC能够较好地模拟松嫩平原区不同气候条件下玉米耗水量及产量差异，玉米生育期内ETa模拟值与遥感反演值标准均方根误差（nRMSE）及一致性指数（d）值分别为16.03%和0.84，产量模拟值与统计值nRMSE及一致性指数d值分别为7.65%和0.94。

**2014**年**11**月在黑龙江省林甸县进行土壤取样

（2）松嫩平原大型喷灌机与小型移动式喷灌系统补充灌溉情景下玉米产量、耗水量、WP差异较小，产量和耗水量分别比雨养高7%~31%和7.5%~32%；尤其是平水年和干旱年，雨养情景玉米减产可达20%~30%。因此，平水年和干旱年松嫩平原大部分区域需要进行补充灌溉。

（3）平水年和干旱年大型喷灌机和小型移动式喷灌系统补充灌溉情景下净收益均高于雨养处理；平水年分别比雨养高11.1%和17.5%，干旱年为51.7%和52.4%；丰水年大型喷灌机补充灌溉情景净收益最小，分别比雨养和小型移动式喷灌系统低8.3%和8.4%；小型移动式喷灌系统补充灌溉净收益比大型喷灌机高39~732元/$hm^2$。

（4）松嫩平原不同水文年不同灌水情景经济水分生产力差异较小；平水年和干旱年小型移动式喷灌系统补充灌溉净收益水分生产力最高，分别比大型喷灌机和雨养情景高2.1%~5.8%和1.8%~23.4%。

（5）为了保证我国的粮食安全以及粮食的稳产增产，作为重要的产粮基地松嫩平原有必要开展喷灌灌水技术的推广应用；从产量收益和水分生产力的角度考虑，松嫩平原大型喷灌机与小型移动式喷灌系统无显著差别；但从经济角度考虑，小型移动式喷灌系统比大型喷灌机更加适合于大规模推广应用。

关键词：节水灌溉；经济效益；补充灌溉；遥感反演；分布式模型

### 7.1.4 薄晓东

**在站时间：2017 年 7 月至 2020 年 9 月**

**出站报告题目：东北半湿润区覆膜滴灌玉米农田土壤氮素转化吸收和淋失规律试验研究**

**现工作单位：鲁东大学**

**出站报告答辩信息：**

答辩日期：2020 年 8 月 19 日

答辩委员会主席：刘洪禄

委员：杜太生、严昌荣、吴文勇、李久生

秘书：王珍

**出站报告摘要：**

玉米膜下滴灌技术可以提高表层土壤温度，促进土壤氮素转化，减少氮素淋失以及增加作物产量，近年来在东北地区得到广泛应用。东北地区玉米膜下滴灌技术在应用过程中存在增产机理不明、氮素效率不高等问题。本研究以玉米（*Zea mays* L.）为对象，于 2017 年和 2018 年在东北半湿润地区开展了玉米膜下滴灌大田试验和测坑试验。2017 年大田试验考虑覆膜方式和揭膜时间 2 个试验因素。2018 年大田试验考虑覆膜方式因素，测坑试验考虑揭膜时间因素。从农田土壤水热循环和氮素转化角度揭示玉米膜下滴灌增产机理，重点开展滴灌条件下覆膜技术参数对土壤水热环境、氮素分布和转化、水氮淋失、氮素效率以及玉米生长和产量的影响研究，优化滴灌玉米覆膜技术参数。主要结论如下：

（1）覆膜方式显著影响各生育期土壤温度，苗期增温效果最明显，垄沟全覆膜（FM）和垄覆膜（RM）处理较不覆膜处理（NM）可提高苗期土壤温度 18.7%~24.5% 和 15.9%~18.2%；覆膜方式对全生育期土壤有效积温影响显著，FM 和 RM 处理较 NM 处理可分别提高 0~30cm 土层土壤有效积温 164.9~336.1℃和 131.8~224.0℃；不同揭膜时间处理土壤有效积温差异明显，土壤有效积温随覆膜时间的延长而增加。各处理生育期内土壤氧化还原电位均保持在 300mV 以上，土壤通气性良好；揭膜时间可显著影响玉米生育期内土壤氧化还原电位。

（2）不同覆膜方式处理生育期前期和中期的硝化速率和矿化速率明显高于生育期后期，且随着深度的增加硝化速率和矿化速率均逐渐降低；覆膜处理各培养阶段的矿化速率和硝化速率基本高于不覆膜处理，具体表现为：垄沟全覆膜不施肥处理（CFM）> 垄覆膜不施肥处理（CRM）> 不覆膜不施肥处理（CNM）；较 CNM 处理，CFM 和 CRM 可分别提高硝化量 22.2%~43.1% 和 14.6%~39.6%，提高矿化量约 39.0% 和 29.1%。

（3）各土层土壤铵态氮（$NH_4^+$–N）含量明显低于硝态氮（$NO_3^-$–N）含量，至成熟期末0~90cm土层$NH_4^+$–N含量降至3.4~18.2kg/hm$^2$，覆膜和不覆膜处理$NO_3^-$–N含量分别降至42.0~54.7kg/hm$^2$和43.8~70.9kg/hm$^2$，无明显氮素累积现象。生育期内土壤水分日渗漏率变化剧烈，灌水对日渗漏率影响较小，深层渗漏主要由降雨造成；NM、RM和FM处理由大降雨造成的渗漏量分别占总渗漏量的68.9%~87.8%、73.8%~87.4%和75.8%~88.3%；各处理垄位累积渗漏量明显低于沟位，覆膜处理沟位累积渗漏量明显低于不覆膜处理。生育期内土壤溶液$NH_4^+$–N浓度维持在较低水平，<0.8mg/L，覆膜处理生育期前期土壤溶液$NO_3^-$–N浓度明显低于不覆膜处理；垄位$NO_3^-$–N浓度高于沟位，$NH_4^+$–N浓度差异较小。各处理$NO_3^-$–N淋失主要集中在生育期前期，两个生长季不覆膜处理累积$NO_3^-$–N淋失量均明显高于覆膜处理，覆膜可降低土壤氮素淋失12.7%~27.9%。

**2018**年**5**月吉林省水利科学研究院乐山灌溉试验站玉米膜下滴灌大田试验

**2018**年**6**月吉林省水利科学研究院乐山灌溉试验站测坑试验

（4）覆膜方式对成熟期玉米吸氮量影响显著，FM和RM较NM可分别提高吸氮量12.0%~22.5%和12.5%~21.2%。覆膜可显著影响秃尖长、百粒重和籽粒产量；全生育期覆膜处理的百粒重和籽粒产量明显高于其他揭膜时间处理；FM和RM处理较NM处理可显著提高玉米产量12.3%~17.8%和12.3%~12.4%。全生育期覆膜处理的氮素农学效率（NAE）、氮素收获指数（NHI）和氮肥利用效率（NUE）均明显高于其他揭膜时间处理；覆膜方式可显著影响NHI，FM和RM较NM处理可提高氮素收获指数7.9%和6.9%，同时可明显提高NAE和NUE，其大小关系表现为：FM>RM>NM。覆膜方式可显著影响土壤氮素矿化量，其大小关系表现为：CFM>CRM>CNM；各处理生育期末土壤残余无机氮含量无明显差异；覆膜处理氮素表观损失量均明显低于不覆膜处理，大小关系表现为NM>RM>RM。

关键词：土壤水热环境；氮素转化；水氮淋失；氮素效率；膜下滴灌；半湿润区；玉米；产量

## 7.2 研究生学位论文

### 7.2.1 张建君

学位类别：农学硕士

在学时间：1999年9月至2002年7月

学位论文题目：滴灌施肥灌溉土壤水氮分布规律的试验研究及数学模拟

指导教师：李久生，任理

学籍：中国农业科学院研究生院

现工作单位：中国农业科学院农业资源与农业区划研究所

学位论文答辩信息：

答辩日期：2002年6月18日

答辩委员会主席：龚时宏

委员：康跃虎、冯绍元、黄冠华、徐明岗

秘书：尹燕芳

学位论文摘要：

本研究旨在探讨滴灌系统设计与运行参数——滴头流量、灌水量和肥液浓度对水分和氮素分布的影响，为滴灌施肥灌溉系统的设计和运行提供依据。采用15°扇柱体有机玻璃土槽进行滴灌施肥试验，观测滴灌条件下的水氮运动及分布。试验选用$NH_4NO_3$（分析纯）溶液作肥料，滴头流量范围为0.6~7.8L/h，灌水量为6~15L，肥液浓度为100~700mg/L。灌水结束后，立即采集土壤样品，测定土壤含水率、铵态氮（$NH_4^+$–N）及硝态氮（$NO_3^-$–N）含量。试验过程中还对不同时刻地表积水范围以及水平和垂直方向的湿润距离进行了监测。试验结果表明：

（1）点源滴灌条件下，随滴头流量的增大，地表饱和区半径增大，水平湿润距

毕业时与导师合影留念

离增加，而垂直湿润距离减小；随灌水量的增大，水平和垂直湿润距离均呈幂函数关系增大；

（2）滴灌施肥灌溉结束时，硝态氮向湿润边界累积，而在距滴头 17.5cm 范围内，硝态氮浓度分布均匀，且该范围内的硝态氮平均浓度随肥液浓度的升高而升高；

配制测氮试验药品

（3）滴灌施肥灌溉结束时，铵态氮浓度在滴头附近出现高峰值，且高峰值随肥液浓度的增加而增加；

（4）施肥灌溉对铵态氮的影响范围较小，一般在距滴头 10cm 范围以内；

（5）肥液浓度是影响氮素在土壤中分布的主要因素，滴头流量和灌水量的影响较小。

本文还试用 HYDRUS–2D 软件模拟了滴灌施肥灌溉条件下水分和氮素在土壤中的运移，并将模拟结果与试验结果进行了对比，结果表明：

（1）商业软件 HYDRUS–2D 可以较好地描述地表滴灌点源的土壤水分运动，但对饱和区形成过程的描述尚需要作较大改进；这一软件在描述地表滴灌施肥灌溉这种复杂条件下的氮素运移与转化方面存在一定不足。

（2）滴灌施肥灌溉系统运行方式对硝态氮在土壤中的分布具有明显影响，采用 1/4–1/2–1/4 的运行方式（即先用 1/4 的时间灌水，再用 1/2 的时间施肥，最后用 1/4 的时间灌水）有利于将硝态氮保留在作物根区。

关键词：滴灌；施肥灌溉；土壤含水率；硝态氮；铵态氮

### 7.2.2 闫庆健

**学位类别：农学硕士**

**在学时间：1999 年 9 月至 2003 年 7 月**

**学位论文题目：灌水方式对风沙区水分利用率的影响**

**指导教师：李久生，饶敏杰**

**学籍：中国农业科学院研究生院**

**现工作单位：中国农业科学技术出版社**

**学位论文答辩信息：**

答辩日期：2003 年 6 月

答辩委员会主席：龚时宏

委员：李玉中、刘晓英、李益农、刘钰

秘书：尹燕芳

**学位论文摘要：**

农田灌溉用水量占西北干旱风沙区用水总量的比例较高，因此，农田灌溉效率的高低将直接影响这一地区的经济发展和生态环境建设。为了科学地评价喷灌在干旱地区的适宜性，在内蒙古包头春小麦生育期内对喷洒水利用系数进行了监测；在内蒙古风沙区一种砂土和壤质砂土的春小麦生育期内进行了畦田规格和灌水技术要素对水流推进和消退过程、田间水利用系数、灌水效率及灌水均匀系数影响的田间试验。本研究的目的是利用在内蒙古地区喷灌及畦灌的田间试验，获得喷灌、畦灌在该地区的试验数据，进行干旱风沙区喷洒水利用系数及地面灌溉水流特性和水分利用率的分析研究，并试用 SRFR406 软件对畦灌条件下的水流特性及水分利用率进行了数学模拟。通过上述研究，为喷灌在西北干旱风沙区的适用性及干旱风沙区灌溉定额的制定提供科学依据。

通过对田间试验数据进行分析，得出以下结论：

（1）按照干旱风沙区春小麦需水要求进行喷灌，对整个生育期内的喷洒水利用系数进行了监测，结果表明，喷洒水利用系数在 0.65~0.97，风速是影响喷洒水利用系数的最主要气象因素，通过选择适宜的喷灌时间（如避开中午高温低湿阶段，而选择凌晨或夜间等），可以显著提高喷洒水利用系数。

（2）建立了喷洒水利用系数与日平均风速之间的回归关系；对试验地区日平均风速的统计分布规律进行了分析，结果指出，在灌溉季节（4—9 月）内，日平均风速不超过 3m/s 的日数占灌溉季节总日数的 90% 以上，因此，选择日平均风速小于 3m/s 的日数进行灌溉可以满足作物需水要求，这种情况下，整个生育期内的喷洒水利用系数可以达到

0.83。由此可见，在生态条件与包头类似的地区发展喷灌也是适宜的。

（3）进行了畦田规格对水分利用率（田间水利用系数）影响的田间试验，尝试用设计灌水定额、灌后土壤储水量和生育期灌溉需水量等三种方法计算了水分利用率，结果指出，地面灌溉的水分利用率较低，仅为0.5左右，这固然与所研究土壤砂粒含量很高有关，但也从另一个侧面说明对目前地面灌溉田间水利用系数的估计不宜过高。试验结果还表明，当井的出水量一定时，并不总是畦田越窄，田间水利用系数越高。对试验土壤和井的出水量（$55m^3/h$）来说，适宜畦田宽度为2~3m。

（4）利用SRFR406软件对畦灌条件下的水流特性及水分利用率进行了数学模拟，结果指出，该软件能较好地模拟地面灌溉的水流推进及消退过程。畦田规格对灌水效率有一定的影响，从获得较高灌水效率和管理方便的角度来说，以畦宽2~3m、畦长50~60m较为适宜。

关键词：喷灌；喷洒水利用系数；灌水效率；田间水利用系数

### 7.2.3 白美健

**学位类别：工学博士**
**在学时间：2002年9月至2007年5月**
**学位论文题目：微地形和入渗时空变异及其对畦灌系统影响的二维模拟评价**
**指导教师：李久生，许迪，李益农**
**学籍：中国水利水电科学研究院**
**现工作单位：中国水利水电科学研究院**
**学位论文答辩信息：**
答辩日期：2007年5月22日
答辩委员会主席：茆智
委员：杨培岭、康跃虎、赵竞成、缴锡云、费良军、龚时宏
秘书：栗岩峰

**学位论文摘要：**

目前，我国约95%的灌溉面积仍采用各种形式的地面灌溉方法，且地面灌溉田间灌溉水利用效率普遍偏低，改进地面灌溉技术具有较大的节水潜力。田面微地形和土壤入渗是影响灌溉性能的两个最为重要的要素，在研究二者空间变异特性的基础上借助数值模拟方法系统模拟评价其对灌溉性能的影响，对优化田间灌溉设计和管理具有重要的指导意义，有助于缓解农业水资源短缺的矛盾，保持农田生态环境，促进灌溉农业的可持续发展。

本文基于大量田间实测数据，采用经典统计学和地质统计学方法对田面微地形和土壤入渗时空变异特性进行研究。根据统计分析所得各类畦田田面微地形的空间变异结构，基于Monte-Carlo方法和Kriging插值方法建立随机模拟田面微地形的方法；根据不同模拟精度要求给出随机模拟方法所需的最小样本容量；通过田间试验对田面微地形随机模拟方法进行验证。在应用研究上，将田面微地形随机模拟方法与二维灌溉模拟模型B2D相结合，首先系统模拟分析各类畦田田面微地形空间变异性（微地形起伏幅度和微地形起伏位置空间分布差异）对畦灌系统（畦灌过程和畦灌性能）的影响，其次依据田间灌溉试验数据，基于微地形随机模拟，对同时考虑微地形和入渗空间变异下畦灌系统的数值模拟效果进行田间验证；最后，结合微地形随机模拟和二维灌溉模拟模型系统模拟评价不同灌溉技术要素组合下微地形和入渗空间变异性对畦灌性能的影响，探讨二者空间变异性对畦灌性能的影响程度与各灌溉要素之间的关系。

通过对以上内容的研究，本文主要结论和创新点在于：

（1）基于大量不同类型田块的实测微地形数据，系统地对田面微地形空间变异特性进行研究，得出田面微地形的空间变异结构可统一采用球状半方差函数模型进行描述，提出根据田块几何参数估算各类田块田面微地形空间变异特征参数（块金值、基台值和变程）的方法。该成果可为随机模拟田面微地形分布状况提供理论基础。

（2）根据田面相对高程分布既具有随机性又具有空间相关性的特点，基于 Monte-Carlo 方法和 Kriging 插值方法建立了随机模拟田面微地形分布状况的方法，解决了随机模拟方法在实际应用中所遇到的最小样本容量的确定问题。该方法的提出具有较高的实用价值，为系统研究田面微地形对畦灌系统性能的影响方面提供了有效工具。

（3）提出应从微地形起伏幅度和微地形起伏位置的空间分布两方面对微地形空间变异性进行表征。基于微地形随机模拟方法，系统地模拟分析了微地形起伏幅度和起伏位置空间分布差异对畦灌过程和畦灌性能的影响。结果表明，微地形起伏位置空间分布差异对畦灌性能的影响取决于相应的微地形起伏幅度，起伏幅度越大其分布差异造成的影响也越大。不同田面平整条件下（对应不同 $S_d$ 值）是否考虑该分布差异带来的影响取决于人们对畦灌性能评价指标 Cv 值的最低允可程度。

论文答辩会研究生与导师合影

许迪　白美健　李久生　李益农

（4）在对同时考虑微地形和入渗空间变异下基于微地形随机模拟和二维灌溉模拟的数值模拟评价方法进行田间验证的基础上，系统地模拟评价了不同坡度和入畦单宽流量下微地形和入渗空间变异对畦灌性能的影响。结果表明，微地形和入渗空间变异对畦灌性能的影响程度与二者空间变异程度密切相关，且相互影响。单个要素变异程度越大，对畦灌性能的影响程度也越大；同时随着一个要素变异程度的增加，另一个要素对畦灌性能的影响又会被削弱。当微地形标准偏差 $S_d$>1cm 后，微地形空间变异性对畦灌性能的影响尤为显著，在田间灌溉设计、评价和管理中必须考虑微地形空间变异性的影响。入渗空间变异性对各畦灌性能指标的影响相对小一些，且主要对灌溉均匀度产生影响，而对水流恰好覆盖整个田面所需的灌水量无影响；当入渗空间变异为弱变异程度时，在实际工作中基本可以不考虑入渗空间变异性；但当土地平整条件较好（$S_d$<2cm），且田面设计坡度为零时，土壤入渗空间变异性对畦灌性能的影响非常显著，实际应用中不容忽视。

本文的研究使数值模拟确定田面微地形的空间分布成为可能，克服了仅靠田间试验获得相关数据的局限性，为地面灌溉过程的实时控制提供了有利条件，对促进现代化灌溉管理进程具有重要意义。通过系统模拟分析田面微地形和入渗空间变异性对畦灌性能的影响，所得结果对地面灌溉系统设计和管理中在什么情况下需考虑二者空间变异性以及如何考虑具有较强的指导意义。

关键词：田面微地形；土壤入渗；时空变异性；畦灌性能；二维灌溉模拟

### 7.2.4 宿梅双

**学位类别：工学硕士**
**在学时间：2002 年 9 月至 2005 年 7 月**
**学位论文题目：喷灌均匀系数对土壤水氮淋失及作物生长影响的田间试验研究**
**指导教师：冯绍元，李久生**
**学籍：中国农业大学**
**现工作单位：中国科学院生态环境研究中心**
**学位论文答辩信息：**
答辩日期：2005 年 6 月 17 日
答辩委员会主席：康绍忠
委员：冯绍元、龚时宏、李光永、李久生、丁跃元
秘书：黄兴法

**学位论文摘要：**

喷灌均匀系数是喷灌系统设计的重要参数，灌溉与施肥不当是造成硝态氮污染浅层地下水的最主要原因。本文分别通过糯玉米和冬小麦田间试验研究了喷灌均匀系数和喷灌施肥量对土壤水氮淋失以及作物生长的影响，并在糯玉米和冬小麦的田间试验过程中利用称重式蒸渗仪的数据，研究了喷灌条件下作物系数的估算方法。糯玉米试验喷灌均匀系数设高、中、低 3 个处理，通过水流通量法和氮素质量平衡法对不同喷灌均匀系数下氮素淋失量进行了估算。冬小麦试验喷灌施肥量设高、中、低 3 个处理。

通过研究表明：华北平原喷灌条件下糯玉米和冬小麦的实测作物系数与播种后天数的关系可分别用四次多项式和五次多项式来表征，喷灌条件下的作物系数在生育期内的变化可以用

学位论文答辩会后与李久生老师合影

观测喷灌玉米农田土壤水势
（中国农业科学院环发所气象站，**2004** 年）

监测称重式蒸渗仪数据
（中国农业科学院环发所气象站，**2004** 年）

FAO–56 推荐的模式来描述，但实测值一般大于 FAO–56 的建议值，需要对 FAO–56 的推荐值进行调整；喷灌均匀系数在 70%~83% 的范围内变化时，均匀系数对土壤水氮分布及水氮淋失量的影响均不显著，喷灌水量的分布与土壤氮素含量、水氮淋失量的分布之间没有表现出良好的相关一致性；在土壤氮素初始值在 380~625kg/hm$^2$ 的范围内，当喷灌施肥量在 0~180kg/hm$^2$ 的范围内变化时喷灌施肥量对土壤剖面上硝态氮含量的最大值有一定影响，施肥灌溉水量分布对土壤氮素分布的影响不显著；糯玉米和冬小麦的产量及其要素对喷灌均匀系数和施肥量的变化不敏感。

关键词：喷灌均匀系数；喷灌施肥量；糯玉米；冬小麦；作物系数；水氮淋失

### 7.2.5 栗岩峰

**学位类别：工学博士**

**在学时间：2003 年 9 月至 2006 年 10 月**

**学位论文题目：滴灌水肥管理对土壤水氮动态及番茄生长的影响**

**指导教师：李久生**

**学籍：中国水利水电科学研究院**

**现工作单位：中国水利水电科学研究院**

**学位论文答辩信息：**

答辩日期：2006 年 10 月 11 日

答辩委员会主席：雷志栋

委员：李英能、许迪、康跃虎、冯绍元、刘培斌、龚时宏

秘书：李蓓

**学位论文摘要：**

利用滴灌系统施肥可以灵活地控制施肥的时间、数量和施入点，从而获得较高的肥料利用率。采用合理的滴灌水肥管理措施是实现这一目标的关键。滴灌水肥管理是指通过改变灌水（施肥）量、灌水（施肥）频率、滴头流量、肥液浓度和系统运行程序等参数对灌水和施肥过程进行合理的控制，在增加作物产量的同时提高肥料利用率并减少肥料对环境的危害。因此，深入研究不同滴灌水肥管理措施下土壤中的水肥分布和作物的动态响应可为制定合理的滴灌施肥模式提供依据。

本文以番茄为研究对象，在日光温室内进行了两年的田间试验，研究了滴灌水肥管理对作物根区水氮运移和分布的影响，以及作物对水氮调控的动态响应。试验选取施肥灌溉系统运行方式、施肥频率、施氮量和肥液浓度四个因素。其中，施氮量取 372kg/hm$^2$ 和 204kg/hm$^2$ 两个水平；系统运行方式包括不同灌水和施肥次序组成的三种方案：1/2N–1/2W，1/4W–1/2N–1/4W 和 3/8W–1/2N–1/8W；施肥频率取每周一次、两周一次和四周一次三个水平；肥液浓度取 225mgN/L、450mgN/L 和 720mgN/L 三个水平。通过观测番茄根区的水氮动态，番茄的产量、品质和生理生态指标（植株高度、叶面积指数、根系特征、光合速率等），分析了滴灌水肥管理措施对水氮分布特征和变化动态的影响以及番茄响应指标的相应变化，揭示了滴灌水氮调控对作物生长发育产生影响的内在机理，从而初步建立了滴灌水肥管理措施、土壤水氮分布和作物响应指标三者的动态联系。同时还应用 HYDRUS–2D 软件对滴灌施肥条件下作物根区水氮运移分布及变化动态进行了数值模拟。在此基础上，通过模拟试验进一步分析系统运行方式和施肥频率对番茄根区水氮动态及淋失的影响。主要研究结果如下：

（1）高施氮处理可增加根区土壤中的硝态氮含量，促进根系的发育，但不会带来产量的增加。高施氮量处理的硝态氮在 40~50cm 土层有明显的累积，淋失的危险较大。

（2）随着施肥次序向前推移，硝态氮向湿润土体边缘扩散的趋势愈加明显。例如，采用运行方式 1/2N-1/2W 时，由于施肥结束后的灌水时间较长，有较多的硝态氮随水流运动到下层土壤中，促进了下层土壤中根系的发育，并使根系中细根的比例增加，因而带来产量和氮肥利用效率的提高。与之相反，采用运行方式 3/8W–1/2N–1/8W 使更多的硝态氮累积在土壤上层，不利于深层土壤中根系的发育和对氮素的吸收利用，使得产量和氮肥利用效率降低，残留氮量增加。在实际的滴灌施肥过程中，选用运行方式还应当考虑系统运行稳定性的要求，在施肥前先灌少量的清水，以保证施肥的均匀性。因此，综合考虑提高产量、减少淋失和系统运行稳定性的要求，滴灌施肥采用运行方式 1/4W–1/2N–1/4W 较为适宜。

日光温室番茄滴灌试验（中国农科院环发所气象站，2004 年）

（3）随着施肥频率降低，硝态氮在根区土壤中的总量逐渐减少，在生育期内的变化逐渐加剧。采用每周一次的施肥频率时，硝态氮在根区土壤中的总量最大，在生育期内的变化过程较为平缓，说明氮肥的供应和消耗过程有较好的一致性，因而导致植株吸氮量增加和残留氮量的减少。同时，施肥频率增加显著地增加了番茄的产量，从而提高了氮肥利用效率。因此在实际的滴灌施肥过程中，施肥频率取每周一次施肥较为适宜。

（4）施肥频率和运行方式有一定的交互作用。施肥频率越低，运行方式对产量的影响越大。随着施肥次序向后推移，施肥频率对产量的影响逐渐增大。因此，在实际的滴灌施肥管理中，如果选用的施肥频率较低就必须重点考虑运行方式的影响；如果在灌溉过程的后期施肥则应该重点考虑施肥频率的影响。

（5）随着肥液浓度增高，番茄的产量和各项品质都呈降低趋势，但差异未达显著水平。例如，当肥液浓度为 720mgN/L 时，氮素在滴头周围有明显的聚集，还会抑制根系的发育，降低作物的光合性能，引起产量和品质的下降。因此，在滴灌施肥过程中，肥液浓度取 225mgN/L 较为适宜。

（6）建立了滴灌施肥条件下作物根区水氮运移转化的数学模型，模型考虑了根系吸水吸氮以及水解、硝化、反硝化、吸附等氮素转化过程。用 HYDRUS–2D 软件求解模型，并用实测结果进行验证，结果显示土壤水分和硝态氮的模拟效果较好，铵态氮的模拟效果较差。利用验证后的模型进一步分析了系统运行方式和施肥频率对番茄根区水氮动态和淋失的影响。结果显示，在本文采用的试验条件下，施肥频率和运行方式对根区内的 $NO_3^-$–N 分布影响较大，对 $NO_3^-$–N 淋失的影响不明显。施肥量增加对 $NO_3^-$–N 淋失的影响不大，增加灌水量会显著地增加 $NO_3^-$–N 的淋失，而且灌水量增大会使施肥频率和运行方式对 $NO_3^-$–N 淋失的影响增大，降低施肥频率和施肥次序前移都会增加 $NO_3^-$–N 的淋失量。

关键词：滴灌；施肥灌溉；氮；运行方式；施肥频率；番茄产量

### 7.2.6 王 迪

**学位类别：工学博士**

**在学时间：2003年9月至2006年10月**

**学位论文题目：喷灌作物冠层截留水量及其消耗机制**

**指导教师：李久生，饶敏杰**

**学籍：中国水利水电科学研究院**

**现工作单位：中国农业科学院农业资源与农业区划研究所**

**学位论文答辩信息：**

答辩日期：2006年10月11日

答辩委员会主席：李英能

委员：雷志栋、许迪、康跃虎、冯绍元、刘培斌、龚时宏

秘书：李蓓

**学位论文摘要：**

灌溉农业是我国最大的用水产业，占总用水量的约70%。水资源日益紧缺要求灌溉农业进一步提高灌溉水利用率。喷灌作为一种先进灌水技术，因具有节约灌溉用水，增加作物产量，提高作物品质，调节田间小气候，对土壤和地形适应性强等优点而得以广泛应用。然而，在其发展过程中仍遇到一些问题，表现为与地面灌溉不同，喷灌存在冠层截留损失，因此，在与地面灌相比是否节水以及节水比例是多少的问题上一直存在较大争议，这种争议已影响到我国节水灌溉发展中适宜节水灌溉技术的选择及评价。因此，研究喷灌作物截留水量及其消耗机制，对于定量回答上述问题，进而推动和促进喷灌技术在我国的良性发展均具有重要理论意义和实用价值。

本研究在参阅大量国内外文献的基础上，明确定义了冠层截留量和截留损失；通过喷灌夏玉米田间试验，确定了玉米冠层对喷灌水量的再分配规律，并着重分析了截留水量的影响因素；通过冬小麦室内试验，确定了冠层截留的变化规律及存储能力；以地面灌溉为对照，研究了截留损失对农田小气候（空气温湿度）的改变，确定了截留损失对作物蒸腾的影响，进而估算了冠层截留损失；利用Cupid模型模拟计算了喷灌作物冠层截留损失，并用试验实测结果对模拟结果进行了验证，在此基础上对模型进行了应用。本文的研究结论和创新点在于：

（1）基于水量平衡法，对喷灌水量经夏玉米（宽行阔叶作物）冠层再分配后的各分量（棵间水量、茎秆下流水量和冠层截留量）的空间分布及占喷灌水量的比重进行了研究。得到喷灌水量经夏玉米冠层重新分配后各组分的空间变异性较其未进入冠层前大，表现为截留量最大，其次为茎秆下流水量，棵间水量相对较小。冠层截留量在夏玉米生育初期最小（0.8mm），而后逐渐增加直至生育盛期达到最大（2.6mm），进入生育后期又有所降低（2.4mm）。

（2）采用称重法对喷灌冬小麦（密植小叶作物）冠层截留过程及其存储能力进行了研究，结果表明喷灌初始阶段（灌水量小于 5mm）冬小麦冠层截留量随灌水量的增加而迅速增加，此后增速逐渐减缓直至达到冠层存储能力。不同生长期的冬小麦冠层存储能力各不相同，变化范围为 0.7~1.5mm。喷灌强度对冠层存储能力大小影响不明显。冬小麦拔节至成熟阶段，冠层存储能力随叶面积指数（LAI）和株高的增大而线性增大。冬小麦抽穗前，冠层存储能力与植株鲜重呈正线性相关关系。

（3）基于能量平衡原理，利用农田蒸腾蒸发观测仪器（热平衡茎流计、涡度相关仪及波文比能量平衡观测系统）对截留水量蒸发产生的抑制蒸腾效应进行了研究，并估算了冠层毛、净截留损失。结果表明，对各灌水日而言，截留水量的蒸发使得喷灌处理冬小麦的蒸腾量仅占地面灌（或未喷灌）处理的 7%~14%，蒸腾抑制量变化范围为 1.7~4.1mm；夏玉米喷灌处理蒸腾量仅占地面灌处理的 23%~42%，蒸腾抑制量变化范围为 0.5~2.8mm。蒸腾抑制量随灌水当日太阳辐射的增加而线性增加，随日平均空气相对

答辩会合影

栗岩峰　李久生　王迪

玉米喷灌试验茎流计安装（中国农科院环发所气象站，**2004** 年）

湿度的增加而线性减小，日平均气温、日平均风速对蒸腾抑制量的影响不明显。喷灌冬小麦冠层净截留损失不足 0.1mm，而夏玉米冠层净截留损失变化范围在 1~2mm。全生育期内，喷灌夏玉米净截留损失占灌水总量的 5% 左右；对于冬小麦，因净截留损失近乎为零，说明由喷灌产生的冠层截留量在蒸发过程中完全用于抑制蒸腾耗水，故在评价喷灌水利用率时应将其视为有效消耗。

（4）利用 Cupid 模型对冠层截留损失进行了模拟计算，并利用试验结果对模拟结果进行了检验，在此基础上对不同条件下的冠层截留损失进行了模拟。结果表明 Cupid 模型可以较好地模拟喷灌条件下作物冠层附近的空气温湿度变化及截留过程。对喷灌和地面灌条件下的作物蒸腾及冠层截留水量蒸发的模拟得出与试验相近的变化趋势，但两者的模拟结果与实测值吻合度还不够理想。通过对 Cupid 模型进行应用发现，不同灌水时间对冠层净截留损失的影响不明显；而初始土壤含水率对净截留损失有一定影响，表现为初始土壤含水率较高条件下产生的截留损失小于较低含水率下的对应值。

关键词：喷灌；冬小麦；夏玉米；冠层截留；能量平衡；抑制蒸腾

### 7.2.7 孟一斌

**学位类别：农学硕士**

**在学时间：2003 年 9 月至 2006 年 7 月**

**学位论文题目：微灌施肥装置水力性能研究**

**指导教师：李久生**

**学籍：中国农业大学**

**现工作单位：中电信数智科技有限公司**

**学位论文答辩信息：**

答辩日期：2006 年 6 月 15 日

答辩委员会主席：龚时宏

委员：张昕、李光永、冯绍元、许迪

秘书：苏艳萍

**学位论文摘要：**

施肥装置是微灌系统的重要组成部分，其性能的优劣直接影响着灌水与施肥的质量。本文针对三种常用的施肥装置：压差式施肥罐、文丘里施肥器、可调比例施肥泵，通过试

施肥罐施肥性能测试试验（国家节水灌溉北京工程技术研究中心大兴试验基地，**2005** 年）

硕士研究生毕业照

验研究了装置的水力性能，提出了不同施肥装置的优化运行参数。同时，对三种施肥装置和三种灌水器的灌水与施肥均匀性进行了田间试验评估。主要结论如下：

（1）通过施肥罐的流量随压差的增大呈幂函数关系增加，施肥罐出口肥液浓度随时间持续减小，施肥开始阶段尤为明显；建立了可用于估算肥液浓度动态变化和肥液浓度衰减为零时间的回归模型。

（2）文丘里施肥器在正常工作时，当进口压力较小时，吸肥量随压差的升高而增大；当进口压力较大时，受压差影响不大。

（3）可调比例施肥泵吸肥量受两端的压差影响较大；建立了不同施肥比例下比例泵吸肥量与压差，入口流量之间的回归模型。

（4）田间施肥均匀性评价得出施肥装置的种类和灌水器的类型均对微灌系统肥液浓度均匀性和肥料均匀性存在影响，其中，以施肥装置种类的影响更为显著。压差式施肥罐的肥料均匀性较差，而文丘里施肥器和可调比例施肥泵的肥料均匀性较好，同时肥料均匀度与灌水均匀度之间存在较强的线性关系。

关键词：微灌；水力性能；施肥装置；均匀性

### 7.2.8 计红燕

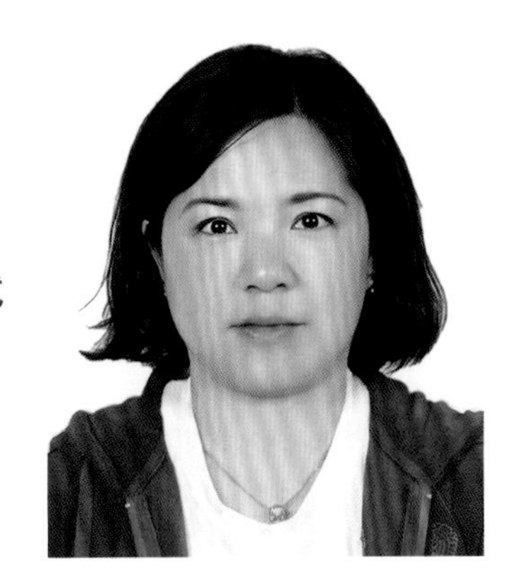

**学位类别：工学硕士**

**在学时间：2004 年 9 月至 2006 年 7 月**

**学位论文题目：层状土壤滴灌施肥条件下水氮分布规律的试验研究**

**指导教师：李久生**

**学籍：中国农业大学**

**现工作单位：辽宁省本溪市桓仁县财政局**

**学位论文答辩信息：**

答辩日期：2006 年 6 月 15 日

答辩委员会主席：龚时宏

委员：张昕、李光永、冯绍元、许迪

秘书：苏艳萍

**学位论文摘要：**

本文基于三种不同土层顺序的层状质地土壤，包括上砂下壤、上壤下砂、壤土中砂土夹层，同时还将均质壤土和均质砂土作为对比试验。研究滴灌技术参数（滴头流量、灌水量、肥液浓度）和土壤质地变化位置对土壤水分和氮素分布的影响。采用 15° 扇柱体有机玻璃土槽进行滴灌施肥试验，选用 $NH_4NO_3$（分析纯）溶液作肥料，滴头流量的变化范围为 0.69~3.86L/h，灌水量为 6.0~10.0L，肥液浓度为 0~300mg/L。灌水结束时，立即采集土壤样品，测定土壤含水率、硝态氮（$NO_3^-$–N）和铵态氮（$NH_4^+$–N）含量。试验过程中还测定了不同时刻地表积水范围以及水平和垂直方向的湿润距离。试验结果表明：

（1）土壤上层为壤土时，随着滴头流量的增大，饱和区半径增大，相同灌水历时的湿润体积增大，上砂下壤的垂直湿润距离发展迅速，而上壤下砂和壤土中有砂土夹层的水平湿润距离发展迅速；随灌水量的增加，上砂下壤的垂直湿润距离明显增加。

（2）层状土壤结构下层土壤会阻止水分的向下运动，上砂下壤的土壤质地变化位置越浅垂直湿润距离越小。

（3）灌水结束时硝态氮在湿润锋附近累积，距离滴头 17.5cm 范围内的上砂下壤土壤中的硝态氮平均浓度随肥液浓度增加而增大。

（4）滴灌施肥灌溉只对滴头附近的铵态氮浓度产生影响，一般在距滴头 10cm 范围内。铵态氮浓度峰值随肥液浓度增大而增高。

（5）土壤结构对土壤水氮分布有影响。肥液浓度对土壤氮素的影响最大，滴头流量和灌水量的影响较小，土壤的初始氮素含量影响了湿润土体内的氮素分布。

关键词：滴灌；层状土壤；土壤含水率；硝态氮；铵态氮

### 7.2.9 杜珍华

**学位类别：**工学硕士

**在学时间：2005 年 9 月至 2007 年 7 月**

**学位论文题目：**土壤特性空间变异对地下滴灌系统水氮分布及夏玉米生长的影响

**指导教师：**李久生

**学籍：**中国农业大学

**现工作单位：**中国电建集团成都勘测设计研究院有限公司

**学位论文答辩信息：**

答辩日期：2007 年 6 月 12 日

答辩委员会主席：冯绍元

委员：龚时宏、张昕、黄兴法、袁林娟

秘书：吕娟妃

**学位论文摘要：**

本文以夏玉米为对象，研究了土壤特性（质地、干容重、非饱和导水率、饱和导水率和水分特征曲线）空间变异与地下滴灌系统水力特性（施肥装置类型和滴灌带埋深）对水氮运移与分布的影响，分析了作物对水氮调控的动态响应，在夏玉米收获后进行了地下滴灌系统灌溉施肥均匀性的田间试验评估。试验中滴灌带埋深设置为 0cm、15cm 和 30cm 三个水平，施肥装置包括国内常用的压差式施肥罐、文丘里施肥器和比例施肥泵。主要结论如下：

（1）滴灌带埋深对施肥灌溉后土壤 $NO_3$–N 在垂直剖面上的分布模式影响较大，灌水器附近 $NO_3$–N 含量一般较高，施肥装置对施肥后土壤 $NO_3$–N 含量的影响在置信度为 95%时未达

国家节水灌溉工程技术研究中心大兴试验基地玉米滴灌试验地块
（**2006** 年 **8** 月）

国家节水灌溉工程技术研究中心大兴试验研究基地试验地块
（2006 年 11 月）

到显著性水平，而滴灌带埋深达到了显著性水平，两者之间的交互影响也达到显著性水平。

（2）土壤残留氮素以 $NO_3$–N 为主，$NO_3$–N 主要残留于土层 0~50cm 范围内，施肥装置类型和滴灌带埋深对土壤残留氮素含量及分布的影响不显著。

（3）灌水与施肥均匀性田间评价结果表明，滴灌带埋深和施肥装置类型对灌水及施肥均匀性的影响不显著，而施肥装置类型对施肥均匀性有显著影响。

（4）生育期内土壤水分和 $NO_3$–N 分布在各层次为弱 – 中等变异水平，夏玉米产量的变异系数介于表层 0~40cm 土壤水分和 $NO_3$–N 的变异系数之间。施肥装置类型和滴灌带埋深对夏玉米干物质、氮素吸收及产量的影响不显著。

关键词：土壤特性；空间变异；地下滴灌；水氮分布；夏玉米；产量

### 7.2.10 刘玉春

**学位类别：** 工学博士

**在学时间：** 2005 年 9 月至 2010 年 5 月

**学位论文题目：** 层状土壤条件下番茄对地下滴灌水氮管理措施的响应特征及其调控

**指导教师：** 李久生，刘钰

**学籍：** 中国水利水电科学研究院

**现工作单位：** 河北农业大学

**学位论文答辩信息：**

答辩日期：2010 年 5 月 6 日

答辩委员会主席：谢森传

委员：杨培岭、康跃虎、赵竞成、缴锡云、费良军、龚时宏

秘书：栗岩峰

**学位论文摘要：**

在滴灌–土壤–作物系统中，作物根区是滴灌水氮管理措施与作物相互作用的交互区域。作物根区土壤水分和养分的分布与变化动态主要受滴灌系统设计和水分养分管理措施的影响，同时也会受到土壤物理和水力特性参数的影响。土壤水分养分等状态变量的分布与变化动态决定了其对作物的供应强度与有效性，影响作物根系的生长发育，反过来作物根系的生长发育也会影响土壤水分养分的分布与变化动态。土壤的空间变异性普遍存在，对层状土壤条件下根区土壤水分养分分布及变化动态与作物根系分布之间互反馈关系的深入研究有助于揭示滴灌节水增产机制，有利于滴灌系统优化设计参数、优化水分养分管理措施的制定。

本研究采用经典统计学、理论分析和数值模拟相结合的方法对层状土壤地下滴灌条件下土壤水氮运移特征进行研究。通过对均质壤土、上砂下壤和砂土夹层土壤的土箱无作物和日光温室番茄地下滴灌施肥灌溉试验，分析了毛管埋深、土壤层状质地和施氮量对土壤水氮分布与动态变化的影响，并探讨了番茄生长、生理生态指标和水氮利用效率对层状土壤地下滴灌的响应特征。应用 HYDRUS–2D 建立层状土壤地下滴灌土壤水氮运移数学模型，模拟研究犁底层对地下滴灌土壤水氮分布、毛管埋深和灌水量对番茄水氮流失和水氮吸收的影响。本研究取得的主要结论如下：

（1）根据土壤水分能态理论和土壤溶质运移机理，对层状土壤地下滴灌施肥灌溉条件下土壤水氮分布特征进行了研究。结果表明，层状土壤条件下，土壤水分运移至层状土壤质地界面由于存在水势差发生积聚，硝态氮主要在对流作用下在土壤湿润锋边缘含量

较高，由于土壤对铵态氮的吸附，滴灌毛管附近土壤溶液中铵态氮含量较高；毛管埋深、层状土壤质地、毛管与土壤质地界面的相对位置对地下滴灌土壤水分和硝态氮分布影响较大，在地下滴灌设计中应给予足够的重视。

（2）基于滴灌—土壤—作物系统中滴灌水氮管理措施、土壤水氮变化动态与作物生长之间紧密联系的特点，研究了层状土壤地下滴灌优化水氮调控措施、土壤水氮分布和变化动态与番茄根系分布的互反馈关系。结果表明，番茄根区土壤水氮的变化动态主要受灌溉施肥制度影响，与均质土壤相比较，层状土壤条件下，表层土壤水分变化幅度减弱，土壤 $NO_3^-$–N 含量变化幅度增大，根区底部土壤水势差增大，发生深层渗漏的可能性增大，说明层状土壤滴灌管理中宜减小灌水定额，以避免产生水分和养分的流失。在距毛管 0cm 的土壤剖面上，各土层根长密度与生育期内各土层土壤平均含水率呈负相关关系，与各土层土壤平均 $NO_3^-$–N 含量呈正相关关系（$\alpha$=0.05），地下滴灌水氮管理措施对土壤水氮动态的调控对番茄根系生长影响显著，说明地下滴灌时通过水氮管理措施可以实现对作物根系分布的调控，从而对作物产量和水氮利用效率的提高具有重要意义。

（3）番茄对层状土壤地下滴灌施肥灌溉的响应研究表明，地下滴灌条件下，受土壤水氮分布的影响，番茄最大根长密度降低、出现的土层变深，在距毛管水平距离较远的土壤剖面上根长密度较大；毛管埋深由 15cm 增加到 30cm、施氮量由 150kg/hm$^2$ 增加到 225kg/hm$^2$ 时氮肥偏生产力 *PFP* 明显降低，本试验日光温室均质壤土以毛管埋深 15cm 施氮量 150kg/hm$^2$ 时可获得较高的氮肥偏生产力 *PFP*。与均质壤土处理相比较，砂土夹层处理番茄叶面积、茎秆直径和根系长密度略有降低，上砂下壤处理则明显降低。砂土夹层处理和上砂下壤处理番茄产量和偏生产力 *PFP* 分别下降 12% 和 33%，番茄 *WUE* 分别下降 11% 和 32%，因此土壤存在明显层状结构时应谨慎使用地下滴灌。

（4）HYDRUS–2D 可以较好地模拟层状土壤地埋线源条件下土壤水氮的运移，模拟模型对土壤水分和铵态氮运移模拟结果较好，土壤硝态氮的模拟结果与实测值的总体分布趋势一致。利用验证后的模型模拟研究表明：犁底层的位置和容重是田间耕作调控的关键，犁底层阻止水氮下渗的作用随位置加深而减弱、随容重增大而增强。毛管埋深和灌水量是地下滴灌水氮管理调控的关键，随着灌水量的增加，根区土壤含水率增加，硝态氮含量降低，番茄吸水量增加，根区水氮流失量随毛管埋深和灌水量的增加而增加，本研究日光温室条件下，灌水量以 0.7~0.8ET 为佳。

（5）采用负压计拟定滴灌灌溉计划简单方便，本研究通过对番茄根区土壤基质势时空分布的监测分析，探讨了负压计拟定滴灌灌溉计划的适宜布置方式。结果表明，采用负压计拟定滴灌灌溉计划时，在同一土壤深度安装一支即可，适宜埋置深度应依据毛管埋深的大小确定。就本研究日光温室砂质壤土、滴灌毛管及其布置而言，毛管埋深 0cm、15cm 和 30cm 时，分别以距毛管 0cm 剖面上 30cm、50cm 和 70cm 深度番茄耗水量与土壤基质

空压机

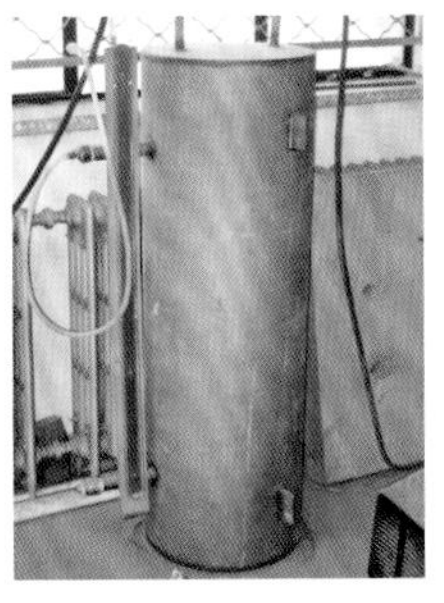
调稳压罐

马氏瓶

试验土箱

层状土壤地下滴灌水氮运移土箱试验装置（国家节水灌溉北京工程技术研究中心大兴试验基地，**2006** 年）

试验温室

土壤含水率监测

土壤溶液提取

土壤水势监测

层状土壤番茄地下滴灌水氮运移试验（国家节水灌溉北京工程技术研究中心大兴试验基地，**2006** 年）

势变化的相关程度最大，达到显著水平（$\alpha=0.05$），以 20cm 蒸发皿蒸发量为依据控制灌溉时，以上三个深度灌水开始时土壤基质势均值分别为 –25kPa、–20kPa 和 –16kPa。

关键词：层状土壤；番茄；地下滴灌；水氮运移；根系；数值模拟

### 7.2.11 杨风艳

**在学时间：2006 年 9 月至 2008 年 7 月**

**学位论文题目：层状土壤质地对地下滴灌灌水器流量特性及水氮分布的影响**

**指导教师：李久生**

**学籍：中国农业大学**

**现工作单位：Foothill Municipal Water District；美国洛杉矶**

**学位论文答辩信息：**

答辩日期：2008 年 6 月 1 日

答辩委员会主席：李光永

委员：黄兴法、龚时宏、冯绍元

秘书：贺向丽

**学位论文摘要：**

为了研究层状土壤质地对地下滴灌灌水器流量特性及水氮分布的影响，在长、宽、高分别为 60cm、40cm、80cm 的有机玻璃土箱中进行了地下滴灌施肥试验，选用均质壤土、均质砂土和砂土层厚 20cm、壤土层厚 40cm 的上砂下壤三种土壤类型，灌水器埋深均为 15cm。试验使用肥料为 $NH_4NO_3$（分析纯）溶液，浓度为 857mg/L，工作压力选用 2m、3m、6m 和 10m 四个水平，灌水量为 8L。试验得出如下主要结论：

（1）地下滴灌条件下灌水器流量主要受工作压力的影响，其次是层状土壤质地。灌水器流量随着灌水时间的延长而降低，降低速度由快到慢，灌水器流量逐渐趋于一稳定值。

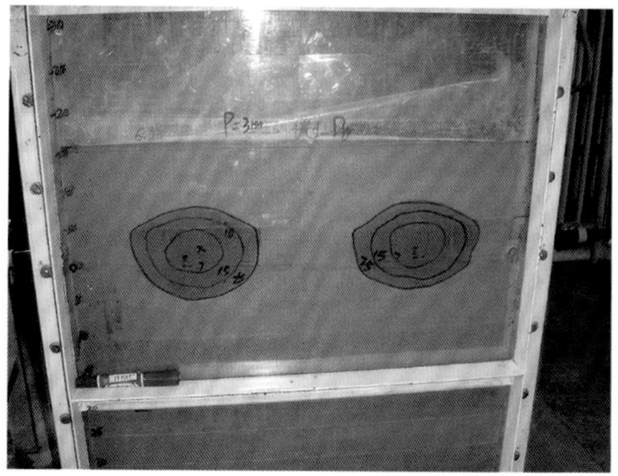

层状土壤地下滴灌水氮运移土箱试验（国家节水灌溉北京工程技术研究中心大兴试验基地，2006 年）

学位论文答辩会合影

贺向丽　黄兴法　龚时宏　杨风艳　李久生　李光永　冯绍元

工作压力越大流量稳定所需时间越短；灌水器在土壤中的稳定流量小于其在空气中自由出流时的流量。

（2）层状土壤质地对含水率分布的影响比灌水器流量的影响大。相同的工作压力，均质砂土内湿润体最大，上砂下壤层状土壤次之，壤土最小。

（3）上砂下壤层状土壤，硝态氮主要均匀分布在上层砂土中，水平方向分布在距离灌水器 15cm 的范围内；灌水器的流量增大，灌水器以上土壤硝态氮浓度增大。

（4）由于土壤对铵态氮的吸附作用，地下滴灌施肥灌溉只对灌水器附近 5cm 范围内土壤铵态氮浓度产生影响，层状土壤结构对铵态氮分布影响不明显，土壤溶液中铵态氮浓度随着灌水器流量的增大而增大。

关键词：地下滴灌；层状土壤；灌水器流量；土壤水分；硝态氮；铵态氮

### 7.2.12 张红梅

学位类别：工学硕士

在学时间：2006 年 9 月至 2009 年 7 月

学位论文题目：喷灌水氮管理对土壤水氮动态及作物生长的影响

指导教师：杨路华，李久生

学籍：河北农业大学

现工作单位：河北省农村供水总站

学位论文答辩信息：

答辩日期：2009 年 6 月

答辩委员会主席：梁宝成

委员：韩会玲、刘俊良、程伍群、郄志红

秘书：夏辉

学位论文摘要：

灌溉与施肥是农业生产最为重要的两大投入要素，灌溉与施肥不当引起的硝态氮淋失是造成地下水污染的主要原因。本文通过冬小麦和夏玉米田间试验研究了喷灌条件下灌水量和施氮量对土壤水氮运移以及作物生长和产量的影响。冬小麦和夏玉米试验分别设置 3 个灌水水平和 4 个施氮水平，共 12 个处理，每个处理 3 个重复。冬小麦 3 个灌水水平为 100、140 和 200mm，4 个施氮水平为 80、140、200 和 260kgN/hm$^2$；夏玉米 3 个灌水水平为 0、100 和 200mm，4 个施氮水平为 120、180、240 和 300kgN/hm$^2$。研究结果表明：华北平原喷灌条件下冬小麦和夏玉米土壤氮素含量的时空分布与灌水量、施氮量之间表现出良好的相关性；在试验采用的灌水、施氮量范围内，施氮量对土壤

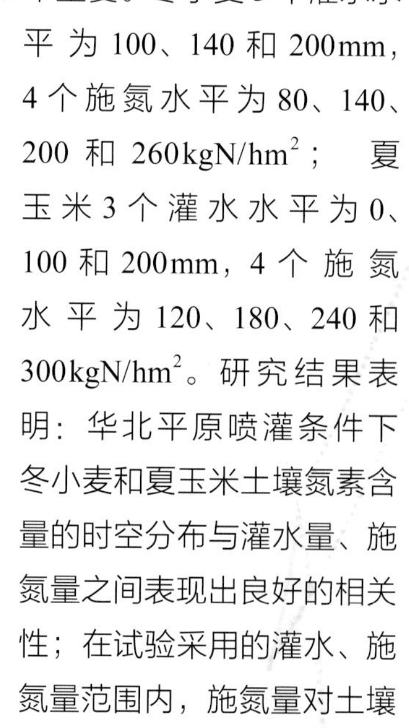

喷头喷洒水量田间观测

（国家节水灌溉北京工程技术研究中心大兴试验基地，2008 年）

剖面上硝态氮含量有一定影响，而灌水量的影响不显著；冬小麦和夏玉米生育期内过量施肥主要引起硝态氮在土壤中的累积，当降水量或灌水量过高时，硝态氮可能随土壤水分向更深土层移动；冬小麦和夏玉米的产量及其构成要素对灌水量的变化十分敏感，但对施氮量的变化不敏感。

试验结果还表明，在保证产量的前提下，减少喷灌作物的灌水量及施氮量是有效降低土壤硝态氮累积和潜在淋洗的重要途径。华北平原地区，为了实现节水、高产和肥料高效利用的目的，喷灌冬小麦的适宜施氮量为 140~200kgN/$hm^2$，喷灌夏玉米的适宜施氮量为 180~240kgN/$hm^2$。

关键词：喷灌；冬小麦；夏玉米；水氮迁移转化；作物生长

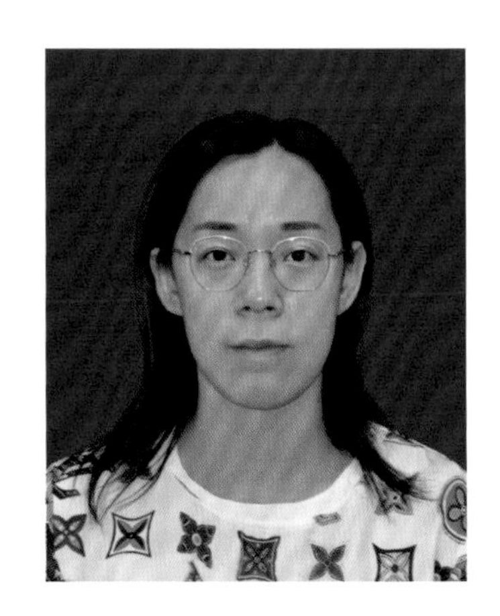

### 7.2.13 张立秋

**学位类别：工学硕士**

**在学时间：2006 年 9 月至 2008 年 7 月**

**学位论文题目：华北平原夏玉米喷灌水肥高效利用模式研究**

**指导教师：李久生**

**学籍：中国农业大学**

**现工作单位：北京北农种业有限公司**

**学位论文答辩信息：**

答辩日期：2008 年 6 月 1 日

答辩委员会主席：李光永

委员：黄兴法、龚时宏、冯绍元

秘书：贺向丽

**学位论文摘要：**

合理的水肥管理措施是保证农业生产、提高环境质量的重要保证。本文以夏玉米为研究对象，在国家节水灌溉工程技术研究中心大兴试验研究基地内进行喷灌试验，研究了灌水量和施肥量对夏玉米水氮动态的影响，分析了不同水肥管理模式对夏玉米生长发育的影响。喷灌试验设置四个灌水水平（80mm、140mm、200 和 260mm）和三个施氮水平（120kg/hm$^2$、200kg/hm$^2$ 和 280kg/hm$^2$），共 12 个处理，每个处理三个重复。在田间试验的基础上，又通过根域水质模型（RZWQM）的率定和验证，实现了田间试验和模型的结合，初步得出合理的水肥管理模式。主要结论如下：

整个生育期内夏玉米的含水率各个处理在不同灌水水平下变化较为一致，灌水量对土壤含水率的影响程度与灌水后是否遇到降雨有关，灌水后遇到降雨时，灌水量对土壤含水率影响不显著，而当灌水后未遇到大的降雨，灌水量对 0~20cm 和 20~40cm 土层的含水率的影响均显著。生育期内土壤 $NO_3^-$–N 含量在表层 0~20cm 较大，随着深度的增加，有降低的趋势，但幅度不大。各土层的 $NH_4^+$–N 含量在生育期内都呈递减趋势。60~80cm 残留 $NO_3^-$–N 含量受灌水量的影响较大，残留 $NH_4^+$–N 含量受施氮量的影响较大。灌水量为 140mm 时玉米叶面积指数较高。灌水量和施氮量对玉米产量、百粒重和干物质的影响都不明显，二者的交互作用也不显著。灌水量为 200mm 时，施氮量间产量的差异达到显著水平，施氮量 200kg/hm$^2$ 的产量最高。随着施氮量降低，灌水量间产量的差异逐渐增大。论文还利用试验资料尝试对根域水质模型 RZWQM 进行了验证，结果表明模型能够较好地描述土壤水分和氮素在夏玉米生育期内的变化动态，可用来优化喷灌水肥管理措

学位论文答辩会合影

贺向丽　黄兴法　龚时宏　张立秋　李久生　李光永　冯绍元

施。综合考虑节水、高产和肥料高效利用，初步得出适宜灌水量和施氮量分别为 140mm 和 200kg/$hm^2$。

关键词：喷灌；灌水量；施氮量；RZWQH；水肥高效利用

### 7.2.14 陈 磊

学位类别：工学硕士
在学时间：2007年9月至2009年7月
学位论文题目：再生水滴灌灌水器堵塞规律及加氯处理方法试验研究
指导教师：李久生
学籍：中国农业大学
现工作单位：水利部海河水利委员会
学位论文答辩信息：
答辩日期：2009年6月11日
答辩委员会主席：雷廷武
委员：李光永、韩振中、黄兴法、龚时宏、张昕
秘书：贺向丽

学位论文摘要：

灌水器堵塞是限制再生水用于滴灌的最大问题。本研究采用试验研究的方式探讨了再生水滴灌灌水器发生堵塞的规律、不同灌水器抗堵塞性能以及防止灌水器堵塞加氯处理方法，并基于疲劳统计学建立了堵塞规律模型。

再生水滴灌灌水器堵塞试验
（国家节水灌溉北京工程技术研究中心大兴试验基地，2008年7月）

选取了有压力补偿功能、无压力补偿功能的6种灌水器进行了再生水滴灌堵塞规律试验，并与地下水进行了对比，系统累计工作时间为960h。结果表明：再生水和地下水均可使灌水器发生不同程度的堵塞，但是再生水更容易导致灌水器堵塞，堵塞原因以生物堵塞为主；流道面积、制造水平和水温对灌水器的抗堵塞性能有很大影响，未见有压力补偿功能的灌水器抗堵塞性能

强，流道面积较大的灌水器有利于减轻灌水器堵塞，水温升高会加快灌水器堵塞；建议在再生水滴灌系统设计选型时采用流道面积较大、长度较短、内部光洁的灌水器；对灌水器堵塞沿毛管的分布进行分析的结果表明，无压力补偿功能且流量较小的灌水器在毛管末端发生堵塞的可能性较大，而对于有压力补偿功能的灌水器或流量较大的灌水器，灌水器堵塞沿毛管表现出较强的随机性。

再生水滴灌加氯处理试验
（国家节水灌溉北京工程技术研究中心大兴试验基地，2008 年 7 月）

堵塞化学处理试验重点研究了不同的加氯方法对灌水器堵塞的影响，结果表明：加氯可以使灌水器保持良好的水力性能，无压力补偿功能灌水器的加氯效果好于压力补偿式灌水器；处理 3 和处理 4 之间的差异不明显，处理 5 效果稍差；综合考虑植物的耐氯性能，推荐在实际应用中采用高频率、低浓度的加氯方式；对于试验中采用的几个不同加氯浓度，单次加氯都没有使灌水器流量发生明显变化，但是长时间施用可以使灌水器保持良好的性能。

在堵塞规律试验数据的基础上建立了模拟模型。结果显示，模拟得到灌水器 A、B、C、D、E、F 的“失效”时间分别为 31d、45d、53d、34d、35d、18d；经过假设检验认为模型模拟的结果可以较好地描述滴灌系统堵塞水平，为相关的研究提供了借鉴。

关键词：再生水；滴灌；灌水器堵塞；堵塞预测模型；加氯处理

### 7.2.15 张　航

**学位类别：工学博士**

**在学时间：2008 年 9 月至 2012 年 7 月**

**学位论文题目：滴灌均匀系数对华北平原土壤水氮分布和春玉米生长的影响**

**指导教师：李久生，刘钰**

**学籍：中国水利水电科学研究院**

**现工作单位：北京市水科学技术研究院大数据分析与应用研究所**

**学位论文答辩信息：**

答辩日期：2012 年 6 月 10 日

答辩委员会主席：杨培岭

委员：康跃虎、徐明岗、韩振中、仵　峰、龚时宏、陈渠昌

秘书：赵伟霞

**学位论文摘要：**

滴灌均匀系数用来定量描述灌水器出流的均匀程度，是滴灌系统设计和评价的重要参数之一。为了保证滴灌灌水质量和提高水分利用效率，滴灌系统设计一般要求具有较高的灌水均匀性。从经济角度看，高的灌水均匀性可能增加系统投资和运行费用，但滴灌均匀性过低可能会对作物产量和品质造成不利影响，增加水氮淋失风险，因此研究滴灌系统均匀系数对土壤水氮分布及作物生长的影响具有实际意义。

本文以春玉米（*Zea mays* L.）为对象，在位于华北平原的国家节水灌溉北京工程技术研究中心大兴试验基地进行了两年地表滴灌试验，研究滴灌均匀系数和灌水量对土壤水氮分布及春玉米生长和产量的影响。滴灌均匀系数设置 0.66（低，$C_1$）、0.81（中，$C_2$）和 0.99（高，$C_3$）3 个水平，灌水量设置灌溉需水量的 50%（低，I1）、75%（中，I2）和 100%（高，I3）3 个水平。在春玉米生育期内，定期监测不同深度土壤含水率，连续监测 35 cm 深度土壤电导率、含水率和温度的动态变化，并在关键生育阶段用取土法测试土壤含水率和氮素的空间分布，定期测量春玉米的株高、叶面积指数（LAI）、叶片相对叶绿素含量（SPAD 值）、地上部分干物质质量和吸氮量等指标，生育末期进行考种。主要结论如下：

（1）在不同滴灌均匀系数（CU=0.66、0.81 和 0.99）情况下，土壤含水率在生育期内一直保持较高的均匀性，大于 0.85（2009 年）和 0.80（2010 年），低均匀系数处理土壤含水率均匀系数远大于其滴灌均匀系数。土壤含水率均匀系数具有时间稳定性，在生育期内不同处理含水率均匀系数的相对偏差大部分在 ±10% 以内。土壤含水率均匀系数受初始土壤含水率均匀系数的影响较大，其影响程度约是滴灌均匀系数影响程度的 1.9 倍（2009 年）和 1.6 倍（2010 年）。生育期内的降雨、作物吸收是土壤含水率保持均匀的重要原因。

（2）土壤 $NO_3^-$–N 含量及其均匀系数随深度的增加逐渐减小，土壤 $NH_4^+$–N 含量及其均匀系数在剖面内分布均匀。滴灌均匀系数和灌水量对土壤 $NO_3^-$–N 和 $NH_4^+$–N 及其均匀系数的影响较小。在拔节期、灌浆期和生育末期土壤 $NO_3^-$–N 均匀系数的主要影响因素分别为初始 $NO_3^-$–N 均匀系数、含水率均匀系数和灌水量。土壤 $NH_4^+$–N 均匀系数略高于土壤 $NO_3^-$–N 均匀系数，但都小于土壤含水率均匀系数。降雨在很大程度上减弱了不均匀灌水对土壤水氮分布均匀性的影响。

（3）对土壤电导率和含水率的连续定位监测表明，土壤电导率和含水率的均匀系数受其初始值的影响较大，在春玉米生育期内土壤电导率均匀系数小于含水率均匀系数。农田土壤 $NO_3^-$–N 含量与土壤电导率、含水率和温度之间的关系可用二次多项式描述，可以通过自动监测的土壤电导率、含水率和温度，及时掌握土壤 $NO_3^-$–N 变化动态。由于回归模型的拟合精度受初始养分和盐分含量及空间变异等因素的影响，为获得较高的预测精度，应进行田间实地标定。

（4）春玉米株高、LAI 和叶片 SPAD 值在生育期内一直保持较高的均匀性（CU ≥ 0.80），且不同处理之间均匀系数的差异随着春玉米生长而逐渐减小。春玉米生育期内不同处理之间干物质质量、吸氮量的均值和均匀系数均没有显著差异，至生育末期其均匀系数分别大于 0.90 和 0.85。

（5）高滴灌均匀系数处理春玉米产量相对较高，但不同处理之间的差异没有达到显著水平，产量也没有沿滴灌带上灌水器流量的变化（1.05~2.6L/h）而起伏变化，所有处理产量均匀系数均大于 0.93，远大于中、低滴灌均匀系数 0.81 和 0.66。

（6）综合考虑滴灌均匀系数对土壤水氮分布和作物生长的影响，华北平原半湿润地区的现行滴灌均匀系数的评价标准（$C_u \geq 0.80$）可以适当降低。

关键词：滴灌；均匀系数；灌水量；春玉米；土壤含水率；氮素；土壤电导率；产量

### 7.2.16 尹剑锋

学位类别：工学硕士
在学时间：2008 年 9 月至 2010 年 7 月
学位论文题目：滴灌均匀性对土壤水氮分布和白菜生长的影响
指导教师：李久生，栗岩峰
学籍：中国农业大学
现工作单位：南通市崇川经济开发区
学位论文答辩信息：
答辩日期：2010 年 6 月 11 日
答辩委员会主席：雷廷武
委员：李光永、韩振中、黄兴法、龚时宏、张昕
秘书：贺向丽

学位论文摘要：

滴灌均匀性对土壤水氮动态和作物生长的影响是确定均匀系数设计标准的重要依据。本文在日光温室内研究了土壤水氮分布和作物生长对均匀系数的响应特性，旨在为滴灌均匀系数设计与田间评价标准的制定提供科学依据。试验中滴灌均匀系数（$C_u$）设置 0.62、0.80、0.96 三个水平，施氮量设置 150 和 300kg/hm$^2$ 两个水平。供试作物为白菜，在作物生育期内连续监测土壤含水率、电导率和温度的变化，在关键生育阶段用取土法测试土壤含水率和氮素空间分布，适时测量作物的株高等生长指标、干物质累积、植株吸氮量和产量，定量评价滴灌均匀系数对土壤水氮分布和作物生长的影响，主要结论如下：

（1）在作物生育期内，3 种滴灌均匀系数处理的土壤含水率一直保持很高的均匀系数，滴灌均匀系数对土壤含水率及其均匀系数的影响不显著（α=0.05）。

日光温室白菜滴灌试验
（国家节水灌溉北京工程技术研究中心大兴试验基地，2009 年）

答辩后与团队人员合影
栗岩峰　温江丽　李久生
尹剑锋　赵伟霞

（2）土壤电导率及硝态氮和铵态氮含量的均匀性在很大程度上取决于土壤初始氮素含量的均匀性，其均匀系数低于土壤含水率的均匀系数，滴灌均匀系数的影响也不显著。施氮量对氮素分布均匀性的影响虽未达到统计学上的显著水平，但高施氮量处理的土壤硝态氮均匀系数一般稍高于低施氮量处理。

（3）灌水施肥过程中土壤含水率和电导率均匀系数变化特征取决于滴灌均匀系数与灌水开始时含水率和电导率均匀系数的初始值，当滴灌均匀系数小于初始值时，土壤含水率和电导率的均匀系数随时间有所降低，灌水施肥结束后均匀系数又逐渐恢复到灌水前的初始值附近；而当滴灌均匀系数大于初始值时，土壤含水率和电导率的均匀性随着灌水施肥的进行而有所改善。

（4）滴灌均匀系数较低时，产量、干物质质量和吸氮量的均匀系数大于灌水均匀系数（$C_u$=0.62 和 0.80）和土壤硝态氮和铵态氮含量均匀系数在生育期内的平均值，这说明水分和氮素在土壤中的再分布以及作物根系的交错在一定程度上弥补了灌水和施肥不均匀对作物生长造成的不利影响。这种补偿作用使得滴灌均匀系数对白菜株高、外叶数、干物质质量、氮素吸收量、产量及维生素 C 含量、总糖、硝酸盐、纤维素等品质指标均值和均匀系数的影响不显著。

（5）现行滴灌均匀系数的设计和评价标准（$C_u \geqslant 0.80$）不会对温室蔬菜作物的生长、养分吸收和产量造成不利影响，并可考虑适当降低，因为本试验是在没有均匀天然降雨条件下进行的。当然，这一结论还需要通过更多气候条件下典型作物的田间试验加以确认。

关键词：滴灌；均匀系数；土壤含水率；氮素；土壤电导率；白菜；产量

### 7.2.17　关红杰

学位类别：工学博士
在学时间：2009年9月至2013年6月
学位论文题目：干旱区滴灌均匀系数对土壤水氮及盐分分布和棉花生长的影响
指导教师：李久生，栗岩峰
学籍：中国水利水电科学研究院
现工作单位：北京林业大学水土保持学院
学位论文答辩信息：
答辩日期：2013年6月
答辩委员会主席：谢森传
委员：康跃虎、徐明岗、李光永、刘洪禄、许迪、龚时宏
秘书：赵伟霞

棉花膜下滴灌试验埋设 Trime 探管
（新疆生产建设兵团灌溉中心试验站，乌鲁木齐，2010年）

学位论文摘要：

滴灌均匀系数是系统设计和运行管理的重要技术参数。采用高的均匀系数虽有利于获得均匀的水氮分布，但会增加系统投资和运行费用；较低的均匀系数可能会对作物产量和品质带来负面影响，还会增大水氮淋失的风险。现行滴灌均匀性设计与评价标准由于缺乏关于作物对滴灌均匀系数响应特征和土壤水氮分布及淋失与滴灌均匀系数关系的研究而显得科学依据不足。部分学者针对半湿润地区和半干旱地区的代表性滴灌作物开展了相关试验研究，结果表明滴灌均匀系数对土壤水氮分布和作物生长的影响均不显著。但是，不同气候区降水量的差异可能会导致对灌水不均匀的

棉花测产（新疆生产建设兵团灌溉中心试验站，乌鲁木齐，**2010** 年）

弥补程度不同，不同作物对水分和养分的敏感程度也不同，因此，以上试验结果还需要在不同气候区针对典型作物的田间试验加以验证。另外，在干旱地区，降雨稀少，蒸发量大，灌溉对农业生产至关重要。当用滴灌替代传统的地面灌溉时，由于灌溉定额大幅降低，随之带来的土壤盐化风险越来越为人们所关注，滴灌均匀系数对土壤盐分分布及动态的影响也是一个需要进一步研究的问题。

本文以西北干旱内陆区棉花（*Gossypium hirsutum* L.）为对象，于 2010 年和 2011 年开展了膜下滴灌试验，建立了土壤水氮及盐分分布与滴灌均匀系数的定量关系，研究了作物生长特性、干物质积累、氮素吸收、产量及品质对滴灌均匀系数和灌水量的响应。试验中滴灌均匀系数（$C_u$）采用不同流量灌水器沿毛管随机组合形成，设置 0.65（低）、0.78（中）和 0.94（高）3 个水平，灌水量设置充分灌水量的 50%、75% 和 100% 3 个水平。另外，基于 HYDRUS–2D 软件建立了棉花膜下滴灌水氮运移模型，利用棉花膜下滴灌试验数据对模型进行了参数率定和验证，利用验证后的数学模型研究了干旱区不同滴灌均匀系数时土壤水氮分布特征。主要结论如下：

（1）干旱区作物生育期降水量明显小于半湿润地区，降水难以充分弥补灌水不均匀对土壤水分分布造成的负面影响，滴灌均匀系数对作物生育期内根区 0~60cm 土层含水率均匀系数的影响明显强于半湿润地区，但当滴灌均匀系数在 0.65~0.94 范围内变化时，棉花生育期内根区 0~60cm 土层含水率均匀系数仍保持在较高水平（0.80~0.97）。

（2）对棉花生育期内根区土壤含水率和电导率的连续监测结果表明，滴灌均匀系数对根区底部 60 cm 深度的含水率和电导率有明显影响，高滴灌均匀系数处理的土壤含水率和电导率均匀系数变化较平稳，而低滴灌均匀系数处理的呈明显波动变化。土壤电导率均匀系数明显低于含水率均匀系数，主要受含水率均匀系数和初始电导率均匀系数的影响。

（3）土壤 $NO_3^-$–N 含量均匀系数随时间和空间表现出较强的变化特征，在生育期内的变化范围为 –0.27~0.92，且低于土壤含水率均匀系数，滴灌均匀系数和灌水量及其交互作用对 $NO_3^-$–N 含量均匀系数的影响不显著。灌水量的增加显著降低了灌溉季节末期土壤盐分含量，但滴灌均匀系数对土壤盐分含量的影响未达到显著水平（$\alpha$=0.1）。

（4）滴灌均匀系数的降低显著降低了棉花株高、叶面积指数、吸氮量和皮棉产量的均匀性。滴灌均匀系数对皮棉产量均值的影响不仅与灌溉水量的亏缺程度有关，还受获得潜在产量的天气条件适宜程度的影响。当天气条件（例如温度）对作物生长不构成限制时，低滴灌均匀系数处理的皮棉产量显著低于中、高滴灌均匀系数处理。

（5）将灌水器流量沿毛管的变化离散为依次逐段减小，并假设土壤水分在各段之间不存在交换，模拟分析了干旱区不同滴灌均匀系数时土壤水氮分布特征，结果指出，不考虑土壤空间变异条件下土壤含水率均匀系数和 $NO_3^-$–N 浓度均匀系数的模拟值均高于田间试验实测值，这一结果表明田间试验存在的土壤空间变异在一定程度上增加了土壤水氮的不均匀性。

（6）干旱区滴灌均匀系数标准的确定应综合考虑安装和运行成本、作物产值及品质以及土壤盐化风险，现行滴灌均匀系数标准（$C_u$=0.80）适用于干旱地区。

关键词：干旱区；滴灌均匀系数；含水率；氮素；盐分；土壤电导率；棉花；吸氮量；产量；品质

### 7.2.18 温江丽（硕士）

**学位类别：工学硕士**

**在学时间：2009 年 9 月至 2011 年 6 月**

**学位论文题目：再生水滴灌水质与灌水周期对土壤溶质动态及番茄生长的影响**

**指导教师：冯绍元，李久生**

**学籍：中国农业大学**

**现工作单位：北京农业职业学院**

**学位论文答辩信息：**

答辩日期：2011 年 6 月

答辩委员会主席：丁跃元

委员：王凤新、唐泽军、陈明洪

秘书：霍再林

**学位论文摘要：**

利用再生水灌溉是解决水资源紧缺的一个重要途径。研究再生水滴灌条件下水质变化和灌水技术参数对土壤理化性能及作物生长的影响对实现再生水的安全高效利用具有重要意义。本文以对盐分中等敏感的作物—番茄为对象，通过日光温室滴灌试验，研究了水质和灌水周期对土壤溶质动态及番茄生长的影响，旨在为评价再生水滴灌的适应性以及制定合理的灌溉制度提供依据。试验选取水质和灌水周期两个因素。水质取二级处理再生水、混合水（二级处理再生水和地下水按 1∶1 比例混合）和地下水三个水平；灌水周期取 4d、8d 和 16d 三个水平。通过实时监测土壤含水率、电导率和温度在生育期内的变化动态以及取土测试土壤水氮和盐分的空间分布，分析水质和灌水周期对土壤水氮动态及盐分离子的影响。通过连续监测作物的茎流速率，同时利用水量平衡法计算作物的耗水过程，分析水质和灌水周期对作物

再生水番茄滴灌试验

（国家节水灌溉北京工程技术研究中心大兴试验基地，2010 年）

学位论文答辩会合影
王凤新　唐泽军　李久生　温江丽　丁跃元　冯绍元　陈明洪

耗水规律的影响。通过观测作物的产量和生理生态指标评价水质和灌水周期对作物生长的影响。主要结论如下：

（1）采用较短的灌水周期，可以减小作物生育期内土壤含水率的变差系数，从而避免土壤水分波动大而引起的胁迫。随着灌水周期的延长，灌水影响深度逐渐增加。不同处理之间含水率的差异主要是由灌水周期的不同引起的，水质的影响不明显。

（2）采用较短的灌水周期，同样可以减小作物生育期内土壤电导率的变差系数。再生水灌溉会增大15~30cm土层的电导率，尤其在灌水周期16d时更为明显。不同的水质处理增大了处理间的电导率差异，而灌水周期对电导率差异影响不明显。

（3）灌水周期对0~15cm土层的无机氮含量影响显著。随着灌水周期的延长，无机氮有向深层土壤运移的趋势。水质处理对土壤残留氮的影响不显著。地面灌处理明显增加了生育期末30~35cm和45~50cm土层的无机氮的残留量。

（4）再生水灌溉会增加0~30cm土层的全盐量和$Na^{+}$含量，灌水周期越短增加越多。混合水灌溉会增加0~30cm的残留$Ca^{2+}$含量，灌水周期越长增加越明显。相同水质下，灌水周期8d时0~30cm残留$Mg^{2+}$含量较多。

（5）地下水灌溉的耗水略大于混合水和再生水；水质相同时，灌水周期4d处理耗水量较大；滴灌和地面灌耗水差异不明显。

（6）不同处理株高、叶面积指数、光合速率、植株吸氮量以及番茄的各项品质指标差异不显著。

（7）再生水和混合水处理的产量均高于地下水处理，而对所有的灌溉水质而言，较短灌溉周期处理的产量一般较高。

总的来看，采用适宜的灌水制度，再生水滴灌不会引起土壤盐分的增加以及对作物的不利影响。为了减少根区无机氮、全盐量、$Mg^{2+}$和$Na^{+}$等的累积，增加有机质含量，再生水滴灌的灌水周期以小于8d较为适宜。

关键词：水质；灌水周期；氮素；土壤溶质；番茄；产量

### 7.2.19 王 珍

**在学时间：2010年9月至2014年6月**

**学位论文题目：滴灌均匀系数与土壤空间变异对农田水氮淋失的影响及风险评估**

**指导教师：李久生，栗岩峰**

**学籍：中国水利水电科学研究院**

**现工作单位：中国水利水电科学研究院**

**学位论文答辩信息：**

答辩日期：2014年5月20日

答辩委员会主席：赵竞成

委员：徐明岗、康跃虎、左强、刘培斌、刘洪禄、龚时宏

秘书：王军

**学位论文摘要：**

滴灌均匀系数是系统设计和运行管理的重要指标之一。采用高的均匀系数虽有利于获得较高的产量和品质，但可能增加系统投资和运行费用；灌水施肥均匀性低可能导致作物产量和品质的下降，造成水肥的利用率降低，甚至成为水氮淋失和面源污染的诱因。土壤空间变异也是影响农田尺度水氮分布的重要因素。研究滴灌均匀系数和土壤空间变异对作物生长和水氮淋失的影响对滴灌均匀系数标准的制定具有重要意义。

本文以华北平原春玉米（*Zea mays* L.）为研究对象，于2011和2012年开展田间滴灌试验，考虑滴灌均匀系数和施氮量2个因素，滴灌均匀系数（$C_u$）设置0.59（低）、0.80（中）和0.97（高）3个水平，施氮量设置0、120和210kg/hm$^2$ 3个水平。生育期内监测土壤水氮分布、淋失特征和动态变化，定期测定春玉米株高、叶面积指数（LAI）、叶片相对叶绿素含量（SPAD）、地上部分干物质质量、吸氮量，研究滴灌均匀系数和施氮量对农田土壤水氮分布、淋失、作物生长和产量的影响。为了更系统地定量评价滴灌均匀系数和土壤空间变异对农田水氮淋失的影响，构建考虑滴灌均匀性和土壤空间变异的水氮运移模型，对模型参数进行了敏感性分析，利用田间试验数据对建立的模型进行率定和验证，模拟分析了降雨、土壤空间变异及滴灌均匀系数综合作用对农田尺度水氮淋失特征的影响。主要结论如下：

（1）滴灌条件下，相对较小的灌水量主要影响0~60cm深度的土壤含水率；60~100cm土壤含水率主要受降雨影响，受根系吸水和灌水的影响较小。滴灌均匀系数和施氮量对生育期内土壤含水率的影响不明显。生育期内滴灌均匀系数对各土层土壤$NO_3^-$–

**2011** 年滴灌带水力性能测试

**2011** 年试验 **Trime** 探管、张力计及土壤溶液提取器布设

玉米试验出苗（**2011** 年 **5** 月 **15** 日）

玉米试验苗期（**2011** 年 **6** 月 **1** 日）

玉米试验拔节期（**2012** 年 **6** 月 **30** 日）

玉米试验抽穗灌浆期（**2012** 年 **7** 月 **17** 日）

**2011** 年及 **2012** 年田间试验掠影（国家节水灌溉北京工程技术研究中心大兴试验基地）

N 含量的影响均不显著；施氮量能显著影响 0~40cm 土壤 $NO_3^-$–N 含量，$NO_3^-$–N 在生育末期向下层土壤累积的风险随施氮量的增大而增加。

（2）半湿润地区管理合理的滴灌系统，灌溉后虽可能发生轻微的深层渗漏，但渗漏主要是由较大降雨引起的。春玉米生育期内滴灌均匀系数、施氮量和初始无机氮含量对 $NO_3^-$–N 淋失的影响程度依次为施氮量 > 初始无机氮含量 > 滴灌均匀系数；$NO_3^-$–N 淋失量随施氮量和初始无机氮含量的增加而明显增加。

（3）农田尺度上的土壤空间变异在一定程度上降低了滴灌均匀系数对春玉米产量的影响，滴灌均匀系数对春玉米生长、氮素吸收、产量、氮肥生产率和氮素的表观损失量影响均不显著。施氮量对作物生长和产量的影响程度与土壤初始无机氮含量有关，较高的土壤初始肥力会减弱氮肥对作物生长和产量的促进作用。氮素的表观损失量随施氮量的增加而增加。

（4）利用 HYDRUS–2D 软件构建了滴灌水氮运移模型，评估了土壤空间变异对水氮淋失的影响。弱变异条件下，水氮淋失的变异主要由土壤初始含水率、饱和含水率和饱和导水率的空间变异引起；中等变异条件下，土壤初始含水率和饱和导水率为影响水氮淋失的最重要因素。当土壤达到中等变异时，不考虑空间变异，容易低估水氮淋失风险。通过构建农田尺度土壤参数（如饱和导水率、初始含水率等）与 $NO_3^-$–N 淋失的联合分布函数，可定量评估多变量空间变异条件下 $NO_3^-$–N 淋失风险。

（5）利用试验地区 1980—2011 年的玉米生育期降雨资料，模拟了滴灌均匀系数 0.5~0.95 和土壤空间变异程度为弱 – 中等时的水氮淋失特征。结果表明，滴灌均匀系数对硝态氮淋失的影响程度随作物生育期降水量的增加而降低。在平水年和湿润年，均匀系数 $C_u$ 在 0.6~0.95，生育期硝态氮累积淋失量差异不大。农田水氮淋失随土壤空间变异程度的增强而明显增加，对中等变异程度来说，当 $C_u$ 低于 0.6 时，进一步降低滴灌均匀系数会引起 $NO_3^-$–N 淋失量的明显增加，因此，滴灌系统设计和运行管理中应避免出现 $C_u$ 低于 0.6 的情况。

（6）综合考虑滴灌均匀系数、降雨及土壤空间变异对华北地区春玉米生长、产量及农田水氮淋失的影响，在半湿润地区将现有滴灌均匀系数标准（$C_u \geqslant 0.8$）降低至 $Cu \geqslant 0.7$ 左右是偏于安全的。同时，适当降低玉米生育期氮肥施用量可以有效减少氮素的损失，不会明显降低作物产量。

关键词：滴灌均匀系数；空间变异；深层渗漏；硝态氮淋失；HYDRUS–2D；玉米；产量

## 7.2.20 任 锐

**学位类别：工学硕士**

**在学时间：2010年9月至2012年6月**

**学位论文题目：滴灌均匀系数和灌水器间距对土壤水分运移及分布的影响**

**指导教师：李久生，赵伟霞**

**学籍：中国农业大学**

**现工作单位：西安沣东发展集团**

**学位论文答辩信息：**

答辩日期：2012年5月13日

答辩委员会主席：冯绍元

委员：尚松浩、郝仲勇、叶水根、王凤新

秘书：霍再林

**学位论文摘要：**

滴灌条件下土壤水分运移及分布规律是指导滴灌系统设计和运行管理的重要依据。本文采用田间试验与数值模拟相结合的方法，研究了滴灌均匀系数（$C_u$）、灌水器间距（S）、

试验中土壤含水率传感器布置（国家节水灌溉北京工程技术研究中心大兴试验基地，**2011**年）

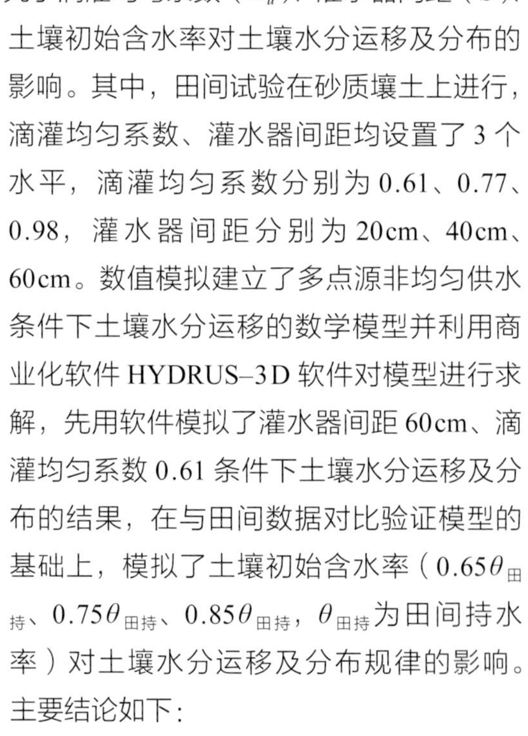

土壤初始含水率对土壤水分运移及分布的影响。其中，田间试验在砂质壤土上进行，滴灌均匀系数、灌水器间距均设置了3个水平，滴灌均匀系数分别为0.61、0.77、0.98，灌水器间距分别为20cm、40cm、60cm。数值模拟建立了多点源非均匀供水条件下土壤水分运移的数学模型并利用商业化软件HYDRUS–3D软件对模型进行求解，先用软件模拟了灌水器间距60cm、滴灌均匀系数0.61条件下土壤水分运移及分布的结果，在与田间数据对比验证模型的基础上，模拟了土壤初始含水率（$0.65\theta_{田持}$、$0.75\theta_{田持}$、$0.85\theta_{田持}$，$\theta_{田持}$为田间持水率）对土壤水分运移及分布规律的影响。主要结论如下：

学位论文答辩会合影

王凤新　叶水根　冯绍元　李久生　任锐　郝仲勇　尚松浩　霍再林

（1）灌水过程中灌水器周围会形成饱和区，灌水初始阶段饱和区半径随时间推移迅速增大，而后趋于稳定。饱和区稳定半径与灌水器流量和间距有关，灌水器间距一定时，灌水器流量越大，饱和区稳定半径越大；灌水器流量一定时，灌水器间距越小，饱和区达到稳定的时间越长。

（2）各个灌水器土壤含水率均值沿土壤垂向深度的分布与灌水器间距有关，滴灌均匀系数影响较小。当灌水定额一定时，灌水器间距越大，再分布 2d 后的土壤湿润距离越小。

（3）在滴灌均匀系数较高（$C_u$>0.8）的条件下，灌水器间距对湿润体内土壤含水率分布的均匀程度影响很小，土壤含水率均匀系数均在 0.90 以上，但是在滴灌均匀系数较低（$C_u$<0.6）时，选用较小灌水器间距有利于获得均匀的土壤含水率分布。

（4）灌水过程中土壤电导率持续增加，灌水器间距越小电导率值增加速率越快，灌水结束后土壤电导率基本维持不变；土壤电导率均匀系数主要取决于初始电导率的均匀性，与滴灌均匀系数无明显关系。

（5）土壤含水率、径向湿润距离实测值和模拟值的对比结果表明 HYDRUS–3D 软件能较好地描述多点源非均匀供水条件下的土壤水分运动规律。HYDRUS 模拟结果表明，初始含水率越大，土壤垂向湿润范围土壤含水率分布越均匀。

关键词：滴灌；HYDRUS–3D 模拟；土壤水分；均匀系数

### 7.2.21 刘 洋

**学位类别：工学博士**

**在学时间：2011年9月至2017年6月**

**学位论文题目：东北半湿润区膜下滴灌玉米增产机理及水氮优化管理研究**

**指导教师：严海军，李久生**

**学籍：中国农业大学**

**现工作单位：陕西省咸阳市长武县委**

**学位论文答辩信息：**

答辩日期：2017年5月28日

答辩委员会主席：周顺利

委员：刘海军、杜太生、顾涛、栗岩峰

秘书：陈鑫

**学位论文摘要：**

玉米膜下滴灌技术具有提高表层土壤温度、减少土壤蒸发、提高土壤含水率、减少硝态氮淋失和提高作物产量等特点，近年来在东北地区得到广泛应用。当前，东北地区玉米膜下滴灌技术在应用过程中存在灌溉施肥管理方式不合理问题。本研究立足从农田土壤水、热循环角度揭示玉米膜下滴灌增产机理，重点开展生育期膜下滴灌对农田水热环境、玉米生长和产量的影响研究，并优化玉米生育期水氮优化管理模式，研究生育期滴灌追氮量和追氮次数对玉米生长和产量的影响。利用Hybrid-Maize模型模拟黑龙江玉米生育期灌溉需水量。主要结论如下：

（1）2011、2012和2013年在黑龙江开展了玉米田间试验，采用膜下滴灌、不覆膜滴灌和地面灌溉3种不同的灌溉施肥方式，进行了土壤温度、含水率、田间小气候、作物生长、养分积累及产量的观测和分析。结果表明：与不覆膜滴灌和地面灌相比，膜下滴灌提高了玉米生育前期的表层土壤温度，苗期5~25 cm的日土壤温度平均增加2.3℃，全生育期土壤积温累积增加115~150℃。膜下滴灌玉米生育期的土壤蒸发量比不覆膜滴灌降低53%，提高了玉米生育前期的土壤含水率。膜下滴灌提高了典型日的冠层空气温度并降低了冠层空气湿度。膜下滴灌显著增加了玉米生育前期的氮素吸收量，促进了玉米花期前的营养生长，为花期后的生殖生长积累了更多的营养物质，成熟期的地上部分干物质质量分别比不覆膜滴灌和地面灌处理增加14%和23%，氮素吸收量分别增加16%和28%，平均产量分别提高11%和21%，水分利用效率分别提高9%和18%。

（2）2011、2012 和 2013 年开展玉米膜下滴灌试验研究生育期滴灌追氮次数（大喇叭口期 1 次追氮与大喇叭口期、抽雄期、灌浆期 3 次追氮 2 个水平）和追氮量（0、100、150、200kg/hm$^2$ 4 个水平）对土壤氮素含量、玉米生长和产量的影响。结果表明，相同追氮量时分次追氮有利于保证整个生育期平稳供氮能力。追氮次数对玉米的生长和产量影响显著，虽然 1 次追氮显著提高了玉米在生育前期的株高、叶面积指数（LAI）、地上部分干物质质量和氮素吸收量，但 3 次追氮显著提高了玉米成熟期地上部分干物质质量和氮素吸收量。产量也随追氮次数显著增加，3 次追氮处理平均产量比 1 次追氮处理提高 5%。追氮量对玉米各生育期株高和 LAI 影响不显著，地上部分干物质质量和氮素吸收量随追氮量线性增加，在玉米生育后期达到显著水平。玉米产量随追氮量增加而增加。本研究建议东北半湿润区玉米膜下滴灌种植密度为 46 620 株 /hm$^2$ 条件下，宜采用 3 次追氮，追氮量 150~200kg/hm$^2$ 的施氮管理措施。

（3）基于覆膜增加土壤温度和减少土壤蒸发效应，利用 Hybrid-Maize 模型的覆膜模块，模拟 1981—2010 年气象条件下膜下滴灌对玉米产量和水分利用效率的影响，并估算了滴灌玉米不同生育阶段灌溉需水量及黑龙江省不同农业气候区玉米生育期灌溉需水量。结果表明，Hybrid-Mazie 模型可以较好地模拟覆膜与不覆膜处理玉米产量和水分利用效率差异，但模型高估了覆膜和不覆膜处理 2012 年和 2013 年 LAI 和 2013 年玉米产量和水分利用效率、低估了 2011 年和 2013 年成熟期玉米地上部分干物质质量。在东北半湿润地区，玉米不同生育阶段的灌溉需水量与初始土壤可利用水量和生育期内降雨分布有关。在黑龙江不同农业气候区内，通过滴灌系统进行补充灌溉的增产作用可能不同，玉米单位面积产量增加幅度在 0%~109% 变化，黑龙江 94% 玉米种植面积可以通过补充灌溉提高产量，增产幅度达 14%~42%。

关键词：东北半湿润区；膜下滴灌；玉米；产量；水氮管理

### 7.2.22 温江丽（博士）

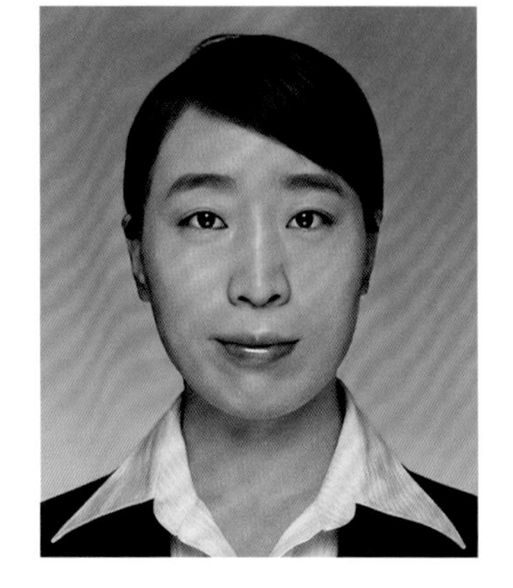

**学位类别：工学博士**

**在学时间：2011 年 9 月至 2015 年 6 月**

**学位论文题目：大型喷灌机水肥管理对农田水氮动态及玉米生长的影响**

**指导教师：李久生，栗岩峰**

**学籍：中国水利水电科学研究院**

**现工作单位：北京农业职业学院**

**学位论文答辩信息：**

答辩日期：2015 年 5 月 28 日

答辩委员会主席：康跃虎

委员：李益农、李玉中、刘洪禄、徐明岗、左强

秘书：王军

**学位论文摘要：**

利用圆形和平移式喷灌机系统进行灌溉可以灵活地控制灌溉的时间和数量，从而获得较高的水肥利用率和产量。采用合理的喷灌水肥管理措施是实现这一目标的关键。喷灌水肥管理是指通过改变灌溉定额或施肥总量、灌水定额或单次施肥量和灌水（施肥）次数等参数对喷灌水肥管理措施优化进行试验和模拟研究。土壤和产量的空间变异及生育期降雨特征是精准灌溉的首要考虑因素。研究喷灌水肥管理和土壤空间变异对作物生长和土壤水氮分布的影响为制定合理的喷灌水肥管理模式和实施精准灌溉提供依据。

本文以内蒙古地区玉米（*Zea mays* L.）为研究对象，于 2012 和 2013 年开展田间喷灌试验，考虑灌水量和施氮量 2 个因素，2012 年试验中灌水量设置为作物需水量（$ET_c$）的 40%（I1）、70%（I2）和 100%（I3）3 个水平，施氮量设置 80（N1）、160（N2）、240（N3）和 320kg/hm$^2$（N4）4 个水平；2013 年灌水量设置为作物需水量的 40%、70%、100% 和 130%4 个水平，施氮量 4 个水平（同 2012 年）。试验用单跨平移式喷灌机（跨距为 60.44 m，末端悬臂长度为 25 m，喷灌机 100% 行走速度为 3.9m/min）进行灌溉。玉米生育期内定期监测不同深度土壤含水率和氮素分布，定期测定玉米株高、叶面积指数（LAI）、地上部分干物质质量、全氮含量和吸氮量等指标，生育末期进行考种，研究喷灌水肥管理对农田土壤水氮分布和作物生长的影响。为建立不同水文年型下喷灌水氮优化管理模式，对 DSSAT 作物模型参数进行敏感性分析，利用田间试验数据对模型进行率定和验证，利用模型对不同水文年型下喷灌水肥管理模式进行模拟优化。基于田间试验，分别以位于内蒙古达拉特旗的一台圆形喷灌机（3 跨，每跨长度为 55m，悬臂为 25m，尾枪控制半径为 19.75m，喷灌机 100% 行走速度为 0.325m/min）和一台平移式喷灌机（同上）为对象，运用经典统计和地统计学相结合的研究方法，探讨了两种喷灌机尺度下的土壤颗粒组成、含水率、养分含量与玉米产量等空间变异特征。并利用 DSSAT 模型模拟分析土壤空间变异和降雨对土壤水氮淋失和作物产量的影响。主要结论如下：

（1）喷灌条件下，玉米生育期内 0~60cm（根系活动层）的土壤含水率高于其他土层，有利于作物根系吸水和提高水分利用率；60~100cm 土壤含水率主要受降雨影响，受根系吸水和灌水的影响较小。灌水量为 40% $ET_c$ 处理土壤含水率明显低于其他灌水量处理。喷灌灌溉水的入渗深度与灌水定额关系密切；当灌水量超过 100% $ET_c$ 时，存在产生深层渗漏的风险。

（2）施氮量的增加显著提高生育期内 0~100cm 土壤 $NO_3^-$–N 含量。灌水量的增加提高了作物对氮素的吸收利用；随灌水量的增加，$NO_3^-$–N 向下层土壤中运移的趋势逐渐明显。$NO_3^-$–N 含量在生育末期向下层土壤累积的风险随施氮量的增加而增加。当施氮量超过 160kg/hm$^2$ 时，会造成土壤 $NO_3^-$–N 在 20~100cm 土层的累积。

（3）当灌水量为 0%~100% $ET_c$ 时，灌水量的增加显著提高玉米株高、叶面积指数、干物质质量、产量及构成要素；灌水量的增加有利于植株氮素吸收转化，可显著提高叶和籽粒吸氮量。生育期内施氮量对株高的影响均不显著，施氮量的增加显著提高干物质质量和植株吸氮量，但当施氮量高于 160kg/hm$^2$ 时，不同处理干物质质量和吸氮量差异不明显。2012 和 2013 年获得最高产量的施氮量分别为 160kg/hm$^2$ 和 240kg/hm$^2$；但是两年内施氮量为 160kg/hm$^2$ 和 240kg/hm$^2$ 处理产量及构成要素差异均不显著。考虑节水、高产和减少根区残留氮的累积效应，半干旱区大型喷灌机灌溉条件下玉米生育期内采用灌水量为 100% $ET_c$，施氮量为 160kg/hm$^2$ 的水氮管理措施较为适宜。

内蒙古达拉特旗试验用平移式喷灌机（**2012** 年）

内蒙古达拉特旗试验用圆形喷灌机（**2012** 年）

内蒙古达拉特旗试验用圆形喷灌机水量分布测试场景（2012 年）

（4）根据 2012、2013 年的玉米喷灌试验资料，对 DSSAT 模型中作物品种参数进行率定和验证。率定结果表明，两年物候期、产量、最大叶面积指数和收获期干物质质量模拟值与实测值基本吻合。验证结果表明，两年产量和收获期干物质质量模拟效果为优。玉米生育期内 LAI 模拟值与实测值变化趋势基本一致。同时，模型可以精确地模拟生育期内不同水氮处理下干物质质量，吸氮量和土壤含水率的动态变化，生育期内土壤 $NO_3^-$–N 含量模拟值与实测值趋势基本一致。率定和验证后的 DSSAT 模型可用于内蒙古半干旱区喷灌玉米不同水氮管理措施的模拟研究。

（5）利用试验地区 1971—2010 年的玉米生育期降雨资料，应用模型对不同水文年型下灌溉制度和施肥制度进行模拟优化。结果表明，枯水年对应的最优方案为玉米生育期内灌 11 次水，灌溉定额 269mm，施氮总量为 170~175kg/hm$^2$，生育期内追肥 1 次；平水年对应的最优方案为玉米生育期内灌 9 次水，灌溉定额 220mm，施氮总量为 165~170kg/hm$^2$，生育期内追肥 1 次；丰水年对应的最优方案为玉米生育期内灌 7 次水，灌溉定额 180mm，施氮总量为 180kg/hm$^2$，生育期内追肥 3 次。

（6）在两种喷灌机尺度下，除土壤容重、砂粒和 pH 外，土壤粉粒含量、黏粒含量、有机质、土壤含水率和无机氮等均存在较大的空间变异性。降雨对农田尺度水氮淋失和作物产量的空间变异性有明显影响，降水量在一定程度上削弱了土壤空间变异对作物产量和农田尺度水氮淋失的影响。枯水年和平水年当土壤黏粒和粉粒含量变异系数 $CV \geqslant 0.2$ 时或丰水年土壤黏粒和粉粒含量变异系数 $CV \geqslant 0.4$ 时，在水氮管理中考虑土壤空间变异（如：变量灌溉）有利于提高作物产量，减轻水氮淋失。

关键词：大型喷灌机；空间变异；水氮管理；DSSAT；玉米；产量

### 7.2.23 温　洁

学位类别：工学博士

在学时间：2012 年 9 月至 2017 年 6 月

学位论文题目：再生水滴灌对 *Escherichia coli* 在土壤－作物系统中运移残留的影响

指导教师：李久生，栗岩峰

学籍：中国水利水电科学研究院

现工作单位：中国水利水电科学研究院

学位论文答辩信息：

答辩日期：2017 年 5 月 22 日

答辩委员会主席：张瑞福

委员：杨培岭、左强、刘洪禄、黄占斌、龚时宏

秘书：王军

学位论文摘要：

再生水灌溉已成为世界范围内缓解水资源供需矛盾的重要手段。然而，再生水中含有的大量病原体可能会增大系统运行和环境污染风险，对环境、作物和人体产生危害。滴灌由于可以避免灌溉水与管理者和农作物的直接接触，而被认为是较为适宜的再生水灌溉技术，但目前尚缺乏关于再生水滴灌对致病菌影响的系统研究。因此，开展再生水滴灌条件下，灌溉技术参数对典型粪便感染指示菌大肠杆菌——*Escherichia coli*（*E. coli*）在田间非饱和土壤中的运移、分布特征和在作物中残留的影响研究具有重要的理论和实践指导意义。

本文首先采用室内试验研究滴灌技术参数对 *E. coli* 在非饱和砂土和砂壤土中运移分布的影响。试验采用 30° 扇柱体有机玻璃土箱进行再生水滴灌试验，观测滴灌条件下的水分运动及 *E. coli* 分布。试验因素包括滴头流量、灌水量、*E. coli* 注入浓度等。滴头流量范围为 1.05~5.76L/h，灌水量范围为 4.8~12L，*E. coli* 注入浓度数量级为 $10^2$~$10^7$CFU/mL。试验过程中监测地表积水范围以及水平和垂直方向的湿润距离，描绘湿润锋。灌水结束后，打开土箱采集土壤样品，测定土壤中 *E. coli* 含量和土壤含水率。土箱试验完成后，应用软件 HYDRUS 模拟再生水滴灌条件下水分和 *E. coli* 的运移。模型通过试验实测值进行率定和验证。采用均方根误差、一致性指数和归一化均方根误差来评价模型。采用田间再生水滴灌试验探求 *E. coli* 在土壤－作物系统中运移残留特点，同时提出避免土壤－作物污染和保证作物产量品质的滴灌技术参数。试验分别于 2014 年秋季和

2015 年春季进行。2014 年试验考虑灌水量、滴灌带埋深和水质 3 个因素，埋深设置 3 个水平，分别为 0、10 和 20cm；灌水量也设置 3 个水平，按蒸发皿系数控制灌水，水平分别为 0.6、0.8 和 1；对于灌溉水平 0.8 的所有埋深处理，设地下水灌溉作为对照。2015 年试验将灌水量因素改为灌水频率，也设置 3 个水平，分别为每 4d、8d、12d 灌水 1 次，其余因素的设计和 2014 年相同。在莴笋生育期内，定期检测土壤各层含水率及 *E. coli* 含量。2014 年，在莴笋生育中期灌后即刻取样检测 *E. coli* 在土壤中的运移和空间分布情况。同时，检测两年灌水间隔内表层土壤中 *E. coli* 的衰减变化。莴笋采收后，测定叶表面和茎内的 *E. coli* 含量。统计莴笋的产量和品质。主要结论如下：

（1）滴灌条件下，*E. coli* 主要分布在滴头附近，土壤中 *E. coli* 浓度随再生水中 *E. coli* 浓度的增加而明显增加。滴头流量和土壤初始含水率增大均会不同程度增加 *E. coli* 在土壤中运移能力。砂土再生水滴灌条件下，土壤中 *E. coli* 浓度沿远离滴头方向逐渐减小，在距湿润锋 5~10cm 的范围内无 *E. coli*；砂壤土条件下，土壤对 *E. coli* 的吸附作用较强，灌溉水中的 *E. coli* 绝大部分被截留在表层 5cm 范围内，且集中在饱和湿润区附近。

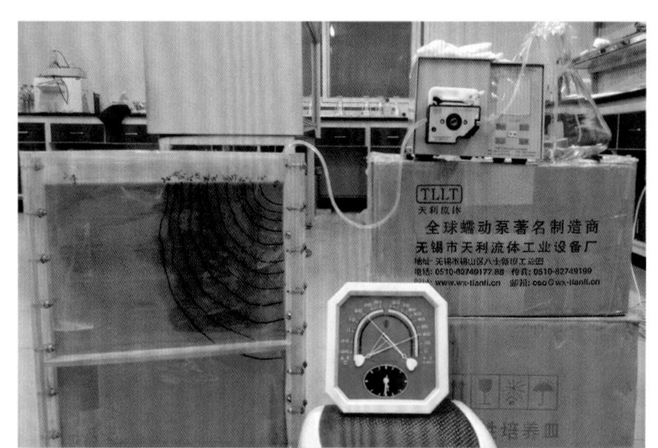


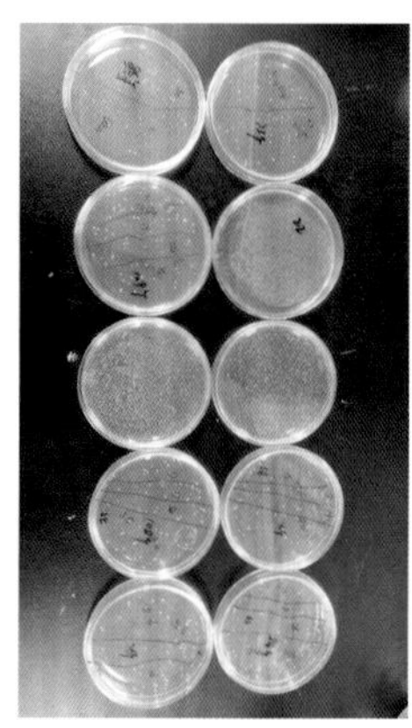

再生水滴灌 ***E. coli*** 运移土箱试验（**2013** 年）

温室莴笋再生水滴灌试验（国家节水灌溉北京工程技术研究中心大兴试验基地，**2014** 年）

（2）基于 HYDRUS 建立了地表滴灌点源的土壤水分和 *E. coli* 运移分布模型。给出了描述 *E. coli* 运移的双点位动态吸附参数，取得了较好的模拟效果。并应用模型模拟不易采用试验实现的滴灌条件，给出滴灌技术参数对 *E. coli* 运移的影响特点。

（3）田间再生水滴灌条件下，灌水后地表土壤中的 *E. coli* 明显增加，再生水地表滴灌条件下灌水频率增大会加大灌后地表土壤 *E. coli* 污染几率。但 *E. coli* 浓度随时间衰减明显，灌后 72 h 再生水地表滴灌与地下水地表滴灌对照处理土壤中 *E. coli* 浓度已无明显差异。

（4）采用地下滴灌可以有效避免土壤的 *E. coli* 污染，灌水频率和灌水量对地下滴灌条件下 *E. coli* 的土壤污染影响不显著。莴笋生育期内经多次再生水滴灌后，土壤中 *E. coli* 浓度相对生育期初期并没有发生明显变化，莴笋生育期内再生水滴灌不会造成田间土壤的 *E. coli* 累积污染。

（5）生育期末，在莴笋茎中无 *E. coli* 检出，部分叶表面有 *E. coli* 残留，但叶表面 *E. coli* 残留量并未较地下水灌溉对照处理高，滴灌技术参数对叶表面 *E. coli*. 残留的影响也不显著，再生水滴灌不会提高莴笋受 *E. coli* 污染的风险。另外，采用再生水滴灌或适当增大灌水频率可以提高莴笋的产量。地下滴灌比地表滴灌莴笋产量高，同时，地下滴灌也可提高莴笋中还原型维生素 C 和可溶性糖的含量。

（6）综合研究表明，滴头流量通过增大水流通量而促进土壤中 *E. coli* 的运移，灌水量和土壤初始含水率增大也增强 *E. coli* 在土壤中的运移。另外，灌水频率、灌水量、滴灌带埋深对 *E. coli* 在土壤中的分布与衰减有重要影响，莴笋收获时，茎组织中未检测到 *E. coli*，*E. coli* 在叶中的零星残留具有随机性，采用地下滴灌和适当延长灌水间隔有利于降低 *E. coli* 污染风险。

关键词：再生水；致病菌；微灌技术参数；HYDRUS；莴笋

### 7.2.24 张志云

**学位类别：工学硕士**

**在学时间：2012 年 9 月至 2014 年 6 月**

**学位论文题目：滴灌灌水频率和施氮量对温室番茄水氮利用率的影响**

**指导教师：李久生，赵伟霞**

**学籍：中国农业大学**

**现工作单位：北京市精华学校**

**学位论文答辩信息：**

答辩日期：2014 年 5 月 29 日

答辩委员会主席：雷廷武

委员：李光永、黄兴法、赵伟霞、张昕

秘书：刘浏

**学位论文摘要：**

本文以温室滴灌番茄为对象，研究不同灌水频率和施氮量对土壤水氮淋失、番茄耗水及生长的影响，探讨不同土壤水分传感器对番茄耗水量估算精度的影响。试验选取灌水频率（灌水间隔 3、6 和 9d）和施氮量（0、180 和 300kg/hm$^2$）两个因素。通过监测土壤水氮动态变化，分析灌水频率和施氮量对土壤水氮淋失的影响，比较基于 Trime 管和 Hydra

温室气象数据监测

土壤溶液提取

（国家节水灌溉北京工程技术研究中心大兴试验基地，**2013** 年）

Probe 探头估算的作物耗水量，分析灌水频率和施氮量对番茄耗水的影响，评价采用不同土壤水分传感器时耗水量估算精度。通过观测番茄的生长和产量，评价灌水频率和施氮量对作物生长的影响。主要结论如下：

（1）0~30cm 土层的土壤含水率受灌溉影响较大，较低的灌水频率增大了土壤含水率在生育期内的波动幅度，且对土壤含水率的影响深度较大。

（2）土壤水分深层渗漏和硝态氮淋失几乎发生在番茄整个生育期内，表现出深层渗漏量增大时硝态氮淋失量也增大的同步特征。灌水间隔 3d 和 6d 处理的生育期累积渗漏量接近（23.8~24.9mm，占灌水量的 12%），而当灌水间隔增加到 9d 时，生育期深层渗漏量明显增加（37.5mm，占灌水量的 18%）。

（3）番茄生育期内的总耗水量为 208.8~210.4mm，灌水频率和施氮量对番茄总耗水量的影响均未达到显著水平，基于不同水分传感器和不同水分深层渗漏下界面估算的番茄耗水量差异不显著。

（4）灌水频率和施氮量对番茄叶面积指数、株高、茎粗、植株吸氮量、产量及氮肥生产率的影响不显著。

（5）HYDRUS–2D 软件模拟的土壤水氮分布和变化动态与实测值总体趋势一致。

从减少水氮淋失和提高产量方面考虑，温室滴灌番茄适宜的灌水间隔可取为 6d，施氮量取为 180kg/hm$^2$ 左右。

关键词：温室；番茄；灌水频率；施氮量；深层渗漏量；氮素淋失；耗水量

### 7.2.25 郭利君

**学位类别：工学博士**

**在学时间：2013年9月至2017年6月**

**学位论文题目：再生水氮素对滴灌玉米生长有效性的研究**

**指导教师：许迪，栗岩峰**

**学术督导：李久生**

**学籍：中国水利水电科学研究院**

**现工作单位：水利部发展研究中心**

**学位论文答辩信息：**

答辩日期：2017年5月22日

答辩委员会主席：杨培岭

委员：张瑞福、左强、刘洪禄、黄占斌、龚时宏

秘书：王军

**学位论文摘要：**

定量评估再生水氮素对作物生长的有效性是制订科学的再生水灌溉施肥制度的前提。制订再生水施肥制度时，将再生水中氮的有效性等同于氮肥或高估其有效性会导致土壤氮素供给不足，限制作物生长和产量形成；忽视或低估再生水中氮的有效性会降低氮素利用效率，也会造成土壤氮素累积，进而增加硝态氮淋失和面源污染风险。滴灌能有效提高水氮利用效率并降低再生水灌溉带来的环境污染和健康风险。研究再生水滴灌条件下再生水氮素对作物生长的有效性，能为再生水养分安全高效利用提供科学依据。

本文以华北平原玉米（*Zea mays* L.）为研究对象，开展了再生水滴灌盆栽试验和滴灌大田试验。为了避免降雨和土壤养分空间变异等因素的影响，定量评估再生水氮素对玉米生长的有效性，2014和2015年进行了施氮量影响盆栽试验。试验设施氮量和灌溉水质2个因素，施氮量分别为0、0.88、1.76和2.64g/盆（相当于0、70、140和210kg/$hm^2$），灌溉水质设二级再生水（S）和地下水（G）。另外，2015年增设水质影响盆栽试验，设地下水、再生水与地下水体积比为4∶2（S67%）和体积比为5∶1（S83%）的混合水、再生水（S100%）4个水质处理。应用$^{15}N$示踪法测定了肥料氮、再生水氮和总氮（肥料氮+再生水氮）平衡；联合肥料当量法定量研究了再生水氮素对玉米生长的有效性；测定了玉米株高、叶面积指数（LAI）、生物量、根重密度、根长密度、吸氮量、产量、产量构成要素和品质等指标。为了验证盆栽试验结果，优化再生水滴灌玉米施氮制度，2014和2015年开展了大田试验，考虑灌溉水质和施氮量2个因素，灌溉水质为二级再生水

（S）和地下水（G），施氮量为 0、60、120 和 180kg/hm$^2$。大田试验测定了土壤氮素动态分布及硝态氮淋失，玉米株高、LAI、生物量、吸氮量、产量、产量构成要素、氮素利用效率和氮素表观平衡。为了更系统地评估华北平原再生水灌溉不同水氮管理措施对玉米生长和产量的影响，构建了再生水滴灌玉米 DNDC 模型，并应用该模型进行不同灌溉水质、不同施氮量和不同灌水量对玉米生长的模拟评估。主要结果与结论如下：

（1）盆栽试验表明，$^{15}$N 在砂壤土中沿径向有减小的趋势，但再生水氮素呈先增后减的变化规律，在离圆心 12cm 处出现峰值；$^{15}$N 和再生水氮素沿土壤深度方向均呈先增后减的变化规律，峰值出现在 10~20cm 或 20~35cm 土层，而且主要分布在 35cm 以上土壤，这与玉米根系分布基本一致。盆栽试验和大田试验均表明再生水灌溉提高了土壤氮素含量，特别是增加了氮素在深层土壤中的分布。

（2）增加施氮量抑制了玉米对再生水氮的吸收，施氮量从 0 增加到 2.64g/ 盆时，再生水氮利用率从 45% 降到 33%。和地下水灌溉相比，再生水灌溉能促进玉米对肥料氮的吸收，提高总氮吸收量，但降低了肥料氮对玉米吸氮量的贡献率。再生水灌溉氮素利用率低于地下水灌溉，但提高施氮量，再生水灌溉总氮利用率呈先增后减的变化规律。盆栽试验施氮量从 0 增加到 1.76g/ 盆时，总氮利用率从 45% 增大到 55%；但施氮量继续增加到 2.64g/ 盆时，总氮利用率又降到 46%。类似地，大田试验也在中氮水平有最高的氮素回收率（51%）。提高灌溉水中再生水比例能促进玉米对再生水氮素的吸收利用。

（3）应用 $^{15}$N 示踪 – 肥料当量法拟合的 2014 和 2015 年再生水灌溉玉米籽粒产量和实际产量之间的平均相对误差仅为 –0.2% 和 –2.6%，该方法可用于定量评估再生水氮对玉米生长的有效性。再生水氮的肥料替代当量与施氮量之间为二次曲线关系，增加施氮量会降低再生水氮的有效性。生育期再生水氮的尿素替代当量为 0.58~0.79g/ 盆（相当于

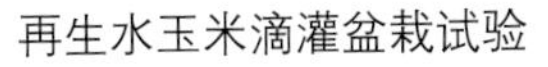
再生水玉米滴灌盆栽试验

再生水玉米滴灌田间试验

（国家节水灌溉北京工程技术研究中心大兴试验基地，**2014** 年）

46~63kg/hm$^2$)。等氮素施入量下再生水中的氮对玉米生长的有效性仅相当于50%~69%尿素氮。再生水中的各氮素组分含量以及再生水氮与肥料氮之间的耦合利用关系是决定再生水氮素有效性的主要原因。当获得95%最高产量时，盆栽试验和大田试验再生水灌溉可以分别少施58%和13%的尿素氮。另外，提高再生水氮施入量能替代更多的尿素氮，但会降低再生水氮对玉米生长的有效性。

（4）合理的滴灌水氮管理措施下$NO_3^-$–N在砂壤土中发生淋失的风险较小，$NO_3^-$–N淋失主要受降雨影响。对$NO_3^-$–N淋失的影响程度依次为肥料氮 > 深层渗漏量 > 灌溉水氮 > 土壤初始矿化氮，而且上述指标与$NO_3^-$–N淋失量都呈正相关，因此，再生水灌溉适当降低施氮量能有效避免发生$NO_3^-$–N淋失风险。

（5）盆栽和大田试验均表明再生水灌溉能促进玉米生长和提高玉米产量，但增加施氮量会削弱再生水灌溉对玉米生长的促进作用。施氮量对玉米生长和产量的影响多大于灌溉水质，盆栽试验下灌溉水质对玉米生长和产量的影响较大田试验明显。大田试验中，对氮素表观损失量的影响程度依次为肥料氮 > 土壤初始矿化氮 > 灌溉水氮。

（6）引入不同再生水氮素有效性参数，模拟确定再生水氮的尿素相对替代当量为0.65时，DNDC模型对玉米生长的模拟效果最好，该模型可用于华北平原再生水滴灌玉米生长模拟。应用DNDC模型模拟的玉米生长和氮素回收率对灌溉水质和施氮量的响应与盆栽试验和大田试验结果一致，但增大灌水量会造成玉米轻微减产。为获得满意的产量和较高的氮素回收率，华北平原砂壤土下再生水和地下水滴灌优化灌溉量均为75%充分灌溉，优化施氮量分别为140~160kg/hm$^2$和160~180kg/hm$^2$。

综上，再生水灌溉能促进氮素吸收，进而刺激玉米生长和提高产量，但增加施氮量降低了再生水氮对玉米生长的有效性，两者为二次曲线关系，再生水氮有效性仅为尿素的50%~69%；灌溉水质、施氮量与$NO_3^-$–N淋失、氮素表观损失量呈正相关关系，再生水灌溉适当降低施氮量能有效减少氮素损失，提高氮素利用率；华北平原再生水滴灌玉米优化灌溉量为75%充分灌溉，施氮量为140~160kg/hm$^2$，玉米生育期滴灌再生水可减施约20kg/hm$^2$尿素氮量。

关键词：再生水灌溉；氮有效性；同位素示踪；氮素利用率；硝态氮淋失；玉米；滴灌

### 7.2.26 仇振杰

**学位类别：工学博士**

**在学时间：2013 年 9 月至 2017 年 6 月**

**学位论文题目：再生水地下滴灌对土壤酶活性和大肠杆菌（*Escherichia coli*）迁移的影响**

**指导教师：李久生，赵伟霞**

**学籍：中国水利水电科学研究院**

**现工作单位：湖南城市学院土木工程学院**

**学位论文答辩信息：**

答辩日期：2017 年 5 月 22 日

答辩委员会主席：左强

委员：张瑞福、杨培岭、刘洪禄、黄占斌、龚时宏

秘书：王军

**学位论文摘要：**

滴灌是应用再生水最适宜的灌溉方式，能够避免直接接触污染和减少污染物随地表径流迁移，但是再生水中含有相对较高的盐分、养分、溶解性有机质和病原体等物质，且再生水滴灌可能增加根区土壤盐分和养分含量以及病原体浓度，影响根区土壤养分转化和生物活性，进而增加养分淋失、病原体淋溶污染地下水的风险。因此，研究再生水滴灌条件下灌水量和滴灌带埋深对土壤酶活性、大肠杆菌 *Escherichia coli*（*E. coli*）分布和水氮淋失的影响对再生水安全高效灌溉具有重要的理论和实践指导意义。

本文以玉米（*Zea mays* L.）为研究对象，于 2014 和 2015 年在华北平原半湿润地区（北京大兴）开展再生水地下滴灌大田玉米试验。试验因素包括灌水量、滴灌带埋深和灌溉水质 3 个因素。其中，灌水量按作物需水量（$ET_c$）的 70%（I1）、100%（I2）和 130%（I3）设置 3 个水平；滴灌带埋深设为 0cm（D1）、15cm（D2）和 30cm（D3）3 个水平；此外，将地下水灌溉设置为对照处理（2014 年地下水对照灌水量为 I2；2015 年地下水对照灌水量为 I3），对照处理滴灌带埋深分别为 0、15 和 30cm，记为 C1、C2 和 C3。玉米生育期内监测了土壤酶活性（碱性磷酸酶、脲酶和蔗糖酶）、*E. coli* 分布、水氮动态、$NO^-_3$-N 淋失特征、土壤电导率（$EC_b$）和化学性质，并在关键生育阶段测定了植株株高、叶面积指数（LAI）和叶、茎、籽粒干物质质量以及吸氮量，分析了滴灌带埋深、灌水量和灌溉水质对土壤酶活性、*E. coli* 分布与运移、土壤水氮分布与淋失、土壤盐分、玉米生长和产量的影响。为了更系统地定量评价施肥制度对再生水亏缺灌溉条件下浅滴灌带埋深处理（I1D2）硝态氮淋失的影响，基于 HYDRUS–2D 软件构建了地下滴灌水氮运移模型，并模拟分析了施氮量对再生水亏缺灌溉条件下浅滴灌带埋深处理硝态氮淋失的影响。主要结论如下：

（1）再生水地下滴灌条件下，0~20cm 深度土壤含水率随灌水量增加而显著增加，随滴灌带埋深增加而显著减小；较大灌水量和滴灌带埋深均会导致 $NO^-_3$–N 向下层土壤运移，增大 $NO^-_3$–N 淋失风险。与地下水灌溉相比，再生水灌溉增加了土壤 $NO^-_3$–N 含量而降低了土壤 $NH^+_4$–N 含量。灌溉后表层土壤 $EC_b$ 增幅以较低滴灌带埋深处理较高，而随着土壤深度增加，$EC_b$ 增幅随滴灌带埋深呈增加趋势。两年试验中，再生水灌溉明显提高了 0~50cm 深度土壤 $EC_b$，但是不会导致土壤盐渍化。

（2）再生水地面灌和滴灌后碱性磷酸酶、脲酶和蔗糖酶活性在土壤剖面均呈层状分布。较小的滴灌带埋深明显提高了表层土壤酶活性，较大的滴灌带埋深显著促进了深层土壤酶活性；与滴灌带埋深相比，灌水量对土壤酶活性的影响随土壤深度、生育阶段和酶活性类型而变化。相关分析结果表明：灌溉处理前后碱性磷酸酶、脲酶和蔗糖酶活性与土壤有机质、全氮、全磷和 pH 值显著相关，不同类型酶活性对灌溉施肥管理响应一致；脲酶活性在玉米生育前期促进尿素水解和氮素矿化，后期促进氮素吸收和生物固持。与地下水滴灌相似，再生水地下滴灌提高了根区土壤酶活性，没有干扰和改变土壤 C、N、P 养分转化，不会对土壤肥力水平造成负面影响。

（3）再生水地下滴灌不会导致玉米生育期 *E. coli* 在土壤中累积，*E. coli* 不会随深层渗漏进入深层土壤。水分深层渗漏主要发生在降雨较大而作物耗水量较小的生育初期和末期。滴灌条件下较大的灌水量和滴灌带埋深均会增加深层渗漏风险和导致土壤溶液中较高的 $NO^-_3$–N 浓度；玉米生育期累积 $NO^-_3$–N 淋失量随滴灌带埋深增加而显著增加。与地下水滴灌相比，再生水滴灌明显增加了 $NO^-_3$–N 淋失量，2014 和 2015 年平均增加幅度分别为 65% 和 84%。

土壤溶液提取

（国家节水灌溉北京工程技术研究中心大兴试验基地，**2014** 年）

（4）灌水量和滴灌带埋深均未显著影响玉米产量及其构成要素。与地下水滴灌相比，再生水滴灌未对玉米株高、LAI、地上部分干物质质量及吸氮量、产量及其构成要素和品质造成显著差异；同时，再生水滴灌未造成玉米籽粒 *E. coli* 污染。考虑节水、玉米产量和根区水氮淋失，华北平原半湿润地区滴灌条件下玉米生育期内采用灌水量为 70% $ET_c$ 较为适宜。

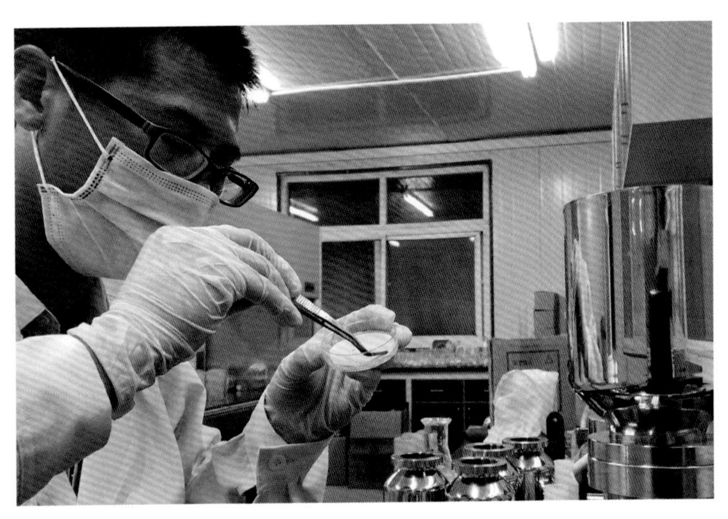

土壤 ***E. coli*** 检测（**2014** 年）

（5）基于 HYDRUS–2D 软件建立了地下滴灌线源土壤水分、$NO^-_3$–N 和 $NH^+_4$–N 运移模型，评估了施氮量及其分配对 $NO^-_3$–N 淋失的影响。模拟结果表明：玉米生育期累积 $NO^-_3$–N 淋失量随施氮量增加而增加。

综上所述，滴灌带埋深 15cm 的地下滴灌结合 70% $ET_c$ 灌溉能够提高作物根区土壤酶活性，避免再生水直接接触污染和 *E. coli* 在土壤中累积，同时降低水氮淋失，并维持较高的玉米产量，是华北平原半湿润地区大田玉米较合适的再生水灌溉管理方式。

关键词：地下滴灌；再生水；土壤酶活性；*E. coli*；深层渗漏；硝态氮淋失；玉米；产量；$NO^-_3$–N；HYDRUS–2D

### 7.2.27 杨汝苗

**学位类别：**工学硕士
**在学时间：2013年9月至2015年6月**
**学位论文题目：变量灌溉系统水力性能及其对作物生长影响的评估**
**指导教师：李小芹，李久生，赵伟霞**
**现工作单位：山东省菏泽市鲁西新区佃户屯办事处中学**
**学位论文答辩信息：**
答辩日期：2015年5月
答辩委员会主席：杜太生
委员：严海军、栗岩峰、杨魏

**学位论文摘要：**

变量灌溉是解决由土壤物理性质、农田生物性和非生物性胁迫不均匀性造成作物长势空间变异问题的新兴技术。缺乏作物生长和产量变化对灌溉空间响应的基础数据是阻碍变

圆形喷灌机变量灌溉系统配置图

圆形喷灌机变量灌溉系统运行情景
（中国农业大学教学实验农场，涿州，**2014** 年）

量灌溉技术应用的主要因素。本文以圆形喷灌机为变量灌溉实施平台，搭建了圆形喷灌机变量灌溉系统，对该系统水量分布特性进行了田间测试，并以山洪冲积平原区种植的冬小麦和夏玉米为研究对象，开展了圆形喷灌机变量灌溉试验，研究了变量灌溉水分管理对冬小麦和夏玉米生长及产量的影响。主要结论如下：

（1）均匀灌溉时，径向修正赫尔曼－海因均匀系数 $CU_{HH}$ 和分布均匀系数 $DU_{lq}$ 分别为 93% 和 88%，周向灌水均匀系数 $CU_{HH}$ 和 $DU_{lq}$ 分别为 95% 和 93%。变量灌溉不改变喷灌机周向灌水均匀性，但径向灌水均匀系数降低，$CU_{HH}$ 和 $DU_{lq}$ 分别降低 10 个和 19 个百分点。为保证各管理区内的灌水均匀度，需在相邻管理区之间设置 8~12m 的过渡区。

（2）均匀灌溉时，通过控制喷灌机行走速度可以获得准确的灌溉水深。变量灌溉条件下，通过调整喷灌机行走速度控制灌溉水深的精度与喷灌机行走速度和电磁阀占空比有关，脉冲式变量灌溉灌水深度平均比设计值高 1.46mm。

（3）冬小麦生育期内变量灌溉处理和均匀灌溉处理灌溉水量相等，夏玉米生育期内变量灌溉处理节水 16%。变量灌溉水分管理对深层渗漏量的影响较小，但土壤可利用水量对深层渗漏量的影响较大。

（4）与均匀灌溉区相比，变量灌溉水分管理对冬小麦和夏玉米株高、叶面积指数、叶片相对叶绿素含量、地上部分干物质质量、产量及其分布均匀性的影响均未达到显著水平。各管理区间土壤可利用水量的差异是影响冬小麦产量的主要因素。

关键词：圆形喷灌机；变量灌溉；管理区；土壤可利用水量；冬小麦；夏玉米；产量

## 7.2.28 郝锋珍

**学位类别：** 工学博士

**在学时间：** 2014 年 9 月至 2018 年 6 月

**学位论文题目：** 化学处理对再生水滴灌灌水器堵塞及土壤环境与作物生长的影响

**指导教师：** 李久生，栗岩峰

**学籍：** 中国水利水电科学研究院

**现工作单位：** 山西农业大学城乡建设学院

**学位论文答辩信息：**

答辩日期：2018 年 5 月 23 日

答辩委员会主席：杨培岭

委员：刘洪禄、左强、王仰仁、严昌荣、李云开、龙怀玉

秘书：赵伟霞

**学位论文摘要：**

滴灌是再生水适宜的灌溉方式之一，但是再生水中含有较多的盐分、有机质和微生物等，复杂的离子环境会影响灌水器流道中生物膜的形成及堵塞过程。不同化学处理措施（加氯和加酸）可有效减缓灌水器堵塞的发生，但可能造成盐分在土壤中累积，氯的强氧化性也可能对作物根系生长产生影响，进而影响根区土壤养分转化和微生物活性，最终影响作物的生长及产量形成。因此，研究化学处理对再生水滴灌灌水器堵塞及土壤环境与作物生长的影响对再生水安全高效灌溉具有重要的理论和实际意义。

本文采用室内试验研究再生水滴灌系统灌水器堵塞过程及其减缓机制。再生水滴灌系统堵塞机制试验考虑离子种类和浓度、水质以及灌水器类型，化学处理试验考虑余氯浓度、加酸 pH 值和加氯加酸频率，定期监测灌水器流量，分阶段取灌水器样品测定堵塞物质生物膜组分（干重、EPS 和有机质含量）及矿物组分，分析了水质对灌水器堵塞形成过程及堵塞机制的影响，并提出相应的堵塞防止措施。为了评估加氯处理对土壤环境和作物生长的影响，以玉米（*Zea mays* L.）为研究对象，于 2015 和 2016 年在华北平原半湿润地区（北京大兴）开展再生水滴灌加氯试验，考虑余氯浓度、加氯历时和灌溉水质 3 个因素，监测了玉米生育期内土壤酶活性变化、土壤氯离子分布和土壤氮素动态分布，定期测定了玉米株高、叶面积指数（LAI）、相对叶绿素含量（SPAD）、地上部分干物质质量和吸氮量，生育期结束后测定玉米产量及其构成要素，分析了余氯浓度、加氯历时和灌溉水质对土壤环境和玉米生长及产量的影响。2016 年进行田间余氯分布均匀性试验，分析了再生水滴灌余氯分布均匀性对玉米生育期内土壤硝态氮、土壤酶活性的影响以及玉米生理生态指标对系统余氯分布的响应特征。为了更系统地评价余氯在滴灌管网内衰减运移规律，基于 EPANET 2.0 软件构建了再生水滴灌管网氯衰减模型，并利用田间滴灌管网实测数据对建立的模型进行验证，模拟分析了初始加氯浓度及管网规模对再生水滴灌管网氯衰减的影响。主要结论如下：

（1）再生水滴灌条件下灌水器平均相对流量 *Dra* 均发生了不同程度的下降，内镶贴片式灌水器具有较小的流道长度和流态指数表现出较好的抗堵塞性能。加氯加酸可有效降低灌水器堵塞风险，化学处理对内镶贴片式灌水器堵塞的控制效果优于单翼迷宫式灌水器。

（2）综合利用精细电子显微和现代环境微生物学测试等现代分析技术定量分析了再生水滴灌系统灌水器堵塞物质特性，评价了再生水中典型化学离子（$Fe^{2+}$ 和 $Ca^{2+}$）浓度对灌水器中堵塞物质形成过程及堵塞机制的影响。结果表明，较低浓度的 $Fe^{2+}$（0.8mg/L）可明显促进微生物生长和堵塞物质的形成，再生水中 $Ca^{2+}$ 浓度增加会增加灌水器内化学堵塞风险。在此基础上，进一步提出了考虑再生水水质的堵塞化学处理措施：再生水中 $Fe^{2+}$ 浓度相对较高时，宜采用一周一次加氯措施（保持系统余氯浓度 2 mg/L），而当再生水中 $Ca^{2+}$ 是造成灌水器堵塞的主要物质时，宜采用加酸方式（pH 值 5.0，两周一次）以降低灌水器堵塞风险。

（3）两年玉米再生水滴灌加氯试验结果表明，随着加氯次数的增加，0~40cm 土壤中氯离子含量增加，根区土壤酶活性和玉米吸氮量呈降低趋势，但余氯浓度和加氯历时对作物生长和产量的影响未达到显著水平。建议采用低浓度、长历时的加氯方式以降低高浓度

再生水滴灌系统加氯处理对土壤和玉米生长影响试验
（国家节水灌溉北京工程技术研究中心
大兴试验基地，**2015** 年）

再生水滴灌系统堵塞机制试验
（国家节水灌溉北京工程技术研究中心
大兴试验基地，**2016** 年）

余氯对土壤环境可能产生的负面影响。

（4）定量评估了滴灌系统管网中余氯浓度沿毛管方向的衰减规律，研究了滴灌系统管网中余氯分布不均匀性对土壤—作物系统的影响，在滴灌毛管长度 30m 条件下，余氯浓度随距毛管入口距离呈指数降低趋势，其降低速度随控制余氯浓度的增加而减小。余氯分布不均匀性未对土壤酶活性、作物生长和产量等指标产生明显影响。同时，基于 EPANET 2.0 软件建立了再生水滴灌管网余氯衰减模型，评估了初始氯浓度和管网规模对氯衰减的影响。模型能较好模拟滴灌管网中再生水主体水衰减及管壁余氯衰减规律，模拟值与实测值具有较好的一致性。不同初始投加氯浓度下 3 个管网的余氯分布均匀系数均大于 92%。因此，从减小加氯处理对土壤特性和作物的影响以及安全经济性角度出发，本研究推荐低浓度的加氯处理方式。

关键词：滴灌；再生水；堵塞；加氯处理；加酸处理；土壤环境；玉米；EPANET

### 7.2.29 张 星

**学位类别：工学硕士**

**在学时间：2014 年 9 月至 2017 年 6 月**

**学位论文题目：日光温室滴灌水热调控对土壤氮素动态和酶活性及白菜生长的影响**

**指导教师：栗岩峰**

**学术督导：李久生**

**学籍：中国水利水电科学研究院**

**现工作单位：北京市水务建设管理事务中心**

**学位论文答辩信息：**

答辩日期：2017 年 5 月 22 日

答辩委员会主席：刘洪禄

委员：张瑞福、左强、杨培岭、黄占斌、龚时宏

秘书：王珍

**学位论文摘要：**

土壤水热条件是影响作物生长和产量的重要因素，也是近年来灌溉调控和管理研究的关注热点。目前，针对土壤水热调控的研究和应用主要围绕覆膜滴灌技术展开，研究内容主要集中在覆膜对作物耗水规律及水分利用的影响等方面，土壤水热条件变化对滴灌施氮过程及氮素吸收利用影响的研究还很少涉及。此外，对于利用灌溉水温改变土壤水热条件，进而调节作物生长、养分吸收和产量的研究还十分缺乏，仅有的少量研究集中在利用调节灌溉水温改善寒区水稻的生长条件和产量方面。为此开展滴灌条件下土壤水热条件变化对氮素迁移转化及作物吸收过程的研究，揭示不同土壤水热条件下的滴灌水氮调控机制，可为滴灌水氮调控措施在不同土壤水热条件下的制定提供依据。

本文以白菜为研究对象，于 2015 和 2016 年开展日光温室滴灌试验，考虑土壤温度调控措施和施氮量 2 个因素，土壤温度调控措施设灌溉水加温（保持在 30~35℃）、覆膜、覆膜条件下灌溉水加温（保持在 30~35℃）和无调节 4 个水平，施氮量设置 0、150 和 300kg/hm$^2$ 三个水平。生育期内监测土壤温度变化、土壤水氮分布和土壤酶活性变化，定期测定白菜株高、球形指数、地上部分干物质质量和吸氮量，研究滴灌水热调控和施氮量对土壤水热、氮素吸收转化和作物生长及产量的影响。主要结论如下：

（1）灌溉水加温对土壤温度的调节主要体现在灌水过程中，增温幅度与气温有关，在表层 10cm 土壤中最高可达 7℃；灌水结束后土壤温度快速下降，4~5h 后与无调节处理

学位论文答辩会合影

殷芳　龚时宏　黄占斌　刘洪禄　张星　栗岩峰　杨培岭　左强　张瑞福　赵伟霞　王珍

基本一致。灌溉水加温与覆膜相结合后，灌水过程中的增温幅度会增大 1~2℃，且在灌水结束后土壤温度的下降趋势变缓。在白菜生育期内，仅增加灌溉水温对土壤温度的影响并不明显；而覆膜对土壤温度的影响深度可以达到 30cm，尤其对生育前期的土壤温度增加明显，苗期 10~30cm 土层的日平均土壤温度可以增加 1.4~2.1℃；而覆膜与增加灌溉水温的结合可以明显提高白菜生育后期的土壤温度，结球期 10~30cm 土层的日平均土壤温度可以增加 1~3℃。

（2）覆膜后 0~40cm 土层的土壤含水率明显增加。生育期内各土层土壤的 $NO_3^-$–N 含量都随施氮量增加而增加。增加灌溉水温和覆膜都会减少 $NO_3^-$–N 在土壤表层的累积量；覆膜可以明显提高 0~20cm 表层土壤 $NH_4^+$–N 含量。覆膜可以使 0~20cm 表层土壤有机氮矿化量提高 5.7%~38.7%，并且与增加灌溉水温的结合可以对 20~40cm 深层土壤有机氮矿化量有一定的影响。

（3）滴灌水热调控措施和施氮量主要影响 0~20cm 表层土壤脲酶活性；土壤脲酶活性随施氮量增加而增强；覆膜、增加灌溉水温和覆膜与增加灌溉水温的结合可以使生育期内 0~20cm 表层土壤脲酶活性分别增强 12%~17%、8%~15% 和 18%~30%。施氮量对土壤天门冬酰胺酶活性没有明显的影响；覆膜可以使 0~20 和 20~40cm 土层土壤天门冬酰胺酶活性分别增强50%~140%和50%~180%；覆膜与增加灌溉水温的结合可以使0~20和20~40cm土层土壤天门冬酰胺酶活性分别增强60%~200%和60%~180%。在白菜结球期，土壤脲酶活性与土壤无机氮含量正相关；在白菜莲座期和结球期，土壤天门冬酰胺酶活性与有机氮矿化量和无机氮含量均呈正相关。

（4）白菜株高随施氮量增加有增加的趋势，但在生育后期和收获时处理间差异逐渐减小；覆膜可以使白菜生育前期的株高明显增加。覆膜可以通过改善土壤水热和土壤肥力条件，促进白菜前期生长，提高白菜地上部分干物质质量和吸氮量，进而提高产量；与增加灌溉水温结合后，增温和增产效果更明显。

（5）为了避免因气温较高而产生热害、虫害等各类病害现象，在滴灌条件下，华北温室大白菜的播种日期可以推迟半个月左右。为了达到节水高产的效果，菜农可以在白菜生育前期采用覆膜的栽培方式改善土壤水热条件，以保证白菜出苗率和前期的生长；在莲座期之后可以采用覆膜与增加灌溉水温（保持在30~35℃）结合的栽培方式提高土壤温度，以避免因温度过低影响作物生长和产量的形成。

关键词：膜下滴灌；灌溉水温；土壤温度；氮素矿化；土壤酶活性；白菜；产量

### 7.2.30 李秀梅

**学位类别：工学博士**

**在学时间：2015 年 9 月至 2019 年 6 月**

**学位论文题目：华北平原冬小麦—夏玉米变量灌溉水分管理方法**

**指导教师：李久生，赵伟霞**

**学籍：中国水利水电科学研究院**

**现工作单位：河北农业大学城乡建设学院**

**学位论文答辩信息：**

答辩日期：2019 年 5 月 13 日

答辩委员会主席：杨培岭

委员：刘洪禄、龚时宏、严海军、薛绪掌、王建东

秘书：王珍

**学位论文摘要：**

合理的变量灌溉（VRI）水分管理方法是实现 VRI 技术实时、适量、定点进行水量空间分配，提高水分利用效率（WUE）的关键。

本文根据华北平原冬小麦、夏玉米生育期内降水量的不同，以发展并验证冬小麦非充分 VRI 管理方法、夏玉米结合土壤特性和充分利用未来降水信息的 VRI 管理方法为目标，并针对 VRI 系统中土壤水分传感器网络沿剖面和水平方向的布设问题进行研究，于 2015—2018 年开展了 3 年的田间 VRI 管理试验。试验在河北省涿州市东城坊镇进行，试验区为圆形喷灌机 VRI 系统控制区域的 1/4，面积 1.64$hm^2$。基于土壤可利用水量（AWC）将试验区划分为 4 个管理区，AWC 变化范围依次为 152~161mm/m、161~171mm/m、171~185mm/m 和 185~205mm/m，且管理区内土壤性质沿垂直剖面表现出不同的分层特征。在冬小麦生育期内，通过在每个管理区内设置 4 个非充分灌溉处理（雨养和高、中、低水分亏缺处理），分析了冬小麦株高、叶面积指数（LAI）、叶片相对叶绿素含量、地上部分干物质质量、植株吸氮量、产量及其构成因子和 WUE 对 AWC 和水分亏缺程度的响应；在夏玉米生育期内，通过在每个管理区内设置基于土壤水分传感器的实时决策方法（SWC）、土壤水量平衡方法（SWB）以及土壤水量平衡方法与降水预报结合（RF）的三种水分管理方法，对比分析了夏玉米株高、LAI、地上部分干物质质量、植株吸氮量、产量及其构成因子、WUE 和深层渗漏量对不同变量灌溉水分管理方法的响应。通过定期监测变量灌溉条件下冬小麦和夏玉米土壤含水率动态变化，研究了土壤剖面特征和水分管理方法对土壤水分传感器在剖面和水平方向埋设位置的影响。通过上述研究提出的冬小麦、夏玉米适宜变量灌溉管理方法，研究并验证了变量灌溉技术的节水、增产和提高 WUE 的潜力。主要结论如下：

（1）冬小麦生育期内，株高、LAI、地上部分干物质质量、产量和 WUE 基本随灌水量增加而增大。尽管管理区之间冬小麦 LAI、地上部分干物质质量、植株吸氮量、产量和 WUE 均无显著差异（$P>0.05$），但不同管理区的水分生产函数不同。在具有中等 AWC 和相对均匀土壤剖面的 2 区，累计灌水量分别比砂粒含量随土层深度增加而增大的 1 区和 20~40cm 深度具有黏土夹层的 3 区少 6% 和 12%，WUE 均值分别提高 18% 和 25%。当以 1 区 WUE 最大时的最优灌水量为 100% 时，2 区、3 区和 4 区对应的灌水比例分别为 89%、94% 和 68%。

（2）夏玉米生育期内，与雨养处理相比，灌水虽并不显著提高夏玉米整个生育期株高、地上部分干物质质量和植株吸氮量，但灌水处理的产量两年平均增加 27%。在管理区之间，4 区各项生长指标、产量和 WUE 均低于其他管理区。整个试验田内，在保持产量基本相等的前提下，基于实时土壤含水率的 SWC 方法两年面积加权累计灌水量均值分别较 SWB 和 RF 方法降低 23% 和 21%，WUE 分别提高 17% 和 14%。半湿润气候条件下当以 WUE 最高为目标进行变量灌溉管理时，建议采用基于土壤水分传感器实时监测信息的水分管理方法。

（3）玉米生育期内水分渗漏量主要由降水引起，且日水分渗漏率具有明显的延迟和叠加效应。2 区两年平均累计渗漏量分别比 1 区和 3 区少 88% 和 66%。RF 处理两年累计渗漏量分别比 SWC 和 SWB 处理减少 85% 和 19%。半湿润气候条件下当以深层渗漏量最小为目标进行变量灌溉管理时，建议采用基于土壤水量平衡和降水预报信息的水分管理方法。

（4）为了提高土壤水量平衡方法在变量灌溉水分管理中的适用性，在考虑和不考虑深层渗漏量两种情况下，分别基于水量平衡方法分区修正了作物系数值（$K_c$）。与不考虑深层渗漏量相比，考虑深层渗漏量后 2 年 $K_c$ 值平均减少 11%，1 区 $K_c$ 概化的 4 个阶段的 3 个值分别为 0.48、1.04、0.27，2 区分别为 0.49、0.89、0.54，3 区分别为 0.64、1.15、0.36。分区调整作物系数后，可减少试验区玉米耗水量 37mm（其中 2 区减少 75mm）。

（5）剖面方向土壤砂粒含量的较大变化对土壤水分深层运移有明显抑制作用，1 区和 3 区土壤含水率随土层深度的增加明显降低，2 区土壤含水率沿深度方向较为均匀，表明土壤水分传感器宜埋设在分层界面以上。水平方向，不同水分亏缺处理的土壤含水率时间稳定性均存在，且不同水分亏缺处理代表平均土壤含水率点位的黏粒含量与该土层平均黏粒含量之间的线性拟合关系达到了显著水平（$P<0.05$），拟合系数变化范围为 0.66~1.03，且拟合系数随土壤水分亏缺程度增加而增大。建议基于管理区平均土壤黏粒含量遴选土壤

冬小麦变量灌溉试验（中国农业大学教学实验农场，涿州，2016 年）

水分传感器水平埋设位置时，需根据拟采用的水分亏缺管理模式对拟合系数进行修正。

（6）变量灌溉效益田间试验结果表明，与基于最小 AWC 管理区土壤含水率和田块平均土壤含水率进行水分管理的常规喷灌管理方法相比，冬小麦生育期不同管理区采用不同灌水比例的 VRI 方法分别节水 19% 和 16%，WUE 分别提高 23% 和 21%；夏玉米生育期内，不同管理区采用结合天气预报和实时补充土壤消耗水量的 VRI 方法分别节水 –9% 和 40%，WUE 分别提高 5% 和 27%。

关键词：圆形喷灌机；变量灌溉；非充分灌溉；时间稳定性；水量平衡；水分传感器；土壤可利用水量

### 7.2.31 张守都

**学位类别：工学硕士**

**在学时间：2015年9月至2018年6月**

**学位论文题目：膜下滴灌条件下土壤氮素和玉米生长对揭膜时间的响应特征及施肥制度优化**

**指导教师：栗岩峰**

**学术督导：李久生**

**学籍：中国水利水电科学研究院**

**现工作单位：浙江省水利水电勘测设计院有限责任公司**

**学位论文答辩信息：**

答辩日期：2018年5月23日

答辩委员会主席：杨培岭

委员：刘洪禄、左强、王仰仁、严昌荣、李云开、龙怀玉

秘书：王珍

**学位论文摘要：**

膜下滴灌技术结合了覆膜的增温保墒作用和滴灌的水肥精量调控优势，在我国西北和东北等地取得了广泛的应用。然而，目前有关覆膜对土壤中氮素分布特征及转化过程等的研究未能与滴灌等灌溉技术相结合，对膜下滴灌条件下的氮素动态、转化和吸收等过程缺乏深入的认识，对不同覆膜方式和滴灌施肥技术参数影响氮素行为的机理缺乏深入的研究，未能给膜下滴灌水肥管理提供科学的依据。此外，近年来农用残膜的危害日益显现，膜下滴灌技术的生态环境日益受到重视，采用具有适宜降解时间的可降解膜是膜下滴灌技术今后发展的趋势。为此，急需开展膜下滴灌的适宜揭膜时间和施肥制度优化方面的研究。

本文以玉米为研究对象，围绕膜下滴灌条件下的氮素运移分布、转化和吸收过程等开展试验和模拟研究。试验考虑揭膜时间和施氮量两个因素，揭膜时间设置未覆膜、苗期揭膜、抽穗期揭膜和全生育期覆膜四个水平，施氮量设0和250kgN/hm$^2$两个水平。在玉米各生育阶段取土测定土壤含水率、硝态氮、铵态氮、土壤氧化还原电位值和土壤脲酶活性和天门冬酰胺酶活性，每日定时观测表层土壤温度，定期测定玉米株高、叶面积指数、地上部分干物质量和吸氮量，生育期结束后测定玉米的产量。为了得到不同气候和土壤条件下的适宜膜下滴灌施肥制度，采用DNDC模型开展了膜下滴灌玉米施肥制度优化。主要结论如下：

学位授予仪式合影

张萌　赵伟霞　李久生　郝锋珍　张守都　栗岩峰　王军　李秀梅

（1）在施肥条件下苗期揭膜处理、抽穗期揭膜处理和全生育期覆膜处理 0~20cm 土层含水率分别比未覆膜处理高 12.2%、13.6% 和 10.6%，而对 20~90cm 土层含水率无影响；在未施肥条件下各揭膜处理对土壤各层含水率均有提高，苗期揭膜处理、抽穗期揭膜处理和全生育期覆膜处理 0~90cm 土层含水率分别比未覆膜处理高 9.6%、7.9% 和 9.4%。覆膜可增加玉米生育期内表层土壤温度，且对玉米苗期土壤表层温度增加比较明显，对玉米抽穗期增温幅度最小；苗期揭膜处理、抽穗期揭膜处理和全生育期覆膜处理可分别提高 9.2%、12.8% 和 18.1% 的玉米生育期内土壤有效积温。

（2）各揭膜处理可增加玉米苗期、拔节期和抽穗期 0~90cm 土层硝态氮含量，而未覆膜处理和全生育期覆膜处理可增加玉米灌浆期和成熟期 0~90cm 土层硝态氮含量；在未施肥条件下各揭膜可提高 0~20cm 土层铵态氮的含量，在施肥条件下各揭膜处理可提高 20~50cm 土层铵态氮含量；全生育期覆膜可提高土壤有机氮矿化，而苗期揭膜和抽穗期揭膜则会减少土壤有机氮矿化。

（3）未覆膜处理 0~30cm 土层氧化还原电位值比各揭膜处理高 3.08~57.08mV，且在玉米生育前期提高值较大，在玉米生育后期提高值较小，到生育期末时各处理基本无差别；方差检验结果表明，各揭膜处理对土壤氧化还原电位值并无显著影响，可见覆膜不会显著影响土壤通气性。覆膜可显著降低土壤各层脲酶活性，苗期揭膜和抽穗期揭膜并不会提高土壤脲酶活性，相关性分析得知土壤脲酶活性和土壤铵态氮呈显著负相关，可见覆膜后土壤铵态氮升高降低了土壤脲酶活性；覆膜对土壤天门冬酰胺酶活性无显著影响，但其和玉米吸氮量之间呈正相关，在覆膜和施肥条件下它们相关系数为 0.891。

（4）覆膜处理可显著提高玉米苗期的株高、叶面积指数、地上部分干物质量和吸氮量，且各揭膜处理之间差异不显著；在未施肥条件全生育期覆膜处理可显著提高玉米的双穗数和百粒重，从而收获了最高的产量，在施肥条件下苗期揭膜处理可显著提高玉米的双穗数而使得玉米产量最大。综合考虑覆膜的增温效果、对氮素转化吸收以及作物产量的影响，东北地区膜下滴灌适宜采取苗期揭膜的方式。

（5）选用 DNDC 模型开展膜下滴灌施肥制度优化模拟，在参数敏感性分析的基础上对模型进行率定和验证，DNDC 模型能够实现对膜下滴灌作物产量和吸氮量的较高精度的模拟。优化结果表明，当土壤初始无机氮含量在 60mg/kg 左右时，东北半湿润区膜下滴灌玉米的适宜施氮量为 150~200kg/$hm^2$，此时在玉米抽穗期和灌浆期以 1∶3 的比例施入氮肥可使氮肥的淋失量减少，且产量也可保持在较高水平。

关键词：膜下滴灌；揭膜时间；氮素；土壤酶活性；玉米；产量

## 7.2.32 张　萌

**学位类别：工学硕士**

**在学时间：2016 年 9 月至 2019 年 6 月**

**学位论文题目：圆形喷灌机施肥灌溉水肥损失研究**

**指导教师：栗岩峰，赵伟霞**

**学术督导：李久生**

**学籍：中国水利水电科学研究院**

**现工作单位：中国电建集团北京勘测设计研究院有限公司**

**学位论文答辩信息：**

答辩日期：2019 年 5 月 13 日

答辩委员会主席：杨培岭

委员：刘洪禄、龚时宏、严海军、薛绪掌、王建东

秘书：王珍

**学位论文摘要：**

利用圆形喷灌机进行施肥灌溉是实现农田集约化、现代化和精量化水肥管理目标，提高作物产量和水肥利用效率的关键技术手段。但是喷灌施肥过程中存在肥液蒸挥发漂移损失、冠层截留损失和叶面灼伤风险，极大地限制了国内外大型喷灌机施肥灌溉技术的发展，尚缺少适宜的喷灌机施肥灌溉运行管理参数和不同作物的喷灌水肥管理制度。

本文在对圆形喷灌机施肥灌溉系统水力性能进行田间测试的基础上，评价了不同喷灌机出流量、喷头安装高度、喷灌机行走速度百分数、隔膜式计量泵工作比例、肥料类型和肥液浓度时的灌水均匀性、肥液水深均匀性、肥液浓度均匀性和施肥量均匀性，以及肥液从喷嘴喷出至到达地面过程中的肥液蒸挥发漂移损失量和养分损失量，提出了适宜的喷头安装高度调节范围和隔膜式计量泵工作比例，量化了肥液和养分的蒸挥发漂移损失量。根据冬小麦和夏玉米叶片对氮肥的不同敏感程度，通过室内和田间试验，测试了作物不同生长阶段的冠层最大截留量和氨挥发损失量，初步估算了综合考虑肥液蒸挥发漂移损失、冠层截留损失和氨挥发损失的水肥损失总量，提出了冬小麦优化水肥管理制度、夏玉米最优氮肥喷施浓度和避免叶片灼伤的临界尿素肥液浓度。主要结论如下：

（1）圆形喷灌机施肥灌溉系统水力性能田间评价结果表明，喷灌机灌水性能稳定，可以通过调节喷灌机行走速度百分数准确控制灌水深度。喷头安装高度改变时，灌水深度偏离标准高度（1.5m）的程度随喷头安装高度偏离标准高度的增加而增大，随喷灌机行走速度百分数的减小而增大。当喷头安装高度大于标准高度时，径向灌水修正赫尔曼一海因均匀系数与标准高度（1.5m）相比无显著差异，但喷头安装高度的降低则会显著降低灌水均匀系数。当隔膜式计量泵工作比例不小于 60% 时，隔膜式计量泵性能稳定，肥液浓度均匀系数平均可达 98%，灌水量均匀系数为 80%~85%，施肥量均匀系数为 78%~86%，与灌水均匀性相当。这些结果说明肥液浓度均匀性主要依赖于施肥系统注肥稳定性，而施肥量均匀性主要依赖于喷灌机灌水均匀性。为提高作物不同生育阶段的喷灌施肥均匀性，对于高秆作物，建议可根据作物高度实时升高喷头安装高度，隔膜式计量泵工作比例宜调节在 60% 以上。

（2）圆形喷灌机施肥灌溉时，不考虑蒸挥发漂移损失和冠层截留损失有效性的条件下，肥液与养分的蒸挥发漂移损失率分别为 5.1% 和 1.5%，水的损失比例高于养分。尿素肥液浓度对进入拔节期后的冬小麦和夏玉米冠层最大截留量无显著影响，冬小麦生育期内，最大肥液冠层截留量为 0.64 mm，夏玉米生育期内为 0.58 mm。与地面灌溉撒施处理相比，喷灌施肥的田间氨挥发损失量降低，冬小麦和夏玉米喷灌施肥氨挥发产生的养分损失率分别为 1.2%~2.9% 和 2.8%~11.3%，且冬小麦喷灌施肥时由于氨挥发产生的养分损失量随肥液浓度的增加变化较小，夏玉米喷灌施肥时随肥液浓度的增加而增大。在不考虑蒸挥发漂移损失有效性的条件下，由蒸挥发漂移损失、冠层截留损失和田间氨挥发损失进行叠加计算得到的冬小麦和夏玉米的喷灌施肥肥液损失率分别为 6.5%~8.3% 和 5.3%~8.0%，养分损失率分别为 4.9%~6.7% 和 5.0%~7.7%。

学位论文答辩会合影

王建东　严海军　薛绪掌　刘洪禄　杨培岭　张萌　栗岩峰　李久生　龚时宏　赵伟霞　殷芳　王珍

圆形喷灌机水力性能试验

田间氨挥发测试装置

（国家节水灌溉北京工程技术研究中心大兴试验基地，2017 年）

（3）与地面灌溉撒施处理相比，喷灌施肥对冬小麦叶面积指数、植株吸氮量和叶片相对叶绿素含量均有明显的促进作用。相同施氮量时，喷灌施肥追施 2 次处理的叶面积指数、地上部分干物质质量、植株吸氮量和相对叶绿素含量均高于喷灌追施 1 次和 3 次处理，喷灌追施 1 次、2 次和 3 次处理的产量、水分生产效率和肥料偏生产力虽无显著差异，但均随喷灌施肥次数的增加呈增大趋势，且喷灌追施 2 次和 3 次处理的产量均大于具有较高施氮量的常规喷灌施氮处理。从提高作物产量和减少喷灌施肥养分损失量的角度出发，建议冬小麦生育期内喷灌施肥次数为 2 次。

（4）氮肥肥液浓度对夏玉米株高、叶片的光系统活性和光化学效率、叶片相对叶绿素含量的影响较小，而对玉米叶面积指数、产量有较大影响。当肥液浓度为 0.105% 和 0.188% 时，可以获得较快的叶面积指数和相对叶绿素含量增长速度和较高的产量。相同施氮量时，与 0.292% 的肥液浓度相比，肥液浓度为 0.146% 可以获得较高产量和肥料偏生产力。从获得玉米最高产量和减少喷灌施肥肥液及养分损失量的角度出发，氮肥肥液浓度宜为 0.105%~0.188%。喷灌施肥时，较大的尿素肥液浓度使叶片产生灼伤的部位主要发生在叶片边缘和叶尖，从产生灼伤叶片的比例来看，0.4% 的尿素肥液浓度为产生叶片灼伤的临界浓度。

关键词：圆形喷灌机；施肥灌溉；挥发、蒸发；漂移；冠层截留；氨挥发；肥液浓度；产量

### 7.2.33 林小敏

**学位类别：工学博士**

**在学时间：2017 年 9 月至 2022 年 6 月**

**学位论文题目：干旱区滴灌系统性能对不同尺度土壤水盐分布及棉花生长的影响**

**指导教师：李久生，严海军，王珍**

**学籍：中国农业大学**

**现工作单位：中国地质大学（武汉）环境学院**

**学位论文答辩信息：**

答辩日期：2022 年 5 月 30 日

答辩委员会主席：李光永

委员：刘海军、栗岩峰、黎耀军、王建东

秘书：资丹

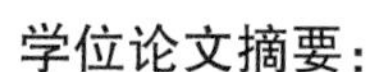

**学位论文摘要：**

西北旱区滴灌条件下土壤盐渍化趋势明显，严重影响区域农业可持续发展。随着滴灌系统规模化发展，毛管长度、单元和系统控制面积明显增加，系统内管网布置形式复杂多样，一定程度影响了系统水肥分布均匀性，对水肥盐的均衡调控形成了挑战。滴灌系统内土壤空间变异特征和系统水肥分布特征的叠加，可能使得系统性能对水盐分布特征和作物生长及产量的影响变得更为复杂。研究不同尺度（毛管、单元、系统）滴灌系统性能和土壤空间变异对土壤水盐分布和作物生长的影响对滴灌系统性能的科学调控具有重要意义。

本文以干旱区棉花为研究对象，于 2018 年和 2019 年在新疆阿拉尔开展毛管、单元和系统尺度滴灌试验。毛管尺度采用小区试验方式开展研究，考虑毛管长度和灌水量 2 个因素。毛管长度设置 40m（L1）、80m（L2）和 120m（L3）3 个水平。灌水量设置低（I1）、中（I2）和高（I3）3 个水平。2018 年 3 个灌水量水平对应灌水上限分别为田间持水率的 90%、100% 和 110%；由于 2018 年 L3I3 处理在毛管中后段仍出现了明显的水分胁迫，2019 年 I2 和 I3 灌水水平上限改为田间持水率的 110% 和 130%。生育期内监测土壤含水率、盐分和氮素分布、棉花株高、叶面积指数（LAI）、地上部干物质质量、吸氮量，应用随机森林方法定量分析毛管长度、灌水量和土壤空间变异对土壤水盐氮分布、棉花生长和产量的影响。在单元尺度，选择不同控制面积和毛管供水方式的两个单元为研究对象（S1：毛管单向供水；S2：毛管双向供水）。在系统尺度，选择单水源控制面积达 2 300 亩左右的滴灌系统为研究对象。在单元和系统内，按照网格法布置采样点，在棉花生育期始、末测定土壤含水率和盐分含量，在生育期内测定棉花株高、LAI、地上部干物质质量、吸氮量以及产量，运用经典统计和地统计学方法分析土壤含水率和盐分含量及棉花生长指标的空间结构特征和空间分布特征，运用偏最小二乘回归方法，分析系统灌水不均匀性导致的灌水量空间分布和土壤空间变异对土壤水盐分布和棉花生长指标空间分布的影响。主要研究结果如下：

（1）对于 40 和 80m 毛管，土壤含水率沿毛管方向分布主要受土壤属性空间变异影响；对于 120m 毛管，由毛管长度较长造成的灌水不均匀性对土壤含水率分布的影响较为明显。对于 40~120m 毛管，初始土壤盐分含量均是影响沿毛管方向土壤盐分分布的决定因素，而不均匀的灌水对土壤盐分分布的影响较小，沿毛管方向土壤盐分含量波动程度随毛管长度的增加而增大。沿毛管方向 0~60cm 深度土壤无机氮含量均值随毛管长度增加而降低，40m 毛管长度处理分别较 80 和 120m 毛管长度处理高 95% 和 113%。灌水量增加会提高沿毛管方向土壤水分和盐分分布均匀性，但也会增加氮素向下层土壤淋失的风险。在土壤初始盐分含量小于 5g/kg 的试验地块，不同毛管长度和灌水量水平并未引起盐分在毛管方向的明显累积。

（2）毛管长度显著影响棉花株高、LAI、地上部干物质质量和吸氮量。当毛管长度大于 80m 时，棉花株高、LAI、地上部干物质质量和吸氮量呈现出随距毛管入口距离增加而降低的趋势。灌水施肥是影响棉花生长指标和产量分布的决定因素，土壤盐分含量的影响较小。灌水量增加会一定程度减弱毛管较长导致的灌水不均匀对作物生长的负面影响。

（3）在灌溉单元尺度，毛管双向供水方式可以明显改善灌水均匀性。在毛管双向供

学位论文线上答辩会合影

棉花滴灌田间试验（新疆阿拉尔，2018 年）

水单元的控制面积为毛管单向供水单元 1.5 倍的情况下，其灌水均匀性较毛管单向供水单元高 4%~7%。单向供水情况下，较低的灌水均匀系数使得生育期末土壤含水率的空间结构更加明显，距支管进水口附近区域发生盐分淋洗，在距离支管进水口远端发生盐分累积，进而使得单元内部盐分分布更加分散；双向供水情况下土壤含水率分布的随机性更强，生育期末土壤盐分分布更加均衡。

（4）随灌水施肥进行，滴灌单元内水盐分布特征逐渐影响作物指标分布特征，毛管单 / 双向供水单元作物生长指标和产量分布的随机性逐渐降低，空间自相关性逐渐增强。对于毛管单向供水单元，灌水不均匀导致的盐分分布不均特征对作物生长和产量的影响较双向供水方式明显。单、双向供水条件下，影响作物生长和产量的因子重要性排序分别依次为：土壤盐分 > 土壤颗粒组成 > 累积灌水量和累积灌水量 > 土壤颗粒组成 > 土壤盐分。

（5）春灌和生育期内滴灌灌溉定额分别为 200~350mm 和 500~700mm 条件下，滴灌系统尺度上土壤盐分含量在年际间呈现基本平衡状态。初始土壤盐分含量是影响盐分空间不均匀分布的主要因素。生育期末土壤盐化风险随灌水量的增加而降低。但当灌水量 >600mm 时，灌水量对盐分的淋洗作用不会进一步增加。现行灌溉制度不会造成棉花生育期内的作物水分胁迫。随灌水量增加，棉花减产风险增加。土壤盐分含量低于 3.0g/kg 时，棉花产量基本不受土壤盐分的影响；当土壤盐分含量超过 3.0g/kg 时，棉花减产风险随盐分含量的增加而增大。

（6）综合考虑水、盐、肥分布特征和作物生长，干旱区宜采用毛管双向供水的滴灌单元管网布置方式，毛管铺设长度宜控制在 80m 左右，以降低单元和毛管尺度盐分分布的离散化分布特征及其对作物生长和产量的潜在负面作用。在系统尺度上，现有灌溉定额（500~700mm）在控制盐分平衡的同时，可能导致养分大量淋失，造成了棉花减产风险的增加。基于系统尺度土壤属性空间变异特征，将生育期内滴灌累积灌水量优化至 600mm 以内，有助于干旱区系统尺度水盐的联合调控。

关键词：滴灌；土壤含水率；土壤盐分；土壤空间变异；棉花

### 7.2.34 张志昊

**学位类别：工学硕士**
**在学时间：2017 年 9 月至 2020 年 6 月**
**学位论文题目：规模化滴灌系统灌溉施肥性能评价及模拟**
**指导教师：栗岩峰，王珍**
**学术督导：李久生**
**学籍：中国水利水电科学研究院**
**现工作单位：中国水利水电科学研究院**
**学位论文答辩信息：**
答辩日期：2020 年 5 月 13 日
答辩委员会主席：李久生
委员：李云开、张林、王珍、栗岩峰
秘书：薄晓东

**学位论文摘要：**

随着集约化农业发展，滴灌系统于近年来呈现规模化趋势。随着系统控制面积增加，由系统水力偏差、地形偏差等引起的灌水施肥不均匀性问题突显，可能会对我国滴灌技术的快速推广产生负面影响。评价规模化滴灌系统灌水施肥性能，辨析其关键影响因素，并提出适当的优化措施对于规模化滴灌系统的应用至关重要。

本文采用田间试验评价、控制试验和模型模拟 3 种方法研究规模化滴灌系统灌水施肥均匀性特征，探究了毛管双向供水方式对滴灌系统水力性能的提升作用。规模化滴灌系统评价工作分别在系统、单元和毛管三个尺度下，评价了毛管布置形式、毛管首部压力、灌水器堵塞等因素对水肥均匀性及一致性的影响，并分析了在不同灌溉时期下灌水器制造偏差、毛管水力偏差和堵塞对水分分布均匀性的影响权重。在系统调查研究的基础上，开展了毛管单 / 双向供水方式的控制试验，评价了毛管供水方式、毛管长度、首部压力、施肥罐压差和灌水器类型对毛管压力分布、灌水和施肥均匀性及一致性的影响。在控制试验的基础上，本研究基于 EPANET 2.0 软件构建了滴灌系统水肥分布模拟模型，利用试验数据对模型参数进行了率定和验证，分析了单 / 双向供水方式下，地形坡度、首部压力和系统控制规模对管网水肥分布的影响。主要结论如下：

（1）灌溉季节早期，试验选取的规模化滴灌系统中，各轮灌组水量均匀系数普遍低于 80%，随着轮灌组控制面积和距首部枢纽距离的增加均匀度逐渐降低。灌溉季节早期，毛管压力偏差是影响水量分布的主要因素，影响权重达到 0.41~0.71，随着滴灌系统灌水和

学位论文线上答辩会后合影
王军　赵伟霞　栗岩峰　张志昊　李久生　王珍

施肥次数的增加，在灌溉季节末期，灌水器堵塞是影响滴灌系统水量分布的主要因素，影响权重为 0.44~0.62。

（2）通过控制试验评价了供水方式、毛管长度和毛管首部压力等因素压力分布、灌水量分布、灌水和施肥均匀性及一致性的影响。结果表明，毛管双向供水方式能够显著降低毛管压力偏差率和流量偏差率，并提升毛管极限铺设长度。灌水器允许流量偏差率为 20% 情况下，双向供水方式毛管极限铺设长度较单向供水提升约 60%。相同试验处理下采用双向供水方式的毛管灌水和施肥均匀系数分别较单向供水方式提高了 1%~9% 和 1%~8%。通过对试验结果进行方差分析可知，毛管供水方式对灌水和施肥均匀度的影响均达到了显著水平（$P$=0.05）。

（3）基于 EPANET 2.0 软件构建了控制试验管网模型，模型能够较好地模拟滴灌系统水肥分布规律和压差式施肥罐工作特性。利用该软件构建了不同坡度和系统控制面积条件下的滴灌模型，对比发现，在逆坡和顺坡条件下，双向供水方式下毛管极限铺设长度较单向供水分别增加约 80% 和 65%。滴灌系统灌水均匀系数为 80% 时，双向供水方式下灌水单元控制面积较单向供水方式增加了 69%~82%。

关键词：滴灌；毛管供水方式；水肥分布均匀性；压力分布；水肥一致性；EPANET

### 7.2.35 车 政

**学位类别：工学博士**

**在学时间：2018 年 9 月至 2022 年 6 月**

**学位论文题目：干旱区膜下滴灌条件下水—氮—盐协同调控对棉花生长的影响**

**指导教师：李久生，王军**

**学籍：中国水利水电科学研究院**

**现工作单位：中建六局水利水电建设集团有限公司**

**学位论文答辩信息：**

答辩日期：2022 年 5 月 25 日

答辩委员会主席：左强

委员：孙景生、刘洪禄、康跃虎、龚时宏

秘书：王军

**学位论文摘要：**

水资源短缺问题是制约干旱区农业发展的首要因素，膜下滴灌技术以其巨大的节水优势在旱区得到了大规模的推广应用。然而，现行的灌溉施肥制度仍存在灌水定额大，施肥管理粗放、微咸水资源利用不当等问题，由此带来的农田次生盐渍化、土壤氮素淋失和作物减产等问题愈发严峻。因此，亟须探明膜下滴灌水—氮—盐协同作用对土壤盐分累积及作物生长的影响机制，定量表征土壤水氮盐调控关键参数，实现旱区土壤水氮盐精准调控。

本文以西北干旱区新疆棉花为对象，2018 和 2019 年连续开展了两年田间膜下滴灌试验，设置了 3 个试验因素，包括灌水量（75%、100%、125% 和 150% $ET_c$）、施氮量（195、255、315 和 375kg/hm$^2$）和灌溉水质（矿化度为 1.27g/L 和 3.0g/L），研究了灌水量、施氮量和灌溉水质对土壤水氮盐分布和动态变化以及棉花株高、叶面积指数（LAI）、地上部分干物质质量、吸氮量等的影响；定量分析了土壤根区盐分累积对作物生长和产量的影响，建立了土壤盐分、氮素含量与作物干物质量和吸氮量之间的定量关系，提出了作物动态耐盐阈值，基于耐盐阈值提出了盐氮淋洗平衡指标（LBI），解决了水氮盐综合调控过程中盐分淋洗和氮素淋失的矛盾；在此基础上，利用 HYDRUS–2D 构建了考虑施氮次数及不同生育期灌水量和水质组合的水氮盐耦合模型，用田间试验数据率定和验证了模型，模拟分析了不同情景下关键生育期氮素淋失率（NLF）、土壤盐分与阈值间差异（ΔSSC）和 LBI 的差异，优化了灌水施肥制度。主要结论如下：

（1）滴灌条件下，灌水量、施氮量和灌溉水质均会对土壤含水率、盐分和氮素含量产生影响。增加灌水量会提高根区 0~40cm 土壤含水率，而非根区 40~100cm 深度土壤含水率变化取决于初始土壤含水率；增加灌水量会加速 0~40cm 土壤盐分和土壤硝态氮（$NO_3^-$–N）向下运移。施入氮素通过影响作物对水分的吸收从而影响土壤水分的变化，255kg/$hm^2$ 施氮量提高了 0~40cm 土壤含水率。微咸水灌溉下 0~100cm 土壤含水率高于地下水灌溉；同时微咸水灌溉下 150% $ET_c$ 灌溉水平明显增加了各层土壤盐分含量；低施氮量 195kg/$hm^2$ 下微咸水灌溉处理根层 $NO_3^-$–N 和 $NH_4^+$–N 含量较地下水分别高 76% 和 44%。

（2）棉花生育期内合理的灌水施肥措施有利于减少根区盐分累积。棉花蕾期增加灌水量或花铃期减少灌水量可降低土壤盐分累积（SSA）；255kg/$hm^2$ 施氮处理和 375kg/$hm^2$ 施氮处理分别有利于减少蕾期和花铃期的 SSA。灌溉水中的盐分是导致土壤盐分累积的关键因素，而在微咸水灌溉条件下，适当减少灌水量可以明显控制 SSA 增加。水氮盐交互作用对 SSA 的影响表明，随着灌水量的增加，可通过相应增加施氮量来降低 SSA；低灌水量 75%ETc 和中等施氮量 255kg/$hm^2$ 能够缓解微咸水灌溉下全生育期土壤盐分累积。

新疆棉花试验田（新疆阿拉尔，**2018** 年）

（3）灌水量、施氮量和灌溉水质通过影响 SSA 进而影响了作物生长。增加灌水量时，相应提高施氮量减少了根区盐分累积，进而促进 LAI、干物质增加量（ABI）和吸氮增加量（NUI）的增加。采用地下水灌溉时，高灌水量和高施氮量组合能够提高棉花皮棉产量和水分生产力。采用微咸水灌溉时，低灌水量和中等施氮量组合生育期内盐分累积较少，棉花皮棉产量和水分生产力相对较高。综合考虑棉花产量和盐分累积效应的灌水施氮优化组合为地下水灌溉下 125% $ET_c$ 和 375kg/hm$^2$ 组合，微咸水灌溉下 75% $ET_c$ 和 255kg/hm$^2$ 组合。

（4）基于不同的灌水量、施氮量和水质建立土壤盐分和氮素数据库，量化土壤盐分与棉花干物质量关系，得到棉花苗期、蕾期、花铃期和吐絮期内动态耐盐阈值分别为 4.05、4.33、5.95 和 5.96g/kg；量化土壤氮素与棉花吸氮量关系，得到棉花各生育期氮素适宜值分别为 9、13、16 和 3mg/kg。合理施氮能够缓解土壤盐分对作物的胁迫作用，高施氮量 375kg/hm$^2$ 可提高蕾期棉花耐盐阈值 72%~126%，中等施氮量 255kg/hm$^2$ 可提高花铃期棉花耐盐阈值 19%~59%。当土壤盐分超过其棉花苗期、蕾期、花铃期和吐絮期耐盐阈值 4.05、4.33、5.96 和 5.95g/kg 时，土壤氮素含量在 11~19、7~18、8~15 和 2~5mg/kg 范围内时可维持棉花生长。

（5）利用 HYDRUS–2D 软件构建了滴灌水氮盐耦合模型，不同模拟情境下盐分淋洗和氮素淋失结果表明，增加灌水量至 150% $ET_c$ 和减少灌溉水矿化度至 1.27g/L 使土壤盐分淋洗 10%~15%，而增加灌水量至 150% $ET_c$ 会增加氮素淋失率 14%~22%。为增加土壤盐分淋洗时避免氮素淋失，适当增加施氮次数至 5 次可使 NLF 降低 24%~32%，适宜的灌水量和灌溉水质组合能够降低 ΔSSC。并且根据综合指标 LBI“越小越优”的原则，推荐的灌溉施肥策略为：棉花全生育期施氮次数为 5 次，建议在蕾期采用灌水量 150% $ET_c$ 和灌溉水矿化度 3.0g/L 组合，在花铃期使用灌水量 100% $ET_c$ 和灌溉水矿化度 1.27g/L 组合。

关键词：干旱区；棉花；微灌；水氮盐协同；土壤盐分；HYDRUS-2D

### 7.2.36 杨晓奇

**学位类别：**工学硕士

**在学时间：2017 年 9 月至 2020 年 6 月**

**学位论文题目：**氮磷协同水肥一体化模式对微咸水滴灌灌水器堵塞及番茄生长的影响

**指导教师：**刘宏权，王珍

**学术督导：**李久生

**学籍：**河北农业大学

**现工作单位：**清华大学机械工程系

**学位论文答辩信息：**

答辩日期：2020 年 5 月 31 日

答辩委员会主席：李久生

委员：张广英、郄志红、吴鑫淼、夏辉

秘书：陈任强

**学位论文摘要：**

微咸水灌溉是缓解世界范围内水资源危机的重要手段。因滴灌可以实现微咸水灌溉情况下水肥盐的精准调控，被认为是最适宜的微咸水灌溉方式。但是，微咸水中数量和种类丰富的离子容易导致灌水器流道中堵塞物质形成速度加快，对系统安全造成影响。近年来，水肥一体化进程日益加快，微咸水滴灌条件下肥料的施用可能进一步加剧灌水器堵塞风险。因此，研究微咸水滴灌施肥条件下灌水器堵塞机制、防止措施及不同防止措施对土壤—作物系统的影响对微咸水安全高效灌溉具有重要的理论意义和生产实践指导价值。

**2018** 年微咸水滴灌灌水器堵塞试验
（国家节水灌溉北京工程技术研究中心大兴试验基地，**2018** 年）

本文采用室内试验探究微咸水滴灌施肥系统灌水器堵塞机理及防止措施。试验考虑了灌水器类型、水质及磷肥施用模式 3 个因素，通过定期测定灌水器流量及试验结束后对灌水器样品内堵塞物质的测定，分析了各试验因素对堵塞物质形成过程及堵塞机理的影响。为了评估堵塞防止措施对土壤环境和作物生长的影响，以番茄为研究对象，考虑磷肥施用模式及滴灌带布置方式两个因素开展试验，监测了土壤含水率、土壤氮素和磷素动态分布，定期测定了株高和叶面积指数（LAI），并对产量进行了测定，分析了不同磷肥施用模式对番茄生育期内土壤硝态氮和有效磷分布及番茄生理生长指标的影响。主要结论如下：

日光温室番茄氮磷滴灌水肥一体化试验
（国家节水灌溉北京工程技术研究中心大兴试验基地，2019 年）

（1）单独施用磷肥条件下，水溶呈酸性的磷酸脲抗堵塞性能良好，水溶成弱碱性的磷酸二铵加速了灌水器堵塞。随微咸水电导率增大，各磷肥处理堵塞速度均加快，磷酸二铵处理增幅较大，地下水对照和磷酸一铵处理次之，磷酸脲处理灌水器始终表现出良好的抗堵塞性能。

（2）氮磷协同施肥条件下，滴灌系统灌水器堵塞随灌溉水矿化升高增加明显，当灌溉水电导率 >4dS/m 时，氮磷肥同时施入会导致滴灌系统的快速堵塞，堵塞物质中磷酸盐类沉淀超过 85%。地下水和电导率为 2 dS/m 的微咸水灌溉条件下，磷酸一铵与尿素或磷酸铵混合施肥时灌水器堵塞速度相对较慢，使用呈弱酸性的氮磷肥溶液是减缓水肥一体化过程中灌水器堵塞的有效措施。

（3）酸性磷肥比例不同的氮磷肥协同施肥条件下，随着灌溉水电导率的增大，各肥料处理堵塞速度呈加快趋势，堵塞幅度与肥液 pH 值正相关。当电导率增大到 4 dS/m，除肥液酸性最强的 U3（尿素 + 磷酸脲）处理外，其余肥料处理灌水器均快速堵塞。通过调节磷酸脲比例使肥液呈酸性的堵塞防止措施可行，且目标 pH 值应与灌溉水电导率负相关，建议水质为 2 dS/m 和 4 dS/m 时的目标 pH 值分别为 4.0 和不高于 3.0。

（4）内镶贴片式灌水器抗堵塞性能优于单翼迷宫式灌水器；微咸水滴灌施用磷肥条件下，灌水器堵塞主要为化学堵塞，磷酸盐为堵塞物质主要成分。

（5）酸性磷肥与氮肥协同施入模式有助于提高土壤有效磷含量，并能提高番茄叶面积指数，进而提高作物产量，其中磷酸一铵处理较常规磷肥基施处理产量提高 9%。从土壤—作物环境层面出发，施用酸性磷肥是一种可行的滴灌灌水器堵塞防止措施。

综上，微咸水磷肥施用条件下，微咸水与肥料混合后肥液离子环境复杂，灌水器堵塞主要为化学堵塞，通过施用磷酸脲调控肥液 pH 值是防治灌水器堵塞的有效方法。

关键词：微咸水；滴灌；堵塞；磷肥；灌水器

### 7.2.37 张敏讷

**学位类别：工学硕士**

**在学时间：2019 年 9 月至 2022 年 6 月**

**学位论文题目：基于机载式红外温度传感器的圆形喷灌机变量灌溉动态分区管理研究**

**指导教师：赵伟霞**

**学术督导：李久生**

**现工作单位：中国水利水电科学研究院**

**学位论文答辩信息：**

答辩日期：2022 年 5 月 31 日

答辩委员会主席：龚时宏

委员：蔡甲冰，朱兴业，张林，王建东

秘书：王珍

**学位论文摘要：**

合理的变量灌溉（Variable rate irrigation, VRI）水分管理方法是提高作物水分利用效率的关键，本文基于土壤水分传感器、红外温度传感器和自动气象站耦合技术，以华北平原冬小麦和夏玉米为对象，研究了冠层温度时间尺度转化方程中关键参数确定方法，构建了基于归一化相对冠层温度指标（Normalized relative canopy temperature, NRCT）的圆形喷灌机变量灌溉动态分区图生成方法，对比研究了传统均一灌溉和变量灌溉动态分区管理条件下土壤水分、冬小麦生长、产量和水分利用效率的响应特征，主要结论如下：

（1）在利用喷灌机机载式红外温度传感器获取作物水分亏缺空间分布图时，冬小麦和夏玉米的冠层温度时间尺度转化方程中冠层温度转化时间点宜分别选择在 11：00~15：00 和 11：00—17：00 的最高冠层温度发生时，地面冠层温度参考点可在除土壤可利用水量（Available soil water holding capacity, AWC）较小的区域外随机布置并取其平均值作为地面参考点冠层温度。

（2）将 *NRCT* 插值生成空间分布图时，插值效果排序为普通克里金法 > 简单克里金法 = 析取克里金法 > 经验贝叶斯克里金法 > 径向基函数法（张力样条函数）> 径向基函数法（规则样条函数）> 反距离权重法，采样时间间隔宜选择为 5 min。冬小麦和夏玉米不同生长阶段的冠层温度和 *NRCT* 空间分布均存在较大的时空变异，不同生长阶段的空间分布图重叠面积占总灌溉面积的比例最大分别为 56% 和 67%，验证了在作物生育期内进行变量灌溉动态分区管理的必要性。

河北省大曹庄冬小麦变量灌溉田间试验（2020 年）

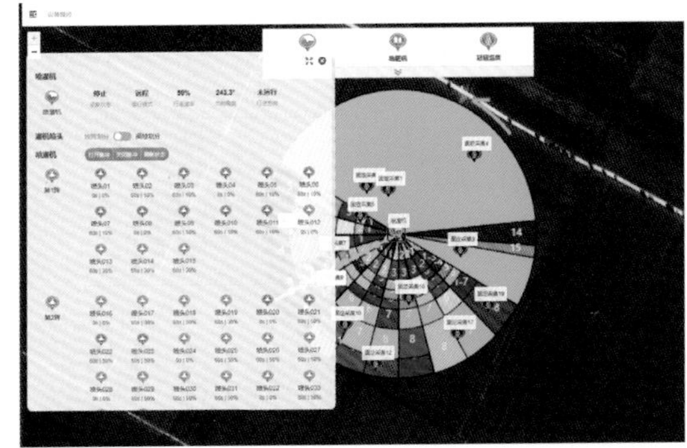

河北省大曹庄变量灌溉决策支持系统—远程控制端

（3）在垂直剖面内，20~40 cm 土层的土壤含水率对冬小麦和夏玉米主根区的剖面平均土壤含水率代表性最好。在水平方向，具有时间稳定性的测点数量占总测点数量的比值随土层深度的增加呈上升趋势，除 0~20 cm 土层外，变量灌溉处理具有时间稳定性的测点数量占比多于均一灌溉处理，水平方向代表平均土壤含水率测点的黏粒含量与该土层所有测点平均黏粒含量之间的线性拟合方程达到了显著水平（$P<0.05$）。建议埋设土壤水分传感器时，优先布设在 20~40 cm 土层，且布设点位可根据黏粒含量拟合方程进行遴选。

（4）与基于土壤水分传感器进行均一灌溉管理的处理相比，经动态分区变量灌溉管理后，田间作物水分亏缺状况逐渐趋于一致，冬小麦株高、叶面积指数、叶片相对叶绿素含量、地上部分干物质量、产量的空间分布均匀性高于均一灌溉处理，叶片相对叶绿素含量显著高于均一灌溉处理（$P<0.01$）。二者的冬小麦产量分别达到了 9 470 $kg/hm^2$ 和 9 574 $kg/hm^2$，灌水量分别为 235 mm 和 216 mm，水分利用效率分别为 2.9 和 3.2 $kg/m^3$，在稍有增产的情况下，变量灌溉处理节水 8%，水分利用效率提高 10%。

关键词：圆形喷灌机；变量灌溉；动态分区；冠层温度；土壤水分传感器

## 7.3 在校生信息

### 7.3.1 马 超

**攻读学位类别：工学博士**
**在学时间：2019 年 9 月至今**
**研究方向：干旱区微咸水滴灌棉田灌溉施肥制度研究**
**指导教师：李久生，王军**
**学籍：中国水利水电科学研究院**

**主要研究内容：**

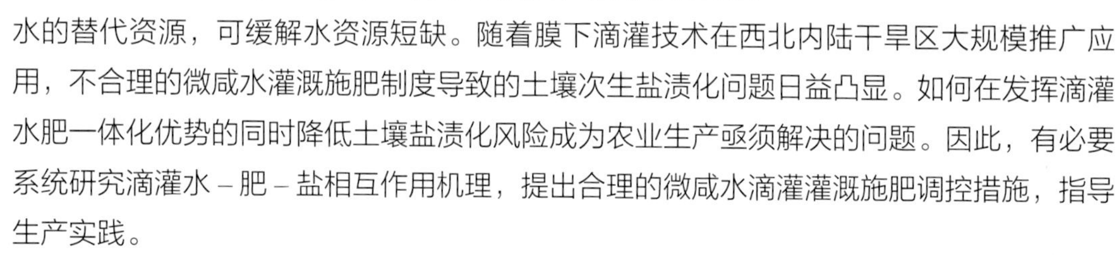

干旱区淡水资源匮乏，农业用水比例大，微咸水作为淡水的替代资源，可缓解水资源短缺。随着膜下滴灌技术在西北内陆干旱区大规模推广应用，不合理的微咸水灌溉施肥制度导致的土壤次生盐渍化问题日益凸显。如何在发挥滴灌水肥一体化优势的同时降低土壤盐渍化风险成为农业生产亟须解决的问题。因此，有必要系统研究滴灌水 – 肥 – 盐相互作用机理，提出合理的微咸水滴灌灌溉施肥调控措施，指导生产实践。

以棉花为研究对象，2019 和 2020 年在新疆开展了微咸水滴灌 $^{15}N$ 示踪盆栽试验，以定量评估不同灌溉水质对棉花作物系数的影响及不同来源氮素有效性。试验设置灌溉水质和施氮量 2 个因素，灌溉水质为地下水（1.27 g/L）、微咸水（3.03 g/L）和咸水（4.90 g/L），施氮量为 255、315 和 375 kg/hm$^2$，地下水不施肥处理作为对照。通过测定土壤水氮盐、棉花耗水量、干物质量、吸氮量、$^{15}N$ 丰度等，定量分析了不同盐渍化程度下

李久生老师指导田间试验（新疆阿拉尔，2019 年）

新疆阿拉尔试验田合影（**2019**年）
马超　车政　李久生　王随振　王珍　薄晓东

棉花不同生育期作物系数动态变化，修正了盐分胁迫系数（$K_s$）模型，为微咸水滴灌灌水量精准计算提供参考。同时，量化不同处理下的有机氮矿化量，修正了盐分胁迫下的氮素矿化一阶动力学反应方程，基于土壤氮和肥料氮平衡关系提出了不同灌溉水质下推荐施氮量。为了验证盆栽试验结果，优化微咸水滴灌棉田灌溉施肥制度，2020年开展了田间试验。田间试验考虑灌溉水质和施氮量2个因素，试验处理与盆栽试验相同。通过测定土壤水分、盐分、氮素，棉花耗水量、干物质量、吸氮量、氮素表观平衡等指标，验证了修正后的盐分胁迫系数（$K_s$）模型和氮素矿化一阶动力学反应方程。主要研究结果与结论如下：

（1）土壤盐分随着灌溉水矿化度增加而增加，降低棉花生物量和氮素的吸收。地下水灌溉土壤盐分为轻度盐渍化水平，微咸水和咸水灌溉土壤盐分达到中度盐渍化水平。适当增施氮肥可降低微咸水和咸水灌溉下的土壤盐分。

（2）在微咸水和咸水灌溉下，土壤盐分的增加显著降低了棉花的蒸散量；轻度盐渍化条件下，棉花生长初期、中期和末期作物系数（$K_c$）分别为0.29、1.10和0.52，中度盐渍化条件下为0.24、0.98和0.46。基于土壤盐分动态阈值和盐分动态变化修正了盐分胁迫系数（$K_s$）模型，利用田间试验结果验证修正模型，模拟值和测量值有较好的一致性（$R^2$=0.86）。

（3）较低土壤盐分可促进氮素矿化。施氮量为255、315和375 kg/hm$^2$时，当土壤盐分含量分别低于6.6、6.1和3.9 g/kg时，盐分含量增加可促进氮素矿化。对比不施氮，施用氮肥后生育期累积氮素矿化量显著减少47%。构建了基于土壤有机氮含量和施氮量的多元回归模型（$R^2$=0.458）预测矿化潜力（$N_0$），建立了描述速率常数（k）与土壤盐含量的二次函数关系（$R^2$=0.101），进而修正氮素矿化一阶动力学模型。利用田间试验数据验证发现氮素矿化模拟值与测量值一致性较好，修改后的矿化模型提供了可接受的田间氮素矿化量的估算值。

（4）利用$^{15}N$示踪技术定量评价了盆栽棉花不同生育期肥料氮和土壤氮平衡关系。全生育期肥料氮利用率和残留率随灌溉水矿化度的增加而降低。适宜的施氮量会促进肥料氮和土壤氮素的吸收。地下水和微咸水灌溉下，施氮量315 kg/hm$^2$可提高肥料氮利用率和残留率。咸水灌溉下，施氮量375 kg/hm$^2$提高了棉花吐絮期的肥料氮残留率。土壤盐分较低时，有利于棉花吸收肥料氮。高土壤盐分情况下，棉花更倾向于吸收土壤中的氮素。考虑棉花生长及土壤氮和肥料氮的平衡关系，干旱区覆膜滴灌条件下，地下水和微咸水灌溉推荐施氮量为315kg/hm$^2$，咸水灌溉推荐施氮量为375kg/hm$^2$，并且在花铃前期和花铃后期适当增施氮肥有利于缓解盐分胁迫，促进棉花生长。

关键词：覆膜滴灌；灌溉水质；作物系数；氮素矿化；氮素平衡

## 7.3.2 范欣瑞

攻读学位类别：工学博士

在学时间：2019 年 9 月至今

学位论文题目：华北平原夏玉米喷灌水肥损耗与绿色高效利用模式研究

指导教师：李久生，赵伟霞

学籍：中国水利水电科学研究院、中国农业大学

现学习单位：中国水利水电科学研究院

主要研究内容：

现阶段，我国的水肥一体化技术正朝着区域化方向发展，利用圆形喷灌机施肥灌溉将常态化。与传统地面灌相比，喷灌施肥不会造成地表径流和地下水污染，有助于改善田间小气候，抑制作物蒸腾，植株冠层的肥液截留有助于充分发挥叶面吸肥作用，提高水肥利用效率，但肥液浓度过大极易造成叶片灼伤和产量降低。另一方面，喷灌施肥存在挥发飘移损失、冠层截留损失以及氮肥浅施造成的氨挥发损失，影响水肥利用效率，缺乏养分损失研究导致喷灌施肥灌溉技术发展相对滞后。针对喷灌施肥灌溉是否节肥以及节肥比例多少一直存在较大争议。此外，华北平原作为我国夏玉米的主产区，近 10 年，夏玉米产量约占全国的 30%，对保障国家粮食安全发挥着重要作用。但由于该地区夏玉米生育期内，总降水量占年降水量的比例在 70% 左右，极易引起氮素淋失，影响玉米生长和降低产量，增加土壤氨挥发和温室气体排放，加重环境负担。

李久生老师指导田间试验（河北大曹庄管理区，2021 年）

基于圆形喷灌机施肥灌溉平台，进行了为期两年（2020—2021 年）的田间试验。评价了喷灌施肥到达地面前，氮肥挥发损失对不同

氮肥类型（氮、磷、钾）、肥液浓度和气象参数（温度、相对湿度和风速）的响应规律。探究了喷灌施肥到达作物冠层叶片后叶片生理指标对不同肥料类型及其浓度变化的响应规律。研究了喷灌施肥不同施氮量确定方法和氮肥追施方法对氮素分布、氨挥发、温室气体排放、作物生长、产量以及水肥利用效率的影响。初步结论如下：

（1）在圆形喷灌机喷洒不同类型和浓度肥液的过程中会发生氮素挥发损失，尿素、硫酸铵、氮钾复合肥、磷酸一铵和碳酸氢铵氮挥发损失率分别为6.7%、9.2%、10.7%、12.3%和14.0%；温度、相对湿度和风速均会影响氮挥发损失，而温度影响最大。不同氮肥种类肥液浓度对氮挥发损失率的影响存在差异，当施N浓度不超过0.05%时，尿素和氮钾复合肥的氮挥发损失率随肥液浓度的增大而增大，超过这一浓度后，挥发损失率随肥液浓度的增大而减小；硫酸铵的氮挥发损失率随肥液浓度的增加而显著降低；磷酸一铵和碳酸氢铵的氮挥发损失率则随肥液浓度的增加而显著增大。基于机器学习算法构建了以氮肥种类、肥液浓度、大气温度和风速为输入变量的氮挥发损失率预测模型，可用于估算喷灌施肥过程中的氮挥发损失量。

（2）喷灌施肥后冠层截留量会对叶片生理指标产生影响。与磷、钾肥相比，叶面喷施氮肥对叶片相对叶绿素含量（SPAD）和光合指标的促进作用更明显，喷施氮肥后的5 d内，SPAD、Fv/F0和Fv/Fm值分别比喷施前平均增加1.22、1.60和1.14倍。不同浓度的氮磷钾肥对叶片SPAD和叶绿素荧光指标的影响程度不同，若以同时显著提高植株叶片相对叶绿素含量和光合能力为喷施目标，氮肥在拔节期、大喇叭口期、抽穗期和灌浆期喷施浓度宜设置为0.10%~0.80%、0.40%、0.25%~0.40%和0.25%~0.40%，磷肥喷施浓度分别为0.06%~0.15%、0.06%~0.15%、0.03%~0.40%、0.03%~0.80%；在大喇叭口期和抽穗期宜喷施钾肥浓度均为0.10%~0.40%。

（3）华北平原夏玉米生育期内追施氮肥和降雨会增加土壤$N_2O$、$CO_2$和$NH_3$排放，对$CH_4$排放无明显影响。随着喷灌施肥量和施肥次数的增加，夏玉米干物质累积量、植株吸氮量、作物产量和水肥利用效率均显著增加；考虑氮素盈余指标的养分平衡法进行两次追肥的施肥制度取得了最佳的经济效益和环境效应，可推荐为最优喷灌施肥管理。对比地面灌溉水肥分施方式，喷灌水肥一体化后的产量、水分利用效率和氮肥偏生产力分别显著增加了20%、18%和20%；气态氮素损失率降低了16%。

关键词：喷灌；水肥一体化；氮肥利用效率；温室气体；施肥制度优化

### 7.3.3 郭艳红

**攻读学位类别：工学博士**

**在学时间：2020 年 9 月至今**

**研究方向：滴灌水肥一体化条件下氮磷运移分布与协同调控研究**

**指导教师：李久生，王珍**

**学籍：中国水利水电科学研究院、中国农业大学**

**现学习单位：中国水利水电科学研究院**

**主要研究内容：**

土壤磷素是农作物必需的营养元素之一，农业生产实践中常通过施用磷肥提高土壤磷库容量和有效磷含量，从而提高作物产量。然而，施入土壤中的磷素超过 80% 的部分会由于吸附、沉淀或转化为非有效态磷而不能被作物吸收利用，导致磷肥的当季利用率只有 5%~25%。因此，探索磷肥高效施用方法，在控制或减少磷肥用量的条件下实现作物稳产、高产对保障我国粮食安全和生态可持续发展具有重要意义。2021—2022 年在国家节水灌溉北京工程技术研究中心大兴试验基地开展了室内土柱试验及春玉米田间试验，研究了滴灌技术参数及水肥调控模式对水氮磷分布的影响以及农田条件下根系发育过程和养分利用效率对水氮磷分布的响应。土柱试验选取土壤质地、灌水器流量、磷肥种类和施肥模式等控制因素。土壤质地设砂土（S）和壤土（L）。灌水器流量设 1.0、2.0 和 4.0 L/h。磷肥类型设不施磷肥（$P_0$）、磷酸一铵（MAP）、聚磷酸铵（APP）和液体磷酸（$H_3PO_4$）。灌水量（Q）设 7.5、10.0 和 12.5 L。施肥模式设全灌水过程施肥、

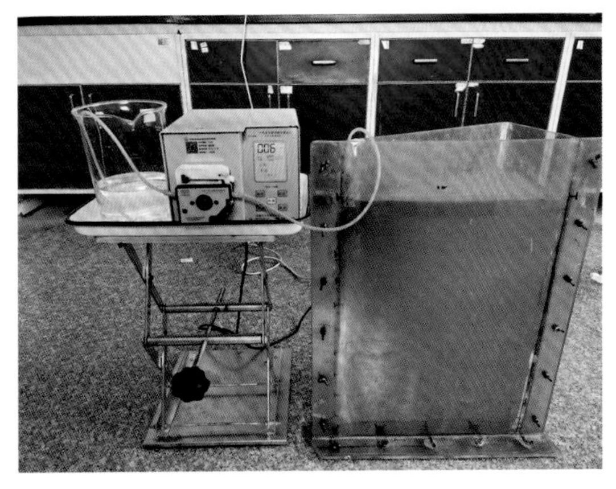

室内土柱试验布置图（国家节水灌溉北京工程技术研究中心大兴试验基地，2021 年）

试验观摩讨论（河北省大曹庄管理区，2021 年）

田间试验拔节期施肥

田间试验成熟期测产

（国家节水灌溉北京工程技术研究中心大兴试验基地，2022 年）

1/4 水 –1/2 肥 –1/4 水、1/2 水 –1/2 肥和 1/2 肥 –1/2 水四种模式，共开展 23 组试验。田间试验设置 3 个因素，分别为施肥类型、毛管埋深和施磷模式。施肥类型分别为不施磷肥（$P_0$）、聚磷酸铵（APP）、磷酸一铵（MAP）。毛管埋深设置 0（$D_0$）、15（$D_1$）和 30cm（$D_2$）3 个水平。施磷模式设置全灌水过程施肥、1/4 水 –1/2 肥 –1/4 水（$M_1$）、1/2 水 –1/2 肥（$M_2$）、1/2 肥 –1/2 水（$M_3$）四种模式，共 15 个处理，每个处理设置 3 个重复，区组随机排列，共 45 个小区。在玉米生育期内分别测定了土壤物理化学性质、土壤含水率变化、植株生长指标、根系结构参数、土壤氮磷分布以及玉米产量和产量结构。初步研究结果与结论如下：

灌溉施肥模式对根区 Olsen-P 含量有很大影响。在全灌水过程施肥和 1/2W–1/2P 处理的灌溉施肥后，观察到 0~20cm 土层中类似的平均 Olsen-P 含量约为 7.5mg/kg；与全灌水过程施肥处理相比，1/4W–1/2P–1/4W 和 1/2P–1/2W 处理的相应值分别增加了 68% 和 89%。方差分析结果表明，灌溉施肥模式对 0~20cm 土壤剖面中的 Olsen-P 含量有显著影响（$P<0.05$）。同时，1/2P–1/2W 处理显著提高了玉米 LAI 和产量，1/2P–1/2W 处理玉米抽穗期 LAI 比全灌水过程施肥处理高 14%，且产量最高比全灌水过程施肥处理高 8.8%。灌溉施肥模式对玉米吸磷量也有显著影响，1/2P–1/2W 处理可显著促进玉米对磷的吸收，玉米穗吸磷量分别比 1/4W–1/2P–1/4W、1/2W–1/2P 和全灌水过程施肥处理下提高了 3.0%、11.2% 和 11.5%。综上，建议采用 1/2P–1/2W 的磷肥灌溉模式，以减少磷的固定并提高磷肥的有效性。

### 7.3.4 祝长鑫

攻读学位类别：工学硕士

在学时间：2020 年 9 月至今

研究方向：无人机红外热成像和红外温度传感器在变量灌溉动态分区管理中应用研究

指导教师：赵伟霞

学籍：中国水利水电科学研究院

主要研究内容：

（1）无人机（Unmanned Aerial Vehicle, UAV）红外热成像技术在变量灌溉（Variable rate irrigation, VRI）动态分区管理的研究

为了提高利用无人机热成像系统生成变量灌溉处方图的精度，研究了热成像系统获取的 RGB 颜色与温度间的转化方法，分析了无人机热成像系统飞行时间和飞行高度对冠层

田间玉米测产采样

田间变量灌溉系统维护

（河北省大曹庄管理区，2021 年）

温度空间分布和变量灌溉处方图生成影响。构建了无人机热成像系统的变量灌溉动态分区图生成方法，推荐在利用无人机热成像系统获取变量灌溉处方图时，冬小麦生育期内飞行时间为 11：00—15：00，夏玉米为 11：00–16：00。

（2）基于机载式红外温度传感器系统的变量灌溉动态分区管理效果评估

为评估不同变量灌溉动态分区管理方式对变量灌溉的效果，在冬小麦生育期内，以均一灌溉为对照，对比了基于等间隔分区、“Jenks”自然断点法分区和几何间隔分区三种不同分区方式进行变量灌溉动态分区，从灌水量、作物生理生态指标（SPAD、地上部分干物质量、植株吸氮量、株高叶面积）、产量及水分利用效率方面进行效果评估。

（3）基于归一化冠层温度（Normalized relative canopy temperature, NRCT）指标的变量灌溉处方图时空变化规律

为探究 NRCT 的时空分布变化规律及稳定性对变量灌溉处方图精度的影响，分别在冬小麦和夏玉米生育期内，对比基于机载式红外温度传感器系统的 NRCT 分布图时空变化规律和基于无人机热成像系统的 NRCT 分布图时空变化规律，并从灌水周期和灌水季节两个时间维度来分析 NRCT 分布图的时空变化，对比不同水分管理方式对 NRCT 变化的影响。

### 7.3.5 孙章浩

攻读学位类别：工学博士

在学时间：2021 年 9 月至今

研究方向：考虑盐分控制的旱区滴灌系统水力设计与分区水肥管理方法

指导教师：李久生，王珍

学籍：中国水利水电科学研究院

**主要研究内容：**

西北内陆干旱区缺水严重、生态脆弱，灌溉是保证农业生产安全的重要措施。自 20 世纪 90 年代始，新疆逐渐形成以滴灌为主的高效节水灌溉发展模式。近年来，滴灌规模化发展加快，单水源滴灌系统规模呈不断增大趋势，灌溉单元和轮灌组控制面积的增加导致系统内部水力偏差明显升高，为系统水力设计和运行管理带来新的挑战。如何在降低运行压力、满足节能要求的同时，实现系统内部的压力均衡，满足滴灌系统灌水施肥均匀性的要求，已成为研究者关注的热点。尽管系统性能已得到一定程度优化，滴灌灌水施肥的不均匀特征仍可能与土壤固有的盐分变异特征叠加，增加系统内部盐分均衡调控的复杂程度，进而增加土壤盐渍化风险。在系统水肥管理方面，现阶段西北旱区单个滴灌系统内部基本沿用传统的统一水肥管理模式，导致过量灌水施肥和灌水施肥不足在滴灌系统中长期并存，不仅造成水肥资源的浪费，还会导致系统部分区域的盐渍化风险明显提升。基于目前旱区滴灌系统研究现状，主要研究内容如下：

滴灌系统水力性能田间评估试验现场
（河北怀来，2022 年）

（1）构建基于水力学–统计学–动力学的系统水肥输移–水盐分布–作物生长联合模拟模型，利用不同尺度数据进行率定和验证，辨析水力性能和土壤空间变异对系统水盐分布和作物生长的影响机制，为旱区滴灌系统经济、环境效益综合评价和设计提供研究工具。

（2）以系统性能提升和水肥盐综合调控为目标，基于研究内容（1）构建的联合模拟模型，结合智能算法，提出考虑盐分控制的滴灌系统水力优化设计新理论和方法，实现系统水力设计和盐分控制效果的耦合调控。

（3）基于研究内容（1）构建的联合模拟模型，在内容（2）实现系统优化设计的基础上，进一步结合系统尺度盐分空间分布特征，提出基于土壤盐分分布的分区水肥管理调控方法，实现系统不同尺度水肥利用效率和盐分控制效果的整体提升。

### 7.3.6 陈　聪

攻读学位类别：工学硕士
在学时间：2021 年 9 月至今
研究方向：盐碱地土壤改良与产量提升机理
指导教师：赵伟霞
学籍：中国水利水电科学研究院

主要研究内容：

地下水水位升高、矿化度增加，加上气候干旱和蒸发强烈，深层土壤盐分向表土迁移，使土壤的团粒结构遭到破坏，土壤盐碱化已经成为一个全球性的问题。针对洋河二灌区土壤次生盐碱化严重及其导致的春玉米产量较低问题，分析地表水供水时间的合理性和水质随季节变化的规律，开展有机无机肥配施田间试验，研究基于生物有机碳肥的土壤盐碱地改良与土壤肥力提升技术，通过对土壤和作物指标的测量与分析，评估春玉米生育期内的盐害风险，定量回答洋河二灌区土壤次生盐碱化问题产生的根本原因及玉米增产调控措施，揭示影响春玉米产量提升的关键因子，建立有机无机肥配施技术的水肥一体化管理模式和产量预测模型，提出地表、地下水联合调控方法，进一步挖掘喷、滴灌技术节水、节肥、压盐、增产潜力，实现灌溉技术与农艺措施的有效结合。

### 7.3.7 赵双会

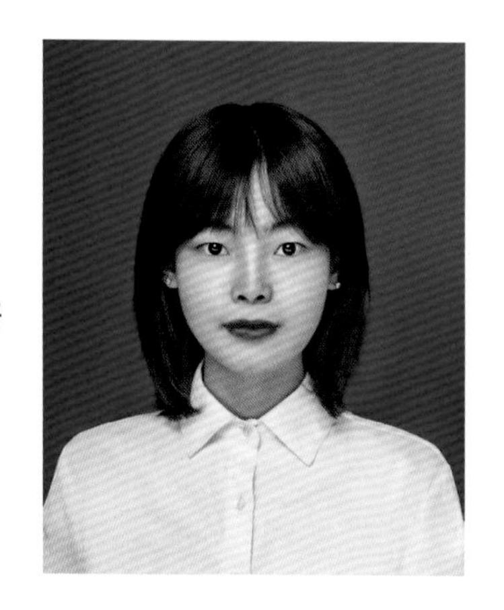

攻读学位类别：工学硕士

在学时间：2021年9月至今

研究方向：不同施肥条件对华北地区夏玉米—冬小麦高光谱特征的影响

指导教师：栗岩峰

学籍：中国水利水电科学研究院

主要研究内容：

氮磷肥是作物生长过程中重要的营养成分，氮磷肥施用可以提高大田作物产量，但过量施用会造成农田生态环境污染，因此，利用遥感技术进行作物氮素养分的实时监测和快速诊断一直是现代农业应用研究热点。高光谱遥感技术是现代农业信息技术研究的重要方向，高效低耗的作物营养诊断及长势监测技术对精准作物管理及合理施肥具有重要意义。在不同氮磷营养水平及不同生育时期滴灌大田试验条件下，测定了冠层光谱反射率、叶片氮磷含量、叶面积指数、地上干物质量、籽粒产量等生理生态参数，分析不同生育时期及不同氮磷水平对夏玉米和冬小麦冠层光谱反射率的影响、光谱反射率与生理生态参数的相关性，综合前人已有的研究成果，建立生理生态参数与光谱敏感波段、光谱特征参量的相关性，找出氮磷的敏感波段，为夏玉米和冬小麦营养诊断及长势监测提供理论基础及现实依据。

### 7.3.8 张敏讷

攻读学位类别：工学博士
在学时间：2022 年 9 月至今
研究方向：基于热成像和多光谱的喷灌变量水肥一体化技术研究
指导教师：李久生，赵伟霞
学籍：中国水利水电科学研究院

主要研究内容：

无人机遥感有高分辨率、大面积和低成本监测的特点。本研究基于无人机热红外和多光谱影像，评价无人机遥感实时诊断作物氮营养的潜力，探究基于热成像和多光谱的喷灌变量水肥一体化技术。主要研究内容如下：

（1）利用无人机提取的作物多光谱图像，建立植被指数与作物氮素含量反演模型，为华北平原冬小麦和夏玉米氮素营养快速诊断提供技术支持。

（2）开发基于土壤特性、作物生长状况等多源数据融合的无人机变量施肥方法，探究其在增产、提高氮肥利用效率、环境保护方面的效果。

（3）开发基于无人机热红外和多光谱系统的变量水肥一体化决策方法，为华北平原冬小麦和夏玉米的水肥管理提供指导。

### 7.3.9 刘 浩

攻读学位类别：工学博士
在学时间：2022 年 9 月至今
研究方向：旱区梨园滴灌有机无机肥配施对土壤盐分、养分运移吸收及损失的影响机制研究
指导教师：李久生，王军
学籍：中国水利水电科学研究院

主要研究内容：

针对旱区滴灌有机肥与无机肥配施调控土壤盐分和养分机制不明的问题，以库尔勒省力化栽培香梨园为研究对象，开展可溶性有机肥、无机肥滴灌配施田间试验研究。重点研究滴灌有机肥配施次数和替代无机肥比例对土壤盐分、养分运移及损失的影响，揭示滴灌有机肥、无机肥配施降低土壤盐分的机理，量化有机肥配施对氮素气态损失的影响，确定适宜的有机肥替代无机肥比例；研究滴灌灌水技术参数、有机肥配施时机对梨树生长、产量及品质的影响，确定适宜的灌水定额、灌水频率、有机肥施用时机；构建滴灌土壤、水肥、盐调控模型，定量表征滴灌灌水量、灌水施肥时间、滴头流量等技术参数对土壤水、盐分、氮素运移吸收的影响，提出适合于南疆的香梨滴灌水肥管理技术模式。

## 7.3.10 徐亚薇

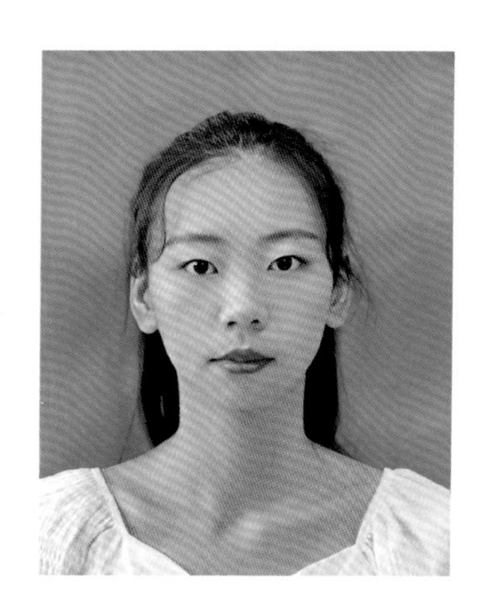

攻读学位类别：工学硕士

在学时间：2022 年 9 月至今

研究方向：滴灌水肥智能决策与调控及滴灌系统性能优化与模拟研究

指导教师：栗岩峰

学籍：中国水利水电科学研究院

主要研究内容：

灌溉工程节水技术是节水农业技术体系的核心内容，而滴灌是农田灌溉最节水的灌溉技术之一。通过对滴灌水肥一体化的研究以及自动化控制灌溉，实现省肥节水、增产高效的目的。同时，在水肥一体化滴灌过程中，容易出现灌溉施肥均匀度下降的问题，本研究通过优化灌溉系统性能，从而提高滴灌系统的均匀性。主要研究内容如下：

（1）对滴灌水肥智能决策与调控进行研究。通过土壤墒情监控系统，监测作物的土壤墒情、需肥规律，实现对灌溉施肥的自动化控制。

（2）对滴灌系统性能进行优化与模拟。通过评价滴灌系统性能，提出优化措施，进行模型模拟，提高滴灌系统的均匀性。

### 7.3.11 张勇静

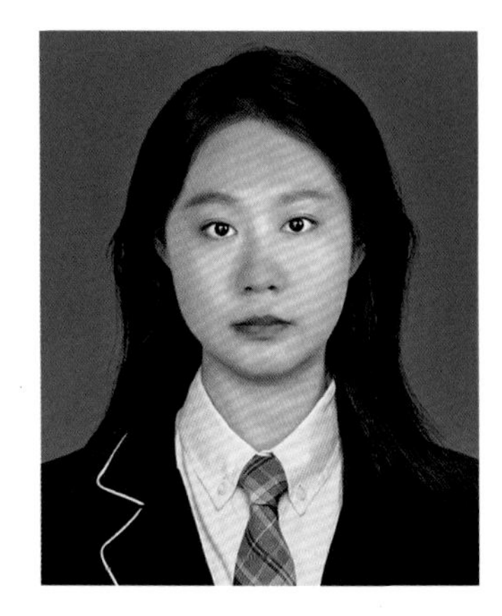

攻读学位类别：工学硕士

在学时间：2022 年 9 月至今

研究方向：基于热成像和多光谱的变量灌溉动态分区管理研究

指导教师：赵伟霞

学籍：中国水利水电科学研究院

主要研究内容：

随着水资源短缺和对粮食需求的日益增长，需要提出灌溉作物的解决方案。变量灌溉系统可以应对空间变化中不同的灌溉需求，从而提高水分的利用效率。本研究以圆形喷灌机为变量灌溉实施平台，并以冬小麦和夏玉米为研究对象，基于热成像和多光谱系统开展圆形喷灌机变量灌溉试验。主要研究内容如下：

（1）研究基于大气、土壤和作物多源信息的变量灌溉管理决策方法。

（2）以农户经验水分管理方法为对照，对比研究基于作物冠层温度、冠层温度＋冠层植被信息的变量灌溉分区管理效果，检验变量灌溉管理决策支持系统的控制精度。

# 第三篇

# 共同的回忆

# 团队生活印记

## 共同工作与生活的回味

饶敏杰[①]

20 世纪 90 年代，是海外学子学成归来的第一波归国潮，1997 年中国农科院农业气象研究所（简称“气象所”）迎来了留学日本、清华大学出站的第一位博士后，那时认识了久生，我在负责试验站科研服务管理和开展一些技术推广成果转化的工作外，很有幸地参加了他主持的课题或科研活动，从此有了一段业务上当助手、平时工作生活上是兄弟、人生成长上是良师益友的经历。我十分珍视这种情感和友谊，也望在此与大家分享一下曾有的特有经历。

### 一、从无到有，白手起家，边科研边搭建科研实验平台

俗话讲，工欲善其事，必先利其器。当时，气象所节水农业研究方面的装备条件除了简单通用的土壤温湿度测定、土钻取土测量土壤墒情、含水量与容重、剖面测量、量雨桶以及蒸发皿等设备及方法外，测量灌溉的用水量也只是计量抽水泵流量乘以时间获得，或是计量总水表数。为了解决科研实验必须具备的灌溉用水准确计量、不同实验处理与小区

① 中国农业科学院农业基因组研究所副所长、纪委书记，研究员，曾任中国农业科学院农业气象研究所（农业环境与可持续发展研究所）研究员，气象站站长。本文作于 2023 年 3 月。

**2017年课题组新年聚会。前排右二饶敏杰**

的灌溉差异以及土壤水分运移及蒸发量监测等设施设备基本条件，久生就带领我们开始了中国农科院东门外农业气象实验站的节水农业研究的第一块小型试验场建设，根据实验需要做了试验场的设计规划，开具了所需设施条件的工作清单。由于刚回国到所，一开始科研经费很少，基本上都是采购水泵、水管、金属或PVC水暖配件、水箱钢板、喷灌喷头等材料，因此除了田间工程挖沟、蓄水箱焊接等找人帮忙加工外，所有的田间装备只要是能够自己加工或安装的都自己动手。很快研究所的试验站有了一个条件相对齐备可以用于开展喷灌、滴灌实验研究的实验场，先后购置和建设了中子仪、蒸渗仪、雨量桶等设备，购置一些钢筋、铁皮焊制可上下调节承载雨量桶支架、储水箱，铺设了PVC管道、截阀及水表等，随后各项科研任务也就相继有序开展。

## 二、严谨科学科研作风，真诚务实生活态度

科研工作一丝不苟，认真开展科研实验方案设计。从1998年开始，我先后参加了久生主持承担的国家自然科学基金项目“喷灌均匀系数对土壤水分空间分布及作物产量的影响”、2001—2003国家自然科学基金项目“滴灌施肥灌溉系统运行特性及氮素运移规律的研究”、2001—2005国家“863项目”子专题等科研任务的试验组织管理和学生指导工作。久生按照科研任务目标要求认真编制实验方案，然后把我们召集一起开会，听取大家不同

的意见建议，特别是关注各个阶段需要采集的数据要求、方法及注意事项，并明确每个人的工作分工，强调人员之间的协助配合。因正常工作时间主要用于申报项目、课题材料总结、查找文献、撰写文章与报告、参加学术交流会议、研究生院上课以及行政性管理事务等，有时只能在早上上班前、中午或晚上下班后到试验站的试验地察看不同处理小区植物长势、测量设备或装置是否正常以及有哪些问题等，及时处理相关问题，并给予具体工作的指导建议。

对待实验中出现的异常情况，严谨对待科学实验与数据。为了较好地掌握植物在不同生长阶段植株高度对喷灌在植物顶部、株间及下垫面的分布影响，以及不同品种株型及叶片直立情况对喷灌均匀度的影响，采取了分层测量承雨量，但测量数据差异较大，分布的规律性也很不好。为找到问题的原因所在，他就亲自进入小麦、玉米实验区内进行测量和察看雨量桶与植株之间的位置，分析为什么数据差异的原因。但在夏季开展田间试验，不仅要承受植株间高温环境，特别是在玉米长到1.5米以上高度后，还要承受玉米叶片对胳膊皮肤的划刺创伤以及洒落花粉花絮的过敏反应，汗水、划痕和花粉花絮的混合作用其难受程度可想而知了。

在团队人才和研究生培养方面，他更是治学严谨，率先垂范。对还没有走出校门的研究生来说，其所拥有的更多的是在课堂上、实验室或书本里学到的知识，走出办公室和实验室，特别是走到农田，面对陌生的各种农作物不仅要了解其生长发育规律和习性，还要真实地了解或知道在不同田块的土壤状况和天气条件下如何进行田间生产管理，观察和掌握植物的实际生长状况，特别是需要及时发现在环境条件发生变化以及出现条件胁迫时如何应对，有效减少作物生长发育以及对实验结果的影响，这些能力都需要学生在短期内补充完善和提升，对一些学生来讲可能比学习书本知识更为困难和费力。作为导师，无论是指导开题、中期考核、论文写作还是具体实验方案都非常严格，对其严谨和可操作性进行研判，有利于更好地实施和完成。在具体实验工作中，一方面久生耐心地指导、提醒和现场亲身示范，一同研究讨论调整实验方案措施等，关键时段和节点，放下手上的其他事务一起工作；另一方面，严格要求大家在具体实验操作和实施上必须严肃认真和严谨，还要求课题组同事和学生必须尊重项目中实验工和田间管理的农民工，虚心向他们学习。张建君、栗岩峰、王迪和宿梅双是先期培养的几个研究生，记得在开展田间试验中，除岩峰外，其他人或是因怕天气太炎热让工人代替了自己该做的事，或是为省事减少了一点采样测量次数，出现了这些情况，久生都给予非常严厉的批评，并指出作为科研工作者必须具有求真务实、实事求是、敢于挑战各种困难的精神和态度。而在生活上非常关心和理解同事，遇到困难和生病时热情给与关怀帮助，包括对实验技术员王春晖因带有两个小孩在北京，家庭收入较少和生活比较困难，故在符合规定的前提下尽量多给一些加班或出差补助等。课题组成员和学生能够感受到一个大家庭的温暖，在工作上也就有了更多的劲头和克服困难的信心。

## 三、不畏困难潜心科研，率先开启“5+2、白＋黑”工作模式

在2001年至2002年，承担了科技部公益性研究项目“风沙区灌水方式对作物需水规律的影响研究”的子专题，主要任务是在农牧交错区开展风沙区春小麦喷灌均匀系数、灌水定额对冠层截留量的影响，玉米地面灌溉、喷灌和滴灌条件下的田间水利用系数和灌水定额之间的关系研究等。该项目由中国农科院灌溉所原所长段爱旺（当时为作物灌溉研究室主任、国家灌溉总站站长）为课题总负责人，其他子课题负责人有灌溉所孙景生老师、水利部牧区水利科学研究所副所长陈渠昌等。虽然我们承担的子课题经费只有8万元，然而在整个项目的实施过程中，无论是实验基地现场喷灌、滴灌设施装备的铺设安装，还是试验过程中不同灌溉用水量分级处理、土壤水分墒情和小麦根系生长监测，以及后来发表论文科研成果等方面远远超出了所分配经费应承担的任务，为项目的顺利实施与完成发挥了很大的作用。项目实验地点在内蒙古自治区包头市达拉特旗（简称“达旗”）的水利部牧区水利科学研究所一个实验基地内，距离北京近700千米。在保证不影响北京的各项科研和管理工作的前提下，为了很好地开展田间试验研究，克服了时间紧、路途远、装备少及条件差等困难，在实验关键期每半个月选择周末去基地，开启了周一至周五北京正常上班、周六和周日到包头达旗实验基地，即现在所流行的“5+2、白＋黑”工作模式。每到这段时间，我们周五晚上九点乘坐北京—包头夕发朝至的城际列车，清晨六点到达包头，到后，吃点火车站广场小吃部的早点，然后坐上提前预约好的“专车”大约一个半小时到达基地；到周日下午我们又带着各种需要带回的东西乘坐“专车”返回到包头火车站，因晚上火车是八点后发车，若有时间，有时我们在车站附近小宾馆订上几个小时的钟点房美美睡上一觉再搭乘晚上火车。选择坐这个“专车”也是经过选择确定的一个最经济、省时和高效的交通方式，单程从包头火车站到基地40元钱包一个面包车，不仅可以乘坐3~4人，而且可以携带灌溉喷头、滴灌管线、水泵等各种实验材料、工具，还可以带回好几编织袋土样（用于在北京室内装土柱测量土壤物理特性等）和一些植物样品的分析检测，随叫随到，服务态度又好，还能听司机讲一些地方的各种信息和奇闻，比较接地气，十分划算。

基地只有一个负责安全看护的人员，前不着村、后不着店，距离最近可以购物的地方就是约3千米外达旗的一个乡镇，在那里可以买到日常所需的生活用品以及一些少量生产资料物品，但在质量保障上就很无语了，如我们买了两个潜水泵，没用两天电机就烧了，后来只能从北京买后出差时随身带去。同样，有很多实验或生活的基本必需品也只能从北京带过去。这个基地面积不小，有1 200亩地，紧靠我们选择的试验地块附近有一排小平房，就成了我们的临时住所和科研办公场地。在居住和饮食方面，只能说是管住、吃得饱，每个人有一个单人床和一张办公桌，三家单位共同分摊费用雇佣了一对夫妻负责做

饭、日常田间管理等，当时小镇市场上能够购买的蔬菜品种很少，基本上每天就是土豆、洋葱、茄子和白菜，能够吃到的肉食也只有鸡肉和猪肉，并且不知为什么，猪肉排骨的骨头又大又粗，肉的纤维也硬，吃不出一点肉的香味。有时大家在吃饭聊天时也总是风趣的讲，到内蒙古大草原来，既看不到风吹草低见牛羊，更吃不上鲜美的牛羊肉。

在那期间，我们也体验了简单、粗犷而快乐的工作与生活方式。春末初夏季节，那里是早晚凉爽，而到了中午阳光暴晒和炎热，特别是从试验地里回来已是满头大汗，在这个放眼无他人的地方，大家在简单地洗个澡后就只穿一个大裤衩，光着膀子大口大口开吃起来，享受着平时在城市和单位无法体验、也不敢体验的粗汉子生活。室外田间测量、取样及试验处理等工作安排在一大早天刚蒙蒙亮及傍晚时分，午饭后美美地睡上一大觉，下午和晚上忙着对采回来的样品进行测量和称重，各自在电脑前整理数据、分析计算及开展其他相关工作。有时大家也打打拖拉机（扑克），在地上画个棋盘、捡几个树枝或石子开始了对弈，灌溉所的张寄阳时不时地唱起歌来，刘祖贵老师还吹起一口不错的口琴—思念在家的媳妇。有时在刮西南风时，我们正在地里忙乎的时候，从达旗小镇上飘来了高音喇叭的声音，有动听的歌声，也有马戏团反复不厌吸引顾客买票观看的游说声。听种地的工人讲，这个马戏团还有俄罗斯美女现代舞表演，偶尔，大家也拿年龄最小的小孙开玩笑，问他是不是昨晚偷偷地去看表演了。尽管生活和科研条件极其简陋，但每个人都以积极饱满和乐观向上的态度做好每一件事，保障了项目顺利实施。在后来，每当我们提到那两年的科研和生活经历时，大家还是有很多收获、回味和乐趣。

## 四、收获与感受

参加久生主持或负责的科研课题和任务有五年多的时间，我不仅在节水农业专业知识和技能方面得到了很大提升，而且在组织开展相关科研试验方案策划和实施方面也得到进一步加强。一起参与的科研课题成果满满，除了发表的科研文章外，其主持的国家自然科学基金项目“喷灌均匀系数对土壤水分空间分布及作物产量的影响”很荣幸地在 2002 年获中国农科院科学技术二等奖，本人为第二完成人。另外，后来虽然没在一个单位，但在具体科研试验业务合作上也还在一直把我当作项目的一员参与一些工作，继续给我提供了一些参与学习交流的机会，在 2003 年度受聘于中国水利水电科学研究院担任博士生副导师，协助指导王迪的科研试验和博士论文，参与一些学生的开题、中期考核及毕业答辩评审等活动，至今我还在其已发展壮大的课题组及遍布全国高校、科研机构与企业有 51 位成员的微信大家庭群中，分享着他们每个人取得的一项项科研进展和成绩，特别是久生在节水领域获得的多项国际奖项和荣誉，同时也祝福和欣慰一届一届的研究生茁壮成长，不仅在各行各业岗位上发挥着人生才华，还有一个个幸福美满的小家庭，更感谢久生一直带着我与大家一起享受着延续的人生友情和真情。

# 生命中为我提灯的那个人

## ——致敬我的研究生导师

**张建君**[①]

我从小生活在偏僻的乡村，有幸按部就班读了书，直至大学毕业。我的眼界也只限于我熟悉的乡村和我学习的校园。生命像白纸一样，对人对事都如云雾一般的模糊朦胧，不知所措。李久生老师便在这云雾之中，飘进我的生命中来，为我拨开迷雾指明了方向。

1999年，我有幸到中国农业科学院农业气象研究所（现更名为中国农业科学院农业环境与可持续发展研究所）攻读硕士学位，李老师便是我的导师。还记得跟李老师的第一次正式见面是在五楼的办公室里，那天天气很好，窗台上一盆扶桑开得红红火火，格外鲜艳。李老师是北方人，方方的脸庞，浓黑的眉毛，一开口先露出笑容，说话温声细语，他的态度和蔼而又严肃。我硕士论文的选题是结合李老师的国家自然科学基金项目确定的，他给我简略介绍了自己的研究方向、科研历程以及项目的基本情况和选题的背景，并给了我一些文献和材料作参考。李老师并没有如我想象中那样告诉我具体的操作方案，而是给我指出了方向，并提出了要求。在他的指引下，我开始了硕士期间的学习，那段时间的学习和在大学校园中完全不同，正是从那时起，我才开始走进科研，了解科研。开始的学习并没有想象中顺利，从最开始的文献查阅，我就不得章法。文章读过了，却没有多少信息留在脑海里。在给老师汇报文献阅读情况的时候，也不得要领。老师十分耐心，总能从我支离破碎的汇报中，迅速抓到重点，提出问题。李老师的问题，个个直指重点，通过他的问题和指引，我逐渐明白文献阅读的重点和方法，大大提高了阅读的效率。就这样在李老师的循循善诱中，我从对专业知识一无所知开始了硕士期间的学习。跟随李老师学习的过程，让我了解到科学研究不是一蹴而就的，要有认真严谨的态度，通过勤奋地学习从基础开始一点一滴地积累。李老师的教导在当时我并没有特别深刻的感受，多年后回想起来，才明白李老师的教育方法是润物无声，让我在不知不觉中掌握学习的方法和要领，懂得要勤奋学习。

李老师的勤奋、踏实的作风是我学习的榜样和标杆，无时无刻不激励着我。记得那

① 1999级硕士研究生，现在中国农业科学院农业资源与农业区划研究所工作。本文作于2022年11月。

**2002年6月张建君硕士学位论文答辩会合影**
黄冠华 任理 徐明岗 康跃虎 尹燕芳 张建君 龚时宏 李久生 冯绍元

时老师每天都是不到8点就到办公室，阅读各种文献和专业资料，撰写研究报告。学习之余，李老师还会带我参与他的课题研究。记得春天李老师会亲自到田间取样，还会教我取样和测量叶面积、含水量等指标的方法和技巧。有一年在中国农业科学院东门外的小麦试验田取样测小麦叶面积、株高等指标。当时取完样，在试验田旁边的小屋旁，李老师、饶敏杰老师，还有管理实验的王春辉老师和我围坐一圈，李老师一边测量一边给我讲解测叶面积的方法，叶面积指数的计算方法，还教我如何制作记录表格，记录实验数据。李老师对待每一项试验都十分认真，从实验设计到实施，每个过程都亲自操作，李老师的勤奋，对科研的认真和严谨的态度让我敬佩，也让我明白要认真做人，踏实做事。

土柱试验是我选题研究重要的一部分，在李老师的指导下，我使用的是15°的有机玻璃土柱模拟滴灌的土壤水分和溶质运移，土柱是当时李老师从西安理工大学获得的，十分珍贵，当时北京也只有一个。最初的试验以及取样测量都需要我自己摸索方法，记得当时取样时要把土柱打开，为了提高试验精度，取样网格要尽可能的小，在小范围内取样，工具是十分重要的。最开始，因为工具不当，直接影响取样的效果，后来有一次跟父亲聊起取样的困难，父亲详细询问了我试验的情况，并用不锈钢管帮我制作了取样工具，我十分欣喜地带着工具回来，使用后效果非常好，给李老师汇报后，他对我勇于探索，能主动想办法解决问题提出了表扬，还对我老父亲的支持表示感谢。试验过程中，遇到的问题着实不少，从取样工具，到流量控制，在当时条件比较简陋的情况下，都是难题，我不断去找李老师请教，他从来不是直接给我答案，而是一步一步帮我分析，找到问题的根源，引导我想办法解决问题。在一个一个小困难被解决的过程中，我也不断成长。李老师的这种循循善诱的教育方式，让我懂得面对困难，不能退缩，要主动思考，因为每一个困难都是教会我成长的一次历练。

在学习生活的过程中，我总能不断地发现自己进步，为自己收获感到高兴，但很少会去反省和认识自己的无知。土柱试验进展十分顺利，一次做完实验后，我的一个无知的举动，造成了一个重大的错误。一次试验完成后我照常清洗土柱的每一块有机玻璃，清洗完后擦干，这时候我突发奇想，为什么每次都要自己擦干呢，要是放到烘箱里烤干不是又省事又干净，这么想了，我也就这么做了，把一片片有机玻璃放到实验室烘箱中，温度调到30℃进行烘干。我还没来得及为自己的好主意喝彩，就被现实狠狠地打了一棒。10分钟后，当我把土柱从烘箱中取出时，发现土柱温度好像不止30℃，有点烫手，随后我就发现了一个非常严重的问题，组成土柱的有机玻璃片变形了。我存着侥幸心理，尝试着把有机玻璃片组装起来，不管我如何努力，原来能严丝合缝组装起来的土柱，已经无法组装了，每一片有机玻璃都因为高温的烘烤而变形。我知道，我闯祸了！这是我唯一的一个试验工具，李老师把土柱交给我的时候就告诉过我，目前北京也就只有一个这样的土柱，还是他千辛万苦搜罗来的。在纠结了半天后，我只能硬着头皮找到老师承认了错误。面对我奇葩的错误，我以为李老师一定会狠狠批评我一顿的，结果他什么批评的话也没有说，只是给我讲了实验室常用的烘箱，一般温度很难控制十分精确。另外，有机玻璃制品是不能高温烘烤的。这些应该都是常识性的问题。随后，李老师立即联系了西安理工大学的专家重新定制试验土柱。在去取土柱的火车上我还在反思，这件事不但暴露了我的无知，也让我知道做事情要谨慎，考虑问题要全面，更让我懂得做人要谦逊，时刻反省，发现不足，并不断学习，这样才有能力把握和面对各种问题。

研究生三年的生活过得很快，转眼就来到了毕业季，我也进入了撰写论文、准备答辩的阶段。硕士论文的写作过程是漫长而且艰难的，我从一张白纸开始学习论文写作，从语言文字的运用，到表格图片的使用，都是从什么都不懂的状态开始，现在想想，实在感谢李老师的耐心教导。我已经记不清论文修改了多少次，每一次的修改和进步都是在李老师细致耐心的指导下获得的。记得我每次发给李老师修改后的论文，他都会很快给我反馈，并且会对每个章节、段落都进行详细地批改和标注，必要时李老师还会当面给我讲授修改意见。在老师一次一次地批改中，我又一次感受到李老师在科学研究中认真严谨的工作态度和踏实勤恳的工作作风，这也逐渐成为我做人做事的标杆和一生努力的目标。

研究生期间是我世界观和人生观逐步形成的阶段，我很庆幸能在这时跟随李老师学习，李老师认真严谨的工作态度，踏实勤恳的工作作风深深影响着我，让我懂得如何做人，如何做事。毕业后很遗憾没能继续跟随李老师做研究，但李老师崇高的师德，渊博的知识，高超的教学艺术和那颗慈爱的心，无时无刻不撞击着我的心灵，李老师授予我的是我人生中永远珍藏并践行的“珍宝”，是我人生的指路明灯。

# 追忆解惑，感恩授业，铭记传道

## ——致敬我的恩师

1999 级硕士研究生　闫庆健[1]

自从听到李久生老师要在退休前写一本书，对自参加工作以来在学术研究、研究生教育和社会活动等方方面面进行回顾总结的想法，并邀请他的学生们写一点回顾性文章的时候，我虽欣然答应，却迟迟不敢动笔。除了年代久远需要慢慢回忆的原因，还有就是如何从我与李老师二十余年浩瀚的交往历史中提炼精彩片段也需要细细斟酌。其间，为了还原历史原貌，我还特意邀请李老师座谈了一次，并给一些老师和同学打电话求证过往细节。利用近一个月的时间边回忆、边查资料、边打腹稿，今天终于开始落笔，挑选几个自认为最为精彩和值得回忆的片段叙述我与李老师深厚的师生情谊。

### 一、拜师——缘起

1998 年，已经本科毕业两年的我，时常于周末回中国农业大学东校区找当时在读硕士研究生的大学同学严海军玩耍，受他经常在周末也不放松学习的影响，我萌生了读在职研究生的念头，但是在选取攻读专业时犯了难，因为我在出版社工作的关系本来想攻读农业宏观经济专业的，但是严海军建议还是攻读跟大学专业相近的方向，因有专业基础学习起来不太吃力，于是我采纳了他的建议。随后到中国农业科学院研究生院报名，得知有农业水土工程专业，并有为数不多的几个专业老师，其中就有李久生老师，我让严海军帮我参谋一下，他在征询他的导师许一飞老师的意见后向我推荐了李老师。之后，我冒昧地给李老师打了个电话，提出想报他的在职研究生，李老师在了解我的基本情况后欣然答应。那一年是李老师培养研究生的开山之年，我成为李老师开门弟子中的一员，也开启了我不断从恩师身上学习科研极虑专精、治学严谨求实、为人胸怀宽广、处事真诚乐观等科学家精神的心路历程。

### 二、出版图书——传道

攻读硕士学位期间，因我在出版社工作的原因，李老师把他前 2 部专业著作均放在

---

[1] 1999 级硕士研究生，现在中国农业科学技术出版社工作。本文作于 2022 年 11 月。

中国农业科技出版社出版，分别是《Sprinkler Irrigation：Hydraulic Performance and Crop Yield》(2000)，《滴灌施肥灌溉原理与应用》(2003)。

在2部图书出版期间，我记得李老师有几次专门来出版社谈出书的事，在谈到编辑工作时，他提出编辑要提升文字功底和科学素养，要在保证文字流畅、无差错、读得懂的前提下尽量保留作者的文风，而不是想怎么改就怎么改。对于专业图书要尽量利用专业知识查漏补缺、纠正原稿的错误，为此他举了一个例子：一个专业期刊编辑在李老师投稿的一篇文章中发现了某个公式的推导错误，李老师不但不生气反而非常高兴，他说非常佩服这个编辑的学术水平和认真负责的态度，因为文章正式发表后，其中的任何差错都会成为作者的遗憾和懊恼，但是如果编辑帮他解决了这些差错，作者就会很感激。

还有一次，李老师与出版社美术编辑探讨封面设计问题，当时计算机设计封面刚刚取代手绘封面，处于起步阶段，李老师发现显示器上看到的封面与打印出来的小样色差比较大，他担心封面实际印刷出来的效果与设计效果不一致而影响美感，问美编能否解决。美编表示确实存在这种情况，封面的色号在他脑子里，只有他亲自到印刷厂监印才行。后来图书出版后封面颜色效果达到了李老师的要求，令他比较满意。

以上两件小事彰显了李老师深厚的文字功底、严谨的学风和一丝不苟的工作态度，给我留下了深刻的印象，对我后来从事出版工作的事业心、责任心和工作态度产生了潜移默化的影响，可以说让我受益一生。后来我在给出版社新编辑培训时提出的"作者无小事、出版无小事"的警示与要求，就是这种潜移默化影响的结果。

## 三、收割小麦——实践

上学期间较难忘的另一件事是收割小麦。我虽只在2003年毕业季参加了1次，但印象非常深刻，现在回想起来脑海里交织着割麦子的唰唰声与师生间的欢声笑语，成片金黄的小麦随风摇曳，呼吸间仿佛还能闻到沁人心脾的麦香，让人心旷神怡、闭目沉醉。

20年前，中国农业科学院东门外有几十亩试验田（现国家农业科技创新园），其中有一片属于原气象所。李久生老师和时任气象所实验站站长的饶敏杰老师利用其中一小块约30m×60m的试验田试种小麦，用来做测算不同灌溉方式对小麦产量影响的试验。这块土地平常由气象所王春辉打理，只是收获时因要抢时间，才需课题组集体参与收割。6月上中旬一个炎热夏天的早上，整个课题组7~8人在李老师和饶老师带领下收割小麦。李老师给每个人分配了镰刀和草帽，并给每个人划分了收割区域，各负其责，虽然我读高中时在天津农村老家收割过水稻，但是技术上还是有些生疏，李老师不厌其烦地指导我，一边教我怎么弯腰省力气、一把割多少小麦效率最高、镰刀下什么角度最锋利，一边亲自示范，通过慢慢实践，大家都逐渐掌握了收割技巧，热火朝天地干了起来，唰唰的割麦声此起彼伏，时间久了，汗珠浸透了衣服，直到滴落在麦秆上也无人察觉。今天的我回想起那一天割麦的情景，脑海中没有一丝的劳累感，反倒是满满的收获感和幸福感充斥其中，就如同《老人与海》中的桑提亚哥钓到大马林鱼的感觉，过程的苦难与收获的喜悦交织，让人甘之如饴、回味无穷。

## 四、撰写论文与答辩——授业

在攻读硕士研究生期间，上课、写作业对于我来说不算什么困难，撰写硕士研究生论文和准备答辩才是真正的挑战。我的硕士论文题目是《灌水方式对风沙区水分利用率的影响》，论文所有试验数据采集均在水利部牧区科学研究所内蒙古达拉特旗试验基地进行，试验期间，因我工作性质所限不能经常出差，同时还要照顾有孕在身的妻子，李老师就让其他老师和学生帮我记录试验数据，减轻了我的负担。同时为了提高计算的时效性和准确性，李老师专门购买了SRFR406软件，帮助我进行水分利用率的数学模拟。在论文评审前李老师邀请华北水利水电科学院德高望重的窦以松教授帮我把关，在论文的规范性、科学性和系统性等方面进一步提高了质量。论文答辩时正处于2003年“非典”盛行时期，基于安全原因李老师邀请了京内的龚时宏、李玉中、刘晓英、李益农、刘钰等老师作为答辩专家，地点选在中国农业科学院气象所会议室。毕业后我与李老师联合署名的文章——《地面灌溉水流特性及水分利用率的数学模拟》2005年在《灌溉排水学报》发表。

## 五、传承——感恩

岁月如梭，20 年如白驹过隙。以上几件事，对于李老师来说可能是非常平常的小事，毕竟他几十年来培养了 30 多位研究生，但是对于我来说意义非凡，惠泽深远。学术研究上，李老师严谨、科学、有一说一的治学精神感染了我，让我以“师”为镜，他曾经跟我说：“我今天这样要求你们，因为我的老师也曾是这样要求我的。”所以，这其实是一种潜移默化的师生门风传承，不经意间，中华民族优秀的治学态度在一代代学生中生根发芽、开花结果、产籽传播。社会交往上，李老师和师母孟老师都是心胸宽广、与人为善的人，他们真诚待人的态度让我敬佩。生活中，李老师真诚、乐观、风趣、幽默，关爱学生，没有架子，爱开玩笑，与他交往的人不经意间都会有如沐春风的感觉，这是高尚的科学家精神和个人修养的体现，是为人师表的表率，是人格魅力的彰显，感染着包括我在内的所有弟子，内心立志向他学习并身体力行。

虽啰啰嗦嗦写了这么多文字，但实未表达出我内心深处对李老师敬佩和感激之情的十分之一。在李老师退休之际，最后谨以小诗聊表心意，祝李老师和孟师母身体健康，阖家幸福，万事如意！

莫道桑榆晚，为霞尚满天。

德为举世重，名高比群山。

# 二十年点滴念师恩

**白美健**[①]

时光荏苒，岁月如梭，突然回首，距2002年初入师门时已经整20年了。很幸运2002年有幸成为李久生老师指导的第一位博士研究生，李老师渊博的学识、严谨的治学态度、强烈的责任心、锐意进取的科研精神和正直宽厚的为人，无不令我钦佩，也成为我人生路上的指路明灯。

初入师门时，老师对学生严格的要求让我心存怯意，还记得第一篇小论文发给老师后，老师密密麻麻的红字修改让我心怀感激的同时也倍感自卑，从文献引用等格式要求到结论如何归纳总结等科研思维老师都给出详细的备注修改，字里行间无不体现老师认真的科研习惯和严谨的治学态度，也让我意识到了自己在科研方面的严重不足。因为我是在职博士，论文选题结合了所里整体的项目安排，论文方向最终确定为精细地面灌溉技术，而李老师的专业方向是喷微灌，为此，李老师还专门从图书馆借了大量的地面灌溉方面的文献。盯着厚厚的一大摞绿皮书（记得当年查阅文献不如现在方便，从水科院图书馆借阅的期刊是全年装订成一大厚本的，绿色硬封皮），我内心不由自主地被老师认真负责的态度所震撼，为了更好地指导学生论文，作为学识如此渊博的老师对自己不太熟悉的专业都能广泛查阅文献认真学习，而我一个半罐子水都没有的学生难道不应该认认真真踏踏实实地广泛阅读文献吗？在老师的影响下我也强制自己大量地泛读相关专业的英文文献。

2003年栗岩峰和王迪师弟同时考入李老师门下攻读博士学位，还记得师弟们刚入学时，李老师带着我们去中国农业科学院试验基地，给我们详细讲解了科学试验的目的和试验基地当时的试验观测项目及各类仪器设备的使用等，老师渊博的知识、敏锐的思维和创新精神深深地吸引了我，什么是科研，对当时的我而言是懵懂的，老师的实地耐心讲解和指导，让我对科研的理解有一种醍醐灌顶的感觉。

博士毕业后继续留在水利所工作，尽管和老师不在一个研究团队，但在我心里老师就是一棵能随时为学生遮风避雨的参天大树，是我科研路上强力的后盾，不管学习工作中遇到什么技术难题，第一个念头就是赶快问问老师吧。

---

① 2002级博士研究生，现在中国水利水电科学研究院水利所工作。本文作于2022年11月。

**2007 年 5 月白美健博士学位论文答辩会合影**

龚时宏　杨培岭　康跃虎　茆智　白美健　赵竞成　费良军　缴锡云

回首过往的 20 年，老师不仅是我科研的引路人，也是我学习工作和生活的榜样！一路走来，感恩老师在学习和工作方面给予的无私教诲和指导！感恩老师在生活方面给予的大力支持和帮助！感恩老师在我低谷彷徨时给予的信任和鼓励！

# 中国农科院东门外的那片麦田

**宿梅双**[①]

在寸土寸金的北京，每每开车路过北三环的联想桥，总会看一眼桥南的那一片麦田，我也会和自己的孩子说起好多年前妈妈就在这里的麦田做实验，收集数据完成了自己的研究生学业。虽然过去了很多年，西南角的那片麦田已经被一片现代的温室大棚代替，看不到曾经一小角的试验地，但只要路过我总会驻足留恋片刻，回味我的青葱岁月。

我是一个土生土长的城市女娃，从小就没进过田地，但是上大学阴差阳错选择了农田水利专业，又来到了北京继续深造读研。研究生期间我有幸认识了李久生老师，在三年的研究生期间指导我完成了自己的论文和学业。就是在那个时候我从五谷不分开始走进了中国农科院那片麦田里，种植夏玉米，种植冬小麦。让我不仅完成了学业更丰富了我自己的人生体验。一晃眼这么多年过去，我对李老师的印象还停留在他四十出头意气风发，精力充沛的那个年代，好似他一直是这般从未离开过科研一线。

那个时候的我虽然对做科研是什么还有点懵懂未知，但好在能吃苦，每天骑车从中国农大到中国农科院，进麦田记录数据，从夏到冬，从冬到夏，夏天种植夏玉米，秋天收获后又开始种冬小麦，在冬小麦的生长季节接着做实验，直到来年小麦收获。夏天怕蚊虫叮咬穿着厚厚的长袖，冬天怕骑车冷捂着厚厚的棉衣。每天骑车来回下地收集数据，干完这些体力活，真的是吃着中国农科院的大馒头都格外香。每到一个阶段找到李老师分析数据，讨论论文思路，李老师看着我不禁都感叹：小宿做实验做的又黑又壮。现在想来李老师对我也有点无奈吧，搞科研开窍慢，但是还能吃。做论文做的又黑又壮的，指导起来费了不少工夫。回想起来我那个时候数据做出来不少，但是不太会分析，都靠李老师手把手地教着如何看数据，如何分析，一点点地琢磨论文的框架和思路，从小论文到毕业大论文。从一个不懂科研为何物的本科生顺利完成研究生毕业的论文。印象中的李老师一直温和有耐心，从没对我发过火。

回想起来自己做的差距还是很大的，但李老师也从未在我面前流露出不满的情绪，我就在懵懵懂懂间顺利毕业了。但是那片麦田却留给我人生最丰富的感受。当年的试验虽然苦虽然累，虽然条件有限，但现在回想起来总是甜甜的记忆，是人生最美好的一段奋斗时

① 2002级硕士研究生，现在中国科学院生态环境研究中心工作。本文作于2022年11月。

**2005年6月宿梅双硕士学位论文答辩会合影**

冯绍元　黄兴法　龚时宏　丁跃元　宿梅双　康绍忠　李久生　李光永

光。那些年李老师的科研工作有很多都在中国农科院的那片麦田中完成。每当路过，我总能回想起那段时光，回想起李老师在田间指导实验，同门师兄弟在大棚中辛勤工作，自己走进田间测量数据的一幕幕工作场景。时光荏苒，一转眼我都已经是四十不惑的年纪，但我对李老师的印象似乎停留在了那个年代，好似李老师一直年轻，一直辛勤工作在科研一线，中国农科院的那片麦田成了我一生难忘的回忆，而李老师则成为了麦田中温暖的一道阳光。

# 陪伴与见证

**栗岩峰**①

在李老师的学生中，我是入学较早也是跟随时间最长的，虽然不是老师的开门弟子，但我和王迪是李老师实际指导的第一届博士研究生，所以很荣幸在我们 WatSavLi 的群里还能让大部分同门叫声师兄，这声师兄让我时刻感受到课题组大家庭的亲切和幸福感，也让我感觉到维系好这个大家庭的一份责任。从入学读博、留所工作、到加入课题组跟随老师报项目做课题，不觉快 20 年了，老师即将要退休，我也早已不再年轻。少年时对于理想的向往，对于事业的追求，老师对我的殷殷期盼，实现的和没有实现的，很多都已成为过去式，也没有了重来一次的机会。唯一能让师兄弟们常常羡慕的就是，能够一直陪伴在老师的身边，时时能聆听老师的教诲，事事能受到老师的庇护，也有幸亲历和见证了课题组的创立、发展和壮大。

我是工作几年后才又读研究生的，因为有过几年教师工作经历的缘故，对师生情谊也有较深的体会，然而对“师门”的概念却是从读博士起才有了真正的认识。每一届研究生入学时，李老师都会在课题组会议上谈研究生培养问题、谈学术传承、谈师生关系和课题组合作与管理模式。在 2012 年前后，李老师在课题组会上第一次正式提出了师带徒、徒带生的培养模式，这既是源于多年培养研究生的探索和总结，也是对李老师自己在研究生、留学和博士后阶段所学的传承和发扬。李老师的硕士、博士和博士后导师都是国内外大家，可说是师出名门。在课题组会议上，李老师多次给我们讲授余开德先生对宏观问题的精准把握能力、河野广先生广阔的国际视野、雷志栋先生引导团队共同努力、营造团队合作精神的卓越学术领导力等，让我们身临其境地感受到大家风采，也是对前辈师长学术品位与风格的传承。从李老师和各位前辈师长的身上，我看到每一位志在立德树人、爱惜自身声誉、谋求长远发展的导师，都会发自内心地认可师门学术传承的重要性，潜移默化地将其贯穿于培养过程的始终。

跟随李老师攻读学位，不仅在专业知识和科研能力上得到悉心传授，更有对今后工作习惯、行事风格乃至三观的打磨重塑。我个人感受最深的就是李老师对计划性的要求，尽管我至今仍不能做得很好。李老师经常说凡事预则立、不预则废，没准备就达不到要求，

① 2003 级博士研究生，现在中国水利水电科学研究院水利所工作。本文作于 2022 年 11 月。

**2003 年 10 月栗岩峰、王迪博士学位论文答辩会合影**

龚时宏　冯绍元　刘培斌　栗岩峰　李英能　雷志栋　王迪　康跃虎　许迪　李久生　李蓓

任何事情都要有计划。在课题组会议上，老师时常告诫大家要树立远大的目标，并付诸行动，有方向、有计划、有措施，还要学会谋划。刚上班时，李老师告诉我要踢好头三脚，为今后在单位和行业的发展打好基础；工作几年后，李老师提醒我说要克服懈怠，要明确目标、要定计划、要坚持住、要咬住。在忙于找项目、挣人头费时，老师说要克服眼前困难，坚守科研本心；没项目时老师说要利用难得的空闲静下心来总结成果、出文章、思考下一步的方向。老师这么教导我们，自己也是率先垂范，许多大部头的著作包括被奉为经典的滴灌水肥原理的书都是在项目空档期或新型冠状病毒肺炎疫情期间完成的。2015 年前后，李老师发现课题组内拖沓风气有蔓延的势头，论文、报告很多不能按时提交，老师为此多次召开组会谆谆告诫大家要按计划从事，号召大家要拒绝平庸、信守规矩。经过多次的谈心、交流、组会，遏制住了拖沓风气，在随后的基金重大项目实施上，课题组年轻骨干带领博士和硕士研究生，在新疆开展 3 年研究，在项目成果和年轻人才锻炼培养上都取得了可喜的进展。

李老师虽成名很早，但早年只醉心于科研本身，对名利的关注和对圈子资源的培育上都不太上心，随着课题组的发展壮大，也逐渐意识到在目前的大环境下课题组要想有更大的发展，必须在奖项和人才计划上有所突破。所以，直到 2020 年前后才开始筹划申报国家奖和院士的事情，但受限于各种不可控的因素，虽离目标都很接近，至今还未能成功。李老师始终对这些事情非常释然，更关注的是课题组的发展和年轻人的培养，对多年来科研本心的坚守从未后悔，对甘坐板凳十年冷的决心也从未动摇。2008年，在课题成果的鉴定会上，雷志栋院士作为专家组长在最后的总结发言时非常动情地说，对于课题组能够坚持一个方向深入研究近20年，踏踏实实，持续钻研，要表达深深的敬意。雷老师的发言让在场的专家都为之动容，更让我们课题组成员深受感动，作为课题组的一员、作为老师的学生我深感骄傲和自豪。

李老师说师生关系的最高境界就是亲情，这二十年来，敬爱的老师、慈爱的师母早已成为我生活中的亲人，生活中的点滴关怀，逢年过节时的欢聚，困难时毫无保留地帮助，快乐时第一时间的分享，对于我这样从外地来北京扎根的年轻人来说，时刻都感受到了家的温暖和亲人的体贴。老师在一次课题组会上分享过的一句话让我至今难忘，“要知道，不是每一个有才华、有见识的人都愿意来评价你，都愿意如父亲一般给你最真诚的扶持”。在老师即将退休之际，课题组大家庭的各位亲人定当珍惜过往、坚守初心、奋力前行，李老师始终会陪伴大家向成功的彼岸挺进。

# 时间永不停息，探索未知的广度和深度

## ——忆久生老师谆谆教诲，萦绕耳畔

孟一斌[①]

2022年10月6日，全球新增新冠肺炎确诊病例1 275 902例，累计确诊620 391 360例，新冠疫情肆虐全球，成为21世纪世界面临的最大危机。

望着楼下救护车呼啸而去，尾灯拉起一缕流彩，“大白们”机械地将棉签捅进喉咙，在那一刻，思绪将我拉回到19年前，那个春夏之交的时节。与现时的情境何其相似，那一年，一场“非典”席卷了全球，恰值我在京参加研究生复试，也是后来才了解到，彼时的北京，“非典”疫情达到了峰值，新闻上天天播报着小汤山医院不断在收治“非典”病例。而当时的我，参加完复试，就回到了家乡那座冀南小城，帮助朋友的房地产公司探市场、理流程、扩影响，天天悠哉悠哉骑着小电摩，穿梭于遍布脚手架和钢筋混凝土的丛林里，脸上泛着光，对未来有无限多种畅想，对明天抱有各种可能。5月偶然的一天，母亲在家中接到一位据称为李老师的电话，告知我已被中国农业大学正式录取，而他是我的硕士导师。这应该是我跟久生老师的第一次接触，听母亲回忆，老师操着跟我们同样的乡音，语气和善，逻辑清晰。虽未谋面，但对老师无形中增添一份好感。

2003年9月12日，辞别了父母，踏上列车北上，来到了美丽的中国农大校园。研一的公共课学习颇有些类似于大学生活的延续，但京城的大学生活显然要精彩更多。对于地方院校来京的学子，见识到了更广阔的世界。授课老师不再拘泥于课本上的内容和传统的教学方式，而是会下发最新编写的讲义，采用专题报告讲座，让我们了解到最前沿的知识和进展；课程考查也不限于闭卷考试，而是大多采用开放的形式，参加seminar讨论，撰写课程论文，制作PPT汇报成果。久生老师当时的要求更多是知识框架的丰富及科研思维的树立，记得入学不久，老师给了两篇刚发表的SCI论文以及一本“Fertigation”的英文专著，那对我而言，无异于天书一般，那个年代也没当下这么充沛的AI识别工具，只好搬着字典单词叠单词地去啃这些大部头，虽然无法窥得全貌，但也算朦朦胧胧地了解了一些梗概，认识到久生老师这些先行者已向未知世界做了大量的探索，而我们这些后辈沿着前人的脚步，能看到更远的世界便足以受用终生，自此，沿着久生老师“求学而精，求

① 2003级硕士研究生，现在中电信数智科技有限公司工作。本文作于2022年11月。

**2006 年 6 月孟一斌硕士学位论文答辩会合影**

袁林娟　张昕　许迪　孟一斌　李久生　龚时宏　李光永

知而果；踏实做事，诚实做人”的教诲，开启了科学殿堂的大门。

那应该是最好的时光吧，我们褪去了大学生的青涩，被时代裹挟半推半就着进入了社会。农大东校区地处学院路，有知名的八大学院，且西行不远就能到达 T/P 两座顶尖学府，校园里充满了青春的气息，且那也是互联网即将步入爆炸式发展的年代。我生性好友，所以时常有求知新知的学伴，来京深造的同学，出差转车的哥们儿，成群结伴，痛快畅饮，好不热闹。高校教育网的带宽更是教育了我什么是上网冲浪，我们追着新鲜出炉的美剧，各类搞怪的综艺，还不忘紧跟时事热点。总之，有用不完的时间和耗不干的精力。但很快，我就见识到了李老师的威严和细致。时值研二开题报告，我是自律差又遇上拖延症，印象中临答辩头晚熬到天色泛白才拼凑出一版 PPT，汇报现场可想而知有多惨烈，从报告架构、逻辑、内容、文风乃至字体格式，都被老师批了个体无完肤，应该算是我识字以来所面临最大的窘境。后来老师还是宽慰了我，并说出影响我至今的一句话：作为一名科研工作者，所呈现的工作一定要 professional，要对自己负责任。

记不清修改了多少版本之后，正式开始了我的实验之路，初始还是以研读文献为主，去熟悉科研的体系和流程，以及如何有逻辑地去形成科研成果，每两周从中国农大西门坐上 748 去水科院汇报心得和体会。应该讲，我是幸运的，在高校构建了扎实的公共课和专业课知识体系，又得以在科研机构得到全方位的研究资源。2004 年底，作为第一位常驻中国水利水电科学研究院水利所大兴实验基地的研究工作者，正式开启了实验征程。当时的日子，充实而自在，我研究的是施肥装置的水力性能，个人独享1 000平方米的实验大厅，标定等实验在投资千万元量级的分析实验室完成，走过田间地头，与松土取样的师兄弟泯然一笑，坚定我们都有美好的未来。后来基地做实验的研究生越来越多，人气旺得不得了，四处一派热火朝天的劳动场面。而我随着室内装置实验告一段落，开始投入大田实验的工作。主要分两部分，其中一项是与河北省南宫市水务局共同开展的棉花大田滴灌性能研究课题，那是2005年7月，虽然只是短短的一周，但居然暴雨、酷暑和沙尘暴交替出现，不由想起那句老话，“天将降大任于是人也”，至此心安，也所幸实验成果未受太大影响。9月，在中国农业科学院东门试验田开展滴灌均匀性测试，隔条马路就是“世界最贵玉米地”，每晚完成实验，蹬车回中国农大，路过那片农田，再穿过联想桥，望着均价近万的平层塔楼，充满了现实的魔幻。

而今我已步入不惑之年，工作和生活中难免会遇到困境和难事，但第一次真正感受到压力的，还是撰写毕业论文那段灰色的岁月。如上文所讲，李老师给了我最富足的实验环境和条件，我的实验内容、工作量和数据是最完整和系统的，但可能自我的科学素养不足，犹如孩童站在金山前却手足无措，我个性也好强，为了不辜负老师的期望，把国内外可以收集到的资料都拢了起来，期望能从中寻取有价值的产出，但实际上收效甚微。幸得老师及时给予纠偏，亲自出手给引到了正常的路径里来，论文得以发表，毕业答辩也顺利进行。在之后，所参与的课题研究和实验成果经过老师团队的进一步锤炼，发表了高质量的文章、专著，也获得了诸多奖项。虽然至今对那段研究生涯未能达到老师的期望而引以为憾，但老师并未苛责，还是赋予了正面的评价，在此，感谢老师和课题组的认可和关怀。

或许是对科研的认知出现了偏差，也或许是更想去外面的世界看看，硕士毕业后我就直接参加了工作，从事水利信息化领域直到现在。工作后的一段时间，奔波于生计，也辗转更换了几家机构，跟李老师的联络并不太多，虽然也了解到老师的成就得到国内外的认可，担任了顶级期刊的主编，获得国内外知名的奖项，岩峰师兄也担起大梁，为课题组丰富了团队和成果，为老师和课题组真心的高兴。近些年，随着所从事的工作逐渐成熟和外延，跟老师和课题组逐步建立了一些往来，无论是工作还是生活中，老师还是一如既往地给予了支持和帮助。一日为师，终身为父，现在跟老师交流再不像当年那个愣头青一样莽撞，但敬重是发自心底的。李老师的成就在农水细分领域是国际顶级的，老师的口碑和为人在业内是广受赞誉的，老师的团队也保持了本色，低调、踏实，严谨。

回望同久生老师求学的岁月，我最深的感触是，我们不会忘记自己受过的教育，过往的经历，形成的认知观和思维理念，是这些东西构成了我们深植于生活世界共同意义的根基。是这根基，让我们即便在日后的人生中经历了坎坷，尝试了富贵，看尽了繁华，领受了嘲讽，也不会轻易洗去那层“成长”的底色。

在李老师职业生涯再次踏入新阶段的时刻，我想祝愿恩师康乐如意，万事顺遂！

# 奋斗的青春不迷茫

**计红燕**[①]

时间流逝之快，如白驹过隙，不舍昼夜。记忆当中敬爱的李老师还是风华正茂，日夜奔走在科研工作的道路上，毫无感觉地迎来了李老师的退休季。

打开记忆的大门，时间轴退回到自己的学生时代。想当初看到李老师时我内心哇噻，好年轻有为的老师呀！还了解到老师曾出国留学，早早的就是博士研究生导师，讲一口流利的英语，在我心里真是神一样的存在。刚入学时，除了要每天完成规定的课程和作业，李老师还要求看论文，写读书报告，还要看英语论文，由于当时英语翻译软件还不全面，作为一名菜鸟感觉自己挺困难。每周半天的自习是要去老师那里报到的，每次都紧张忐忑不安，看到别的师哥师姐分析之透彻、全面，就觉得自己做得不够好。一回想自己还是一直持续努力中，没让自己以后产生遗憾。这期间李老师还争取一切机会让我们去参加各种讲座或科研报告会，虽然当时听的云里雾里，但这些难得的体验都是自己宝贵的财富，多感受、多听、多看都会在自己人生道路上种下种子。

这样的生活大概过了一年，老师就确定了我的论文课题。一切从零开始，我这一个从小在城里长大的人，要和土壤、水肥打交道了。与和我同期的其他同学一起来到了水科院的大兴试验基地，基地很大，种着玉米、番茄等，还有好多让我感到神奇的科研仪器，看着这诸多的神秘机器瞬间觉得自己的事业很高大上，还有种自豪感。已经有些比我大的师哥师姐每天辛勤地长在试验田里，细心呵护着种的各种植物，生怕有什么闪失。我很幸运，试验用的容器老师已经备好，其余的就要靠自己了，锻炼的机会来了，周末我就跑到各种市场去寻找用具，虽然有些当时也不是太满意，但是也尽力了。万事开头难，准备工作就绪后，就开始正式做试验了，需要把土壤一层一层压进容器里，这不仅是个力气活还是个技术活，土压得不紧实试验就会失败，一边做一边积累经验，任何工作都需要细致分析学习，同时也不能太紧张。经过李老师教导，大家的促膝相谈，一点一点地就进步了。每隔一段时间，李老师就要求我们去汇报，总想把美好的呈现在老师面前，但是好像并不是很优秀。期间也犯错误，好在老师并没有严厉训斥，指导我看一些论文，再求教一下别人，好在基本也都改正了。创新、思维的活跃等这些当时一些纸面上的词语，当转化为实

---

① 2004级硕士研究生，现在辽宁省本溪市桓仁县财政局工作。本文作于2022年11月。

**2006 年 6 月计红燕硕士学位论文答辩会合影**
许迪　李光永　张昕　李久生　计红燕　冯绍元　龚时宏　苏艳平

际时，才发现尤其重要、可贵。我想在李老师这么多年的科研学习工作中，除了自己的不懈努力外，同样离不开大胆、创新、走别人不敢走的路。

一年的大兴试验生活忙碌、充实，回想起团队一起奋斗的场面，内心觉得无比满足，似乎互相请教说笑的场面仍在眼前。青春的岁月朝着一个目标前进，撸起袖子加油干。科研的道路上容不得半点马虎，试验做得好，数据分析也绝对重要，当回首以前论文的描述分析才觉得不清晰、不全面，图表不够美观，试想任何科研课题都需要付出大量的精力才能做好。科研的思维也需要逐渐练习，在此勉励起步的科研工作者们不气馁、不放弃，终将取得美好的结果。就这样，跌跌撞撞的两年学习生活结束了，李老师曾说研究生两年时间太短了，想做好一个课题时间不够。估计我算是幸运地混到手了毕业证和学位证。相比李老师许多的优秀学生，我真真是最普通的一位，面对像李老师这样大师级别，我如沧海一粟，感念这段最美好的学习生涯，是我一生最宝贵的财富。

简短朴实的回忆，似乎将自己拉回到那段青春岁月，回首才理解“奋斗的青春不迷茫”，人生何其短暂，定好小目标努力奋斗，实现自我的人生价值，哪怕是在普通的工作岗位上，活出自己的精彩，反以鼓励年轻一代的学者们，尤其像我一样的小白们，只要热爱这项事业，就勇敢地奋斗下去吧！

# 师恩永泽

**孔 东**[①]

今年10月接到恩师李久生老师传讯："四季的更替似乎比预想中更快了一些，在记忆还停留在与课题组诸位促膝相处的时光时，不经意间已进入退休时节，在退休之际，对近40年来的工作做个总结，给自己一个交代，也给一起奋斗的朋友和学生们一个交代"。看到信息的我一时感慨良多，时光如流水，转眼李老师已到了退休的年龄了啊！我的记忆穿过时间的长河，停留在与李老师一起做课题的时候，往事如昨，点点滴滴清晰回映在脑海中。

1998年9月到2004年7月我就读于内蒙古农业大学水利与土木建筑工程学院，在攻读硕、博士期间主要从事农业节水、作物与水分关系与土壤水盐运移的研究工作。毕业后我想进一步深造，想到我国最高研究机构更进一步地提升自己。李久生老师长期致力于节水灌溉理论与技术的研究与开发，在灌溉原理与技术、灌溉水肥管理原理、再生水安全高效利用技术、节水灌溉设备研发等方面引领我国学术前沿。我成功申请了中国水利水电科学研究院博士后，进入李久生老师团队从事博士后研究工作，非常幸运地成为了李久生老师的第一位博士后。

李久生老师外形儒雅、帅气，喜欢常年穿西装，亲切平和。我与李久生老师的师生情缘起于难忘的2004年那个炎热的夏季。那年的7月，我拖着一个大大的行李箱，从内蒙古呼和浩特市坐火车，来到中国水利水电科学研究院水利研究所报到。北京作为首都是多少人梦寐以求的地方，但也居大不易，我面临的首要难题就是住宿。中国水利水电科学研究院虽然有专门为博士后提供的宿舍，但申请也存在一定的困难，直到现在，我还记得那时的茫然无措。李老师得知我的情况后，先是安慰我不要急，接着马上联系了院研究生处帮我解决。李老师通过与院研究生处的沟通协调，最终为我申请到了一处位于中国水利水电科学研究院南院的宿舍。我还记得住所在水科院南院七号楼的顶楼上，是一个带着尖顶的屋子，电梯到12层再往上走一段楼梯上去。当时宿舍屋里面只有一张桌子和椅子，由于我刚到北京哪里都不认识，只能再次求助于李老师。李老师特意安排人陪我去最近的家具市场买了床和书柜等必需物品，让我能够尽快地安稳下来。这些暖心的帮助让我的心踏

① 2004年进站博士后，现在水利部信息中心工作。本文作于2022年10月。

实安定，使我能快速地投入到博士后工作中。宿舍小区环境优美，每天上下班正好路过钓鱼台国宾馆，一年四季可以欣赏不同美景，这条路也是北京非常有名的银杏树赏景之地。春天满路的蔷薇，夏天繁花似锦，秋天一路的银杏树，冬天白雪皑皑。我就是在这样美好的环境中度过了每天的欢乐时光。

李老师做学问严谨认真是出了名的，并始终贯穿于他的科研工作和生活中。每天很早就到办公室，召集课题组安排这一天的工作，并针对我们各自遇到的问题提出解决方案，事无巨细，踏踏实实。李老师这种专心致志的卓越精神尤其体现在项目论证实施方案制定上，为了研究过程中尽可能地获得最好的科研成果，少走弯路，李老师会在课题初期邀请专家来共同讨论课题方案。课题内的每一个研究方案都会经过大家集中讨论、反复斟酌、逐步深入后才确定下来。比如我的博士后项目研究方向“灌溉水肥安全高效管理”，就是李老师根据自己课题组的项目结合我博士期间研究经历，反复斟酌考量后制定的。合理的水肥管理制度，既有利于提高作物的水肥利用效率，减少农业生产成本，又可以减少肥料对土壤及水环境的污染，当时也是国内急需解决的一个科研难题。他的这种优良品质也潜移默化地影响着我，我到现在都保留了这种求真务实的工作作风。

李老师工作作风虽然严谨认真但并不古板，平时在跟我们讨论问题或者谈话交流的时候，总是笑眯眯的。不过一到了做项目就认真严格，甚至达到了一种严苛的程度。比如我的博士后开题，从我的角度来讲，我已经有了硕士和博士期间的学术研究经历，加之课题组内的反复认真讨论觉得方案已经可以实施了，但是李老师精益求精，为了更好地完成科研项目尽可能地多出成果，还请了当年的所领导许迪、李益农、龚时宏、刘钰教授等人一起来跟我讨论，对我在科研道路上给予了极大的帮助。李老师以身作则，用他的一言一行告诉我们，科学研究，无论怎么准备求教都不为过，做科研就要有这种认真严谨的态度。李老师这种对科研工作严格要求，孜孜不倦、始终如一的态度，结出了硕果累累。李老师当选“科学中国人（2017）年度人物”以及荣获2017年度国际微灌奖。国际微灌奖这是中国籍专家首次获得ASABE的学会奖，表彰其在推动微灌技术进步方面的杰出贡献，这也表明我国在微灌领域的研究获得了美国等国际同行的认可和赞许。也彰显了李老师为推动我国节水灌溉理论和技术进步、提升我国在节水技术研究领域的国际影响力作出的突出贡献。

做研究其实是一个非常枯燥的工作，尤其是做基础研究的。李老师常说“搞科研的人要有把冷板凳坐热的劲头。从事我们这个行业，如果就坐在研究室里搞研究，而不去农田里实践，研究出来的成果也只能是‘纸上谈兵’，自然也就无法让农民实实在在地享受到科研成果”。涉及农业，不走入田间地头是做不出成绩的。当年我在中国水利水电科学研究院大兴基地开展了冬小麦水肥（氮）响应关系研究，基地正处于早期的筹建阶段，作为科研基地，大兴试验基地的建设重要性不言而喻。而我有幸在李老师的带领下参与了大兴试验基地早期建设的部分工作。

李老师为人师表，事必躬亲，带着我们亲力亲为进行了大兴基地试验田种植小区的规划、大型蒸渗仪建造、温室搭建以及部分土壤水分监测仪器的埋设和实验室内实验设施的配置等建设工作。为了能够在大兴有更多的工作时间，更好地完成好基地建设任务，每次去基地时我们都必须赶在早高峰之前出城，经常要在7点前到单位集合出发。白天在试验田里忙碌，像农民一样干各类农活，如浇水、施肥、播种、收割等外，还要采集冬小麦不同生育期植株生理生化样品、土壤样品，晚上在实验室里做实验，是我这2年来工作生活的真实写照。李老师在其工作繁忙的情况下，会时常提醒我在科研过程中需要注意的事项，嘱咐我一定要勤观察，多记录，早日出成果，在研究过程中经常让我们参加学术交流，增加我们的学术广度和深度。

现在大兴试验基地已成为国家级的科研基地，水利部培养人才的重要实践基地。欧式风格的宿舍，自动气象站、蒸渗仪、作物生理生态监测仪等各种先进设备布设在田间。干净明亮的实验室，田间试验地内不同规格的试验小区星罗棋布，这个全新的现代化的科研试验基地，为开展节水灌溉田间试验研究奠定了坚实的基础。我为能参与其中作出的一点贡献感到自豪和欣慰，这段时光也成为我人生中难以忘记的一片净土，为我日后科研工作奠定了坚实的基础。

往事历历在目，不知不觉中，李老师已经到了退休的年龄。老话常说百年树人，“师者，所以传道授业解惑也”。李老师钻研科学、脚踏实地的严谨工作作风、工作精神让我受益颇深。跟随李老师工作学习的2年期间，我顺利完成了国家“863计划”项目、院青年专项等课题，发表学术论文2篇。躬耕在祖国的大地上，是我们这代人要肩负的历史使命。我在工作中始终秉承着这种严谨务实的工作态度，不敢懈怠，勤勤恳恳，也取得了一些成绩，荣获了科学技术进步奖、农业节水科技奖等一等奖，合作出版了专业书籍、参与编写了国家技术标准规范等。在工作中屡次被评为先进职工，优秀共产党员等。在李老师退休之际，我可以自豪地说：终未辜负您一番教诲，桃李不言，下自成蹊，祝愿李老师万事顺意，平安喜乐，幸福安康。

# 一朝沐杏雨，终生念师恩

杜珍华[①]

2005年9月至2007年7月，我在中国农业大学水利与土木工程学院农业水土工程专业就读硕士研究生，师从中国水利水电科学研究院·国家节水灌溉北京工程技术研究中心李久生研究员，在恩师李久生的精心指导和带领下，依托国家自然科学基金项目“土壤非均质条件下地下滴灌水氮运移规律及其调控机理”，开展并完成了土壤特性空间变异对地下滴灌系统水氮分布及夏玉米生长的影响研究科研项目工作，顺利通过了硕士论文答辩，并获得2007年度中国农业大学优秀硕士学位论文。硕士毕业至今已有15年之余，回想当年求学时光，往事仍历历在目。李老师渊博的知识、严谨的治学态度、敏锐的思维、对科学的热爱和敬业精神，以及正直的为人品格都令我十分敬佩，使我受益终生。

**2007年6月杜珍华硕士学位论文答辩会合影**

袁林娟　张昕　龚时宏　杜珍华　李久生　冯绍元　黄兴法

① 2005级硕士研究生，现在中国电建集团成都勘测设计研究院有限公司工作。本文作于2023年3月。

无论何时，恩师对科研工作的热爱和不懈追求都在激励着我努力做好本职工作，暑往寒来，虽已毕业多年，李老师在繁忙的工作之余，仍时常关心着我的工作和生活。每当看到李老师带领课题组取得优异的成绩，培养的一批又一批优秀的研究生顺利毕业，我都由衷地为李老师及课题组感到高兴。

**2020 年 9 月 19 日李久生来成都参加培训授课后合影**

2005 年硕士研究生入学后，第一年主要是学习农业水土工程专业基础课程。同时，每隔 1 个月左右到中国水利水电科学研究院·国家节水灌溉北京工程技术研究中心给李老师汇报最新的学习情况。针对学习中遇到的困难和问题，李老师都细致耐心地给予指导和帮助，我硕士研究生期间所修的全部 13 门基础课考试均取得优良的成绩。恩师李久生作为国内一直专注于喷、滴灌技术基础理论研究工作领域的著名教授、专家，熟悉国内外喷、滴灌技术研究的新进展，并取得了丰富的研究成果，得到国内外同行专家的高度评价。在每次给李老师的汇报交流中，李老师都会介绍国内外喷、滴灌技术基础理论方面的研究进展及存在的问题，指导我们从哪里获取最新的相关科研论文资料。在李老师的指导下，我系统学习了地下滴灌的发展历史、应用与研究现状、存在问题等方面大量的文献资料，对国内外地下滴灌方面研究现状和问题有了初步认识，先后顺利完成了“地下滴灌应用与研究现状读书笔记”和“硕士研究生开题报告”，确定了硕士期间研究的方向。

开展田间试验是课题研究的基础工作，2006 年 2 月至 2006 年 12 月，在李老师的指导下，在国家节水灌溉工程技术研究中心大兴试验研究基地先后开展了从田间试验设计、田间试验实施到试验数据获取全过程的田间试验工作。那段时光虽然很辛苦，需要定期开展除草、灌溉、施肥等田间管理工作，并测量玉米生育期生态、土壤特性等指标，每隔 1 个月左右，李老师都会亲自到实验基地看望课题组的同学们，关心我们的试验开展得是否顺利，查看作物的长势，解答我们试验过程中的困难和疑惑，以及生活上有没有遇到什么困难，现在回想起来，那段时光也是硕士期间最难忘、最充实的一段时光。

2007 年初，进入了硕士论文撰写阶段，在论文提纲拟定、实验数据整理分析、论文初稿撰写过程中，李老师都是在百忙之中抽出时间听取进展情况汇报，总能在我遇到困难的时候给予及时的精心指导，为我指明方向。特别是论文初稿完成后，李老师更是逐字逐句进行核校，甚至连每一个标点符号都不放过，那种严谨的治学精神和态度令人敬佩，也不断激励和鞭策着我在学习的道路上需要认真、更认真。现在回想起来，硕士生涯李老师教给我的除了专业知识和技能之外，更重要的是做人做事的态度，专业知识可能会随着时间慢慢淡忘，但李老师对待工作的那份热情、认真负责的做事态度、孜孜不倦的求索精神仍历历在目，一直感染和影响着我，工作多年来，还时常怀念当初求学时和李老师在一起既愉悦又充实的岁月。

# 回首激情燃烧的岁月

陈　磊[1]

寒来暑往，离开校园已十三载有余，恩师李久生老师已近退休之年。时光犹如老照片，大部分人和事会随着岁月流逝，慢慢变淡了。但是，打开跟随李老师搞研究岁月的尘封记忆，如同打开一坛陈年老酒一样，沁人心脾，让人回味无穷。

2007 年，我从河北农业大学水利水电工程专业毕业，考取了中国农业大学的硕士研究生。李老师作为校外特聘教授，那时在中国农大水利土木工程学院招收硕士。在本科阶段的学习，我了解到，华北地区资源性缺水严重，节水是解决水资源、水生态问题的治本

**2009 年 6 月陈磊硕士学位论文答辩会合影**

贺向丽　黄兴法　张昕　韩振中　雷廷武　陈磊　李久生　龚时宏　李光永

① 2007 级硕士研究生，现在水利部海河水利委员会工作。本文作于 2022 年 10 月。

之策。而作为水资源消耗大户的农业用水，节水潜力巨大。基于此考虑，我选择在节水灌溉方面颇有建树的李老师作为导师。李老师并未嫌弃我基础差，收留了我。

李老师实事求是、严谨治学的风格是大家公认的，坚持从试验中获得真知。在李老师的悉心指导下，我和课题组成员剑锋、红梅、王师傅在国家节水灌溉研究中心大兴试验基地做了大量的现场试验（短短两年的硕士研究生涯，在偏僻的试验基地坚守了近一年），比如滴灌水肥耦合规律、再生水滴灌番茄、喷灌大田玉米、再生水滴灌堵塞规律等。那时试验条件相对艰苦，不像现在，只需手机轻轻一点，等着快递送货上门就万事大吉了，当时所有的试验器材（都是些非常用的物品）都得自己跑腿去买，滴灌带、各种试验仪表、水泵、PVC管路、储水罐，送水样、土样等。我记得曾经为了买一个小小的PVC接头，骑车一小时到试验基地最近的镇上找遍了所有的土产店都没有买到，后来专门花一天时间坐公交车到大兴城区才买到。还有最让人崩溃的937支1路公交车（试验基地附近唯一的公交车，一天也没几趟，从市里坐50多站才能到基地），有好几次我从中国农大倒公交车到南礼士路，眼看着上一趟937支1路刚刚开走，心里那叫一个绝望，最长的一次等了3个多小时才等到心心念念的937支1路！具体试验进程中，还是很幸福的，李老师经常到

**2016年7月12日**与李久生老师在天津合影

试验基地指导，嘘寒问暖，帮助解决试验难题，课题组成员非常团结，齐心协力、互相帮助，共同克服了很多困难，大家结成了纯真的革命友谊，共同演绎了那段让人难忘的激情燃烧岁月。尽管条件艰苦，但是让我收获了成长，锻炼了意志品质，黝黑的皮肤、与农民一样在田间劳作，切身感受了农民的艰辛，接受了一段最深刻的群众路线实践教育，这是我一生的财富。

后期在论文起草过程中，李老师更是在百忙之中给予精心指导，定期听取进展情况汇报，甚至亲自一个字一个字地帮助修改论文，讲真，这是其他教授难以做到的。在李老师的指导下，我的硕士论文荣获中国农业大学优秀硕士论文。

毕业之后，一直想找机会读在职博士，与李老师再续师生缘。但是，由于在单位从事行政工作，事务缠身，一直未能如愿。我相信，李老师对科研的执着是纯粹的。退休是人生的第二春，可以更加心无旁骛地做自己感兴趣的事。值此恩师即将退休之际，谨祝老师和家人身体健康，平安幸福，退而不休，在科研上取得更加丰硕的成果，为我国节水灌溉事业作出更大的贡献。

# 精量灌溉　精准育人

## ——忆跟随恩师李久生研究员学习岁月

张　航[1]

光阴荏苒，春去秋来，转眼之间，已经毕业十年，但是感觉从未离开过，不仅仅是距离近，更是因为心很近，课题组团队永远是我温暖的港湾。值李老师退休之际，回忆起博士生活的点点滴滴，心情感慨颇多。

李老师治学严谨、潜心科研、匠心育人、行事低调，永远是我工作和学习的榜样。2008年8月，北京首次召开奥运会之际我正式加入李老师团队，虽然当时课题组急需人员远赴新疆做试验，但是李老师考虑我是女生，还是把我留在北京做课题，主要参与国家自然科学基金项目：滴灌均匀系数对土壤水氮分布与作物生长的影响及其标准研究。博士期间，不管论文开题、试验设计、试验过程，还是试验结论，李老师都定期组织课题组开展讨论，对技术的可行性、试验场景的可操作性、技术成果的科学性等严格把关，及时发现问题、解决问题，避免我们走很多弯路，同时也保障成果的进度和质量。李老师对成果产出是严格谨慎、精益求精，记得不管是小论文还是博士论文都被李老师一遍遍批改得密密麻麻，要求每个数据、每个结果都要有据可查。李老师还具有敏锐的科学洞察力，记得一次讨论三参数土壤传感器监测精度的时候，李老师对土壤电导率与土壤溶液、土壤含水率、土壤温度之间的关系存在疑问，我们便开始了土柱试验，一遍遍尝试之后建立了土壤氮素和土壤电导率、土壤水分的关系模型，这样就可以利用自动监测结果及时指导田间适时灌溉施肥。李老师不仅定期召开课题组讨论会进行技术交流和分享，还经常带我们参加农业工程学会、国际灌溉学会等各种学术会议，不断拓展我们知识的深度和广度，了解学科国际前沿技术、方法和管理理念等。

李老师对学生是“严在当严处，爱在细微中”。在大兴试验站做试验期间，李老师经常利用周末休息时间来看望我们、慰问我们，给我们辛苦做试验提供源动力。我博士期间恰是母亲病重期，学业的压力和对家人的牵挂一致困扰着我，是李老师、孟师母和栗师兄等不断地安慰、鼓励和支持才保障我顺利毕业，再次向团队的亲人们致以最真诚的谢意和

---

[1] 2008级博士研究生，现在北京市水科学技术研究院大数据分析与应用研究所工作。本文作于2022年11月。

**2012 年 6 月张航博士学位论文答辩会合影**
龚时宏　康跃虎　徐明岗　李久生　张航　杨培岭　仵峰　陈渠昌

最美好的祝愿！

最后，借用“老骥伏枥，退休续谱序阳曲；苍松傲雪，余生再唱春牛歌”献给李老师，愿您家庭和和睦睦、身体健健康康、生活开开心心！

# 博士生涯回忆录

关红杰[1]

我在中国科学院水土保持研究所节水中心攻读硕士研究生时，虽然当时从事的研究方向并非节水灌溉，但对节水灌溉产生了浓厚的兴趣。后来，通过节水中心的老师了解到李久生老师在这个领域具有很高的学术造诣。因此，我毅然决然选择报考李老师的博士研究生。做好决定后很快就给李老师发了邮件，李老师回信表示欢迎报考。但李老师也强调，每年他的博士招生名额只有 1 个，因此，竞争还是比较激烈的。另外，考虑到本科和硕士研究生阶段学的不是农田水利专业，专业背景不占优势，因此我暗下决心，一定要好好复习。功夫不负有心人，我顺利通过笔试，最终进入面试环节。当时进入面试环节的仅剩 2 名考生（包括我）。另外一名考生是往届生，硕士毕业后工作了几年，工作很优秀，且他本科和硕士研究生阶段学的都是农田水利专业，算是科班出身。但是，经过笔试和面试两轮对决，最终我被录取，当时也是欣喜若狂。在此，也感谢李老师对我的信任和照顾。

收到录取通知后，我高兴之余，很快与李老师取得了联系，表示想利用暑假尽快熟悉课题组的试验研究。李老师也表示同意，但还是希望我回家看望一下父母，然后再去大兴试验基地。2009 年 8 月我在家进行短暂停留后，直接去了大兴试验基地。记得当时主要是协助张航师姐进行大田玉米滴灌试验，也帮助开展加氯处理对再生水滴灌系统灌水器堵塞的试验，从中学到了很多野外试验方法和室内实验方法。2009 年 9 月开学后我就去学校报到了，开始为期半年的博士研究生课程学习。课程学习结束后，正式进入博士研究生科研阶段。和国内博士研究生培养方式不同，李老师采取了国外比较先进的博士研究生培养办法。也就是一开始不会告诉我具体的研究方向，让我先大量阅读本专业的相关文献，然后一步步引导我聚焦某一领域，最终确定自己的研究方向。在这个过程中，李老师也是多次把一些比较经典或优秀的文献打印出来，上面写上几段话，引导我关注每篇文献的重点内容。通过这些文献的阅读，对我试验方案的设计和优化以及后面的学术论文的撰写奠定了良好的基础。经过几个月的文献阅读以及与李老师关于试验方案的讨论，最终确定了自己的研究方向：滴灌技术参数对土壤水氮分布及棉花生长的影响，研究地点拟选在新疆。

① 2009 级博士研究生，现在北京林业大学工作。本文作于 2022 年 10 月。

2013年6月关红杰博士学位论文答辩会合影
赵伟霞　王燕晓　龚时宏　许迪　康跃虎　李久生　关红杰　谢森传　李光永　栗岩峰

因为本研究主要开展大田试验，具有季节性。新疆一般4月下旬至5月初开始棉花播种，因此，2010年4月之前必须拿出非常详细的试验方案。2009年12月至2010年4月是试验方案撰写和优化的关键时期，这期间我多次给李老师汇报并完善试验方案。但最后一次汇报出现了一个小状况，可能是我当时觉得试验方案汇报很多次了，所以最后一次汇报我没有准备PPT，仅拿着打印的试验方案就去参会了，李老师当时也是很生气。后来我重新准备了PPT，完成了试验方案的汇报。通过这件事，我也反省了自己的行为。首先，我对待开会的态度不够认真。其次，对试验方案在具体实施过程中可能遇到的问题还是考虑得不够周到，没有真正做到落地。真正好的试验方案应该具有实操性，给任何一个学生，不管懂不懂这个研究方向，他都能拿着这个试验方案顺利完成野外试验。而当时我的试验方案还是没有做到这么细致深入，没有考虑到一些实际问题，以至于布置试验时遇到了很多的问题。这件事也教会了我做任何事情，首先态度要端正，其次做事情要养成把细节做到极致的习惯。

2010年4月中旬，为了确保试验的顺利布置，李老师亲自带队，栗岩峰师兄、王随振实验员（后文以王师傅称呼，更加亲切）和我踏上了新疆的旅途。到了乌鲁木齐，新疆生产建设兵团水利局灌溉中心试验站杨贵森主任接待了我们。杨主任在野外试验布置和生活上给予了全力支持和帮助，借此机会向杨主任表示深深的感谢。另外，刚到乌鲁木齐，就遭遇了雨夹雪，整个棉花播种延期了二十多天。2010年5月初，克服重重困难，终于迎来了棉花播种。然而，铺滴灌带很快就遇到了技术问题，这也是试验方案设计时未考虑到的问题。由于新疆膜下滴灌主要采用播种覆膜铺滴灌带一体机。铺设的滴灌带是统一规格的，而我的研究是不同流量滴灌带的组合。因此，需要用组合好的不同流量滴灌带替代已经铺设好的滴灌带，还需要确保尽可能少破坏地膜。这也给试验布置增加了难度。最后我们也是用一些比较好的办法解决了这个技术问题。在此，特别感谢栗师兄在试验前期布置给予的巨大帮助，栗师兄也因此晒黑了不少。经过大家的努力，试验布置总算顺利完成，虽然过程比较艰难，遇到了很多技术问题，但我们一一克服了。最后为了确保新疆试验能顺利完成，李老师专门给我配备了一名得力干将——王师傅。我的新疆两年试验能顺利完成，王师傅功不可没。甚至有的时候，王师傅在试验进度上比我更上心。

试验前期，也出现了一个小插曲，王师傅的岳父生病了，他离开试验站近一个月。这期间，除了田间日常管理雇人，基本上是我一个人打理大田试验。新疆棉花棉铃虫可能比较少，但红蜘蛛特别严重，必须提早打药进行预防。当时，我本来是想雇人打药，但听试验站的姚师傅说，雇人不会给你好好打药。我当时也是担心雇人打药不好最终影响试验结果，所以选择自己打药。我记得当时背着沉重的打药喷雾机进行打药，一天打了18箱。虽然当时挺辛苦，但看到自己的试验地没有发生严重病虫害还是挺欣慰的。由于研究区属于干旱区，降雨较少，棉花生长主要靠灌溉。因此，灌水量的不同，滴灌均匀系数的不同，可以通过棉花的长势反映出来。灌水均匀，棉花长势均匀。灌水不均匀，棉花长势高低起伏。灌水量大，棉花长得更高一些。记得8月时，李老师专门来试验站检查大田试验工作，他站在试验地的中央，哼着小曲。至少这说明李老师对试验整体完成情况还是比较满意。

很快，就到了棉花收获的季节，为了更精确得到试验结果，几次测产全部由我和王师傅完成。两年测产结果表明，产量很好地反映了灌水量和滴灌均匀系数的影响。但是，两年的测产结果还是存在差异，主要是两年试验棉桃的吐絮率不一样。2010年10月最后一次测产还未结束，新疆就开始下雪了，导致部分棉桃未吐絮。相反，2011年后期积温较高，所有的棉桃在第一场雪来之前都开了。最终导致滴灌均匀系数和灌水量对皮棉产量的影响存在差异，这主要是由于本研究区属于棉花生产风险区。两年的试验很有代表性，其实最好是再增加1~2年的试验，研究结论可能更准确。博士毕业答辩时，答辩主席清华大学谢森传教授同样也提出了这个问题。他认为，大田试验一般至少要求3年以上，研究结论才更具有说服力。当然，大田试验的年限除了受研究问题本身的影响，还取决于研究经费、学生毕业等其他客观原因。科研需要长期定位观测，如何协调科学研究和其他客观原因是我在以后工作中需要考虑的问题。

本研究除了进行棉花测产，也关注棉花的品质。棉花送检之前，要进行脱籽。但是试验站没有脱籽的设备。后来李老师通过多方打听，了解到新疆农垦科学院棉花研究所有这种设备。正好这个单位的张建新老师和李老师比较熟，因为之前张老师在水科院做西部学者时与李老师共事过，李老师在生活和工作方面给予他很大的帮助，他也是挺感激的。在张老师的帮助下，我们顺利地完成了棉花脱籽。在此，特别感谢张老师的帮助。这件事也让我联想到了一句俗话"与人为善，于己为善，与人有路，于己有退"。另外，每年棉花收获的季节，闲暇之余，我和王师傅会带上我们亲自采摘的棉花，去场部加工成棉被。盖着用自己种的棉花加工的被子，感觉特别暖和，也非常具有纪念意义。

新疆两年的大田试验是漫长的，但也是短暂的。总的来说，苦中带乐，苦尽甘来。两年的试验确实很辛苦，除了一些田间日常管理（间苗，锄草等），基本上涉及试验数据获取的环节，都是由我和王师傅完成的。比如，测量叶面积指数，每测一次，除了吃饭和睡觉，我和王师傅都得在田间坐上 3 天。一棵棉花植株的叶子数量最大能达到 60 片，而我们用的是最原始的方法，也就是用直尺测定叶片的长和宽。试验虽然很辛苦，但还是有很多快乐的事情。"新疆是个好地方"可能只是一句歌词，但真正去了新疆，就会发现新疆真的是个好地方。首先，新疆气候比较好，相比南方闷热的夏天，新疆的夏天就好过多了。在室外，只要你在一个小树阴凉处，就会感觉很凉快。另外，新疆由于昼夜温差大，水果特别甜，口感特别好。试验站也是聘用了姚师傅夫妇，打理试验站的菜地和葡萄园。他们打理得非常好，各种蔬菜应有尽有，葡萄的种类也很多。平时，在试验站我们都是自己做饭，蔬菜基本不需要买，只需要买些肉就可以。遇到做试验特别累的时候，没有精力做饭，王师傅和我就会开着三轮车去五一农场吃新疆拌面，真的是很美味。新疆大田试验结束后，王师傅也是特别怀念这段时光，经常在我的师弟师妹们面前提起这段往事。

每年新疆大田试验结束后，回到北京，就会去大兴试验基地开展室内试验，主要包括土样的盐分和无机氮以及植株总氮的测量。为了尽快拿到室内实验数据，以便用于撰写论文。室内实验我都是加班加点地干，但有的时候太急功近利，反而适得其反。记得当时利用全自动流动分析仪测定土壤无机氮时就出现了一次小状况。测之前就了解到，全自动流动分析仪老是出问题，不太稳定。所以，我测定的时候，每一步都是小心翼翼的，还算比较幸运，前面的标定很顺利地通过了，正式进入测样环节。当时我的样品不是特别多，流动分析仪运转也很正常，所以我想利用通宵把所有的样品一口气测完。但实验进行到凌晨 2:00—3:00，由于我操作仪器不太熟练，且当时比较困，中间有一个化学试剂添加出现错误，导致整个试验测定失败，当时也是懊悔不已。为了实验结果的准确性，我把所有样品倒掉，重新开始进行实验。第二次实验我没有出现任何操作失误，流动分析仪也没有出现任何问题，最终顺利完成。可能在大家的眼中，那年我是最快测完无机氮的，但过程的艰辛只有自己能体会到。

新疆大田试验和大兴试验基地室内实验结束后，就进入了紧张的学术论文撰写环节。博士四年，两年用于大田试验和室内实验，真正用来撰写、修改论文的时间不是很多，因为论文撰写和修改需要大量时间，一般论文投稿周期也比较长。因此，为了解决这个问题，田间部分试验数据出来后，李老师一般要求我们尽快撰写学术论文。李老师对我们论文的质量都是严格把关。一般存在较多格式问题或逻辑关系不清等问题，就会被告知重写。等论文修改得差不多了，李老师才会进行比较细致深入的修改。李老师有自己独特的论文修改模式，就是把带有修改批注和标示的word文件转化为PDF。这么做主要是为了防止学生不好好看每一条修改意见，直接点击“接受对文档所做的所有修订”。这种方式确实很有效果，现在我也是用这种方式给我的学生返回修改稿。另外，李老师修改论文的态度也让我印象深刻。记得当时一篇论文投到农业机械学报，审稿人给的修改意见很少，给的建议是“小修后发表”。所以，我当时只是把审稿人提的修改意见给改了，然后就发给李老师了。李老师当时就批评我了。因为他认为，专家提的意见要改，没有提的问题也得仔细修改。从那开始，我也是这么教育我的学生，自己一定要多读几遍自己的论文，给自己找毛病，不能光指望审稿专家提意见。正是李老师严谨的治学态度以及对我论文的仔细修改，我在博士期间发表了2篇SCI论文和3篇中文论文（其中包括2篇EI）。也正是因为我发表的2篇SCI论文，我才能顺利拿到北京林业大学的Offer。

最后，对博士生涯回忆之际，也感谢一下陪伴我博士生涯的各位老师和同学以及家人。首先，特别感谢李老师，从论文的选题、试验的设计与实施、再到论文的撰写、修改和定稿，无不凝聚着李老师的心血和汗水。李老师严谨的治学态度、求真务实的科研精神深深地感染和激励着我。在生活上，李老师对我关怀备至，为我顺利完成学业创造了良好的学习条件，这一切我铭记在心。另外，感谢栗师兄在试验的设计和实施、论文的撰写和修改过程中的大力支持。感谢赵伟霞师姐在模拟试验设计和学习中的指导和帮助。感谢团队的张航师姐、王珍、温江丽、温洁、刘洋和张志云等在学习和生活上给予的支持和帮助。感谢大兴试验基地的全体工作人员，感谢高占忠夫妇在生活上的帮助。感谢王师傅在新疆两年试验过程中给予的大力帮助，王师傅工作积极认真的态度和吃苦耐劳的精神深深地影响和激励着我。感谢水利研究所研究生学习室的全体师弟、师妹们在我学习和生活上给予的帮助。多年来，家人的鼓励和关怀一直是我前进的动力，感谢我的父母及哥哥，他们为我的成长、进步作出了无私的奉献。另外，特别感谢我的爱人李燕红，在我求学过程中，在精神上和生活上给我的关心和支持，是她给了我奋斗的力量。

# 我的严师益友

**赵伟霞** ①

初识李老师是在2009年的初夏，那年我和大多数即将毕业的博士一样，徘徊在找工作和继续求学的十字路口。经我的导师蔡焕杰老师推荐，我选择了在圈内做学术比较有名气的李久生老师为博士后合作导师，并征得了李老师的同意。那天李老师出差到杨凌中国科学院水利部水土保持研究所，发短信约我见面聊聊，那是与李老师的初次见面，是一个脸上总是挂着微笑的比较有亲和力的老师。

博士毕业后回到了家中，因为没有明确的到单位报到时间，所以几年已经没有暑期的我想着趁机在家多待上几天。有一天收到了李老师的短信，说同年到所里做博士后的另外两位同事已经陆续报到了，于是我急忙整装出发，来到了北京，正式成为了李老师课题组中的一员。博士后生涯中，李老师给我提出了明确的出站目标，主要工作任务是读通Cupid模型源程序代码并进行扩展，获得一项软件著作权，同时负责一季关于温室白菜滴灌灌水均匀度的田间试验。其间李老师会不定期地把栗岩峰师兄、李蓓师姐和我叫到他的办公室，协调一下工作进度并安排后续的工作，也会经常召开学生组会，由每个学生汇报试验进展，然后李老师作出点评，大家也会发表一下自己的意见和看法，这个过程让我感受到了一个大家长式的掌控和家庭中每个成员的各司其职，也从李老师的言传身教中学到了很多与科研相关的知识。

与学校丰富的研究生生源量不同，水科院的研究生相对较少，所以每个学生都受到了老师的特别关注和指导，如果说高校的学生论文中很多是学生思想意识的体现，而我们单位则大多是老师和学生心血的双重表征。在我们提交的报告和论文中，总会留下李老师逐词逐句地修改和批注，引导我们逐步深入，一遍一遍，不厌其烦。看到满页的批注，有时真会为自己学生时代没有学好语文和英语语法而感到深深的愧疚。几年后，当李老师把学生论文的修改权下放给我们这些副导师的时候，我更深刻地体会到其中的不易和艰辛。李老师多年来严格把关的习惯，也让我在心理上产生了深深的依赖感，没有他的点头同意，学生的论文是不敢轻易投出的。就像李老师说的，每篇论文都要让别人能够看懂和学会试验是怎么开展的，也正是李老师的高标准和严要求，才让他在学术上有了很深的造诣。

① 2009年进站博士后，现在中国水利水电科学研究院水利所工作。本文作于2022年11月。

**2012年6月赵伟霞博士后出站报告答辩会合影**
龚时宏 刘洪禄 康跃虎 赵伟霞 李久生 李益农 吕映 栗岩峰

为了保证知识的不断更新，及时跟踪学科热点问题和研究方法，并适时开拓新的研究领域，李老师除了每年参加国际和国内相关学术会议外，还会阅读大量的最新文献，并把好的文章加上自己的批注后推给我们。当我也以同样的方式把文章推荐给我的学生时，我才深深体会到看到好文章时的那种惊喜，也体会到了老师推给学生时的殷切希望，不仅是让学生能够好好的学习体会，更希望的是让他们能够融会贯通，融入自己的研究之中，达到学以致用的目的。有时，我会听到学生抱怨说老师要求太严格，其实是学生没有明白老师的良苦用心，当学生不再是简单地重复前人的工作，而是另辟蹊径，有所突破和创新时，我相信我们听到的将不再是严格的要求，而是催我们上进的良言，我们看到的也将不再是老师满页的批注，而是满意的肯定。

和您共事的十三年光阴一闪而过，虽然意气风发、自信满满、亲和的微笑还依旧保留在您帅气的脸上，但是却到了您将要退休的年龄，相信您对科研的一往情深将会继续引领我们前进！

# 十二年风雨兼程　感恩一路有您

王　珍[①]

李久生老师属相为虎（1962，壬寅年出生），我也属虎（1986，丙寅年出生），我与李老师年龄相差两个生肖轮回，正好是一代人的差距。与李老师相识于2010年，是年也是一个虎年（庚寅年）。今年，再逢虎年（壬寅年），不得不感慨十二年师徒时光如白驹过隙，转瞬即逝。古人云“一日为师，终身为父”，加上年龄上的代差促使我和李老师之间“师”与“徒”“父”与“子”的关系在过去的四千余天里交相融合，历久弥坚。值李老师退休之际，聊以数语回顾与李老师在一起学习和工作的点滴，以表纪念。

## 初识尊师，心向往之

初知李老师是在大学本科学习阶段，当时只知李老师是节水农业方面的专家，除此之外并无更多认识。攻读硕士期间，我师从冯浩老师从事农业水土资源高效利用方面研究，尽管从事工作与李老师团队喷微灌方向并无过多交叉，但是偶尔还能在学术期刊上学习到李老师的论文。进一步与李老师结缘始于2009年，当年关红杰师兄成功考取李老师博士研究生，而我正值研二暑期，“读博或工作”的抉择已逐渐提上议事日程。鉴于本硕已在杨凌小镇待了近六年，对外面世界了解的向往，叠加上对喷微灌研究方向的兴趣，促使我定下了备考中国水利水电科学研究院李老师博士研究生的决定，人生轨迹至此改变。2009年12月12日10点58分，我给李老师发送了我们之间的第一封邮件，向李老师汇报我的基本情况及报考博士研究生的计划；18分钟后（11点16分），收到李老师明确回复：“欢迎报考”。肯定且及时的回复，无形中增强了我备考过程中的信心和动力，让我对未来的学习生涯充满期待。

初见李老师应该是在2010年2月（或3月）杨凌节水中心实验室，李老师作为专家之一对实验室进行检查。当时的画面犹在眼前，但是具体时间确有点记不准了。印象中那时博士考试还未进行，不能确定是否能进入水科院读博，检查现场冯老师也特意将我引荐给了李老师。我心怀忐忑和兴奋，向李老师打了招呼，但由于时间有限，并未与李老师过多交流。只记得李老师为人和善，笑容可掬。不久后，博士研究生考试举行，一个月等待

① 2010级博士研究生，现在中国水利水电科学研究院水利所工作。本文作于2022年11月。

**2014年5月**王珍博士学位论文答辩会合影

栗岩峰　康跃虎　刘洪禄　刘培斌　赵竞成　王珍　李久生　徐明岗　左强　龚时宏　王燕晓

后我以当年报考水利所考生成绩第一的名次被李老师录取，李老师和我的师徒情分缘起于此。

## 拜入门下，砥砺前行

2010年夏，在家简单休整后，我于当年8月初入京，正式进入李老师团队开始学习。跟随张航师姐进行试验是李老师安排给我的第一课。至今仍清晰记得当年第一天入住大兴基地的场景，随即开始了滴灌玉米田间和室内的一系列试验，团队经验通过实践得以传递，团队文化在无形中继续传承。试验中，李老师和师母孟老师每2周左右会到大兴基地查看试验，在田间地头和学生深入交流试验注意事项及不足之处，在保障试验能够按照预期进行的同时，也了解了学生生活。这一习惯一直贯穿于我博士求学的整个阶段，为我后续试验的顺利开展提供了保障。

课题组的年度迎新报告是每年必有环节。2010年，我和任锐师妹入学，迎新报告会于当年9月21日召开，李老师报告的题目是“如何度过研究生学习生涯”。迎新报告中，李老师系统介绍了自己求学经历、课题组发展历程、现阶段学术成就、研究生培养目标、师生相处方法、面临机遇挑战等方面内容。通过报告，可以明显看出李老师是经过认真准备的，报告内容系统全面，讲解方式真挚生动，不禁会使我们入学新生为进入这样一个成果丰富的课题组而感到高兴，也会让我们在感动之余在心底埋设一颗勤奋刻苦、不畏艰难、敢于争先的种子，支撑研究生阶段的学习。十余年来，作为“老生”，每年都会再听一遍李老师的迎新报告，尽管李老师讲解的总体框架未发生大的变化，但是李老师也还是尽量做到了内容上常讲常新，形式上的丰富生动，脑海中仍然存有水利所306或401会议室迎新报告中的些许感动瞬间。工作后，再听李老师迎新报告，更多变成了一种对我的激励和鞭策，努力向李老师学习，成为像李老师一样具有极高学术造诣的学者成为我毕生追求的目标。

循序渐进式博士选题是李老师长期坚持的传统。硕士研究生学习期间，曾听说国外博士研究生培养十分严苛，还庆幸自己仅选择在国内读博而已，应该不会太难。当真正踏入博士研究生门槛，才发现国内的博士培养难度和自己预期并不相同。选题阶段，每两周一次的文献汇报坚持了近一年，每次都会得到李老师细致点评和指导。李老师经常说，选题是决定博士培养水平的最重要环节，需要重视，也需要提高。在李老师循序渐进的引导下，文献的阅读从宽到窄，对问题认识从浅到深，直至自己发现问题，提出解决问题的思路和方法。现在想来一切都是顺理成章，但是当时也会出现对问题理解的偏差，对阅读文献方向的彷徨，对试验设计和预期结果的不确定等一些问题。博士期间我的研究内容是李老师已成功获批的国家自然科学基金项目内容，直至我博士毕业时项目结题，我第一次见到项目申报书和任务书，才发现经李老师指导后我的选题与项目内容基本吻合。至此，我更加理解了李老师平日所说的要着重培养博士研究生发现问题、解决问题能力要求的真谛。直到现在，在帮助李老师指导学生时，有时出于项目时限需求，总会时不时直截了当地告诉学生应该做什么、怎么做，甚至直接发给学生项目申报书和任务书，一定程度限制了学生自我提升的能力，想来仍十分惭愧。

“试验为主、模型为辅”是李老师团队多年来逐渐形成的特色研究之路。我的博士研究也延续了这一思路，试验占据了博士研究生涯近半时间。现在想来，博士阶段最令人难忘的也是在大兴基地长期坚守的两年时光。做好每一项试验准备，采集好每一个试验数据，思考每一个试验规律，是李老师对我们试验的基本要求。每逢重要环节，李老师都会亲自到场指导试验，讲解容易出错的方面，及时查漏补缺，避免出现无法挽回的错误，这一切都保证了试验在相对正确的道路上向着既定目标行进。每当试验中，观察到试验结果与科研假设和预期基本一致，心中不免泛起阵阵欣喜；每当一个阶段试验收官，也总会为即将到来的“革命成功”暗自窃喜。尽管如此，试验过程总体是艰辛和漫长的，犹记得三伏天玉米地里不知多少次的汗流浃背，犹记得凌晨一两点钟打着手电在玉米地里灌水施肥时的夏夜晴空，也曾记得两年试验期间每年100余天里雷打不动的土壤水势持续观测，以及实验室中排放整齐等待测量的数以千计的土壤样品。这一切于我以及课题组的多数同门来说应属常态，可以共情，只有经过才能体会，勤奋刻苦、任劳任怨、积极向上也成为李老师团队学生的标签，通过试验对物理问题的理解得以加深，为后续数据分析乃至模型的应用打下基础。

严谨的学术态度是李老师团队持续发展的基础。从试验数据确认到试验报告整理，再到学术论文撰写，李老师一丝不苟、严格把关的态度贯穿始终，推动着课题组二十余年来的发展。从博士三年级开始，我陆续开始撰写中英文论文，论文撰写与反复修改的交织一直延续至博士毕业。每篇论文不下十遍地修改，让我对“严谨”二字有了新的认识。每一遍修改后，李老师总是把修改稿转成 PDF 文件发送给我，让我有机会（不得以）将所有修订和批注认真抄写一遍，同时思考为什么需要修改，比较自己写的和李老师修改内容的差距，实现论文撰写水平的提高。直至今天，李老师审阅论文仍然坚持这种模式，我时而会对自己论文写作水平与李老师写作水平仍存巨大差距的现状产生感慨，但转念一想，我在进步，李老师也在进步，对现有差距也就豁然开朗了。李老师严谨的学术态度还表现在对成果署名原则的坚持上。从论文到奖项成果，李老师总是坚持对贡献较大人员进行署名、按照贡献大小署名排序的原则，这一点对包括我在内的课题组博士研究生来说都是一种馈赠，不止一次听到其他团队人员对李老师课题组博士研究生能够署名到省部级一等奖的情况表示羡慕，在现在稍显浮躁的社会中，这种坚持显得弥足珍贵。

## 亦师亦友，相伴成长

在我毕业之际，正值课题组有人员补充需求，李老师化身我的“伯乐”，将我纳入团队成为固定研究人员。一方面是欣喜，选择留下意味着我可以成为“新北京人”，获得以前想都没想过的在京工作机会；另一方面是惶恐，清晰知晓自己资质普通，担忧与所里各地优秀人才并肩工作时会不会拖拉后腿。就这样带着矛盾的心情，在李老师的鼓励之下，立下愿景，投入工作，逐渐开启了李老师与我“亦师亦友”的关系。

工作后科研、琐事和生活杂务交织，时间流逝的速度似乎比读书时候快了不止一点。八年时间，转瞬即逝。其间，适逢李老师先后主持国家自然科学基金重点和重大项目，我连续两次作为项目秘书全程参与这两项科研任务，让我有机会从更高的站位了解科学问题和行业发展趋势。在工作过程中，李老师一直关注我的学术规划和发展情况。记得在 2015 年前后，李老师多次找我谈话，告知年轻人毕业后 3~5 年是学术成果产出的黄金时间，需要制订切实可行的学术规划，并采取必要措施完成计划。随后，在李老师的建议下，我成功获批再生水利用方面的国家自然科学基金青年项目，与李老师主持的基金重点项目并行研究。在之后的 2017 年，随李老师参加康绍忠院士组织的国家自然科学基金重大项目申报工作，作为骨干我全程参与了项目申报书的编写工作，进一步提高了我对科学研究项目的组织能力，也使我在项目的执行中有机会接触到中国农业大学、武汉大学、中国农业科学院农田灌溉研究所、新疆农垦科学院和塔里木大学等各单位优秀专家学者，有了向他们学习的机会，有了在新疆广袤农田里探求真知和实践所学的机会。

李老师非常重视锻炼团队骨干培养学生的能力。在重点项目的执行过程中，李老师安排我负责郝锋珍师妹的再生水加氯试验的设计、开展和数据分析工作，同时参与了温洁师妹再生水灌溉条件大肠杆菌迁移模拟等工作，以及仇振杰师弟再生水地下滴灌酶活性及氮素淋失等方面数据分析工作。上述工作的开展开阔了我的视野，很好地锻炼了我指导学生的能力，为重大项目中我开始担任博/硕士副导师打下了很好的基础。自重大项目开始，李老师安排我作为副导师全面负责博士研究生林小敏、硕士研究生张志昊和杨晓奇的研究工作，经过几年的努力，学生的研究工作都取得了不错的成绩，也为我在微灌系统水力学、不同尺度系统水肥盐精准调控方面的研究积累打下了基础。

## 难忘师恩，奋力向前

十余年间，李老师持之以恒在工作上的关心和生活中的关怀助力我逐步成长。回首过往，难忘李老师在博士研究生招生和进所工作时给予的机会，让我有机会能在更好的平台上实现自己的人生价值；难忘李老师在田间地头手把手指导我进行试验时的给予我的感染和鼓励，让我获得了坚持节水事业、立志为其奋斗终身的决心；难忘李老师在组会中和批阅文稿上传递出来的严谨认真的学术风范，让我不由得对科研工作的严肃和神圣产生敬畏之心；难忘李老师在学习和工作中给予我的支持，让我能在巨人的肩膀上向着远大的理想和目标奋斗不息。

按照现在的制度，24年后的丙寅虎年（2046年）我也即将退休，看似很长，但又觉短暂。在努力实现“成为像李老师一样具有极高学术造诣的学者”目标的道路上，势必不会一帆风顺，惟有奋斗向前、不敢懈怠，才能不辜负李老师的心血和期待。

期待在未来的几十年里，能继续得到李老师的指导、鞭策、支持和鼓励。最后，祝李老师身体健康，万事如意。

# 师恩难忘　给先生的一封信

**刘　洋**[①]

敬爱的李先生：

我是2017届博士毕业生刘洋，是李先生与中国农业大学严海军教授、美国内布拉斯加林肯大学杨海顺教授共同指导的博士研究生，李先生和严教授对我的指导贯穿整个硕博连读阶段（2011年9月—2017年6月），海顺教授对我的指导时间是2015年8月—2016年11月，即我公派联合培养的时间。

第一次知晓李先生是在2008年本科二年级的时候，那时我20岁，李先生46岁。当时严教授刚从日本回国，在中国农业大学水利与土木工程学院担任分党委副书记，我作为水院学生会副主席接触比较多。当年全国大学生创新实验项目是本科生领域的最高科研项目，本着对科研的向往，我作为队长（团队3人，其他两人是马开和刘继昂，后来分别是严教授的硕士研究生和刘竹青教授的硕士研究生）成功申请项目，项目主要研究R2000WF喷头性能。属于流体机械与农田水利的交叉学科，项目资金3万元，指导教师是严海军教授。也是从做项目开始，我逐渐开始接触喷灌、微灌等，那段时间阅读了不少中英文文献，也了解到了李先生是农田水利界的大科学家，心向往之，希望有机会能讨教学习。项目结束后，我们团队发表了2篇核心期刊论文，作为本科生来说当年还有点小骄傲，以至于后来第一次见李先生时提到了发表文章的事情，现在看来有点难为情。

第一次见到李先生是在2011年考研刚刚结束本科四年级的时候，那时我23岁，李先生49岁。当时我考上了中国农业大学水利工程专业的硕士研究生，导师是严海军教授。当时严教授已经调到中国农业大学科研项目处任处长，非常忙碌，加之当时他与李先生有项目上的合作，故李先生和严海军教授是我的共同硕士导师，后来我申请了硕博连读，所以我的第一导师是严海军教授、第二导师是李先生。鉴于硕博连读的课题是中国水利水电科学研究院主持的项目，所以李先生和中国水利水电科学研究院的栗岩峰老师实际指导时间更多。在李先生的指导下，我以第一作者发表了8篇学术论文，其中3篇SCI论文，4篇EI论文，也包括了《水利学报》《农业机械学报》等权威期刊。我的整个学生生涯共发表论文11篇，其中有与严教授、李茂娜师妹发表的论文3篇。应该说，严海军教授是我科研生涯的启蒙人，而李先生是我科研生涯的铸石者。

① 2011级硕博连读研究生，现在陕西省咸阳市长武县委工作。本文作于2022年11月。

**2017 年 6 月刘洋博士学位论文答辩会合影**
陈鑫　栗岩峰　顾涛　李久生　周顺利　刘洋　刘海军　杜太生　严海军

第一次离开李先生是在 2017 年博士答辩结束的时候，那时我 29 岁，先生 55 岁。当然 2015 年 8 月只身前往美国内布拉斯加林肯大学的时候也可以算成第一次，毕竟那段时间在美国学习了近 1 年半。博士答辩后，我就离开了北京，后来陆续还去过 1~2 次，但是由于时间很匆忙，没有来得及拜访先生。待新冠疫情后便再没有去过北京，说起来也已经 5 年多没有见过先生了。

先生给我最大的感受就是严格。以至于我毕业后已经 5 年了，有时候还梦到自己没有办法毕业半夜惊醒。感谢先生的严格，以至于工作以后也很受益。先生对我最大的影响是勤奋，我印象中先生几乎没有常人的娱乐，所有的时间都是用来做与学术相关的事情，几十年如一日，也正是由于这份勤奋，先生的学术成果颇丰。如果早年间把团队做大的话，我相信先生是有机会冲击院士的。先生对学生非常关心，特别是在生活上。课题组的好多学生都是农村出来的，硕博阶段生活压力很大，每年先生都从课题组的发表论文奖励中拿出一部分给课题组的学生作为生活补贴，极大地提高了大家的生活质量。尤其是我在黑龙江做项目的 3 年时间里，每次回北京先生都是很详细地询问我的生活饮食情况，叮嘱岩峰师兄给我些生活补助让我平时可以买些肉吃。

今年先生 60 岁荣誉退休，作为他的学生，我深感荣耀。先生一辈子兢兢业业做学术，为我国的喷微灌学术事业作出了巨大贡献，是我们一辈子的榜样和力量。由于工作原因和生活琐事，与先生的联系越来越少了，每天忙于行政工作和家庭琐事与先生的期望也越来越远。但是每每想起先生正直的人品和勤奋的精神对工作迷茫中的我都有所警示。人的一生很短暂，先生能做出这么大的成就非常不容易。先生为人谦虚谨慎，不功利，我觉得这实在是特别难做到的。如果说遗憾，我觉得就是以先生的努力程度和学术造诣，确实是达到院士水平的。这也是自己的意难平吧，设想如果先生当时是院士或者是水科院的某位大领导的话，我估计也不会离开学术圈了，当年自己对这些方面也会有所考虑。但是，话又说回来，如果先生去追求那些功名的话，那也就不是现在这位严谨、正直、善良的“学痴”科学家了。

最后，祝福先生和师母身体康健，希望新冠疫情结束后能够有更多的见面，这封信写的也比较凌乱，并不能完全涵盖我对先生的感情。古语言：一日为师终身为父，父爱给人的力量可能就是这种感觉吧，像座大山一样巍峨伫立，给人力量！

# 严谨治学，宽厚育人

## ——致敬我的导师

温江丽[①]

时光荏苒，前段时间收到了李老师的消息，我突然意识到我那治学严谨、勤勤恳恳的老师居然已经到了退休的年纪。一瞬间，我的脑子反复只有一句话“李老师怎么就要退休了”。我合上书本，关闭电脑屏幕，望着窗外的蓝天，思绪回到了13年前的那个春天。

### 一、初见

2009年春节后我收到了中国农大研究生面试通知，3月31日我和几名面试的同学踏上了开往北京的火车。面试时我第一次见到李老师，他那和蔼的面容和真挚的笑容，让我一瞬间就不紧张了，顺利地完成了面试。面试后不久我收到了录取通知，非常荣幸被李老师录取了。由于本科阶段和研究生阶段的学习有着不小的差距，本科毕业答辩完成后，我便带上行李开始了研究生阶段的学习。

我以学生的身份第一次见李老师是在他的办公室，那天中午的太阳有点毒辣，老师看到我满脸通红，连忙让我坐下，十分关切问了我有没有吃午饭、如何到的北京。李老师向我介绍了课题组的人员架构以及目前开展的研究课题。本科刚毕业的我犹如听天书一般听着老师的介绍，脑子里当时一直迷迷糊糊。听完老师的介绍，由李老师、栗师兄带着到了大兴试验站。在路上栗师兄向我介绍了试验站的基本情况，并给我一些介绍正在开展的试验的情况。到达试验站后，老师和师兄便带我们去了试验田观察了试验开展情况，也认识了正在田间测样的张航师姐。

简单地对试验田进行了观察，我就稀里糊涂参加了课题组第一次的学术交流。听着师兄、师姐们汇报的试验开展情况、存在的问题、数据采集及分析等内容汇报，李老师对问题一一进行了分析和讨论，看着课题组和谐的氛围和积极向上的学术气息，我当时虽然听得不是很明白，但是为老师认真严谨的科研态度、渊博的知识深深地所折服，特别是老师对试验数据真实性的重视和试验过程严谨性的要求，让我从心底发出了一种油然而生的敬

① 2009级硕士研究生，2011级博士研究生，现在北京市农业职业学院工作。本文作于2022年11月。

**2015 年 5 月温江丽博士学位论文答辩会合影**

李益农　李玉中　刘洪禄　康跃虎　温江丽　李久生　徐明岗　左强　王燕晓　栗岩峰

佩之情。

试验站的日子是辛苦的、充实的，也是收获满满的，在试验站的几个月我按照老师的指导，参考师兄师姐的学习经验，对科研有了初步的认识，也让我对研究生生活有了初步的认识和规划。

## 二、学习和研究

很快 9 月 1 日开学的日子到了，从此我开始了紧张而忙碌的学习阶段。在校学习期间，老师一方面为我明确了研究方向，一方面让我在学习的同时加大课题相关文献、书籍的阅读和学习，并定期从百忙之中抽出时间来检查我的学习效果，指导我课题的开题。第一学期结束后，我到大兴试验基地开展了硕士阶段课题试验，在李老师的指导下和师兄师姐的帮助下，这次到达基地，我心中对试验内容有了较为清晰的思路和较为明确的目标。李老师每周召开的课题组学术研讨会，及时解决课题开展过程中存在的问题，让我课题的开展十分顺利。2010 年利用一年的时间，我非常顺利地完成了课题试验及硕士论文。

中国农大两年的硕士很快就结束了，但是出于对科研的喜爱和对老师的崇拜，让我冒昧地向老师提出了申请攻读博士的愿望。李老师非常开心和痛快地答应了我的请求。我也没有辜负老师的期望，顺利地通过了水科院博士的招考，成为李老师名下的一名博士研究生。

在正式进入博士阶段的研究之前，老师非常郑重地和我进行了一次谈话。我印象非常深刻老师说我可以在大兴基地继续硕士研究课题，也可以尝试参加课题组刚承接的国家“863计划”“科技精确喷灌技术与产品”和国家科技支撑计划课题“灌区高效节水灌溉标准化技术模式及设备”，但是要离开北京到条件比较艰苦的内蒙古开展试验工作，考虑我作为女生，李老师非常真挚地征求了我的意见。

考虑变量灌溉是未来集约化农业智慧发展的方向，我选择了“大型喷灌水肥管理对农田水氮动态和作物生长影响”作为博士论文的主攻方向。2012年3月李老师带栗师兄还有我联合牧科所和内蒙古水科院的几位老师去实地考察了试验地点。试验地点位于内蒙古自治区鄂尔多斯市达拉特旗。彼时的北京已经是阳春三月，天气逐渐转暖，但是刚到试验地点我就被内蒙古的风沙来了一个“下马威”，内蒙古的天气好像还处在冬天。在牧科所和内蒙古水科院老师的帮助下，我们到达了试验场区。由于课题研究方向是大型喷灌机条件下的水肥和空间变异相关方面的内容。需要两个试验场地，经过几天的实地考察，老师利用脚步在丈量着拟定的基础试验场地，考察了作物、灌溉水源、灌溉方式、土壤性质、管理模式等方面，内蒙古的风沙给老师画了一个“土味十足”的妆容。经过李老师与内蒙古水科院的几位老师、试验园区领导、农户的沟通协调，最终确定了场地的具体位置。一处面积约20亩的矩形试验场开展水肥试验，一处约50亩的扇形试验场面积作为空间变异试验，两处试验场地都位于达拉特旗白泥井镇海勒素村。由于试验开展过程中需要严格执行试验方案进行灌溉、取样、测量植株特性等，老师充分考虑我是女生和试验取样的困难性，让课题组工作人员王师傅协助我一起开展试验。在考察完试验场地后，老师和栗师兄再一次将试验开展的重点从本底值测量、播种、浇灌、测样等角度在此重温了一遍，在安排完工作后，老师又一次嘱咐我试验过程中要注意人身安全，有什么事情及时和王师傅进行沟通，有什么解决不了的困难及时跟他提。说完老师留下栗师兄指导我开展本底值测量，就急匆匆地赶回了北京。我知道老师工作很忙，他从百忙中抽出时间来内蒙古考察试验情况，一方面是为了课题的开展，另一方面是为了我的安全。看着老师离去的背影，我嘴里只能不停地叨念谢谢老师。

试验在2012年4月正式开始，由于不熟悉内蒙古的种植习惯和对寒冷的预估不到位，4月中旬玉米播种完成后，出苗率不高，缺苗的情况比较严重。我看到刚开始试验就不顺利，当时就慌了，也不知道怎么办。直接给老师打电话，老师严厉地批评了我慌里慌张的表现，并且叮嘱我将出苗情况详细拍摄一些影像资料，发给他和栗师兄先看看情况，并且嘱咐我要从多个角度进行拍摄。老师看过我的资料后，跟我说先沉住气，观察几天看看出苗情况，如果确定缺苗严重，需要复核一下出苗情况是否满足试验、取样和测试的要求。如果不满足要求，再考虑重新定植还是再找试验场地。老师郑重地告诉我，作为一名博士研究生要能沉住气，遇到问题不要慌张，而是要通过自己的观察对问题进行分析，先有一个初步的解决办法，而不是慌里慌张地把问题摆在面前，没有解决思路，只是一味地着急。并且嘱咐我科研工作没有一帆风顺的，要时刻保持沉着、冷静、思维严密，才能有效地面对和解决一些突发的问题。这么多年过去了，每当我遇到工作上的困难，我都会想起老师这段话，也正因为这段话让我克服了学习和工作中的一道又一道的难关。

在内蒙古试验的两年，老师每周都会利用邮件、电话等方式关注着我试验的开展情况，每年总会从百忙之中抽出时间来现场指导我的试验进展，老师严谨的治学作风和求真务实的科研态度，对我的学习和工作影响颇深。

## 三、论文

内蒙古的试验结束后，我开始筹备小论文写作。由于文字水平和英语水平一般，对于论文提纲及论文写作的安排上总觉得有所欠缺、无从下手，不得不再次向老师求助。老师看了我论文的提纲，倾听了我的计划和想法，指导我对论文提纲进行修改，尤其是英文小论文，多次指导修改，很多时候修改细节已经到了一句话或者一个单词。在论文的编写和修改上我深刻理解到了老师一丝不苟和细致严谨的作风。

在论文写作的中期，在资料整理和数据分析方面，老师是非常严谨负责的，他提出让我在分析土壤氮素指标时，一个指标要查阅多种权威文献，并多次联系请教土壤养分领域的专家进行请教咨询，以便确定选取的指标是否能够说明研究的科学问题；写作后期，在论文框架、研究理论和研究结果等方面，老师是细致周全的，他反复推敲我论文核心部分的逻辑关系，力求研究成果的科学问题得到有效的解决。为了能让我顺利毕业，李老师白天要忙工作，晚上还要给我修改论文。收到老师论文修改稿的邮件，发送时间通常是深夜。

2012 年内蒙古达拉特旗试验点玉米播种（中 李久生，右 王随振）

硕士和博士共六年的研究生学习期间，我的每个研究、每篇论文从选题、试验开展、数据整理分析、论文写作和发表，每个环节，无不渗透着老师的辛勤指导。

从李老师的身上我学到了严谨的思维、认真的态度、事无巨细的处置方式，跟随李老师学习的六年，不断拓展了我的专业理论知识深度，让我对研究的滴灌和喷灌水肥高效利用和变量灌溉精准技术有了更深入的认识和了解。给我今后的学习和工作指明了前进的方向。

2012年李久生老师到内蒙古达拉特旗指导试验时合影

## 四、结语

2015年博士毕业，我踏上了工作岗位。在工作中我深刻体会到了做事认真、态度严谨的好处。感谢老师像一支烛火点亮我学习和工作的道路，像一盏明灯指引了我今后学习和工作的方向，像一只春蚕为我奠定了坚实的学习及工作基础。李老师对我的教导，我至今无以言表，难忘师恩。

# 感恩蜕变的时光

温　洁[①]

收到李老师发来的信息，告知关于纪念册的筹备和安排，才恍然发现，真如李老师所说，四季的更替似乎比预想中更快了一些……。在我的认知里，李老师不会退休，会一直孜孜不倦地追求真理，会一直严肃地指出我们的各种错误，并给予订正。很荣幸恩师给我动笔的机会，忆起那段潜心试验、挣扎探索的时光，感恩李老师鞭策鼓舞，帮助我走过那段蜕变的时光。

其实平时不太敢轻易回忆那段日子，因为那个阶段里，有很长一段时间的关键词是孤独和挫败。那时近三百平米的试验厅分两层，大部分时间只有我在二层新搭建的微生物试验室做再生水滴灌试验。为了更好地研究微生物在灌溉过程中的运移机理，和李老师讨论后确定了自己培养细菌然后模拟再生水滴灌的方案。这对于微生物知识为零的我来说是极大的挑战，因为培养细菌需要较长的时间，那时候做梦都能梦到培养的细菌死了，担心是不分昼夜的。正式滴灌试验过程中也充斥了太多次的失败，尝试，再失败，再尝试，累积的挫败感常常压得我透不过气来，当时最大的感觉就和我每次试验回来走过的那条路一样，昏暗、狭窄和面对未知的不安。现在回想起来，很感激这个过程，因为挫败中孕育的坚韧，真正地促使我成长，而过程里的那些痛感，激发了成长的潜能，让我在以后无论面对怎样的困难和失败，都能从容坦然。但在当时，李老师面对的，是一直不好的试验结果和沮丧的我，所以特别感激那时候李老师没有因为试验的不顺利责怪我，而是耐心地听我汇报过程，和我一起分析问题的原因，并尽己所能地请相关的专家指导，解决了一个又一个的问题，让试验失败的次数越来越少。

也是直到毕业工作了几年后，才逐渐懂得了李老师一直坚持的很多原则的意义和价值，理解了李老师严厉要求背后的殷殷期待，也更加感激恩师谆谆教导背后的隐忍辛劳。李老师一直强调“凡事预则立，不预则废”，当时常常有很大的压力，害怕组会时被批评。现在才知道，每一个时间节点的有交代和深入的讨论，是事情逐步完成和质量保证的最好方式，那些每个过程的重视，是结果水到渠成的基础和保障。李老师一直亲自指导我们修改论文，但从来都是存成不可编辑版本发给我们，担心对问题认识不够深刻的时候，会手

① 2012级博士研究生，现在中国水利水电科学研究院水环境研究所工作。本文作于2022年11月。

**2017年5月温洁博士学位论文答辩会合影**

殷芳　龚时宏　黄占斌　刘洪禄　李久生　温洁　张瑞福　杨培岭　左强　栗岩峰　王珍

写信给我们，手写的文字里，有更多的情绪和温度，也有更殷切的期待和要求。正是这些指导方式，促使我去深入思考文章撰写的方法和原则，体会一篇好文章应该具备的要素，形成好的书写总结习惯，当想要偷懒和懈怠的时候，会觉得惭愧不安。现在回想起来，李老师在完成自身工作任务的同时，在每个学生身上倾注了这么多的心血，真的非常的不容易和难能可贵。感谢李老师教会我思考和总结，教会我不虚度时光，坚持积累和有所期待。

时光里的故事还有很多很多，记得试验站门前玉兰树一年四季的变化，记得栗师兄帮我送试验用品时候满脸的汗水，记得王珍师兄看着我用大蒜做的预实验，夸我有科研潜质时候的开心，记得赵师姐在我陷入困境时候的一语道破，记得王师傅和我一起想办法布置复杂的田间试验……记得李老师不厌其烦地指导、一起解决各种问题，分享文章发表的喜悦。

篇幅有限，还有很多的话没说，还有很多的感激来不及表达，唯愿李老师继续享受做热爱的事，身体健康，心情愉悦。祝课题组发展越来越好。

# 我和我的课题组

张志云[①]

时间飞逝，转眼研究生毕业已八年有余，前几天收到同门师兄的信息，导师李久生老师即将退休，课题组要为李老师出一本纪念性书籍，不知怎么的瞬间一股不舍涌上心头，学生生涯的点点滴滴也浮现在脑海。

2012年有幸成为李老师的硕士研究生，记得很清楚，大学毕业的第二天就被李老师安排到大兴试验基地学习，也正式开始了我的研究生生涯。当时带我的是同门博士师兄王珍，师兄严谨勤学的精神和对我耐心精细、毫无保留的指导，让我在一个月的时间内对节水灌溉有了更深层次的理解。我想这应该就是课题组的魅力所在，优秀的老师培养优秀的

**2014年6月张志云硕士学位论文答辩会合影**
刘浏　张昕　赵伟霞　张志云　雷廷武　李光永　黄兴法

① 2012级硕士研究生，现在北京市精华学校工作。本文作于2022年10月。

团队，一届届传承。

硕士阶段是紧张又充实的。我的硕士研究课题是滴灌灌水频率和施氮量对温室番茄水氮利用率的影响，每天忙于课程的学习，忙于试验的研究，忙于论文的写作，两年的时间基本都穿梭于中国农业大学、中国水利水电科学研究院和大兴试验基地。回想起那两年，可能是我学习生涯最充实的两年，也是最珍贵的两年。李老师孜孜不倦地教导与帮助，副导师赵伟霞师姐暖心地指导与鼓励，栗师兄、王珍师兄、温洁师姐等课题组师兄师姐的爱心答疑与解惑，我很荣幸能在这样的团队学习。这就是课题组的魅力，学习上给予最大帮助，生活上给予关怀与鼓励。

硕士阶段是枯燥又温馨的。李老师高标准学术要求和治学严谨的风格造就了学术氛围浓厚的课题组，但也是充满了温馨与乐趣的课题组。沉浸式学习后一起吃个午饭，聊聊身边的趣事；紧张的试验后结伴出行，放松疲惫的情绪；严肃的课题组总结会后集体订个餐，缓解紧绷的神经，等等。这就是课题组的魅力，老师严肃又不乏和蔼，学生学在其中，乐在其中。

课题组最大的魅力在于我们共同的导师——李久生老师。岁月走来的是昨天和今天，生命唱响的是明天的歌，为了学术科研，您淡泊名利，播撒智慧；为了教育事业，您化为一缕缕爱的阳光，照亮了学生的心间，照亮我们的未来。正是您的学术魅力吸引了一批批优秀的学生，正是您的人格魅力成就了具有凝聚力的团队。感谢课题组，感谢敬爱的李老师，祝愿课题组越来越好，越来越强。

# 传道授业解惑的李老师

**郭利君**[①]

古之学者必有师。师者，所以传道授业解惑也。于外，我的博导李久生是灌溉排水领域的国际知名学者、享受国务院政府特殊津贴专家；于我，是一名真正传授学术道德、教授研究技能、指引职业发展方向受人敬仰的老师，培育和影响了一大批水利领域的高素质专业人才。今年12月，李老师就到了六十周岁的法定退休年龄，马上要光荣退休了。此刻，与老师相处的点点滴滴浮现于眼前，不由得想用文字记录下来，一方面是怀念自己的博士求学经历，另一方面更想借此机会表达对李老师悉心指导、培养的感恩之情！

李老师是传道者，教授我养成严谨认真、踏实有毅力的良好学术品格。做研究首先要学会做人，只有塑造了优良的学术道德品格，养成了良好的学术习惯，才能在科研之路上不断进步、有所收获。老师一直以来都是这么言传身教、严格要求我们的。

李老师严谨认真的学术态度、勤奋自律的工作作风都深深地影响着我。作为课题组组长，召开各类基金项目启动、验收等会议，老师都会亲自抓工作认真做准备，亲自作报告详细介绍有关成果；指导写文章要求试验描述要客观严谨，数据结果要准确合理，分析原因要逻辑严密。工作中更是极为勤奋自律，一直以来都是早来晚回，周末经常能看到老师办公室虚掩着的门，也往往会在深夜里收到老师的回复邮件。我想，这应该也是李老师一生做学问的缩影，孜孜不倦地为推动和引领我国农业水利领域发展贡献着毕生的心血。

李老师非常注重为我们营造潜心研究的良好学术氛围。在院里、所里大都在让研究生参与横向课题、积极创收的大环境下，老师却带领工作的师兄师姐承担下了课题研究外一切的繁杂工作，竭力为我们研究生营造了能够潜心做课题的良好环境，使我们可以将全部的精力专注于学习专业知识、认真做好试验和撰写发表学术论文上面来，促使我们更深入、更系统地学习和掌握相关领域的前沿发展情况，也为我们博士阶段做好研究，以及为今后职业发展打下了扎实的学术专业基础。

李老师是授业者，教诲我勇于探索新的研究思路与方法。四年博士，老师全程全方位地教诲、指导我如何做好课题研究。老师亲自教授我专业基础知识，点拨启迪我选好研究方向和确定创新点，悉心指导我设计实施田间和盆栽试验，培养我明确研究思路和方法，

① 2013级博士研究生，现在水利部发展研究中心工作。本文作于2022年11月。

**2017 年 5 月**郭利君博士学位论文答辩会合影

殷芳　龚时宏　黄占斌　刘洪禄　李久生　郭利君　杨培岭　左强　张瑞福　栗岩峰　王珍

促使我不断提升学术素养，也让我少走了很多歪路、弯路，如期顺利完成了博士学业。

李老师悉心教授我们学术专业知识。博一选课时，李老师就用心指导我们每个人选定与之研究相关的专业课程，还亲自在中国农业科学院开设讲授《灌溉原理与技术》专业课。在李老师的课上，我切实感受到老师渊博的学识，也被他深入浅出、通俗易懂的讲解所折服，特别是他喜欢给我们布置课外思考题，引导我们去独立学习思考，让我们加深了对专业知识的学习，取得了非常好的课程学习效果。做研究时，李老师还经常在百忙中和我们分享与研究相关最新的学术成果和信息，既有如何开展同位素示踪试验、细菌培养试验等试验方法，也有怎样更好地撰写文章、投稿发表论文等经验分享。这使我们能更有针对性地学习相关知识，更高效地了解最新研究动态，更好地掌握研究技能等。

李老师用心培养我们提升独立开展研究的能力。老师特别强调理论与实践要紧密结合，经常提及做研究不仅要懂专业知识、会用模型、能发文章，更要通过亲自设计方案、实施试验，用实践来深化对理论的理解、来探索和验证研究设想，真正做到知其然更知其所以然。在大兴试验站，我完成了两年的盆栽试验和大田试验，通过取土测含水率、量株高叶面积、考种测产、提液测氮、捡根扫根，以及到中国农业科学院测同位素、再生水养分，等等，系统学习掌握了专业领域的试验方法和技能，深刻理解了各试验数据指标的原理含义，全面提升了自己实施课题研究的能力。

李老师用心鼓励引导我们探索新的研究思路和方法。老师一直强调博士做研究一定要有创新性。记得有一次老师给我们展示了一张知识圈 PPT，形象地阐释了研究生学习知识的过程。老师介绍研究生通过学习找到自己的研究领域方向，在广泛阅读了解研究领域前沿进展后，通过博士期间不断尝试探索创新，最终在某一领域（知识圈的某个点）取得一点突破。在选题之初，老师就要求我们在全面系统了解领域研究进展的基础上，认真谨慎确定自己的研究方向和创新点。老师还告诉我们研究要么有理论创新、要么有方法创新，或者两者兼有。只有找到了其中至少一种创新方法，我们开展的研究才会有意义，才能站在前人肩膀上推进该研究领域向前发展，也更有利于我们达到博士毕业要求，顺利完成学业。

李老师更是解惑者，为我指引职业发展方向。道德、技能的掌握是我们成长发展的立身之本，要想在科研、职业发展的道路上走得更远，还需要有坚定的理想信念、明确的目标、具体的实施路径，以及善于发现问题、解决问题的能力。

李老师往往会在我们遇到困难时给我们指引准确的前进方向。当我受挫时，老师会凭借丰富的经验给予我们指导、支持，坚定我们的科研信念，指引我们朝着正确的方向努力坚持走下去，直至完成任务甚至做到最好。2014 年 6 月 10 日的这天让我终生难忘。似乎是老天故意考验捉弄我们，一场小范围、短时间但又威力巨大的龙卷风式的狂风暴雨精准地偷袭了我们的试验站。周围的村庄都没有受到太大的影响，只有我们试验站损失惨重。看着被风雨拍打折损的试验田玉米，我心想今年试验肯定完了。华北地区春玉米一年一季的生长期意味着只能明年再做试验，也就是还要再延期一年才能毕业。当时我真的是万念俱灰，很受打击。但第二天，老师就亲自来到试验站，一方面是了解试验田受损情况，我想更重要的目的是老师来给我们提振信心，寻求解决办法。在老师果断作出抓紧调整播种夏玉米的试验方案后，我们立即行动起来，采集好土壤本底样品，进行夏玉米播种，最终顺利完成了当年的室外试验。

李老师教导我们要有职业发展目标和规划。无论是讲到做研究、做事，还是谈及人生职业发展，他都鼓励我们设立合理的目标，要求我们定期报告研究进展和下一步工作计划，做到各项工作有的放矢，确保各项工作高质量完成。特别是在工作进度方面，李老师要求非常严格。记得应该是 2015 年的上半年，课题组有些许拖延的苗头，李老师察觉到并给课题组写了一封公开信，就大家近期论文投稿、年度研究报告等一拖再拖问题进行了严肃地批评教育。从那以后，我逐渐养成了及时向李老师报告进展和工作计划的习惯，从而很好地掌控了博士学业进度的主动权。此外，分析数据时，李老师会叮嘱我们要充分挖掘、利用获取的试验数据，做好论文发表规划，有计划地分类撰写文章发表论文。老师还经常提醒我们，英文论文投稿周期长、不确定性高，要想如期毕业一定要提前做好投稿安排，同时还要选择与之相适用的期刊投稿，这样才能提高论文接收率，及时被录用发表。记得在我第一次投正式英文期刊的时候，由于盲目选择了高影响因子《Agricultural Water Management》等期刊，都被无情拒稿，白白浪费了好几个月的宝贵时间。后来，通过认真比选相关学术期刊，特别是在老师的指导下选择投稿了适用性更高的《Water，Air and Soil Pollution》期刊，后面文章就很快被录用发表。

李老师还经常鼓励我们要多交流、勤思考。三人行，必有我师。读博士时，尽管课题组每个人所做的方向都有所不同，老师也会为我们创造条件、搭建平台，鼓励大家多交流探讨学术问题。在老师的领导下，课题组实行定期汇报制度，大家坐到一起头脑风暴式地讨论试验进展，分享研究成果，总结投稿经验、教训等。特别是在每年春节前，课题组都要举办一次正式的学术总结交流会，每个人都会认真准备 PPT，汇报研究成果和总结一年来的工作进展，还要相互提问和答疑，也很像是提前模拟论文答辩场景。会后，我们往往会像过年吃团圆饭一样，聚到一起吃个饭，谈谈发展、聊聊生活、讲讲琐事等，氛围开心愉悦。通过这种定期汇报交流的形式，既有利于我们提高研究成果质量、拓宽研究视野领域，锻炼学术交流能力，提升学术自信，又促进了相互交流，增强了团队意识，凝聚了集体智慧和力量，很好地推动了课题组不断向前发展。

回想起来，博士四年与李老师相处的时光是短暂的，建立起来的师生情谊是永久的！毕业后由于工作原因，回所里看望老师的次数和时间都少了很多。但老师曾经的培养和教诲，我都会时刻记在心里，也会一直指引我在今后的工作中不断成长进步。我想老师退休后，肯定还会继续为我国农业节水事业出力并作出贡献。作为学生，我更希望李老师能够一直保持健康，多享受些幸福安逸的生活。我也会多去拜访李老师，继续倾听他的教导和点拨！

# 我与李老师

## 身体发肤受之父母，学识智慧受之恩师——题记

仇振杰[1]

在研究生将要毕业的那个冬天，踌躇在就业与读博之中的我，幸在张林师兄的点拨下，确定了考博的指导老师李久生研究员。初见李老师是在西北农林科技大学旱区节水农业研究院，适逢李老师来杨凌参加会议。在旱区节水农业研究院二楼的楼道里，我鼓起勇气向李老师做了自我介绍，坦言想在李老师的指导下进行博士阶段学习。李老师微笑着和我握了握手，和煦地告诉我："非常欢迎报考，你已经有两位西农师兄正在课题组学习和工作，他们都很优秀和扎实。"随后，李老师用邮件将关红杰和王珍师兄的联系方式发给了我，并嘱咐我好好复习，有问题及时联系，期待一起工作。与李老师短暂的相见与交谈坚定了我报考博士研究生的想法，使我更期待在自己喜欢的滴灌技术领域做一些有用的事情。在此之后的日子里，与李老师时有电话往来，为我解答土壤水动力学（专业课程）的疑难。每每回想起这一幕幕，心中总会回荡着春风般的暖意。

2013年的9月，通过博士研究生招考，我和中国农业大学毕业的郭利君成为了李老师的弟子。水科院的博士只有半年在高校里进行系统学习。那时与利君、白亮亮、涂洋等同学一起穿梭在清华大学、中国农业科学院、中国农业大学等学校里上课，虽然忙碌但很充实，现在回想，仍能感受到那时的书生意气和美好时光！博一的上半年，我们就要着手准备整个博士期间的试验了，作为农业水土工程的"门外汉"（因硕士期间从事微灌水力学方面），许多关于土壤和作物的概念和知识，我都是懵懵懂懂，多亏了各位同门师兄师姐师弟妹们帮助，我才得以勉强完成了试验设计。那时，每周的组会，李老师对新生试验进度计划的安排和建议以及对学术科研的高瞻远瞩，是我们每个研究生在科研道路上的莫大财富！

李老师对弟子科学素养的培养尤为让我印象深刻。2014年的初春，我和利君一起来到了水科院大兴试验基地，开始准备一年的再生水滴灌玉米试验。试验初期，需要校准仪器测量精度和测定土壤各参数。记得有一次，李老师交代我和利君验证TRIME（土

[1] 2013级博士研究生，现在湖南城市学院土木工程学院工作。本文作于2022年11月。

**2017** 年 **5** 月仇振杰博士学位论文答辩会合影

殷芳 龚时宏 黄占斌 刘洪禄 李久生 仇振杰 左强 杨培岭 张瑞福 赵伟霞 栗岩峰 王珍

壤水分测定仪器）测定数据与土壤烘干水分的关系。忙于准备玉米播种和前期测样的我们在傍晚时分从0~100cm深度每隔20cm取了5个土样测定土壤的烘干水分；另外在相邻区域打了一根TRIME探管，用TRIME测定土壤水分。糊涂的我俩简单将数据输入了EXCEL，未加任何分析处理就直接发给了李老师。不想那周的例会上，看着李老师做的数据分析和试验报告上密密麻麻地修订，听着严厉的语言，我俩惭愧内疚了许久。至此，我才明白自己要学习的还有很多。

2014年的夏天注定不寻常，还记得6月10日那天中午，我正在实验室配置测定大肠杆菌的培养皿。突然，天空乌云密布，夏雷轰轰，初起还以为只是一场阵雨，不想强对流天气带来了一场罕见的冰雹。冰雹停后，正在田间的利君马上给我打了电话，催促我去现场看看。我踏着冰雹化成的雨水，着急赶往试验地，一股刺骨的寒冷浸入双脚，看到被冰雹砸坏的玉米苗，泡水的试验地，一时不知所措。闻讯，李老师只身一人当即从市里赶到了大兴基地看望我们，带着我们实地踏勘了试验地，评估了玉米受损量，并与我们反复探讨。针对发生的重大变故，为了不影响科学研究和试验进度，李老师决定改种夏玉米；并仔细交代了后续应注意的相关事宜。至此，我和利君放下了悬着的心，重燃了学术研究的信心。

我是课题组内第一位涉及土壤酶活性研究的学生，加之自高中之后从未做过生化实验，当时测定酶活性遇到了较大的困难。还记得在李老师指导下，我寻找了多种资源，请教了同学、朋友、老师，并逐步掌握了酶活性的测定方法。然而对酶活性的分析陷入了更大的困境，这是因为我不清楚土壤酶活性、养分和滴灌措施之间的逻辑联系，不明白研究的具体科学问题。这些，李老师都看在眼里，急在心里。多次召开组会展开引导、讨论，将迷茫的我一步一步拽入学术的正轨。第一篇论文的修改仿佛仍在昨夜，格式、语法、逻辑关联……，往往反复十几遍，李老师都不辞辛苦，倾尽心血。老师的辛勤付出与诲人不倦使得我在论文写作方面有了极大的提高；同时，李老师认真严谨的工作作风、一丝不苟的科研态度和深厚的学术造诣都让我受益匪浅，尤其在参加工作之后。2017年6月，我从水科院毕业后回到了老家一所高校里任职。面对新办的专业，零基础的平台，我多次想过自暴自弃，甚至躺平；但每次想起老师的教诲和建议，忆起水科院的四年学术生活，心中又会鼓起勇气去开拓，做一些有意义的事情。正如人间正道是沧桑里瞿恩所说：“理想实现的途径有两种，一种是我实现了我的理想，另一种是理想通过我得以实现。”

不知不觉离开李老师，离开水科院已有五年了，而老师也将步入退休，开启新的篇章、新的生活。李老师的言传身教，与老师一起工作、生活的时光，已成为我此生宝贵的财富。而五年以来，工作、结婚生子加之新冠疫情肆虐，不曾回母校探望老师。虽与老师时有微信、邮件联系，但心中亦有惭愧。唯有以此糙笔简以记之。

# 写给李老师的信

## ——师恩似海，感恩有你！

**杨汝苗**[①]

这篇文章已经构思了很久，但不知怎样提笔，山东这边的天气还是秋意正浓，我坐在阳台上电脑旁等着同学们提交作业，不知不觉地想到了北京的天气是不是已经入冬，畅想着李老师退休后的生活，决定此时此刻写写李老师的故事。

未见。2013年经过激烈的考研大战，很庆幸自己笔试的分数考得还不错，面临着即将到来的复试，心里很是紧张，那时的通信方式主要是邮件来往，我通过邮件前后联系了不少老师，希望能提前得到老师的认可，可却一直没有得到回应；之后似乎缘分到了，我恰好看到了李老师的邮箱，抱着试试看态度给李老师发了一份邮件，当时只是觉得李老师和水科院遥不可及，但第二天却收到了李老师的回信，信中告诉我好好准备复试即可，看到这份邮件我感觉整个人都充满了希望，也感受到了光。我没有想到老师竟然第二天就给我回了信，还未谋面我已心生敬佩、心生感激，我觉得他是我认定的老师，我不会再给其他老师发邮件了。

初见。复试的时间快到了，我提前去了北京，同时也准备和李老师见一面。未见之前心里很是忐忑，还未见过的李老师会是什么样子的呢？李老师很耐心地告诉了我地址以及乘车的路线，到他的办公室后，看到李老师已经在办公室了，当时第一印象是这位老师很守时；谈话期间李老师很和蔼，并且整个过程都很轻松，也让我这颗不定的心稍微轻松了一些。再次感谢李老师，若没有这次谈话，可能我复试的时候发挥得会不尽如人意。

又见。之后顺利地考入了中国农业大学，也顺利地加入了李老师带领的团队，在李老师的带领下，整个团队的氛围都是积极向上的，也让我萌生了一定要跟着李老师及团队好好学习的念头。虽然第一年我在中国农业大学上基础课，但是李老师每周还是会抽出时间开一次课题组会议及时沟通问题。并且李老师也时常询问我在中国农业大学的近况及有没有什么需求，尽力给我提供一个好的学习环境。

复见。第二年就正式地开始了我的课题研究，在无数次的见面中，印象最深的就是一

① 2013级硕士研究生，现在山东省菏泽市鲁西新区佃户屯办事处中学工作。本文作于2022年10月。

**2015 年 5 月杨汝苗硕士学位论文答辩会合影**

严海军　李久生　李小芹　杨汝苗　杜太生　栗岩峰　杨魏

次做试验汇报的时候，李老师很认真地听取了我的试验报告，并且很细致地指出了汇报过程中不是很恰当的地方，甚至小到 PPT 颜色的搭配。那时我觉得李老师的科研精神是一丝不苟的，对我们也是要求严格并且会教给我们怎样去做怎样去改。我很佩服李老师对待科研的态度，也很感激李老师那时对我们的严格，这让我在以后的工作中一直受益。

想见。毕业后在北京没待多久，就回了山东，虽然山东和北京相距不算远，但是前两年工作不稳定加上结婚、生孩子等琐事，没能去北京。现在工作稳定了，孩子也长大了些，想去见见恩师，但由于疫情的原因还是阻断了这份一直想去的念想。其实，特别想去见一见，想去和恩师说说自己的生活和工作，也想听恩师说说他的生活和工作。

时间过得好快，转眼李老师就要退休了，常常会想：李老师工作怎么样？身体怎么样？北京的天气怎么样？课题组的其他师兄师姐师弟师妹怎么样？想着想着就好像自己回到了读研的那两年。感慨颇多，思念更多。最后祝李老师及家人身体健康、生活美满，退休后的生活更加多姿多彩。

# 学术灯塔指引我不断前行

**王　军**[1]

有人说导师是青藤，指引我们采撷成功的果实；有人说导师是桥梁，连接着此起彼伏的山峦，指引我们向学术顶峰攀登；而我认为导师是我学术道路上的灯塔，坚韧而明亮，在学术研究的大洋里照亮我前行的路。三生有幸，在我从事博士后研究工作及此后的研究生涯中，就遇到了这样一位恩师，他就是中国水利水电科学研究院研究员李久生老师。

2013年，我从中国农业大学获得博士学位后来到李久生老师课题组从事博士后研究工作。当时，我是慕名而来的。博士期间，我的主要工作是研发二维土壤水氮迁移转化与作物生长耦合模拟模型。早在2000年左右，李老师在农田水利学术圈里就是名人了，是公认的学术严谨的喷微灌专家。在李老师的带领下，课题组长期坚持将论文写在祖国的大地上，研究成果直接服务于农田水利生产实践。二十多年来，课题组一直坚持从事喷微灌技术理论与试验研究，积累了丰富的试验数据资料。这些第一手的试验数据也为我模型的进一步研究提供了大量宝贵资料。因此，我当时就主动申请到李老师课题组开展博士后研究工作。加入课题组后，我发现学术同行对李老师的评价非常准确。李老师是一个专注研究和治学严谨的科学家，非常关心课题组的学术发展规划、团队青年人才成长以及学生生活与学习。

李老师几十年如一日，潜心学术研究。在我的印象里，李老师除了开会和外出考察等学术活动以外，其他时间都在办公室从事科学研究，甚至周末也在伏案潜心科研。同时，李老师经常深入田间地头，了解农业生产实际情况。针对生产实践中出现的问题，及时投入研究力量，开展相应的研究工作。如针对长毛管易堵塞和均匀性差等问题，课题组从2007年开始，连续十几年开展了华北、西北、东北地区滴灌均匀性对土壤水分分布及作物生长的影响研究，分区探明了不同作物滴灌均匀系数标准，为滴灌系统的设计提供了重要的参数。近年来，随着农业集约化经营和节水灌溉技术的不断发展，滴灌系统控制面积从几百亩增加到几万亩，滴灌系统的水肥均匀性又成为了急需解决的问题。为此，课题组开启了规模化滴灌系统水力学设计与运行管理的研究。目前，在滴灌系统水力学方面，已基本探明不规则灌溉系统灌水均匀性的影响因素，并且提出了灌溉系统能耗和效益评价

[1] 2013年进站博士后，现在中国水利水电科学研究院水利研究所工作。本文作于2022年11月。

**2016年12月王军博士后出站报告答辩会合影**
李玉中　李光永　黄冠华　康跃虎　王军　李久生　龚时宏　吕映

方法。作为课题组组长，李老师博览群书，及时掌握相关研究国际学术前沿动态，敏锐感知国际学术研究发展方向。在李老师的带领下，课题组先后拓展了变量灌溉技术、喷灌水肥管理技术、滴灌水肥盐管理技术、滴灌水力学设计、再生水安全高效利用、喷滴灌技术装备研发、节水灌溉技术适用性等方向，研究内容跨越了物理、化学、生物、地理等多个领域。

李老师经常告诫我们，治学一定要严谨。他经常和我们提起课题组开展滴灌水肥一体化技术研究的历史，以此让我们懂得科学研究是一件很严肃的事情，要有精益求精的精神。20世纪90年代末，国内滴灌技术就已经在新疆等地区开始规模化应用。但是，国内滴灌水肥一体化技术的研究和应用还是空白。为此，李老师申请并获批了国内第一个滴灌施肥技术方面的国家自然科学基金。课题组首次利用HYDRUS软件模拟分析了滴灌条件下土壤水氮迁移动态变化规律。模拟结果出来以后，从学术严谨的角度，李老师在征求了原在中国农业大学任教的冯绍元教授的意见和建议后，才将相关结果予以发表。多年来，课题组有一个优良的传统。每位研究生的试验方案都要经过课题组内部多次讨论才最终确定，试验数据校核也是课题组每个研究生都必须完成的工作。在完成试验数据校核的基础上，需要系统分析数据，完成试验报告；试验报告要经李老师多次审核后，才能根据研究目的撰写学术论文；同时对论文的逻辑性和创新性也提出较高的要求。每篇拟投稿论文都要经过多次修改后方可投稿，甚至于用词都要仔细推敲，最后经李老师审核把关才能投出。

在学术发展规划方面，课题组每个人都有明确的学术发展规划。犹记得刚开始来课题组做博士后的时候，李老师找我讨论博士后期间的研究方向。李老师建议我在博士后期间做一些区域尺度的研究，以拓展我的研究方向，有利于未来的学术发展和就业。在李老师的指导下，我博士后期间开始学习 ArcGIS 软件，并基于 GSWAP 软件研究了松嫩平原喷灌技术的适用性。如果当时没有李老师的指导，我可能会一直从事农田点尺度的相关研究工作，无法拓展我的研究领域。2016 年，“十三五”国家重点研发项目申报之际，李老师让我负责城郊节水灌溉技术评价指标体系方面的研究，这样我研究过的区域尺度农业水文模型就派上了用场。在“十三五”重点研发专项课题的资助下，我们提出了基于分布式农业水文模型的区域尺度节水灌溉技术评价方法，并应用该方法评价了大兴区农业节水灌溉技术的经济效益和适用性。多年来，在李老师的指导和帮助下，我逐渐形成了自己的研究方向，主要包括旱区滴灌土壤水肥盐调控、农田滴灌土壤水、肥、盐、热运移与作物生长耦合模拟模型开发与应用、区域尺度节水灌溉技术经济和环境效益评价等。

李老师一直致力于团队青年人才的培养。2015 年，我非常有幸参与了国家自然科学基金国际合作项目的申报工作。为了培养我的国际交流合作能力，李老师让我负责英文申请书的撰写。在撰写英文申请书的同时，我进一步学习了专业英语词汇，提高了英文的写作水平。虽然项目最后没有获批，但是锻炼了队伍，提高了团队年轻人的能力。2017 年，课题组参与了康绍忠院士主持的国家自然科学基金重大项目，李老师主持其中的一个课题“农田节水控盐灌溉技术与系统优化”。为了进一步提高年轻人学术研究的能力，李老师让我负责滴灌水肥盐调控研究方向。与此同时，在培养年轻人的指导研究生的能力方面，李老师让团队年轻人担任博士研究生副导师，参与博士研究生研究主题和研究方案的制订、试验开展、数据整理分析、模型学习与应用、期刊论文撰写指导与修改、学位论文审定等工作。在李老师的大力支持下，课题组近 5 年来在旱区滴灌土壤水肥盐调控与模拟方面先后承担了国家自然科学基金重大项目、面上项目和新疆生产建设兵团科技计划项目等多项重点研究课题，突破了传统以水盐、水氮为调控目标的研究思路，重点研究了微灌根际—田间土壤水—肥—盐相互作用机理，建立了盐分胁迫下氮素矿化模型，定量表征了盐分胁迫下不同来源氮素的有效性，发现了适当增施氮肥缓解盐分抑制作物生长的机制，确定了作物不同生育阶段的耐盐阈值，提出了考虑水—盐—氮淋洗平衡的协同调控参数。

李老师非常关心学生的生活和学习情况。野外田间试验研究方法是我们课题组的研究传统。多年来，课题组学生的试验足迹遍布黑龙江、吉林、内蒙古、新疆、河北、北京等 10 余个站点。李老师要求课题组骨干每年要有固定次数去试验站点，及时了解学生的生活和工作情况。同时，李老师每年都会亲自至少去一次试验站看望学生并指导试验进展情况。在学生身心健康方面，李老师经常找学生一起喝咖啡聊天，了解学生的思想状态。为了学生的成果能够高质高效地发表，李老师会优先审阅学生的期刊论文初稿，一般1~2天就会返回修改意见，尤其是每个学生的第一篇论文，一般都会修改10多个来回。在李老师那里，熬夜修改学生论文是常态。在学生选择就业岗位时，李老师都会尽自己所能进行推荐。

我加入课题组已经近10年，见证了课题组在李老师的带领下不断发展壮大。李老师就是我们的学术灯塔，指引着我们不断前行；李老师也是我们的严师益友，在李老师的言传身教下，课题组精诚团结、治学严谨、奋发向上；李老师更是我们课题组的定海神针，有李老师在，我们就不怕任何困难，勇往直前。

# 点点滴滴忆师恩

郝锋珍[①]

时间飞逝，往事历历在目。求学的时候，总以为读书日子是最难的；当工作后，才明白读书的日子才是人生最值得怀念的时光。硕士毕业后想着在学业上更进一步，去开阔眼界、体验不同的人生。读硕士研究生的时候老师的名字就已经如雷贯耳，出于对老师的敬仰，坚定选择报考到老师门下。成绩虽不太理想，但感恩冥冥中的天意，给了我成为老师弟子的机会！

也许只是李老师万千桃李中的小小一枝，但他却是我求学路上无可替代的引路人。在水科院读博的四年美好时光里，李老师成为我人生中影响深远的存在，他所教授的知识、技能和品质，也深深扎根进我的记忆里，成为独一无二的养分，使我终身受益。不仅教给我书本知识、思维方法、科研实践，更多是传授社会经验、做人之道。就像一盏灯，长久而温暖地照耀着我前行的路。

博士相对于硕士，不仅仅意味着学历的提升。硕士侧重培养的是解决问题的技能，读博士最重要的目标是培养具备专家的思维方式，要对研究课题有更系统、更完整的把握，更注重锻炼“独立科研的能力”。考上博士研究生，只是万里长征第一步。入学后李老师给我布置了专业理论课学习和选题任务。博士一年级上学期以上课为主，其中《灌溉原理与技术》专业课由老师亲授。李老师上课，不仅仅教的是书本上的知识，更多是把自己平时在科研上接触到的一些前沿知识、问题告诉给学生，扩大我们的知识面，帮助学生奠定未来的发展基础。听了他的课我从内心深处折服于他的学术造诣，他治学严谨的态度更是潜移默化地影响了我们每个人。

读博阶段，上课占用我们的时间并不很多，更多的时间用于进行学术研究。一入学李老师就为我定下了博士阶段研究方向为再生水滴灌堵塞，参与当时他主持的科研项目。但是，老师只是给出了大的研究方向，具体的研究课题内容还是需要自己查阅文献去确定的。接下来半年多的时间，我几乎用全部的时间和精力，去完成老师布置的学习任务和课题的准备工作。做选题前的广泛查阅文献资料，书写报告，以及汇报学习收获。在博士一年级上半年的研究生活中，我担心自己做不好，除了老师的指导之外，也得益于师兄——

① 2014级博士研究生，现在山西农业大学城乡建设学院工作。本文作于2022年11月。

**2018年5月郝锋珍博士学位论文答辩会合影**

李云开　龙怀玉　刘洪禄　杨培岭　郝锋珍　李久生　王仰仁　左强　栗岩峰　赵伟霞

栗岩峰和王珍对我的无私帮助和鼓励，对我随时提出的各类问题都悉心给予了解答，使我有信心完成后面的研究工作。李老师对学生非常负责任，会经常督促我们、检查研究进度，会给一个大致的时间节点，安排我们汇报试验方案。但有时由于自己不能合理安排学习和研究时间，导致进展缓慢，超出老师的预期时，老师也会予以批评。犹记得制订试验方案汇报了几次都没达到老师的预期要求时，老师说："国外的研究生教育，淘汰机制是很正常的事，开不了题就不能毕业，学生在读博的过程中申请退学也是很常见的事"。但老师批评归批评，接下来仍会牺牲自己的时间为我修改方案。

李老师强调研究工作要有创新，也非常重视在研究工作中进行讨论。博士阶段，上课的形式更多样化，老师不会教条式地传授知识给你，与老师的沟通交流必不可少。刚开始我惧怕和老师交流，害怕在老师面前暴露自己的不足，和老师的交流主动性不够，特别是在研究进展比较慢时，也时常担心开会时被批评。随着文献阅读量的增加，对自己的研究方向有了一定了解，经过老师和师兄的多次点拨后，终于确定了最终的试验方案，接下来就是按照方案开展研究工作了。

对于我的研究方向，做试验是基本工作。老师安排我到中国水利水电科学研究院大兴试验基地开展试验工作。在大兴试验基地度过了充实而忙碌的三年，每天晚上都会想好第二天要做哪些试验并把试验材料准备好。整个试验期间有喜有忧，有做试验停滞不前时的焦虑，有遇到突发状况时的措手不及，也有取得了阶段性试验成果时的喜悦。在做试验过程中最深刻的感受是一定要将试验方案设计得严谨周密，比如，试验中要用到哪些仪器，试验数据的记录以及试验中出现问题应该如何解决等，宁可三天做方案一天做试验，也不能冒进。在此非常感激，老师在试验方案制定过程中的严格把关，保证了试验的顺利进行。试验方案制订得再完善，也不是一成不变的，做完试验要及时处理数据，为完善下一步试验工作提供参考。在大兴基地做试验期间，我会定期向李老师汇报试验进展，针对疑难问题向他请教，每当获得李老师的认可时，就像吃了一颗定心丸，又有动力进行接下来的试验了。老师也会定期组织研究生就自己的研究课题进行阶段性学术汇报，就报告中的问题和研究遇到的困难与课题组的成员共同讨论，并每次都能给大家提供宝贵的指导意见。通过这样的学术汇报交流，我开阔了学术视野，增加了专业知识，锻炼了交流能力，明晰了研究思路。

博士研究生涯中绕不开写论文，论文是对读博士期间工作的总结与提炼。要想写好论文，必须要把自己的思想严谨规范地表达出来，需要经过严格训练。一篇论文的发表从框架的构思、文字的撰写到投稿、退修等，无一不花费我们的精力和心力。李老师治学严谨，对学生要求严格。在论文成文过程中他给予了详尽的指导，特别是试验设计和数据的可靠性方面，他的指导更加细致。在论文写作中，每当遇到难题，经过努力自己无法解决时，都会与老师沟通。在每次沟通中，老师都会提出一个新的思考角度，让我对论文有了新的认识，提升了论文的高度，也有效地提高了论文写作的效率。毕业后当了老师之后，指导学生论文时才更深刻体会到当年李老师为此付出了多少精力和耐心。回看自己写论文之初，通过模仿别人论文的结构和句子，完成了论文的初稿，论文的逻辑和语言方面都存在很大的问题，老师耐心地去审阅，一遍又一遍地提出意见，改了不下10遍。有的时候感觉尽了自己最大努力改完的论文还达不到李老师要求时，会很失落。但李老师总会在我失落的时候给予醍醐灌顶的启发，在这样的启发式指导训练下，让我对所在专业领域有了更深入的了解，分析和解决问题的能力也得到了提升。博士期间能够发表一些论文，与老师的精心培养和严格要求是分不开的。在毕业后的一段时间内，还是不适应别人叫自己“郝老师”。我经常会有种感觉：我仍然是那个在李老师课题组学习的博士研究生，很多东西我依然不会，时时刻刻都需要学习。到现在仍然觉得李老师思维的高度和深度是我完全无法企及的。

做研究和课题时，写论文是痛苦的事情，却也是最磨炼自己思想的时候。很多东西，不写下来就不知道自己到底弄明白没有，只有当把它清晰地表述出来时，知识才真正地掌握了，研究才做透彻了。在论文写作的过程中，会从各个角度分析问题，思考问题，直到把问题彻底解决。做研究时不能将自己封闭，常与老师和同门沟通和讨论，不仅能加深彼此之间的感情，更有利于我们学术水平的提高。此外，迅速检索出正确以及完全的文献，是科研课题完成的助推器。读文献可以部分避免闭门造车，从研究者最新发表的文章，找到可行的研究思路。博士都是在学习中做研究，在研究中学习。与同行的交流，比如参加学术会议，可以知道别人在干什么，反思自己的工作，避免重复或者提升研究速度。李老师除了在课题组内部推行定期的学术交流之外，他对国内外重要学术会议非常重视，虽然我们有时不能到达现场参加国内外学术交流，李老师总会把会议报告分享给大家，从国际国内的学术会议上得到很多学术思想和信息。正是李老师的鼓励和支持使得我能够在学术研究的道路上不断前进，是他给了我宝贵的学术财富和精神财富！

这些年来，在李老师的身边，学到的不仅仅是知识，更多的是为人处世的原则。博士在读四年期间，李老师会放手让我去尝试，但是在我走远时总会及时把我拉回来。李老师严谨认真的学术态度始终影响着我。有一次修改论文过程中发生的事对我教育很深，至今难忘。在“Effect of chlorination and acidification on clogging and biofilm formation in drip emitters applying secondary sewage effluent”论文中试验装置部分仅描述了再生水滴灌处理组的布置，但是忽略了对照组系统布置的描述。一审意见返回后，其中一位审稿专家针对论文在系统布置部分提出了意见。在讨论如何修改论文的过程中，由于我片面地关注审稿人指出的问题，未能考虑到两个系统大小不一致情况下对试验结果的影响，没有完全领悟审稿专家及李老师的意见，在修改的过程中给出了不合理的解释。导致李老师认为我在迎合审稿人的意见，论文中未如实描述试验设计布置，是为了使论文评审通过而刻意合理化试验方案。李老师当时很生气，当即表示要撤稿。那是我读博士期间老师批评最严厉的一次。从李老师办公室出来以后，仔细翻阅试验记录后对试验说明进行补充及细化，并对自己的行为进行了反思。最终李老师和审稿专家接受了关于论文修改的说明，论文得以发表。通过这件事我深刻认识到了自己的问题，在为自己的错误自责懊恼之时，也感到特别幸运，感谢在学术生涯开始时李老师的及时提醒，让我认识到自己的不足并加以改正。在此后的科研工作中，我都会怀着敬畏的心态去面对每一次的科研任务。

李老师除了在学术道路上严格要求、积极引导、不断提携我们后辈之外，在生活上对我也是给予了无微不至的关心和爱护。正是他无私地帮助和鼓励支持，使得我们这些学生能安心工作，在学术上取得不断的进步。李老师淡泊名利，一心一意在为我国的节水灌溉事业奋斗努力。老师的言传身教，使我不仅在专业上得到悉心指导，在做人做事方面更是受益良多。他对教学工作的执着与热爱，他对科学研究的严谨态度，他对学科发展的深入思考与实践，他的“活到老、学到老”的精神，都对我影响至深，也是我一生学不完的。一路走来，关于老师的一切已在不经意间深深地刻进了我的心底，勾勒出我心目中理想教师的模样，他那润物细无声的力量，指引着我不断向上向善向美。每每想起，总有一种精神在鼓舞着我，一种温暖在包围着我，一束光在指引着我！“山高水长有时尽，唯我师恩日月长”，如今同样为人师表的我更是深刻地体会到老师对学生的培养所付出的辛劳，明白老师给予学生的不仅是知识，更是对知识的热情，对成长的信心。而为我打开教育这扇光明之门的正是李老师！使我始终在满怀期待和无限憧憬中，不驰于空想，不骛于虚声，秉承李老师做人、做事、做学问的原则，立志教书育人，寻梦而行，一路追光。

毕业多年，逢年过节，都会向李老师送去问候。但更多的时候，还是会把与老师有关的一点一滴，小心翼翼地藏进心底，闲暇时分细细品尝那些美好的回忆。因为有了这些回忆，才能不断成熟。因为有了这些回忆，才使得自己不断走向远方。

在恩师退休之际，谨以此文来感念在恩师身边学习的点点滴滴。一朝沐杏雨，一生念师恩，愿恩师和师母春去秋往万事胜意，幸福安康！

# 不畏前行的勇气　未来可期的底气

## ——博士生活点滴回忆

李秀梅[①]

2009年我本科毕业后响应国家号召，支援边疆参加工作；后感觉能力有限，又志于求学，2013年考入河北农业大学城建学院，于韩会玲老师门下攻读硕士，这也是与李老师结下师生缘分的开始。2014年冬，李老师受时任城建学院副院长郄志红老师邀请进行学术讲座。忆当时，如在昨日：李老师温文儒雅，让人如沐春风，严谨的治学态度，饱满的讲座内容，高超的学术水平，让人敬仰，高山仰止，景行行止。李老师的到来就像一阵暴风雨从我的思想上掠过，暴风雨携带的闪电照亮了我的科研之梦，我要读博士，我要去北京向李老师求学。星光不负赶路人，2015年终于考入中国水利水电科学研究院，并经韩老师引荐进入李老师课题组。每每提及课题组，博士生活都如一幅幅画卷涌来。

**试验篇：**2015年7月6日，第一次近距离接触了李老师和课题组其他的老师们，大概30分钟高效率的试验进展汇报和交流后，我就跟着张星师妹去往了涿州市东城坊镇中国农业大学涿州试验站。在这里我第一次见到了圆形喷灌机（也称指针式喷灌机），第一次听说了变量灌溉，更是第一次实现了手机“指挥”灌溉管理。在杨汝苗前期研究的基础上，我们以冬小麦和夏玉米的变量灌溉差异化调控为研究主题，2016年在冬小麦生长期开展了基于不同管理区不同下限的适时、定位和定额的非充分水分管理方法试验，每天上午测所有处理的土壤含水率并进行计算，当有需要灌溉时就下午进行，如此反复。由于这种管理方式耗能较大，实际管理可行性较差，在2017年冬小麦生长期，我们仅每天监测每个管理区充分灌溉处理的土壤含水率，当需要灌溉时，所有处理均灌溉，但是灌水定额不同。两年冬小麦生长期间降水量平均为80毫米，这意味着我们几乎要长在试验田中，除了定期必要的生长指标测量外，不是在灌溉这个小区就是在灌溉那个处理的路上。夏玉米试验期间降水量较多，但是还是要每天采集气象和土壤数据以确定是否进行变量灌溉。试验是枯燥的和辛苦的，喷灌机维修、试验站停电、用水高峰期等因素都决定着试验的结果。欣慰的是试验站工作人员、师弟师妹和其他热心人士甚至天气都给予了许多支持和帮

① 2015级博士研究生，现在河北农业大学城乡建设学院工作。本文作于2022年11月。

**2019 年 5 月李秀梅博士学位论文答辩会合影**

严海军　薛绪掌　刘洪禄　杨培岭　李秀梅　李久生　龚时宏　赵伟霞　王燕晓　王建东

助，试验得到了预期的结果，变量灌溉效益得到发挥。并且经过前期和两年连续监测，我们埋设的土壤水分传感器总数量从 110 根降低到 36 根，这大大减少了 2018 年试验期间的工作量；含水率监测间隔也从逐日监测调整为了 3 天一测，降低了实际应用的难度。2015 年 7 月到 2018 年 9 月，圆形喷灌机下总能看到一个身影，在 25 亩的大田中来回穿梭。在试验田中我们可以很快地识别小麦拔节期和玉米的大喇叭口期，同时感受了麦芒的扎人和玉米花蕊的刺挠。2015 年夏天张星和张守都的接力；2016 年夏天张萌和王子豪的辛苦；2017 年曹大禹的坚守、林小敏的汗水；2018 年索笑颖和李海丽的足迹、史力诚的踏实肯干……我们把论文写在了祖国的田间地头。试验田挥洒的汗水锻炼了我们的毅力、增强了我们学习的定力、培养了我们在逆境中的耐力。这使得我后来在遇到各种挫折时都有无惧的勇气。

我是在精神上已经准备好了，但是现实条件和专业知识还不允许的条件下开始的博士学习，因此在试验期间，我经历了很长时间的痛苦挣扎，身体的劳累、对孩子的想念以及专业知识的系统学习较差，一直让我无从着手博士生活到底应该怎样开展，科研工作到底应该怎样进行。李老师总能在关键的时候提醒我，有一天李老师在组会上说“读博士很辛苦，但是辛苦是不能毕业的”，一下子把我拉回了现实：我是来读博士的。没有一定的付出怎么能完成学位顺利毕业？下定决心不再犹豫和徘徊已是读博士1年又半，虽然零星地写了一些东西，但是距离发表还有很大差距。

**论文篇：**在扎实的试验数据和赵伟霞师姐不断地鼓励和帮助加持下，博士二年级我的第一篇论文在磕磕绊绊中终于完成，在选择期刊时我和赵师姐讨论后，小麦变量灌溉论文想在 *Agricultural Water Management* 这一高质量期刊上发表，李老师也坚定地支持了我们。正是这一决定为后来曲折和多舛的论文发表过程埋下了伏笔。论文投稿后如石沉大海，眼看着博士同学陆续毕业，我也在纠结、自责和痛苦中挣扎着，李老师一直关注着我们，*Agricultural Water Management* 的论文李老师一直放在心上，问了编辑后才知道，我们的论文先后送了不止10个审稿人，一直未收到明确的审稿意见，这时距离投稿已经一年。在毕业的压力下，李老师建议我先投一个比较认可我们研究成果且有影响力的期刊，于是第二篇夏玉米文章选择了 *Transactions of the ASABE*，很顺利，2017年8月投稿的论文，11月就有了肯定的回复，博士毕业的指标终于完成了1项。好消息接踵而至，*Agricultural Water Management* 终于返回了修改意见，不出所料，满满的意见和建议，问题多、尖锐、观点碰撞，难以修改。在拒稿又经过两轮的反复修改、润色、重新提交后，历时1年半的时间，2019年1月19日—2月23日正值农历新年期间，*Agricultural Water Management* 终于接收了论文。一块石头终于落地了！这是我目前为止最难忘的一个新年，但是这时距离申请当年博士毕业也只有3个月了。

从入学时无知的自信满满到优秀博士学位论文的完成，从论文发表迟迟无信到多篇文章高质量毕业，我的科研能力实现了从0到1的突破，对不确定的未来信心十足。当论文中遇到有可能有争议的地方时，李老师总会说："不要侥幸，如果一个坏事可能发生也可能不发生时，我们一定要假设它会发生并且在最开始意识到时就解决它"。在我对论文很满意时，李老师的话又在耳边响起，"你的格式问题太多我无法聚焦在论文本身内容上"以及曾经一位国外科研学者在一个学术会议上见到李老师后，很恭敬地说他们不只引用李老师的研究成果，更是把他的论文当作写作范文学习。"我们的论文写作目标是精品"。

本科毕业十年后我终于博士毕业了，工作生活更是日趋向好。毫不夸张地说，如果不是李老师、赵师姐和课题组的传帮带我不可能如此快速成长。是李老师给了我足够的包容、指点和示范，让我在工作和生活中有可以依循的榜样。我现在也在陆续指导研究生，李老师的用心良苦和个中艰辛逐一体会，每当我感到无力并想降低标准时都会想起李老师的教导和嘱咐，我的工作和生活便会谨慎再谨慎些。

很庆幸，在新冠疫情到来前我顺利地毕业了；很庆幸，我在课题组获得的成绩在我接下来的工作中发挥着举足轻重的持续的正向作用；很庆幸，在李老师的育人模式下，我有了不畏前行的勇气和通向美好未来的底气！

# 我在中国水利水电科学研究院的三年半

**薄晓东**[①]

在收到李老师要组织编写《亲历灌溉精量化和水肥一体化：科研·教育·社会活动实录》，收集大家回顾性文章的通知时，心情还是很激动的，立马翻看了手机和电脑里存储的照片，重拾记忆碎片，并最终决定用记事的方式来写。

在北京我待了10年（2010年9月—2020年9月），最后三年半是在中国水利水电科学研究院（下文简称水科院）水利研究所度过的。2017年4月上旬的某一天，我敲响了综合楼319对面304的门，从此进入了李久生老师的喷微灌水肥一体化团队。这是我第一次见李久生老师，李老师的办公室不大，到处都是书。屋里铺着黄色的木质地板，有两张桌子，一大一小，小的放了一台电脑，大的堆满了书，还有一个蓝色的沙发，也放满了书。我和李老师隔着一堆书完成了初次见面。谈话内容，谈了多久，已不记得了，只记住了李老师的一句话"你懂我的意思吧？"，现在也成了我的口头语。关于研究方向，李老师给了我3个选择，一个是做栗岩峰师兄在东北的国家重点研发计划课题，一个是河北的项目，还有一个忘记了，我选了第一个。

雪景下的中国水利水电科学研究院水利研究所
（红色建筑是水利研究所，2020年11月）

4月下旬，我和栗师兄还有守都师弟3人踏上了开往长春的G915次高铁，历时5个小时到达长春站。在吉林省水利科学研究院相关人员的协助下，我们3人顺利进驻了该院乐山镇灌溉试验站。在这里，栗师兄亲手教会了我如何安装滴灌系

① 2017年进站博士后，现在鲁东大学工作。本文作于2022年11月。

吉林省水利科学研究院乐山灌溉试验站气象观测设施（2017年8月）

去新疆的飞机上俯瞰黄河（2019年7月）

统。了解了这片黑土地孕育的特有的风土人情，第一次见识到了东北人的酒量，第一次尝试了60°的散装白酒，第一次吃到了正宗的汆白肉和锅包肉。也是在这里，我完成了国家重点研发计划项目“东北粮食主产区高效节水灌溉技术与集成应用”子课题“精量化高效滴灌技术与产品”相关研究内容，以及我个人的国家自然科学基金青年科学基金项目“滴灌覆膜对作物关键生育期土壤氮素矿化的影响机理探析”。

金秋十月，是玉米收获的季节，也是返程的季节。积累了一个生长季的土壤、植株、溶液样品需要运回位于北京大兴的节水灌溉综合试验站进行检测与分析。由于样品数量大，测样时间会从10月持续到12月底，从金秋到初冬。一晃4年过去了，许多事情已开始模糊。我仍然记得那台超负荷的流动分析仪和凯氏定氮仪，夜晚散发着淡淡黄光的恒温培养箱，还有那些数不尽的小白瓶、洗不完的锥形瓶、叠不完的滤纸、色彩鲜艳的试剂；记得回所里的路，门口坐841路，在清源西里换乘地铁4号线，在平安里站换乘6号线，从白石桥南站G口出，步行路过大鸭梨和京岭酒店就到水科院大门口了。记得大兴试验站北边大刘各庄热闹的大集、与晓奇比罚篮的李家场篮球场；记得试验站厨师嫂子做的早饭玉米糊糊和炸馒头片，中午的红烧排骨和鱼香肉丝，晚上的炸酱面和大包子；还有试验站的夕阳与初冬结霜的麦苗。可能记忆的种子早在我踏进试验站那一刻就已经种下，随着时间的推移它愈发根深蒂固了。

河北省大曹庄大型喷灌机系统（2020 年 8 月课题组试验观摩）

2019 年 7 月，我跟随李老师生平第一次来到新疆，也是第一次胆战心惊地坐了 7 个小时的飞机，因为有一段飞机非常颠簸，让我一度很担心。但沿途的风景真的很美，高山云海，大漠戈壁，特殊的雅丹地貌，还有人迹罕至的自然原始地带，都让我印象深刻。我们一行人来到了新疆生产建设兵团第一师水利局水土保持试验站，观摩了课题组的棉花滴灌试验。试验条件很艰苦，生活也不便利，每天除了要完成试验工作之外，还要自己解决吃饭问题，试验耗材和生活用品也要骑三轮车到几十千米以外的阿拉尔市采购。幸运的是，师弟师妹们还有王师傅可以在各个方面给予我帮助。人是环境的产物，越是恶劣的环境越能重新塑造一个人，让他具有面对困难的勇气和迎难而上解决问题的能力。我想这也是课题组文化传承的一个过程。

2020 年 8 月，我再次跟随李老师来到了河北省邢台市大曹庄管理区，开展试验观摩活动。现场观摩了喷灌水肥一体化试验和变量灌溉试验。通过现场调研，让我看到了大型喷灌机系统在规模化经营中的前景与优势，认识到了我们所搞研究的意义和必要性，也更深刻理解了科技成果落地转化的内涵：科技成果有效转化才是发挥科技生产力的唯一途径。

在课题组的三年半，时间并不算长，但对我的影响是深远的，让我对生活和工作有了新的理解。非常感谢李老师为我提供了一次宝贵的深造机会。在这里，我有了新的研究方向，学到了新的专业知识。尤其是老师、师兄、师姐们为事业执着的精神、为科学创新的干劲、严谨的工作态度，在今天愈发的感染和激励着我。如今，我自己也成为了一名高校教师，有时也跟学生们聊起我的学习生涯，这也算是一种精神传承吧。我希望未来有了自己的学生后，也可以将课题组文化继续传承下去。

最后祝老师身体健康！

# 忆攻读李久生老师博士四年之点滴
## ——滴灌水肥盐的探索与研究

车　政[①]

科学的殿堂里似乎也存在着一种莫名的缘分，或许那也是一种力量，将无数志同道合学者汇聚到一起，为探索自然的神奇，揭开科学神秘的面纱，不断迈向新的世界。

与李老师在一次项目的专家评审会上结缘，深深吸引住我的是一位学者特有的气质和内涵，经过两年不懈努力和坚持，终于在2018年9月考取了中国水利水电科学研究院李久生老师的博士研究生，开启了滴灌水肥盐的探索与研究之路，转眼四年已过去，很庆幸顺利拿到了博士学位，也取得了一些论文成果，更重要的是跟随李老师及课题组的老师们学习了很多，成长了很多，回首四年的努力与辛酸，都是值得的，心中是喜悦的。目前已奔赴新的工作岗位，就职于中国建筑集团所属的公司科技部门，老师四年来的教导和指点仍深刻地影响着我，为我照亮着前方的道路。回首四年，与老师和课题组成员促膝相处的点滴仍历历在目，这四年的生活和学习有大家相伴，所历必是我一生宝贵的财富。下面我将分享这四年的学习和生活以作纪念。

## 第一篇　学习篇——膜下滴灌水肥盐协同作用研究

### 一、关于文献的阅读

来到李老师课题组后，特别幸运地参与到了老师主持的国家自然科学基金重大项目的课题“农田节水控盐灌溉技术与系统优化”，首先结合硕士的研究方向，李老师有针对性地给我提出了“水肥盐耦合”的大方向，在我硕士期间研究膜下滴灌玉米灌溉施肥制度的基础上，既是研究的延续，又得到了拓宽和加深。针对水肥盐耦合的方向，以解决干旱地区土壤次生盐碱化以及如何合理进行水肥盐调控的核心问题。在文献阅读方面，李老师和

① 2018级博士研究生，现在中建六局水利水电建设集团有限公司工作。本文作于2022年11月。

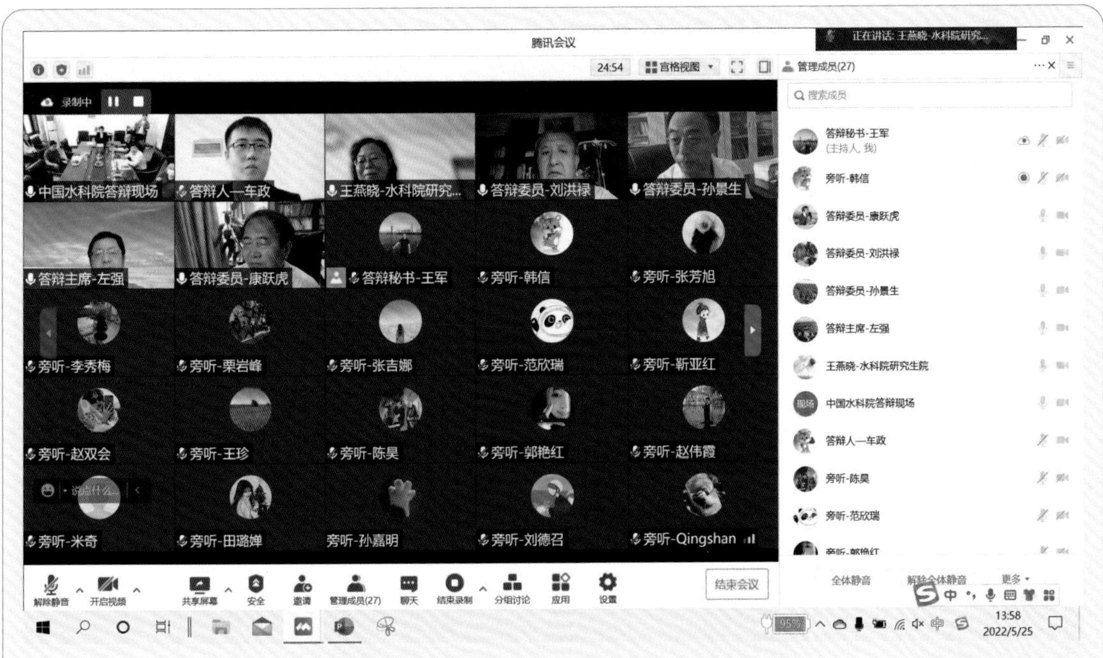


2022 年 5 月车政博士学位论文线上答辩会合影

王军师兄教会了我很多方法和经验，首先要了解学科发展的脉络，抓住影响学科发展的重要时间节点和发生重大突破的事件，然后再分别找关联的点基于问题导向去逐个突破，最后再将分散的点有机地结合在一起。同时还要了解一直以来和最新研究该领域的相关有影响力的团队，比如从盐分角度来讲，内蒙古农业大学史海滨老师团队、中国农业大学左强老师团队、中国科学院地理所康跃虎团队、清华大学田富强团队、武汉大学杨金忠团队、国外 P.S. Minhas 团队、A. Ben-Gal 团队等，找到他们代表性和最新研究的文献后，通过他们引用他们的文献，进行发散阅读，逐步摸清研究的现状和研究的体系。

## 二、关于田间试验

在了解了水肥盐耦合研究现状后，对于农业水土学科，田间试验是整个研究中重要的一环，也是为了能让研究成果应用于实践的重要环节，在田间试验开展之前，需要根据研究的目的制订详细可行的试验方案，明确观测项目的目的和作用，把握观测关键时间节点，甚至要提前想好未来论文需要如何构建框架，投什么期刊，因为试验方案的思路，往往能决定论文成果所属领域的基调。拿自己的经历来讲，试验设计基于灌溉管理的思路，后期论文冲击环境领域期刊就会不够契合。田间试验进行之前，一定要根据试验方案做好每天的观测日程安排，越详细越好，试验过程中要做好试验日志，一定要保留好原始数据，及时录入电脑留存电子版，并注意定期对电脑中的数据进行备份，为防止电子设备出现故障，最好定期将数据传入云端永久保存和随时调用。试验期间数据录入后也要及时进行初步分析，以判断试验的观测是否能够达到研究的目的，如有问题要做出及时调整和检查观测方法是否有误。试验过程中还要同样注意试验仪器设备和自身的安全，以确保数据的完整性。2018年5—10月、2019年4—11月，亲历在新疆阿拉尔进行棉花膜下滴灌的田间试验，真正走入了西北旱区，走入了项目的田间地头，获取了第一手的试验数据，这段经历对后期的数据分析和论文撰写是至关重要的，不仅仅积累了现场试验的经验，更加磨炼了自己。

## 三、关于数据分析

在有了一定文献积累和完成田间试验的基础上，面对大量的原始数据，如何进行数据的筛选整理分析，为我们的研究目的服务，是产出成果关键的一步。数据分析前首先要进行数据的反复校核，另外对于规律不能明显分析出来的数据，也要进行一些有效筛选，采用合理的方法分析。数据分析过程中可以寻求一些高深、创新的数学统计方法和结合一些编程的算法，但都要基于研究的目的，最终为研究目标服务。

## 四、关于论文撰写

文献积累和数据分析完成后，就到了撰写论文和成果产出的环节，当然最终形成一个完整的小论文也是不容易的。博士期间可能大都以撰写SCI论文为主，以SCI论文为例，基于研究背景，根据数据分析结果以及整体的研究内容，首先要选择好一个合适的切入点，切入点不宜太大，针对博士研究的水肥盐耦合，在李老师和同门师兄的指导下，我将研究内容分为三个逐渐递进的切入点，分别是“水肥盐协同对土壤盐分累积进而对棉花生长的影响”“确定棉花各生育期土壤盐分含量阈值”“考虑盐氮淋洗平衡的灌溉施肥制度优化”，切入点和主题选好后，行文的逻辑是论文的核心，至少要让读者清楚地明白研究的主题思想。SCI论文写作过程中，要努力培养英文的行文思路，一般不建议写好中文采用翻译软件翻译成英文，应该多参考母语为英语国家的作者撰写的SCI论文，这样才能产出较高语言水准的论文。具体到SCI撰写的各个部分，通过在课题组学习的四年，经历了从不熟悉到产出三篇SCI过程，收获颇多。SCI论文首先是题目的拟定，题目是首先映入主编和审稿人眼帘的，一个好的题目能给主编留下好的印象，题目要反映出论文的核心研究内容和创新点，同时要保留神秘感，达到一种引人入胜的效果。题目要尽可能具体不宜太大，也不能太长。接下来是摘要部分，摘要是一篇论文核心思想和结果的高度提炼，在摘要中要明确研究的意义，研究目的，试验区域、处理的简要描述，主要结果和核心结论，一般摘要不超过300个单词，摘要如果不能直观反映出研究的价值，就有可能存在直接拒稿的风险。论文的引言是反映作者对本学科了解深度的一个考量，一个好的引言应该基于问题导向，首先提出目前亟待解决的关键科学问题，基于科学问题学者们之前都做了哪些相关的研究和最新的突破，而目前的研究中还存在哪些不足，针对这些不足来引出我们的研究目标。引言的下一部分是论文的材料与方法，这块内容在SCI论文中一般需要详细介绍，主编和副主编一般会关注试验设计是否基于期刊的主题。材料与方法的下一部分是结果，结果部分一般要对标研究目标，按照研究目标对应分析各部分结果，各部分结果之间要有合理的逻辑关系，且结果不能只是简单地堆砌，要总结出结果中的新发现、新结论。结果后面就是文章的讨论部分，讨论和结果可以放在一起，更加有针对性地讨论，讨论与结果一起撰写要相对容易一些，但目前的SCI论文为了强调讨论的重要性，通常审稿人建议将结果与讨论分开，讨论应该是对结果的进一步解释和延伸，突出论文的结果相比于其他研究的优势之处。接下来是结论部分，结论是对文章核心结果的高度总结，尽可能要具体化，一般情况下分点列出更让审稿人能够明白文章的核心结论。最后是文章的参考文献，SCI论文的参考文献一般控制在50篇左右为宜。

## 第二篇　成长篇——读博的心态、历练、成长与收获

### 一、关于心态

博士阶段和本硕期间不同，读博前需要想好为什么要读博，如何在读博过程中解决问题，战胜自己。读博期间时间大多更自由一些，更需要自己去规划时间，寻找方向，约束自己，读博一般要经历较长时间的研究，以农田水利学科来讲，田间试验、数据分析、模型运用、论文撰写，大都要经历四年的时间，每一个过程都需要调整好心态，积极去面对困难与挫折。

还记得刚来到课题组参与国家自然科学基金重大项目，得知要去新疆阿拉尔做实验，心中满怀着期待和激动，有一种在大西北大新疆大干一场的雄心壮志。2018年5月，在师兄的带领下来到新疆，第一次感受到了大西北的风沙，感受到在西北做试验并不是一件容易的事，需要强大的内心。开始试验以后，亲自走到田间地头，拿起铁锹，拿起土钻，安装管道，连夜灌水等，这些刚开始仿佛都对我来说是一种心理上的挑战，但是好在有李老师和师兄们的关心以及充足的生活保障，让我不断克服困难，调整心态，圆满地完成了两年的田间试验。

2019年试验结束回所后，面对大量看似无规则的数据，如果不加以整理和合理地分析，那么数据也只是一堆数字而已。数据的处理对心态也是一种考验，如何将看似杂乱无章的数据理出规律，需要耐心，需要方法，更需要战胜它的心态。刚开始处理盐分数据时，由于初始盐分的差异和空间变异性导致盐分数据的变化规律和各处理间的盐分差异并没有出现显著性，这个问题困扰了我好久，一度情绪有些低落，尝试了很多消除空间变异

的方法，但可能偏离了研究的目标。在李老师和王军师兄的帮助下，李老师教会了我数据分析要始终围绕研究的目标展开，师兄也对我进行了细致的指导，教会我要转换思路，我将研究各因素对土壤盐分含量的影响转化为各因素对土壤盐分累积量的影响，成功解决了数据处理中的一些瓶颈，同时师兄教会我的按照“趋势变化”分析校核数据也取了很大的进展，处理分析好数据后得到了极大鼓舞、增强了自信，在不断克服困难与战胜自我的路上完成了后期SCI论文的撰写。

在论文成果正要大量发表产出的时期，2019年底突如其来的新冠疫情打破了我们以往在研究室学习的日常，2020年新年过年回家以后，新冠疫情扩散不断加剧，已无法返京正常学习，大部分同学出现了各种各样的心态问题。居家学习办公是我们以前没有经历过的，如何及时调整好心态，合理安排好时间，保证居家学习的效率是我们当时亟须解决的问题。李老师和师兄及时对我们进行了心理疏导，并且积极采取了线上会议交流和周报制度，帮我们及时适应了居家办公的状态，取得了很大的成效，在居家办公期间，我也在李老师和师兄的帮助下，按期完成了数据的分析整理和第一篇SCI的投稿。

在SCI论文的撰写和投稿历程中，也经历了不少心态的变化，起初SCI论文撰写没有经验，写的质量总是不行，反反复复和师兄及老师的修改中也受到了一些心态上的打击，但是李老师和师兄的耐心指导让我坚持了下来，克服了遇到的困难和反复投稿不中的气馁，最终功夫不负有心人，在李老师和师兄的帮助下发表了3篇SCI论文。

## 二、关于历练

取得博士学位并不是一件轻轻松松的事，取得真正意义上的学术成就更是需要付出极大的努力。博士四年让我得到了人生的历练，得到了蜕变，收获了人生宝贵的财富。

试验期间，西北的风沙，田间试验的辛苦，远在新疆的乡愁均让我得到了历练。还记得试验中比较磨炼意志的那几件事，首先是田间取土，由于试验的处理比较复杂，水肥盐运移需要观测的点位较多，因此布设了许多点位，一天100多个点的取土成为了最磨炼意志的事情，需要体力、需要耐力、需要忍受手上磨起水泡的疼痛，当然还有顶着烈日测株高叶面积、取根捡根等，当我们把这些熬过来的时候，我们感谢那个当时奋力拼搏的自己，感谢试验中陪伴我的王师傅和同门们，感谢一直关心着我的李老师和师兄！

数据分析和论文撰写时经历的那些无数的日日夜夜，那种无法突破科研瓶颈时的煎熬，无疑对我们来讲是巨大的磨炼，还记得发表第二篇SCI论文的过程，刚开始准备冲击环境领域高影响因子的期刊*Journal of Hazard Material*，依照环境期刊的思路撰写了文章主体内容，我试图把灌溉领域中的盐分包装成一种有害物质，但是投稿后直接遭到了主编的拒稿，称“文中无有害物质”，遭到拒绝的我反思可能还是按照环境的写法力度不够，有害物质更偏向重金属和一些环境领域特殊的化学物质，于是继续进行修改后投稿

了环境领域期刊 *Science of the Total Environment*，结果仍然是遭到了拒绝，主编仍然觉得论文主题与环境还是不够相关，两次的打击使我感觉到敲开环境领域的大门还是很困难的，和李老师及师兄沟通交流后，找到了问题的症结，大概率是试验设计的初衷还是灌溉领域的思想，并没有基于环境的试验设计理念，所以转而投稿了灌溉领域的 *Agriculture Water Management*，然而在主编看到经历过两次拒稿后，也选择了拒绝我的文章，当时心情一度跌入谷底，并且貌似走进了科研的死胡同，完全绕不出来。在不知所措时，李老师对我进行了耐心的开导并且指引我转换了论文的关注点和突出点，最后终于发表到了 *Irrigation Science*，经历过这次磨炼，我成长了许多，心智更加成熟了，并积累了投论文的一些经验，吸取了一些教训。

模型的学习与运用可以作为科研过程中较为难啃的一块骨头。在撰写小论文的同时，为了保证学位论文的完整性，在李老师和师兄的鼓励下，勇敢地接触了模型并且硬着头皮开始啃基础知识和软件的英文说明书。在学习 HYDRUS 软件之初，基本看了三个月的基础知识和说明书，但是三个月过去后仍然没有较熟练地掌握，仍然被一些操作的 bug 所困惑，导致利用实际观测数据模拟时迟迟不能得到较好的结果，而且模型建立也出现了较多基础知识不牢固的问题。长时间没有进展往往会磨灭人继续坚持的信心，当时一度觉得啃不下来，但是在师兄和李老师的鼓励下，我觉得需要逼自己一把，于是重振旗鼓继续梳理可能出现的问题，一点点抠每个过程和细节，最后终于在解决了一个关键问题后飞速前进，基本的操作 bug 都已解决，水分的实测和模拟数据都能够对上了。然而，我的研究是水肥盐三者要同时模拟好，调参工作成为了我前进路上又一拦路虎，调参过程中我又发现可能是数据需要再进行校核，并且反复确认统一了单位后终于也得到了解决。经历了最难的过程后，后面的一些情景模拟、论文撰写等虽然也遇到了困难和波折，但都最终得到了解决，论文也最终在毕业后发表在了 *Agriculture Water Management*，最重要的是有了这次的历练，以后遇到再难啃的骨头时，也有信心能够去攻克它。

## 三、关于成长

能攻读到博士，一般毕业后也就到了而立之年，从 26 岁到 30 岁的这四年，更多地感受到的是成长带来的辛酸与快乐，辛酸是读博期间看似还是学生时代，但所面临的大多是一些成年人的不易，读博期间的一些家庭责任、社会责任都需要一个成熟的心智，读博士出来面临的就职压力，经济压力都会给 30 岁的我们带来巨大的挑战。博士期间也是需要我们瞬间成长起来的阶段，我们即将面对的社会可能对于我们并不友好，高校的进入困难，就业面较窄，非升即走，博士社会工作经验不足等问题会扑面而来，我们只有积极面对才能突出重围。快乐的是经过我们比别人多 4 年的读博经历，我们更有力量，更有信心，更有办法面对生活的挑战，我们能够在社会上长远立足，社会上的一些行业需要我们这些高学历人才，科技创新需要我们来源源不断推动，需要一代代科研工作者前赴后继，我们更有理由相信，我们能改变自己的人生，我们能创造更加美好的未来。

### 四、关于收获

攻读博士前期要经历无数的艰辛，克服很多看似难以克服的困难，但我们只要勇敢地坚持下来，就会有开花结果的时候，回首读博期间，通过努力干成了许多难以达成的事情，发表SCI论文、攻克模型、获得各种奖项等，并且从我拿到博士学位证书的那一刻起，我觉得我是幸福的，是成功的，付出是值得的，是有收获的，我也有理由相信，这种收获会有持续效应，会对我未来的工作起到积极的促进作用。

## 第三篇 结 语

感恩在李久生老师课题组收获的宝贵财富，四年的点滴历历在目，回首都是珍贵的记忆，是这些累积起来的经历赋予了我力量，我将带着这份坚定和执着一直奋进下去。千帆竞发浪潮涌，百舸争流正逢时，感谢新时代赋予我们的社会责任，我们必将带着科技高速发展的目标负重前行，不辱使命！

# 在 WatSavLi 的日子

杨晓奇[①]

2018—2019 年，我在李老师课题组学习工作两年。近日，听闻李老师退休在即，感觉时光荏苒，感慨良多。在李老师课题组的工作情景犹如昨日，历历在目，在此稍作总结，留作纪念。

2017 年，我考取河北农业大学水利水电工程专业硕士研究生，导师是刘宏权老师。入学后不久，确定了研究方向为节水灌溉理论与新技术。研一上学期在完成课程的同时，刘老师安排我开展了谷子水分亏缺试验。但是，试验结果并未达到预期。正当试验陷入困境时，刘老师告知中国水利水电科学研究院李久生老师团队期望能和河北农业大学合作培养一位研究生，参与国家自然科学基金重大项目的研究工作。考虑到我的试验无论如何需要重新开始，我向刘老师和李老师提出了申请，并得到批准。至此，加入李老师团队。

2017 年年底，和李老师沟通确认后，我研究试验的具体事务由王珍老师负责。2018 年上半年，研一的课程持续进行。清明节过后，王珍老师给我安排的试验逐步展开，我也开始了在保定和北京之间的奔波之旅。记得试验开始了一段时间后，才第一次和李老师见面。李老师的办公室是在王珍老师办公室对面，当时我推门进去并坐在了李老师的对面，很是紧张，但是李老师关切地问了我在大兴是否适应，并提起了团队里之前也有从河北农业大学过来联合培养过学生，并且十分优秀，顺利毕业，我的紧张才稍微缓和，后边李老师也对我要参加的项目做了介绍，提出了期许，匆匆一面感觉李老师非常和蔼。

在李老师团队学习期间，尽管具体试验是由王珍老师指导的，李老师总会在关键的节点进行把控，给出指导。最后制定了 2 年开展四组关于滴灌带堵塞试验的方案，第一组堵塞试验很快开展，一段时间后获得流量数据，在王老师指导下处理分析后，发现流量指标的差异显著，向李老师进行汇报。李老师、王老师以及组内其他老师进行了讨论，认为试验可以继续开展，并且李老师强调了后期试验依旧要严格执行，认真开展，不能马虎。第一组试验结束时也到年终了，因此，当时的试验结果汇报和年终汇报放到了一起。对李老师团队的了解和认识都来自几次年终总结会。2018 年的年终汇报课题组全员都在，各位师兄师姐在各自导师的指导下做了工作总结汇报，虽然各自研究的方向有差别，但是汇报

① 2018 级硕士研究生，现在清华大学机械工程系工作。本文作于 2022 年 11 月。

的材料都是简洁明了，主次分明，重点突出，图表清晰，没有过多的修饰。李老师对每个学生的汇报进行点评，对试验现阶段的成果进行总结，对后续的研究指明方向，做了整体的把控。李老师分享了自己在日本求学时导师对自己汇报的要求，脱稿是基本要求，为我们树立了榜样。记忆中，每次的年终总结会，李老师都会向团队的所有人强调严禁学术不端行为，要求团队每个人都必须绷紧这根弦。李老师团队中所有试验的数据都必须是实测获得，并且数据量必须要大，试验设计时，最少要设置三个重复，以避免偶然性。最后，印象深刻的还有李老师分享的如何写好一篇论文的心得，但是当时的我还没有发表过文章，仅仅是读论文，尚不能领悟李老师讲的大部分内容，例如对于大框架和逻辑如何把握。但是对于李老师分享的其中一条，我记忆很深，是关于论文语句中的长单句表达不清的问题，长单句由于内容多，容易造成表达歧义，表意不明，可以采取拆成多个短单句的方法解决这个问题。后期试验完成，数据分析完毕，我在撰写论文时，当发现一句话自己读一遍后和自己想表达的有偏差，我总会想起这个诀窍。

2019 年年终总结会后就是寒假假期，赶上新冠疫情的暴发，被封控在河北老家，计划 2020 年到大兴基地做毕业论文，但是直到毕业也没有再回到大兴基地，也没有再和李老师以及王珍老师见过面。预答辩是在线上进行的，最后的毕业答辩也是在线上进行的，但是，李久生老师是我答辩时的答辩主席。大概在 2020 年 11 月，我参加了工作，到北京出差，来水科院想看望李老师和课题组其他老师，可惜李老师不在办公室，但是见到了王珍老师。后续因为工作和疫情的原因，没有再去拜访过李老师和课题组的其他老师，岁月匆匆，来到了 2022 年年底，得到了李老师即将退休的消息。

最后，回想我已经走过的岁月，在李老师的团队试验和学习的这段经历，令我十分的难忘，当我参加现在这份工作面试时对于难忘时光的描述我也如是说。最后感谢李久生老师、王珍老师和课题组其他老师的指导，以及组内师兄、师姐的帮助。祝愿李老师身体健康，一切顺利！

# 我们的故事

**张敏讷**①

第一次见李老师，是在硕士调剂面试的时候，那时的我正面临着第一次考试可能的失败，所以更加紧张和焦虑，也更加珍惜这次机会。

很幸运，我顺利通过了考试，与课题组的故事也就此开始。

从本科阶段到硕士阶段是个很大的跨越，初次面临大田试验，我经常感到手足无措，这个时候有幸听了李老师为我们讲变量灌溉的内容，让我对自己的方向有了初步的认识，也让我充满了干劲。面临新的环境，我有很多不适应，常常迷茫，此时李老师又为我们新生做了报告，让我了解了课题组的发展历程，让我对科研之路充满期待，同时也想让自己再努力一点，不辜负老师的关心和付出。

李老师对科研认真，对学生负责。每篇论文都会仔细修改，批注也常常让我产生新的思考，每次组会李老师都会认真听我们汇报，提出建议，解答我们的困惑，让我们知道接下来努力的方向。有李老师的指导，我们格外安心。新冠疫情期间，我面临着无法开展试验的状况，李老师制定了周报制度，让我的科研进度没有因此停滞，试验期间，李老师经常前往试验站看我们，也常常提醒我们注意安全，试验虽然辛苦，但我倍感温暖。

李老师的认真与负责感染着我，老师的引导让我安心走在科研道路上，也正是这份安心，促使我继续报考了李老师的博士研究生。

不负老师的关心和自己的努力，我再次被水科院录取，我们的故事又有了续章。

我再次回到熟悉的试验站，李老师便前去探望，了解试验状况，及时给我指导，让我更有信心开展博士期间的研究。李老师认真回复周报，提醒我要好好上课不要浪费时光，给我分享文献，对我循循善诱、谆谆教导。

同时，李老师还担任了我《灌溉原理与技术》这门课的主讲老师。在课堂上，李老师为我们讲解了灌溉的有关知识，夯实了我的研究基础。李老师不只是按部就班地给我们讲一些课程的理论知识，还介绍了很多新的研究成果，引导我们要关注研究前沿，告诉我们要将知识用到自己的研究中去，还请专家为我们做报告，开阔了我们的眼界，让我们受益匪浅。

① 2019级硕士研究生，现在中国水利水电科学研究院攻读博士学位。本文作于2022年11月。

**2022 年 6 月张敏讷硕士学位论文答辩合影**
王珍　王军　赵伟霞　张敏讷　龚时宏　李久生　蔡甲冰

我相信，在李老师的指导与鼓励下，我会顺利完成博士阶段的研究，我也将更加努力，多多思考，认真试验，不辜负老师的关心和期望。

作为一名导师，李老师言传身教影响着身边的每一位学生，作为一名科研人员，老师严谨治学，为国家节水事业作出了巨大贡献。如今，老师即将退休，在此，祝老师身体安康，万事顺遂！

虽然面临退休，但老师依然对学术充满热情，与我分享新的文献，探讨新的方法，我的敬佩之情和感激之情也油然而生。

很感激三年前的那次面试，开始了我们的故事，也很幸运，我们的故事还未完待续。

最后，再次祝李老师身体安康！万事顺遂！

# 致敬芳华，感恩有您

**范欣瑞**[①]

时光荏苒，岁月如梭。

忆往昔，点点滴滴，师恩难忘。

2018年，在水科院的办公室，那是与您的第一次见面。那时的我正处于博士备考阶段，迷茫、焦虑、无助，做了好久的心理斗争才决定去拜访您。那次会面，您悉心解答我的疑惑，给予了我鼓励，让我坚定了读博的决心。所幸不负老师的期待，不负自己的努力成功通过考试。

2019年，我顺利通过考核有幸加入您的课题团队。您第一时间向我表示了祝贺，并开始为我考虑入学联培等事宜，这让还没正式入学的我感受到了温暖，也让我对未来四年的科研学习生活充满期待。2019年，我的第一个试验是在大兴开展的，当时面对较为陌生的环境和不熟悉的课题，内心多少是有点忐忑的。好在您经常给我分享相关研究的优秀论文，这使得我能较快进入状态，后续通过汇报讨论，面对面地交流指导，研究中遇到很多问题，也都顺利解决了。万事开头难，我的科研之路在这里开了个好头。

入学后第一学期的课程学习期间，得益于您对我学习的关切和对我的科研习惯的耐心培养，我的科研素养得以提高，为后续科研道路打下了基础。

2020年初，新冠肺炎疫情暴发无法返校，近半年的时间都留在家中。其间，您制定了线上组会与周报提交的课题组管理制度。细心督促学生的科研进度，做到了每个人的周报都认真回复、每个人的汇报都耐心指导。

2020年9月，考虑到新冠疫情返京困难的情况，您为了不影响我们的科研进度，四处奔走后在河北省大曹庄管理区建立了试验基地，让我能如期开展试验。该试验站也在您的领导下，成为了中国水利水电科学研究院喷灌水肥一体化试验基地。两年试验期间，您曾多次地前往试验基地探望我，指导帮助我解决试验问题，即使离开试验基地，也时常心系我的生活和安全，这给予了我莫大的鼓励和支持。

2021年11月结束试验返校后，我的主要精力就投入到了试验结果分析和论文撰写中，在此期间您总会耐心反复地为我解答数据分析中的问题，并从全局出发提出分析新思

① 2019级博士研究生。本文作于2022年11月。

河北省大曹庄喷灌试验田合影

陈聪　马超　车政　林小敏　李久生　郭艳红　范欣瑞　张敏讷

路，让我效率倍增、受益匪浅。

临近毕业，您也经常关心并督促我的科研进展，让我非常感激。您不仅在科研路上助我一臂之力，在生活中也给予我莫大的帮助。思绪至此，感慨万千。唯念吾师，健康顺遂。

短短四年，转瞬即逝。教诲如春风，师恩深似海。学高身正成世范，教书育人铸丰碑。师恩难忘情难断，遥祝康健且平安。

李老师几十载科研路，初心不改，为国家节水事业作出了重要贡献。迎难而上永不言弃，在科研道路上披荆斩棘。身为教师，教书育人，为国家节水事业培育出一批优秀人才。学生在此向您致以敬意！由衷地向您说一句："李老师，您辛苦了！"

是结束也是开始。退休不是老师科研道路的终点，以您对节水事业的热爱，我相信老师在新的起点一定能继续为国家节水事业作出新的贡献。

最后，再次祝李老师身体健康！万事如意！平安顺遂！

# 庆幸来到 WatSavLi 课题组

**马　超**[①]

我庆幸来到了李老师课题组。短短4年，转眼就到了即将毕业的时候，同时老师也即将退休。可能因为还身在其中，没有经历独自面对科研或学习工作的压力和无奈，还在李老师翅膀的庇护下，所以回忆感不是很强烈。但我知道待几年或者十几年过去之后再回想起和李老师相处的这几年，将会是一段美好的回忆。我现在觉得庆幸来到了李老师课题组，博士四年是我收获最多，进步最快的几年。

在我的印象中，李老师就是人们口中所说的“科研大佬”。生活中和蔼可亲，平易近人，组会前或者偶尔碰到会主动和你唠唠家常、询问一下生活学习的事情或者讨论讨论时事新闻，很容易就能感受到老师关心，但是作为“大佬”的学生，无论什么时候都会不由自主地时刻保持战栗。而一旦谈起工作，尤其对于我们学生的研究课题或工作汇报，老师会非常严肃，不苟言笑，并且会一针见血地指出问题所在。依稀还记得2019年老师来新疆检查我们试验情况，那也是我来课题组后的第一次汇报，老师在屋里训师兄师姐，我在屋外不寒而栗。不久之后，在2020年试验之初，由于我的原因，没能赶上试验播种，迎来了老师第一次严厉的批评。后来挨的训多了，也就摸着点“门道儿”，总结下来就是这段时间好好学习，按部就班地完成了阶段性的工作，就不会挨训，但偷懒了挨训也是避免不了的。到后来每次组会挨训不挨训自己心里也能知道一二。当然偶尔也能得到李老师的一句肯定，可能是由于少，那感觉就像是“过年吃上饺子了”，也可能是老师当面肯定学生较少。老师常说的一句话就是“作为导师，训学生是导师的一项重要工作”，也经常说“这几年年纪大了，训学生训得不那么严厉了”。作为博士研究生，肯定多少能知道，训你不是目的，目的是督促，在课题组挨训多一些，工作后就会少犯一些错误。同时，也能感受到，每次挨训之后的一段时间，效率是非常高的。所以呢，非常感谢老师“训”了学生这几年，让学生学会了要去揣摩老师（领导）话语中的

教师节留念

① 2019级博士研究生。本文作于2022年11月。

李久生老师指导田间试验（河北省大曹庄管理区，2020年）
赵子毅　马超　李宁辉　李久生　林小敏　范欣瑞

意思，形成了这种意识，学生也肯定会怀念博士挨训的日子。

经历了从2019年下半年到2020年下半年的新疆试验，到大兴测样的半年，再到坐在学习室处理数据、写论文，包括跟李老师到大曹庄参观学习，不单单是从科研素养，学习能力，开阔视野上收获很多，更重要的是看到了李老师对科研、对学生的一丝不苟和尽职尽责。无论在新疆试验还是大兴测样，李老师都会到场指导；无论文章大小，都会不厌其烦一遍一遍地修改。记得老师分享过一篇关于学生写论文，老师改论文感受的文章，大致内容是学生写论文是痛苦的，老师改论文更痛苦，还要照顾学生情绪和自尊心，也从这些经历中学到了一篇文章的发表从来不是一件容易的事情。从李老师这几年的教导中，感受最深的就是他不仅是说说而已，是身体力行的，是老师做给你看。有时候觉得作为老师尚是如此，事事亲力亲为，工作到深夜，作为学生确实不应该再偷懒了。我在以后的工作中，可能也会有自己的学生，我也会学着老师的做法去做，是多做给学生们看，少说给他们听。李老师也经常讲课题组传承，经过这几年跟在老师身边学习，我觉得我会努力去传承李老师对待科研的严谨态度，对待事情亲力亲为的做法，对待学生身教多于言传的观念。因为每次向李老师汇报最后都会说一句“请老师批评指正！”，所以我也想把这句话留在这里“请老师批评指正！”。

刚来前两年，老师没怎么提过退休，感觉老师离退休还很遥远，近一年老师把退休挂嘴边，但还是感觉老师退休还早，一晃就到了年底。虽然知道老师对学生的指导和关心不会因为退休而消减，但还是有些许不舍。学生会谨记老师教诲，祝老师身体健康，事事顺意，退休生活更加丰富多彩！

# 2020—2022年学习及试验的心路历程

郭艳红[1]

记忆将时间拉回到2020年，所有的缘分始于2020年2月的新冠疫情使单位居家办公让学校延期考试，给了我充足的时间去应考这场难得的师生缘分。同年7月，李老师的一通电话正式开启了我新生活的大门。随后，同年8月中旬赴中国水利水电科学研究院大兴试验基地（也是我后面两年生活、试验、学习的地方）进行了为期半月有余的室内土柱试验，这算是我后面正式开展试验的预热吧。同年9月9日离开大兴试验站到水利所是第一次跟李老师汇报，很紧张，也暴露出很多问题，同时真切体会到李老师对待科研严谨认真的态度，李老师提出来的：数据分析方法、图表规范、试验中应该思考的更深层次的问题，包括目前取土方法是否能够反映磷肥的实际运移情况、能否确定磷肥转化的活跃区，和作物对磷的关键敏感期等，让我认识到差距，同时找准学习的方向。

回到硕士期间学习的学校，一切是熟悉而又崭新的。博士学习的第一学期主要以上课为主加以在课题上主要进行文献积累，在第一学期的学习期间由于新冠疫情封校错失了很多接受李老师面对面指导的机会，同时很感谢课题组的周报制度，让我能通过周汇报的方式及时将自己的学习进展向老师汇报，同时得到老师及时的指导，在后面的学习中也逐渐认识到李老师在周报中多次强调的学好博士课程、注重文献积累、打好知识基础的重要性。博士上半学期完成博士期间的所有课程后，于2021年4月25日奔赴大兴正式开始试验，开始学习的新阶段。在此期间，很感谢李老师对我试验方案不厌其烦地修改，一遍一遍的汇报中李老师总能一针见血地指出目前试验方案存在的问题，我的心态也从最初的害怕汇报逐渐变得勇敢地面对老师并汲取老师给予的宝贵建议，李老师的指导让我在之后的试验开展中少走了很多的弯路。

从联系购买滴灌带和管材等到划分小区、连接管道到2021年的5月4日终于播下了第一年田间试验的玉米种子，在亲手种下的种子破土而出后，我内心的种子也开始生根发芽。由于试验处理较多，各小区需分区施肥，每次施肥要持续一天一夜，克服了对黑夜的恐惧，晚上独自一人穿梭在比自己高很多的玉米地中，像是科研前期的路总是要经历黑暗，只有直面恐惧拨开黑暗才能迎来曙光。迎着烈日在憋闷的玉米地测定试验指标，每次

[1] 2020级博士研究生。本文作于2022年11月。

李久生老师指导田间试验时合影（国家节水灌溉北京工程技术研究中心大兴试验基地，**2021**年）
范欣瑞　李久生　王随振　王珍　郭艳红

从地里回来衣服都是湿透的，在回来的路上会暗自给自己打气“干就完了”。在历经2021年试验后，2022年的试验变得得心应手了许多。

再回首，总觉得时间飞快，两年的试验就这样落下帷幕，我也将步入下一个学习阶段。刚开始内心是恐慌多于淡定，害怕达不到自己的目标更达不到老师的要求，在近几次的周报中李老师也多次提到要克服畏难心理，对我目前的学习提出的建议也让我逐渐找到方向，李老师就是这样能及时地捕捉到学生心态的变化并及时给予指导。

# 师情浓浓：回顾博士一年级

**孙章浩**[①]

东流逝水，叶落纷纷，荏苒的时光就这样慢慢地从我们身边经过。老师即将退休，学生感念师恩。

2021年我开始攻读博士学位，一年多以来，课题组良好的氛围使我们在研究的道路上茁壮成长。李老师渊博的学识，严谨的科研态度深深地吸引着我们。饮水思源，师恩难忘，回想起这一年多的学习，骄傲与自豪、感恩与感动交织在一起，点点滴滴，宛如昨日。

第一次正式参加课题组会议是2021年8月21日，当时李老师专门为我博士研究课题开了一次网上会议，并在王珍老师点评的基础上为我补充了研究内容的要点，使我初步了解了滴灌系统水力学优化这个课题。入学之后，课题组实行周报制度，老师需要花费很多时间耐心审阅和回复。我的第一次周报中从头到尾密密麻麻布满了标注和修改，甚至论文的引用、作者姓名以及标点符号都一一订正。这让我非常感激，但想到自己周报中暴露了这么多问题，心底也浮现出很多不安。自此之后，我戒掉了心中的浮躁，耐心地在滴灌系统优化的路上探索。对于学生们每周的研究工作，抑或是看过的文献，李老师会写上自己看法以及下一步工作的建议。这些批注常常会给处于思考瓶颈的我带来启发，指导我向哪个方向探索。在半个学期的耐心指导下，我逐渐培养了良好的科研习惯和科研素养，为今后的学习研究打下坚实的基础。

2022年伊始，老师就开始积极筹备学生们的开题报告。复工第一周就专门抽出时间找学生谈话，了解研究进度，讨论每个人的研究要点。至今还深刻地记得当时老师给我的讲解：综合考虑水力学、土壤和作物等因素，实现滴灌系统的进一步优化。随后便是长达两个月的开题准备工作，其间李老师坚持每周抽出一天来听开题汇报。刚开始我对研究问题的理解还很差，汇报得很不专业的，但老师还是坚持每次听完，并给我针对性地讲解建议和指导。最后一次的汇报是5月14日晚，隔天就要进行博士创新基金的答辩。听过汇报后，李老师直接指出了我的问题：研究背景内容逻辑性不好，并以课题组均匀系数的研究为例，从水力性能到土壤中水肥变化最后到作物响应，一环扣一环，这样才能打动评

① 2021级博士研究生。本文作于2022年11月。

委。最终我的博士创新基金的答辩圆满完成。老师教导的方法成了我克敌制胜的法宝，赢得了评委专家的一致认同。

2022 年 9 月，由于新冠疫情原因导致当年新疆试验无法开展。为了不影响我的研究进度，尽快熟悉田间试验的过程，老师推荐我来到怀来县参加水力学试验。通过看论文了解实际的问题终归有些雾里看花，来到试验站后我才真正见识到了滴灌系统，也推翻了以往很多不切实际的想法。试验经验是宝贵的，这段时间让我学习到了如何设计、准备和开展水力学试验，为我明年的田间试验做了很好的铺垫。在试验期间，老师一直关心学生们的学习生活情况，指导我们在试验中的重点，帮助我们顺利完成试验。

李老师多年以来专心节水灌溉技术的研究，攻克了一个又一个技术难题，推动了喷灌和微灌工程及水肥一体化产业的技术进步，为国家节水农业作出了重要贡献。对学生，老师坦率真诚，和蔼可亲，时常教导我们对于研究的领域一定要打好基础。前有古人，后有来者。我们都是站在前辈科学工作者的肩膀上作出创新，更加要了解学科的背景、发展及现状。盲目追求高端前沿，很可能忽略了科学研究最基本的内容。这一点目前我还差得许多，接下来的博士学习我会继续大量阅读相关文献，争取早日达到让李老师满意的程度。

最后，祝老师身体健康！万事如意！

# 附录 1

# 灌水定额和灌水周期对半固定式喷灌系统投资的影响①

**李久生**

**(中国农业科学院农田灌溉研究所)**

喷头组合间距对固定式喷灌系统的投资有着重大影响。在保证组合均匀系数不低于设计均匀系数和保证不漏喷的前提下，若能增大喷头的组合间距，将使系统单位面积投资有所降低。但对半固定式喷灌系统来说，情况则有所不同，因为灌区设计灌水定额、设计灌水周期和日喷灌时间是一定的，在这些条件确定之后，灌区应同时工作的喷头数便被确定下来，而且当水泵选型和管网布置确定之后，移动支管是不能随意加长的，因此，在喷头型号一定时，若增大喷头间距，必然使同时工作的支管数增多。也就是说，喷头组合间距大小将影响到移动支管一天所能移动的次数，而支管一天的移动次数将影响半固定式喷灌系统单位面积投资的大小。

当然，支管长度一定时，如加大喷头间距，会使支管上的喷头数减少，相应地支管流量也就减少，但这会不会使支管直径也相应减小呢？为了说明这一问题，我们根据支管首末端的压力差不大于喷头设计工作压力 20% 的原则，以工程中曾采用的中压喷头—中原 12Y 为例进行支管管径计算。

计算公式用：

$$d=\left(F\cdot\frac{f\cdot L\cdot Q^{m}}{h_{f\ \max}}\right)^{\frac{1}{n}} \tag{1}$$

式中，$d$——管道直径（毫米）；

$F$——多口系数；

① 原文发表于《喷灌技术》1985 年第 3 期。

$$F=\frac{N\left(\frac{1}{m+1}+\frac{1}{2N}+\frac{\sqrt{m-1}}{6N^2}\right)-1+X}{N-1+X}$$

$N$——孔口数即支管上的喷头数；

$X$——第一个喷头到支管进口的距离与支管上喷头间距之比；

$f$——摩擦损失系数；

$Q$——支管首端流量（米$^3$/小时）；

$h_{f\max}$——允许沿程水头损失（米）；

$m$、$n$——指数。

对于铝合金管，查得：

$f$=0.861×10$^5$，$m$=1.74，$n$=4.74。支管局部水头损失按沿程水头损失的20%计。中原12Y设计工作压力H=35米，喷水量Q=3.2米$^3$/小时。

$\therefore 1.2h_{f\max}=20\%\times 35$　　$h_{f\max}$=5.8（米）按$X=1$计算支管内径。

计算结果表明，对同一长度的支管，当支管上喷头数相差一个或两个时，计算出的支管内径很相近。

综上所述可知，在喷头已选定，并满足一定的喷洒均匀度的情况下，喷头组合间距在不大的范围内变化时，一般不会引起支管管径的变化。因此在探讨喷头组合间距对半固定式喷灌系统投资的影响时，支管管径可采用定值。

鉴于半固定式喷灌系统投资受设计灌水周期和灌水定额的影响，因此半固定式系统与固定式系统投资的计算方法应有所不同，我们建议用下述方法计算半固定式系统的单位面积投资。

1. 根据灌区的设计灌水定额、设计灌水周期和日喷洒时间作出支管一天可移动次数等值线，然后按照喷头组合间距落入等值线图的位置，确定在投资计算中支管以下各部件价格应折减的百分数即$(B+1)/(n\cdot T)\times 100\%$（B为支管备用套数）。

支管一天可移动次数等值线方程推求如下：

支管在一个位置的喷洒时间：

$$t=\frac{a\cdot b\cdot m}{Q\cdot 10^3} \tag{2}$$

支管一天可移动次数：

$$n=\frac{\tau}{t}=\frac{Q\cdot\tau\cdot 10^3}{a\cdot b\cdot m} \tag{3}$$

$$a\cdot b=\frac{Q\cdot\tau\cdot 10^3}{m\cdot n} \tag{4}$$

式中，$Q$——喷头喷水量（米$^3$/小时）；

$m$——设计灌水定额（毫米）；

$a$——支管上的喷头间距（米）；

$b$——支管间距（米）；

$\tau$——日喷洒时间（小时）；

其余符号意义同前。

2. 计算单位面积和投资

本文旨在探求设计灌水定额、设计灌水周期对喷头组合间距的制约。而喷头组合间距对半固定式喷灌系统单位面积投资的影响主要表现在对支管以下各部件投资的影响上，故本文只进行支管以下单位面积投资的计算。计算公式为：

$$K=\left(\frac{P\cdot a+C+R+S}{a\cdot b}+\frac{H}{L_1\cdot b}\right)\times\frac{B+1}{n\cdot T}+\frac{V}{L_1\cdot b} \tag{5}$$

式中，$K$——单位喷灌面积投资（元/米$^2$）；

$P$——支管每米价格（元/米）（包括管间接头的价格）；

$C$——一个支管与竖管之间三通的价格（元）；

$R$——一个竖管的价格（元）；

$S$——一个喷头的价格（元）；

$H$——一个支管前阀门的价格（元）；

$V$——一个干管与支管之间三通或包括一个给水栓的价格（元）；

$B$——移动支管备用套数；

$T$——设计灌水周期（天）；

$L_1$——支管长度（米）；

其余符号意义同前。

3. 计算举例

以河南郏县恒压喷灌站选用的喷头和支管为例进行计算。计算中没有计入 H 和 V 的投资，计算结果不可能与实际工程相符，此处举例的目的仅在于说明设计灌水周期和设计灌水定额对半固定式喷灌系统单位面积投资的影响。

计算中所用资料如下：

$Q$=3.2 米$^3$/小时，$m$=30 毫米，$T$=10 天，$\tau$=15 小时，移动支管选用 $\varphi75\times15\times6000$ 带阀座和快速接头的铝管且考虑两套备用即 $B$=2，取支管一天可移动次数的上限 $N$=6 次。各部件价格见表 1，计算结果绘在图 1 上。

表 1　各部件价格表

| 名　称 | 支　管（元/米） | 接　头（元/个） | 竖　管（元/个） | 喷　头（元/个） |
|---|---|---|---|---|
| 价　格 | 9.98 | 18.13 | 15.45 | 35 |

注：竖管投资中含支架投资。

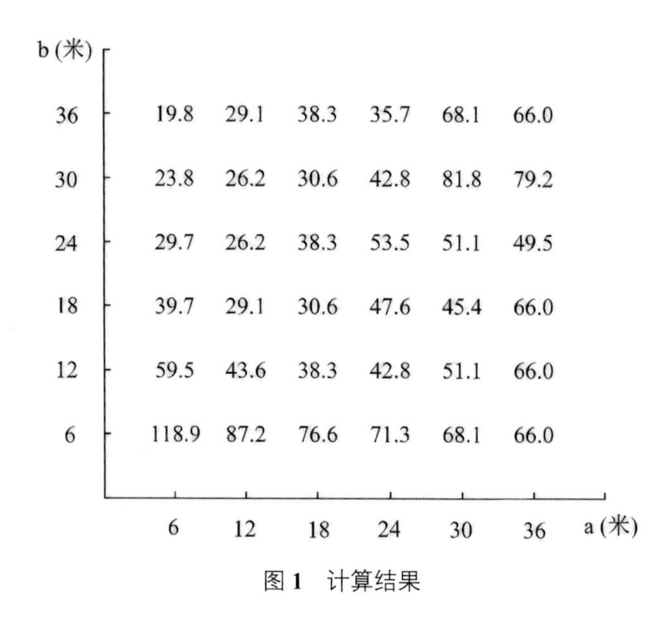


图 1　计算结果

从图 1 可明显看出，半固定式喷灌系统的投资不一定随喷头组合间距的增大而减小。例如当组合间距为 18 米 × 18 米和 18 米 × 30 米时，单位面积投资均为 30.6 元 / 亩，而当组合间距为 24 米 × 24 米时，单位面积投资为 53.5 元 / 亩，比前两种组合间距的投资还要大。

由上述可见：

（1）在半固定式喷灌系统的投资计算中必须考虑设计灌水定额、设计灌水周期及日喷洒时间的要求，否则计算出的投资或不能使支管得到充分利用或无法满足灌区的需水要求。

（2）选择喷头组合间距时，在组合均匀系数、土壤入渗强度、漏喷百分数满足要求的前提下，应选择投资最小且支管一天移动次数最少的组合间距，这样在灌水过程中可节约劳动力或降低劳动强度。

目前国内以建造半固定式喷灌系统为多，因此在进行投资计算时，应注意设计灌水定额、设计灌水周期的制约作用，以便对系统的经济效益作出恰如其分的评价。

## 参考文献

[1]《农田水利学》，武汉水利电力学院主编，水利出版社，1980 年 12 月；

[2] 陈大雕，W. W 沃林德尔，《经济喷头组合间距的组合方式的选择》《喷灌文集》第一集，武汉水利电力学院喷灌组；

[3] 陈学敏，《喷灌系统规划设计》讲义。

# 附录 2

IRRIGATION AND DRAINAGE
*Irrig. and Drain.* **67**: 97–112 (2018)
Published online 21 June 2017 in Wiley Online Library (wileyonlinelibrary.com) **DOI**: 10.1002/ird.2139

# INCREASING CROP PRODUCTIVITY IN AN ECO-FRIENDLY MANNER BY IMPROVING SPRINKLER AND MICRO-IRRIGATION DESIGN AND MANAGEMENT: A REVIEW OF 20 YEARS' RESEARCH AT THE IWHR, CHINA[†]

JIUSHENG LI*

*State Key Laboratory of Simulation and Regulation of Water Cycle in River Basin, China Institute of Water Resources and Hydropower Research (IWHR), Beijing, China*

## ABSTRACT

The use of sprinkler and micro-irrigation has progressed continuously from being a novelty that was employed by researchers to being widely accepted, efficient methods of irrigation for many crops during the past 30–40 years in China. This paper reviews the studies that have been conducted on sprinkler and micro-irrigation at the WatSave Lab in the China Institute of Water Resources and Hydropower Research (IWHR) over the past two decades. These studies address several areas of concern and provide partial answers to the questions raised during the application and extension of these relatively new irrigation technologies. With the aim of exploring the consumption of sprinkled water that is intercepted by the canopy, the amount of water interception and the losses were quantified, confirming that sprinkler irrigation is an efficient irrigation method. The standards of sprinkler and micro-irrigation uniformity were studied with respect to many aspects of water and solute dynamics, environmental effects, and crop yield and quality under a wide range of environments from arid to subhumid climates for typical wheat, cotton, maize and vegetable crops. As a result, new target uniformity values have been recommended. Other studies on water, solute and bacterial transport from normal water and sewage effluent can also be useful in the design, operation, maintenance and management of irrigation systems. 

KEY WORDS: sprinkler irrigation; micro-irrigation; fertigation; water and solute dynamics; uniformity; water saving; crop productivity

*Received 24 April 2017; Revised 5 May 2017; Accepted 5 May 2017*

## RÉSUMÉ

L'utilisation de gicleurs et de micro-irrigation a évolué de manière continue, et ce qui était une nouveauté employée par les chercheurs il y a une quarantaine d'années est devenu une méthode d'irrigation largement acceptée et efficace pour de nombreuses cultures en Chine. Cet article passe en revue les études menées sur les gicleurs et la micro-irrigation au WatSave Lab de l'Institut chinois de la recherche sur les ressources en eau et l'hydroélectricité (IWHR) au cours des deux dernières décennies. Ces études abordent plusieurs domaines préoccupants et fournissent des réponses partielles aux questions soulevées au cours de la mise en oeuvre et de la vulgarisation de ces technologies d'irrigation relativement nouvelles. Dans le but d'explorer la consommation d'eau pulvérisée interceptée par la canopée, la quantité d'eau interceptée et les pertes ont été quantifiées, ce qui a confirmé que l'irrigation par aspersion est une méthode d'irrigation efficace. Les normes d'uniformité des gicleurs et de la micro-irrigation ont été étudiées en fonction de nombreux aspects de la dynamique de l'eau et des sols, des effets environnementaux, du rendement et de la qualité des cultures dans un large éventail d'environnements allant des climats arides aux sous-humides pour des cultures typiques comme le blé, le coton, le maïs et les légumes. En conséquence, de nouveaux objectifs d'uniformité ont été élaborés. D'autres études sur le transport de l'eau, des solutés et des bactéries à partir de ressources naturelles et d'effluents d'eaux usées peuvent également être utiles dans la conception, l'exploitation, la maintenance et la gestion des systèmes d'irrigation. 

MOTS CLÉS: irrigation par aspersion; micro-irrigation; fertigation; dynamique de l'eau et des solutés; uniformité; économie d'eau; productivité des cultures

---

*Correspondence to: Professor Jiusheng Li, State Key Laboratory of Simulation and Regulation of Water Cycle in River Basin, China Institute of Water Resources and Hydropower Research (IWHR), Beijing, China. E-mail: jiushengli@126.com
[†]Augmenter la productivité des cultures de manière respectueuse de l'environnement en améliorant la conception et la gestion des gicleurs de micro-irrigation: leçons de 20 ans de recherche à l'IWHR, en Chine.

## INTRODUCTION

Irrigation has played an important role in the agricultural production of China. Irrigated farmland covers approximately 75% of grain production and more than 90% of vegetables. Unfortunately, the increasing scarceness of water resources and challenging food security issues have forced China's irrigation development to strictly follow a water-saving plan while maintaining acceptably high production. Sprinkler and micro-irrigation systems have been considered as water-saving irrigation technologies in many developing countries, including China. Modernized micro-irrigation was imported into China from developed countries in 1974. After more than 20 years of learning, training and demonstration, the use of micro-irrigation in China began to increase at a rate that was approximately similar to the global average in approximately 2000. The acreage under micro-irrigation in China has increased at an annual rate of 27% during the past decade and reached 5.27 million ha in 2015 (Figure 1), ranking first in the world (Chinese National Committee on Irrigation and Drainage (CNCID), 2016). The use of sprinkler irrigation in China also showed a remarkable increase, reaching 3.73 million ha in 2015, to rank third in the world.

When studying the emerging technologies of sprinkler and micro-irrigation in China, knowledge of irrigation and fertilization management was fundamentally important under these systems for the efficient use of water and nutrients when their use was at the initial stage. A research team at the China Institute of Water Resources and Hydropower Research (IWHR) that is led by the author has been conducting extensive research with the aim of increasing crop productivity by improving sprinkler and micro-irrigation design, operation, maintenance and management. The WatSave Technology Award 2016 of the International Commission on Irrigation and Drainage (ICID) was awarded to the author for his team's research on 'Innovation and Extension of Sprinkler and Micro-Irrigation Technologies in China'. The objective of this paper is to review the approximately 20 years of research that have been performed on the topics of improving water and fertilization management under sprinkler and micro-irrigation technologies, to summarize the major findings and to identify the areas requiring further research.

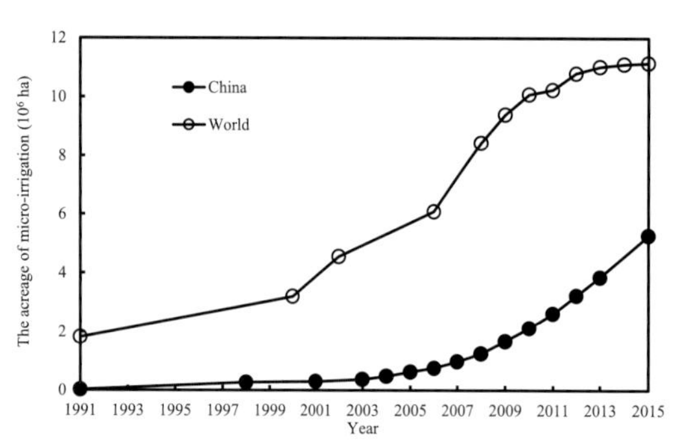


Figure 1. The annual variation in micro-irrigation acreage for China and for the world

## SPRINKLER IRRIGATION STUDIES

### *Canopy interception of sprinkled water*

A lack of knowledge about canopy interception has resulted in hesitation in selecting sprinkler irrigation as a water-saving irrigation method by both the government and farmers in China over the last two decades. In principle, water that is sprayed from a sprinkler is divided into three components besides evaporation during the irrigation process, namely canopy interception, stemflow and throughfall. Our team conducted a series of studies from 2000 to 2010 to quantify the amounts of canopy interception for typical sprinkled winter wheat (Li and Rao, 2000b; Wang *et al.*, 2006b) and maize crops (Wang *et al.*, 2006a). The results indicated that the canopy storage capacity varied from 0.7 to 1.5 mm for winter wheat at a normal plant density (640 plants $m^{-2}$), increasing linearly with the plant height, leaf area index (LAI) and fresh weight of the plants (Wang *et al.*, 2006b) (Figure 2).

Observation of the sprinkled water distribution above and below the winter wheat canopy indicated that a winter wheat canopy tends to improve the uniformity of sprinkler water distribution below the canopy when the uniformity values above the canopy were less than 80% (Equation (1)):

$$CU_{below} = 7.1CU_{above}^{0.55} \tag{1}$$

where $CU_{below}$ and $CU_{above}$ are the Christiansen uniformity coefficients below and above the canopy, respectively.

The amount of water intercepted by the maize canopy was determined by the water balance method through individual measurements of the water above the canopy, stemflow and throughfall. The results indicated that the amount of water interception varied from 0.8 to 2.6 mm during maize growth, increasing clearly with the LAI. Throughfall, stemflow and canopy interception accounted for approximately 54, 36 and 10%, respectively, of the water that was applied above the canopy.

The evaporation of water that was intercepted by the canopy during the irrigation application process and the recession period to follow (which continued for 10–20 h after the application finished) can reduce the air temperature by a range of 2–5 °C with an average of 3 °C. It can increase

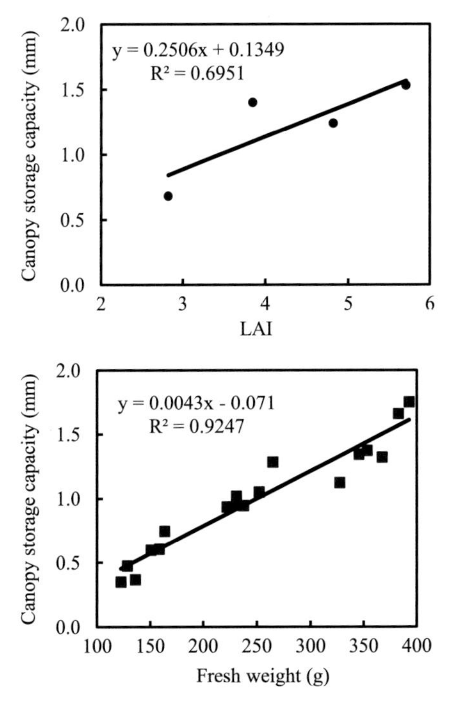


Figure 2. Canopy storage capacity as a function of the leaf area index (LAI) and fresh weight of plants within an area of 25 × 30 cm for winter wheat. [Colour figure can be viewed at wileyonlinelibrary.com]

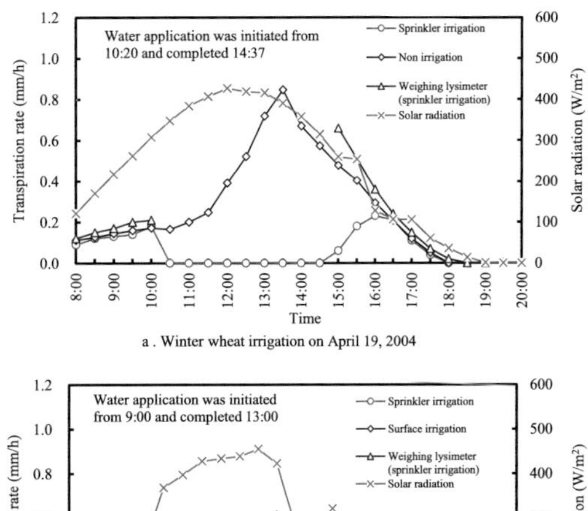


Figure 3. The suppression of plant transpiration resulted in the modification of field microclimates under sprinkler irrigation. The experiments were conducted in the North China Plain. [Colour figure can be viewed at wileyonlinelibrary.com]

the relative humidity within a range of 3–13% with an average of 10% in the sprinkled field, when compared with non-irrigated or surface-irrigated fields. These modifications to the field climate resulted in reduced plant transpiration and evaporation from the soil surface. For winter wheat, the transpiration rate that was measured by sap flow gauges (SGA-5, Dynamax Co., USA) was reduced to nearly zero during the sprinkler irrigation process (Figure 3a). Similarly, the monitoring of the transpiration rate in summer maize (SGB-35, Dynamax Co., USA) also indicated a substantial reduction in the sprinkled field in comparison with the surface-irrigated field during irrigation (Figure 3b). The modification of the field microclimates and the suppression of plant transpiration in sprinkled fields were also verified by our later simulation using a soil–plant–atmosphere model (CUPID package) (Zhao *et al.*, 2012a). Similar results were reported by Tolk *et al.* (1995).

The suppression of crop transpiration and soil surface evaporation caused by microclimate modification partially compensated for the loss of canopy-intercepted water. Both energy balance measurements (the Bowen ratio and eddy covariance methods) and modelling showed that the modification resulted in an improvement in the sprinkler efficiency by 5 percentiles (Zhao *et al.*, 2012a). The net losses were quantified to make up 4.3-6.5% of the water that was applied during the maize irrigation season, and it approached zero for winter wheat (Wang *et al.*, 2007). The net losses accounted for a very small portion of the applied water, confirming the water-saving merits of sprinkler irrigation.

### *Droplet size distribution from sprinklers*

The droplet size distribution from sprinklers is an important parameter that controls evaporation loss from the spray and soil erosion caused by droplet impact. The team has conducted extensive measurements and modelling of the droplet size distribution from differently shaped sprinkler nozzles (Li *et al.*, 1994, 1995; Li and Kawano, 1995a; Li, 1996). These works are widely cited, contributing significantly to the literature. For example, an exponent model for droplet size distribution from sprinklers that was proposed by Li *et al.* (1994) is cited in the American Society of Agricultural and Biological Engineers (ASABE) publication *Design and Operation of Farm Irrigation Systems* (Hoffman *et al.*, 2007).

*Standard of sprinkler irrigation uniformity*

The importance of target sprinkler uniformity has been recognized since sprinklers were adopted to irrigated agricultural crops. A higher uniformity may be beneficial for obtaining high yields but may limit the use of sprinkler systems because the initial costs increase with increasing application uniformity. In general, the uniformity is determined on the basis of water distribution measurements on the ground surface by catch cans that are located in a grid or in other patterns (American Society of Agricultural Engineers (ASAE), 1985a, 1985b). One shortcoming of the target uniformity recommended by the current standards (e.g. Chinese Standards, 2007) is a lack of an adequate and quantitative consideration of the redistribution of non-uniformly applied sprinkler water over the soil and the influence of the applied water on the crop growth and yield. The author has been one of the pioneers who advocated the consideration of the crop response and water dynamics in the soil when establishing sprinkler uniformity standards. The distribution of water in soil under varying Christiansen uniformity coefficients (CU) ranging from approximately 50% to more than 98% was extensively tested in numerous soil textures, including volcanic ash soil, sandy soil, sandy loam and sandy clay loam (Li and Kawano, 1996; Li *et al.,* 1998; Li and Rao, 1999, 2000a). The experimental results revealed that the soil water content uniformity in all the tested soil textures was substantially higher than that of sprinkler water. Figure 4 shows a typical example of seasonal changes in CUs for water application and storage in a sandy clay loam soil during the winter wheat growing season in the North China Plain. The uniformity of the soil water content was always higher than 90% during the entire season, although the uniformity of the sprinkler irrigation varied from 57 to 89%. The improved CU for soil water could be attributed to the improvements in the water distribution by canopy interception (Li and Rao, 2000b), the lateral and vertical redistribution of water in the soil (Li and Kawano, 1995b) and the uniform rainfall received during the growing season. These findings were confirmed and strengthened by several later studies that were conducted under different environments (e.g. Montazar and Sadeghi, 2008).

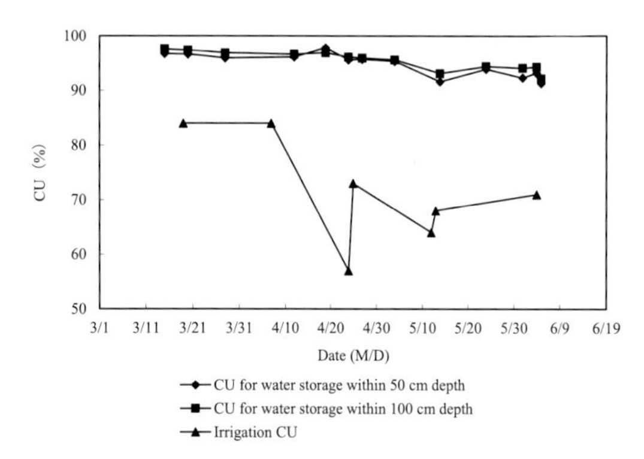


Figure 4. Seasonal variations in CUs for soil water storage within 50 and 100 cm depths and under sprinkler water application during a winter wheat irrigation season in a sandy clay loam soil in the North China Plain

Deep percolation and nitrate leaching are also important considerations in the design of sprinkler systems. Li and his team extended their research to water and nitrogen dynamics in soil under different uniformities of sprinkler fertigation using urea (Li *et al.,* 2005a, 2008b). The daily observation of matrix water potentials at the bottom of the root zone in a sandy clay loam soil showed that little deep percolation occurred during the winter wheat growing season in the North China Plain. However, little additional deep percolation was observed following an intensive rainfall event during the summer maize growing season, since between 70 and 80% of the annual precipitation occurs during the maize growing season. Consequently, the effect of sprinkler uniformity on deep percolation and nitrate leaching was minor when the seasonally averaged Christiansen irrigation uniformity coefficient (CU) varied from 69 to 84%. The soil $NH_4$-N and $NO_3$-N exhibited high spatial variability in depth and time during the irrigation season, with CU values ranging from 23 to 97%, and the coefficient of variation ranged from 0.04 to 1.06. The distribution of $NO_3$-N was not related to fertigation; rather, it was related to the spatial variability of $NO_3$-N before fertigation began.

The crop growth and yield responses to sprinkler irrigation/fertigation uniformity have been experimentally studied for wheat and maize in a dry subhumid region of the North China Plain (Li and Rao, 2003; Li *et al.,* 2005a) and in a subarid region of Inner Mongolia (Li *et al.,* 2002). These experiments were conducted under different environments with various soils. The soil textures included a sandy soil and a sandy clay loam, and the seasonal precipitation and seasonal irrigation depth varied from 17 to 180 mm and 110 to 537 mm, respectively. The sprinkler uniformity also changed over a wide range, with seasonal averaged values ranging from 62 to 86%. These experiments demonstrated that the influence of sprinkler uniformity on yield was less important than it was in previous modelling (e.g. Warrick and Gardner, 1983; Mantovani *et al.,* 1995; Li, 1998). An example of winter wheat yield as a function of the seasonally averaged sprinkler uniformity CU in the North China Plain for four seasons is illustrated in Figure 5. Figure 5 clearly indicates that sprinkler uniformity has an insignificant impact on crop yield. For the four-year experiments, the relative yield ranged from 0.94 to 1.04 when the seasonally averaged CU varied from 62 to 85%; simultaneously, a greater CU did not necessarily produce a

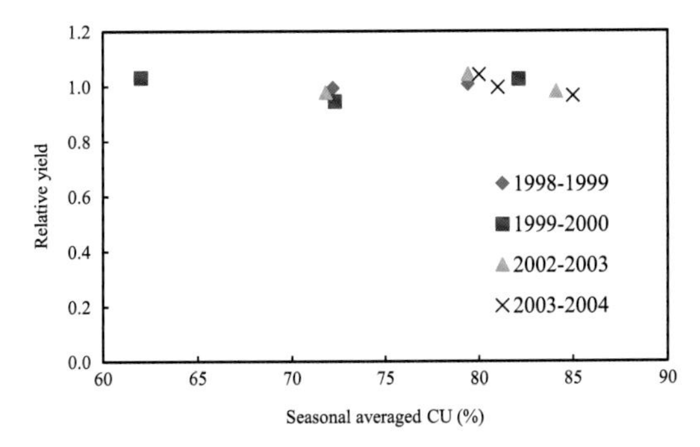


Figure 5. Crop yield as a function of the sprinkler uniformity CU for winter wheat in the North China Plain. The experiments were conducted in the same experimental field with sandy clay loam soil. The relative yield was defined as the ratio of the yield to the average yield for a given season (after Li and Rao, 2003). [Colour figure can be viewed at wileyonlinelibrary.com]

higher yield. The experiments also revealed that the aboveground dry matter, total nitrogen content, nitrogen uptake and crop yield were much more uniformly distributed than the seasonal irrigation and fertigation. An unimportant impact of sprinkler irrigation/fertigation uniformity on crop yield was also reported by other researchers (e.g. Mateos *et al.,* 1997; Allaire-Leung *et al.,* 2001). Several factors may contribute to the minor impact of sprinkler irrigation uniformity on crop yield. The improvements in water uniformity through canopy interception (Li and Rao, 2000b), the redistribution of sprinkled water in the soil (Li and Kawano, 1996), and the rooting system of crop plant reduced the negative effect of non-uniformly applied water and fertilizers on yield. Uniform precipitation during the growing season can compensate for the negative effects to some extent. The initial $NH_4$-N and $NO_3$-N carry-over from the previous growing season may partially meet the crop nitrogen requirement, thus reducing the importance of fertilizer distribution on crop growth and yield.

Further experiments were conducted in a field with sandy and loamy sandy soils in an arid environment where only 17 mm of precipitation was received during the spring wheat growing season; the objective was to evaluate the relative importance of spatial variability in the soil and the non-uniformity of water applications to the crop yield (Li *et al.,* 2002). The seasonally averaged CU varied from 77 to 86% and the seasonal irrigation was 537 mm during the experiments. The available water-holding capacity (AWC, the difference between the field capacity and the wilting point) within a 100-cm depth in the entire field varied from 72 to 195 mm with a coefficient of variation ($CV_{AWC}$) of 0.237. The results revealed that the spatial variability in the soil had a more important influence on the mean and the non-uniformity of the yield since the coefficient for the $CV_{AWC}$ was approximately 2.6 times the coefficient for the irrigation CV ($CV_I$) in Equation (2):

$$CV_{Yield} = 1.09CV_{AWC} + 0.42CV_I \quad (2)$$

These extensive experiments and modelling indicated that a sprinkler uniformity that is lower than the value suggested by the current standards (e.g. CU = 80% recommended by the GB/T 50085-2007) (Chinese Standards, 2007) could be used to reduce the installation and operational costs of sprinkler irrigation systems. In general, a greater CU should be used for shallow-rooting crops under arid environments. The CU values presented in Table I may be used if the purpose of irrigation is to produce a uniform distribution of water in the soil and an acceptably high and uniform yield and quality.

### *Variable rate sprinkler irrigation*

Addressing spatial variability in soil properties and crop growth through site-specific irrigation has been an attractive and challenging topic for researchers and designers. Variable rate irrigation (VRI) has the potential to solve these difficulties (O'Shaughnessy and Rush, 2014) and has primarily been studied in the USA (e.g. O'Shaughnessy *et al.,* 2015; Sui and Baggard, 2015) and Canada (Yari *et al.,* 2017). Recently, our team constructed the first variable-rate, centre-pivot irrigation system in China (Zhao *et al.,* 2014). The VRI system was retrofitted from a three-span 140 m-long centre-pivot irrigation system with an overhang, enabling us to apply a variable rate by regulating the duty cycle of solenoid valves installed ahead of each sprayer and the travel speed of the centre pivot. Unlike a conventional commercial system, the number of sprinklers in one control zone and the number of control zones along the lateral of the centre pivot were not known a priori but were defined according to the dimensions of the management zones. A control unit designed with radio frequency identification technology (known as the geo recognizer) was used to provide an angular guidance for the location of the pivot pipeline, functioning similar to a global positioning system (GPS) unit. A field evaluation of the system's performance indicated that the difference between the target and the actual depth applied by the VRI

Table I. The target Christiansen uniformity coefficients (CU) suggested for different crops under different environments

| Region | Target CU | | |
|---|---|---|---|
| | Vegetable crop | Cereal crop | Orchard |
| Arid to semi-arid | 75–80 | 70–75 | 65–70 |
| Semi-humid to humid | 70–75 | 70–75 | 65–70 |

system was slightly greater than that for a uniform rate system (URI) because of the changing pivot rotation speed and duty cycle of the solenoid valve during the VRI application process. This phenomenon was also observed in a commercial centre-pivot VRI system (Sui and Fisher, 2015). By setting the duty cycle of the solenoid valves (CT) as the greatest common divisor of the moving time and the stopping time of the centre-pivot system, the accuracy of the applied depth was improved further (Zhao *et al.,* 2017a). An example of the field measurements is presented in Table II. When the system was operated at a duty cycle of 60 s and a pivot rotation speed was set to 50% of the full speed, a 30 s duty cycle of the solenoid valves was found to achieve the minimum mean absolute error (MAE) and mean bias error (MBE) of the water application depth.

Additional field experiments were conducted to compare the responses of winter wheat and summer maize to VRI and URI in the alluvial floodplain of the North China Plain. The soil texture over the entire field varied from loamy sand to silty loam with the available water-holding capacity (AWC) ranging from 130 to 250 mm within 0.6 m of the root zone. The field was delineated into four management zones with AWC values of 152–161, 161–171, 171–185 and 185–205 mm for zones 1, 2, 3 and 4, respectively. The results indicated that the water savings of VRI in comparison to those of URI were highly related to the precipitation during the crop-growing season. For summer maize which receives intensive precipitation during its growing season, the total irrigation amount for VRI was 14% lower than that of the URI treatment, while an approximately seasonal irrigation amount was observed for winter wheat under the URI and VRI treatments (Zhao *et al.,* 2017b). No significant influence of VRI management on the crop growth and yield was detected, while the differences were significant among the management zones.

## MICRO-IRRIGATION STUDIES

### *Injector performance*

The practice of injecting agricultural fertilizers into an irrigation system and applying it to a field along with irrigation water, which is known as chemigation, is increasingly used in China and other countries around the world. The most common form of chemigation is fertigation, which refers to performing fertilizer applications in the irrigation water. The Ministry of Agriculture of China estimated the fertigated area in China to be more than 4.7 million ha as of 2016, and in assuming an annual increase of 20%, it is estimated that by 2020, the fertigated area would reach 10 million ha of irrigated land. The major crops on which fertigation is used are cotton, vegetables, wheat and maize. The importance of injector performance in successful fertigation has been widely recognized (Bracy *et al.,* 2003; Li *et al.,* 2006a). Currently, the commercial injection devices used in China include Venturi principle injectors, positive-displacement pumps, water-driven piston proportional pumps, and differential pressure tanks. The differential pressure tanks are the simplest of the injection devices, but guidelines for managing a fertigation system when using these types of devices are lacking. Laboratory experiments were conducted to evaluate the effects of the design and operation parameters on the hydraulic performance of differential pressure tanks (Li *et al.,* 2006b). The results showed that the concentration that is released from a tank depends on the injection orifice size, tank volume, differential pressure head and quantity of fertilizer to be applied, decreasing exponentially with time (Equations (3) and (4)):

$$\frac{C}{C_0} = e^{-\beta t} \tag{3}$$

$$\beta = 2.911 \times 10^{-3} M^{-0.644} \Delta P^{0.561} D^{3.228} V^{-0.552} \tag{4}$$

where $C$ and $C_0$ are the released concentration at time $t$ (C) and the initial concentration at $t = 0$, respectively; $M$ is the quantity of applied fertilizer (ranging from 2 to 26 kg), $\Delta P$ is the pressure differential (ranging from 0.05 to 0.30 MPa), V is the tank volume (ranging from 10 to 65 l), and $D$ is the injection orifice size (ranging from 10 to 23.5 mm).

A multiple regression equation was established to relate the time-to-zero concentration ($T_{C=0}$, min) to the pressure differential, fertilizer quantity, injection orifice size and tank volume as follows:

$$T_{C=0} = 1.384 \times 10^{5} M^{0.434} \Delta P^{-0.873} D^{-7.335} V^{2.905} \tag{5}$$

Equation (5) indicates that the injection orifice size and tank volume are two key parameters of the tank design, and the differential pressure head is an important parameter for managing a tank system. A larger injection orifice size and a greater differential pressure head produced a larger injection rate, thus greatly reducing the injection duration,

Table II. The mean absolute error (MAE) and mean bias error (MBE) of the water application depth for variable rate irrigation with different cycle times (CT) for the solenoid valves

| CT (s) | Percent timer (%) | MAE (mm) | MBE (mm) |
|---|---|---|---|
| 50 | 50 | 1.56 | −1.56 |
| 35 | 50 | 1.59 | −1.59 |
| 30 | 50 | 0.95 | −0.92 |
| 20 | 50 | 2.24 | −2.24 |

while an increasing tank volume can mitigate the decrease in concentration with time. Maintaining the pressure differential so that it is as stable as possible is also important for obtaining a uniform distribution of fertilizers within an irrigation unit.

Further field evaluations of the effects of the injector type on fertigation uniformity (Li *et al.,* 2007a) indicated that the fertilizer CV ($CV_F$) was very close to the water application CV ($CV_W$) for the proportional and the Venturi injectors (Equations (6) and (7)). However, the fertilizer CV was approximately double the water application CV for the differential pressure tank (Equation (8)):

$$CV_F = 1.00CV_W \text{ for the proportional} \tag{6}$$

$$CV_F = 1.02CV_W \text{ for the Venturi injector} \tag{7}$$

$$CV_F = 2.03CV_W \text{ for the differential pressure tank} \tag{8}$$

These results suggested that a micro-irrigation system that produces a uniform water application does not necessarily provide uniform fertilizer distribution when it is used for fertigation. The injection methods and injector performance should, therefore, be considered during the design and management of micro-irrigation systems.

### *Water and nitrogen dynamics in soil under drip fertigation*

The continuous research performed on water and solute transport under drip fertigation by Li and his team has been presented in three companion books that were published in 2003 (Li *et al.,* 2003a), 2008 (Li *et al.,* 2008b) and 2015 (Li *et al.,* 2015). These works were begun around the middle of the 1990s and might have been pioneering at that time, when the designers and users of micro-irrigation systems in China were expressing concerns about potentially toxic rhizosphere environments caused by fertigation. The research includes laboratory and fieldwork on the fate of nitrogen in homogeneous and heterogeneous soils, and the plant growth, crop yield and quality response to management practices related to water and fertilizers under surface and subsurface drip irrigation.

The simultaneous measurement of water, nitrate and ammonium in the soil from a point source discharging an ammonium nitrate ($NH_4NO_3$) solution indicated a clear accumulation of nitrate at the boundary of the wetted volume that was closely related to the fertigation parameters with the input concentration of the solution, the emitter application rate and the total applied water (Figure 6) (Li *et al.,* 2003b). However, the influence of fertigation on the ammonium distribution was restricted to a small volume, approximately 10 cm from the point source. Beyond this range, the input concentration, application rate and total applied volume had insignificant effects on the ammonium distribution. These results suggest that an improper combination of the emitter discharge, input concentration and total applied volume could lead to nitrate leaching, increasing the risk of contaminating the environment.

The wetting dimensions in soil from an emitter are important for the design and management of drip irrigation systems. Extensive observation of the wetted surface radius ($r$, cm) and vertical wetted depth ($z$, cm) from emitters with varying application rates ($q$, l $h^{-1}$) and application times ($t$, min) for a sandy soil resulted in the following empirical equations (Li *et al.,* 2004b):

$$r = 13.4(qt)^{0.33} \tag{9}$$

$$z = 12.1(qt)^{0.46} \tag{10}$$

Similar results were obtained for a loam soil as follows (Li *et al.,* 2003b):

$$r = 13.6(qt)^{0.29} \tag{11}$$

$$z = 12.1(qt)^{0.44} \tag{12}$$

The product of the application rate and the time ($q \times t$) represents the applied volume. Equations (9)–(12) indicate that the wetted surface radius and vertical wetted depth are proportional to the applied volume, with power values of approximately 0.3 and 0.45, respectively, for both a sandy and a loam soil. Bar-Yosef and Sheikholslami (1976) also reported that the wetted surface radius is proportional to $(qt)^{0.33}$ for a clay soil. It is therefore confirmed that these relations can be applied to a wide range of soil textures, from sand to clay. As indicated in Equations (9)–(12), different soils may have different coefficients, which requires that the coefficients be calibrated prior to applying them to the drip irrigation design. For a given soil, one recording of the wetted surface radius and the wetted depth at a given applied volume is sufficient to derive the coefficients since the exponents are constants for different soil textures. Equations (9)–(12) can then help to estimate the duration of irrigation that is necessary to achieve a required wetting radius and depth or to select the suitable application rate and time for a given soil.

Layered-texture soil can alter the distribution patterns of water and solutes that are applied by emitters. The measurements of water and nitrogen in three layered soils,

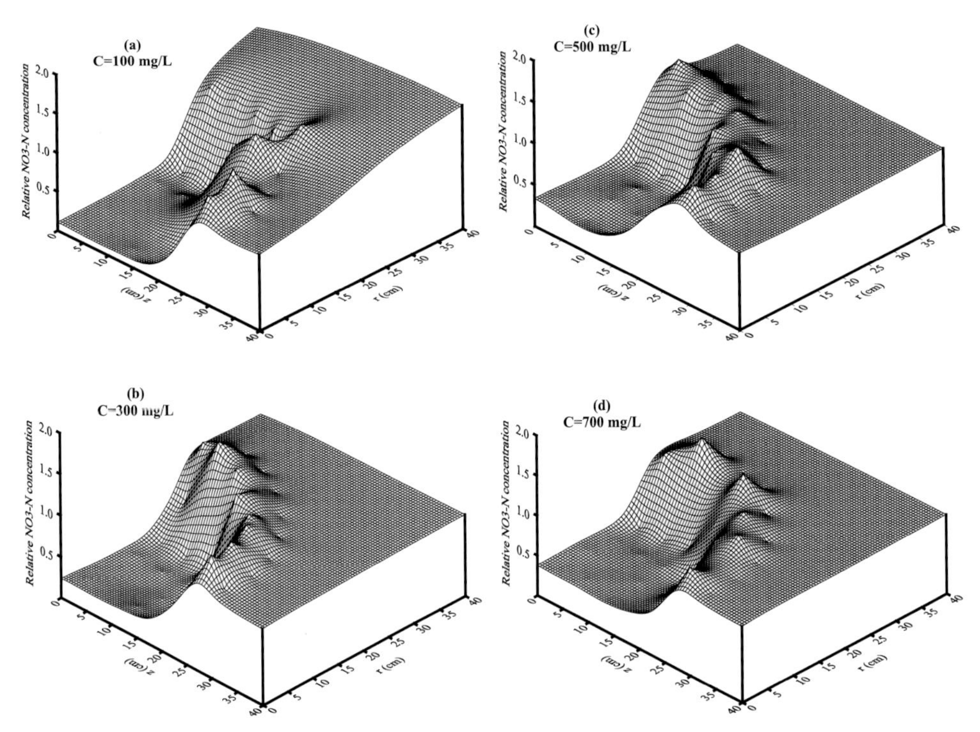


Figure 6. Distribution of the relative nitrate concentration in the soil (nitrate concentration/initial nitrate concentration) for 8.0 l of solutions with 100, 300, 500 and 700 mg $l^{-1}$ urea concentrations applied at an approximate rate of 1.0 l $h^{-1}$ (after Li *et al.*, 2003b)

including a sandy-over-sandy loam (SL), a sandy loam-over-sandy (LS), and a sandy loam-sandy-sandy loam (LSL) and two uniform soils (a uniform sandy loam and a uniform sandy soil) under surface drip fertigation (Li *et al.,* 2007b) indicated that an interface was present in the layered soils, whether it was a fine-over-coarse or a coarse-over-fine soil, and this interface had the common feature of limiting downward water movement and increasing horizontal water movement. A minor influence of the application rate on the water distribution for the fine-over-coarse layered soils (LS and LSL) relative to that of the uniform soils was found. To obtain a greater wetted depth by selecting emitters with a lower application rate, which is a common method in the system design for a uniform soil, may not necessarily be applicable to layered soils.

Laboratory experiments on subsurface drip irrigation in the layered-textural soils (Li and Liu, 2011) showed that for the sandy over-loam soil (SL), positioning the dripline below the interface led much of the water (89%) to move to the sublayer of loam soil in comparison with positioning the dripline above the interface (73%). For a loam-sandy-loam soil (LSL), positioning the dripline in the top layer of loam soil resulted in 77% of the applied water being distributed within the top layer, while positioning the dripline in the bottom layer of the loam soil resulted in 93% of the applied water being distributed in the bottom layer. The influence of the changed distribution of water and nutrients in the soil caused by layered-textural soils on the water and nitrogen dynamics and crop growth was further studied during the tomato growing season in a greenhouse on the North China Plain (Liu and Li, 2009a, 2009b). The layered soils used in the study were built with a sandy soil and the onsite sandy loam soil. For the sandy-over- loamy (coarse over fine, referred to as SL) soil, a 20 cm layer of the sandy loam soil was removed and replaced with the sandy soil and repacked. Similarly, the loam-sandy-loam soil (referred to as LSL) was constructed by replacing the 30 cm layer of the sandy loam soil with a 10 cm sublayer of sandy soil and a 20 cm surface layer of sandy loam soil. Undisturbed sandy loam soil (referred to as L) was used in the control plots. The lateral depth was 15 cm and nitrogen was applied at 150 kg $ha^{-1}$ for all plots. Soil moisture monitoring showed that the soil water content in the 0–20 cm surface layer for the layered soils was substantially lower than that for the sandy loam soil

(Figure 7), with seasonal average values of 0.19, 0.22 and 0.25 cm$^3$ cm$^{-3}$ for SL, LSL and L in 2006 and 0.18, 0.19 and 0.26 cm$^3$ cm$^{-3}$ in 2007, respectively. The substantially lower water content in the surface layer of the layered soils resulted in a significantly lower fruit yield (Table III). When it was averaged over the 2 years, the yields for the layered SL and LSL soils were 33 and 12% lower than the yield for the uniform sandy loam soil (L). The layered soil might also impose a negative effect on some fruit quality parameters (e.g. ascorbic acid in 2006 and soluble solids in 2007). Both laboratory and field experiments suggest that the dripline depth should be carefully selected during the design of the subsurface drip irrigation system when layered-textural soils are present. Using subsurface drip irrigation for a coarse-over-fine layered-textural soil should be avoided.

Efforts have been made to model water and nitrate transport in soil under drip fertigation (Li *et al.*, 2005b) using a dynamic HYDRUS-2D model (Simunek *et al.*, 1999). The new approaches to describing the system-dependent upper boundary conditions were established for different soils with and without ponded areas around the emitter (Li *et al.*, 2005b) and verified by laboratory

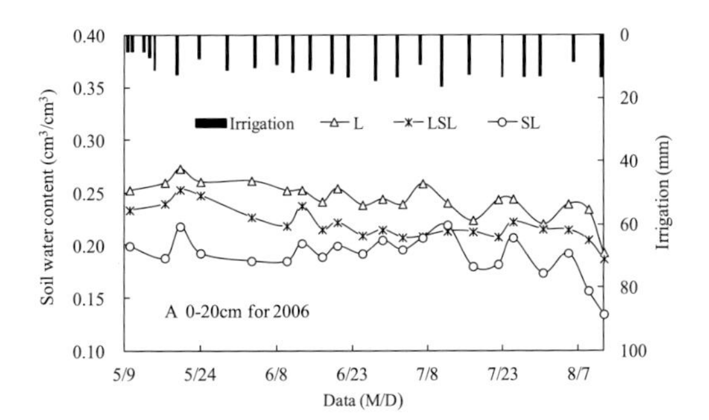


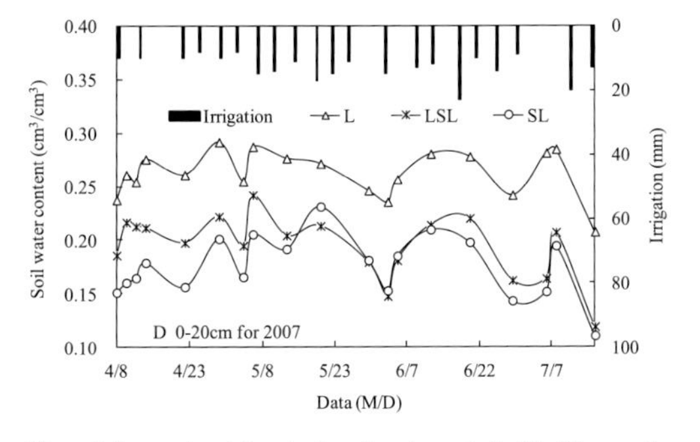


Figure 7. Seasonal variations in the soil water content of the 20 cm surface layer for undisturbed sandy loam soil (L), sandy over loam soil (L) and loam-sandy-loam soil during the two growing seasons of 2006 and 2007. The experiments were conducted in a greenhouse on the North China Plain, and a lateral depth of 15 cm was used for all the plots.

observations (Li *et al.*, 2003b). The model has been successfully used in subsequent research (Wang *et al.*, 2014b; Wen *et al.*, 2017).The continuous efforts contributed to the testing of a non-deterministic approach to using artificial neural networks (ANNs) for modelling nitrate distribution under drip fertigation testing (Li *et al.*, 2004a). In selecting the initial soil water content, initial nitrate concentration in soil, emitter discharge rate, input concentration of the fertilizer, applied volume and final soil water content as the input parameters, the model predicted the nitrate concentrations in the soil after fertigation with an acceptably high accuracy. The ANN models exhibit the ability to solve the nonlinear problem of nitrate transport in soil under drip fertigation, although the database should be extended to generalize the influence of soil types.

### *Fertigation strategy and frequency*

In general, a fertigation event is managed by applying water first to stabilize the system, then applying fertilizer solution and finally flushing the system for some time to prevent plugging of the emitters with the remaining solute in the driplines. However, we have very limited knowledge of the influence of fertigation strategies on the distribution of solute during soil and crop uptake, especially in relation to experimental data (Cote *et al.*, 2003; Gardenas *et al.*, 2005). Both laboratory experiments (Li *et al.*, 2003b) and modelling (Li *et al.*, 2005b) for a sandy soil and a loam soil have indicated that the flushing of the remaining fertilizer solution from drip pipelines should be performed as quickly as possible after fertilizer application is finished, to avoid the potential loss of nitrate from the root zone. Comparatively, the strategy of first applying water for a quarter of the total irrigation time, then applying fertilizer solution for half of the total irrigation time, followed by applying water for the remaining quarter of the total irrigation time (referred to as 1/4–1/2–1/4), left the most nitrate close to the source. Field experiments aimed at comparing the effects of fertigation strategies on nitrogen distribution in the soil, root distribution, plant nitrogen uptake, and fruit yield and tomato quality were conducted in a greenhouse with two different sandy loam soils under three strategies of 1/2–1/2, 1/4–1/2–1/4 and 3/8–1/2–1/8 and three fertigation frequencies of weekly, biweekly and once every 4 weeks (Li *et al.*, 2006a, 2006c, 2007c) in the North China Plain. The results showed that applying fertilizer earlier during each irrigation event over the entire season resulted in a more uniform distribution of nitrate along the vertical profile and might strengthen the nitrate accumulation trend towards the boundary of the wetted volume. The 1/4–1/2–1/4 strategy produced a slightly greater plant nitrogen uptake but no difference in fruit yields and the quality parameters were found among the three tested strategies (Table IV).

Table III. Comparison of the tomato fruit yield and quality from the undisturbed sandy loam soil (L), sandy over loam soil (L) and loam-sandy-loam soil during the two growing seasons of 2006 and 2007

| Year | Treatment | Weight per fruit (g) | Yield (t $ha^{-1}$) | Ascorbic acid (mg 100 $g^{-1}$) | Titratable acid (mg $g^{-1}$) | Soluble sugar (%) | Soluble solids (%) | Sugar–acid ratio |
|---|---|---|---|---|---|---|---|---|
| 2006 | L | 214 | 63.9 | 15.5 | 4.73 | 3.17 | 4.37 | 6.80 |
| | LSL | 202 | 53.0 | 16.2 | 4.83 | 3.52 | 4.33 | 7.36 |
| | SL | 174 | 43.7 | 15.3 | 4.67 | 3.20 | 4.43 | 6.89 |
| | ANOVA | *($P$ = 0.019) | *($P$ = 0.002) | *($P$ = 0.028) | NS ($P$ = 0.934) | NS ($P$ = 0.123) | NS ($P$ = 0.918) | NS ($P$ = 0.782) |
| 2007 | L-15-150 | 207 | 64.8 | 17.7 | 4.27 | 1.89 | 4.47 | 4.47 |
| | LSL-15-150 | 187 | 60.9 | 19.1 | 4.10 | 1.69 | 4.17 | 4.23 |
| | SL-15-150 | 148 | 43.0 | 18.2 | 4.27 | 1.94 | 4.27 | 4.59 |
| | ANOVA | *($P$ = 0.001) | *($P$ = 0.003) | NS ($P$ = 0.158) | NS ($P$ = 0.930) | NS ($P$ = 0.175) | *($P$ = 0.002) | NS ($P$ = 0.827) |

NS represents an insignificant influence and
*represents a significant influence at a probability level of 0.05.

Table IV. Tomato yield and fruit quality for different fertigation strategies and frequencies in a greenhouse with a sandy loam soil

| Fertigation frequency | Strategy | Ascorbic acid (mg 100 $g^{-1}$) | Soluble solids (%) | Soluble sugar (%) | Plant nitrogen uptake (kg $ha^{-1}$) | Yield (t $hm^{-2}$) |
|---|---|---|---|---|---|---|
| Weekly | 1/2–1/2 | 17.7 $^{a}$ | 5.10 $^{a}$ | 3.66 $^{a}$ | 191 $^{a}$ | 57.8 $^{a}$ |
| | 1/4–1/2–1/4 | 18.9 $^{a}$ | 5.00 $^{a}$ | 3.92 $^{a}$ | 193 $^{a}$ | 60.3 $^{a}$ |
| | 3/8–1/2–1/8 | 17.3 $^{a}$ | 4.97 $^{a}$ | 4.12 $^{a}$ | 188 $^{a}$ | 58.1 $^{a}$ |
| Biweekly | 1/2–1/2 | 18.9 $^{a}$ | 4.83 $^{a}$ | 3.83 $^{a}$ | 187 $^{a}$ | 56.7 $^{a}$ |
| | 1/4–1/2–1/4 | 16.0 $^{ab}$ | 5.07 $^{a}$ | 3.65 $^{a}$ | 195 $^{a}$ | 56.3 $^{a}$ |
| | 3/8–1/2–1/8 | 15.0 $^{b}$ | 4.87 $^{a}$ | 3.67 $^{a}$ | 178 $^{a}$ | 54.1 $^{a}$ |
| Once every 4 weeks | 1/2–1/2 | 17.3 $^{a}$ | 5.07 $^{a}$ | 4.12 $^{a}$ | 178 $^{a}$ | 52.0 $^{a}$ |
| | 1/4–1/2–1/4 | 18.3 $^{a}$ | 4.67 $^{a}$ | 3.63 $^{a}$ | 187 $^{a}$ | 49.1 $^{a}$ |
| | 3/8–1/2–1/8 | 15.3 $^{a}$ | 5.00 $^{a}$ | 4.08 $^{a}$ | 171 $^{a}$ | 47.3 $^{a}$ |

The values followed by the same letter in the column indicate insignificant differences at a probability level of 0.05.

The fertigation frequency demonstrated a significant influence on the tomato fruit yield for the field experiments at a significance level of $p < 0.05$. When averaged over the three fertigation strategies, the fruit yield increased by 19% when the fertigation interval was reduced from 4 weeks to 1 week (Figure 8). The benefit of using a high fertigation frequency on the crop yield was also confirmed by a recent field experiment using mulched drip irrigated maize in a semi-humid region of north-eastern China (Liu *et al.*, 2015). It was found that three in-season split fertigation events produced a significantly higher yield (approximately 5% at a significance level of $p < 0.05$) than a single early-season fertigation. In general, we recommended a weekly fertigation frequency for most vegetable crops and an empirical strategy of 1/4–1/2–1/4, although the effects of the fertigation strategy were dampened by an increasing fertigation frequency.

### *Design standard of micro-irrigation uniformity*

The design and evaluation standards of drip system uniformity were arbitrarily set with a value that was as high as possible (Barragan *et al.*, 2006). However, a high drip system uniformity usually means a high initial system installation cost. Moreover, maintenance of a drip system for very high uniformity is costly, laborious and time-consuming (Lamm *et al.*, 2007). Several design and evaluation standards for drip irrigation uniformity have been developed in different countries. For example, ASAE Standard EP405.1 (ASAE, 2003) recommends a design emission uniformity (EU) of 70–95% depending on the source (point or line source), crop, emitter spacing and field slope. Chinese National Standard GB/T 50485-2009 (Chinese Standards, 2009) suggests an evaluation Christiansen uniformity coefficient (CU) greater than 80%. Continuous and extensive investigations on the influence of drip irrigation uniformity on the water, nitrogen and salt dynamics, as well as the crop yield and quality, have been conducted at the WatSave Lab, IWHR, since 2009 to explore the possibility of using a uniformity that is lower than the values recommended by the current standards. These studies were conducted under a wide range of environments from arid to subhumid for typical row crops of cotton, maize and vegetable crops (Zhang and Li, 2011,

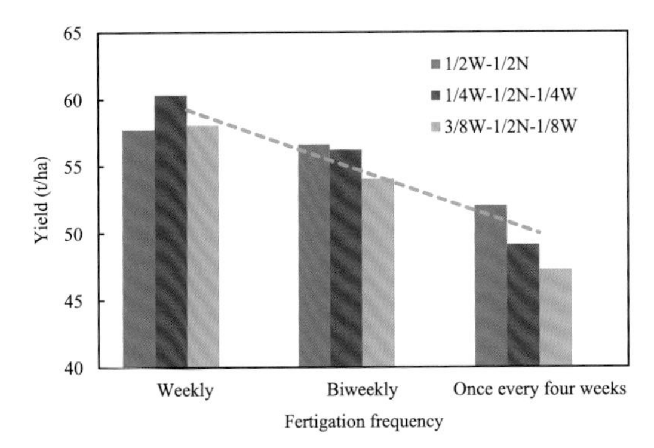


Figure 8. Tomato fruit yield as a function of the fertigation frequency under various fertigation strategies. The experiments were conducted in a greenhouse with a sandy loam soil in the North China Plain. [Colour figure can be viewed at wileyonlinelibrary.com]

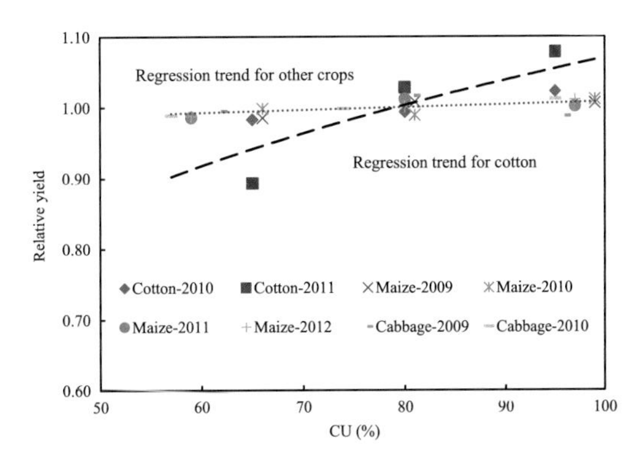


Figure 9. Crop yield as a function of the Christiansen uniformity coefficient (CU) of the drip irrigation system for cotton in the arid region with a clay loam soil, and for maize and Chinese cabbage in the semi-humid region with a sandy loam soil. The relative yield was defined as the ratio of the yield to the average yield for a given season. [Colour figure can be viewed at wileyonlinelibrary.com]

2012; Li *et al.*, 2012b; Zhao *et al.*, 2012b; Guan *et al.*, 2013a, 2013b). The soil water contents during the irrigation/fertigation event and during the growing season were continuously monitored using sensors (Hydra Probe, Stevens Water Monitoring Systems, Inc., Portland, Ore., USA; 5TE, Decagon Devices Inc., USA). The crops included greenhouse-grown tomatoes (Li *et al.*, 2012b) and maize (Zhang and Li, 2012) in a semi-humid region of the North China Plain and cotton in an arid region of north-west China (Guan *et al.*, 2013b), and the CU of the drip irrigation varied from 55 to 99%. The soil water content displayed high uniformity coefficients throughout the entire growing season for all three crops and two tested soil textures of sandy loam and silt loam. Regular measurements of the spatial distribution of nitrogen also demonstrated that system uniformity had an insignificant effect on the uniformity of the nitrogen content in the soil at a significance level of 0.05.

The crop growth and yield responses to drip irrigation uniformity were found to be related to the region. In the semi-humid region of the North China Plain, neither the yield for a cereal crop of maize nor for a vegetable crop of Chinese cabbage was significantly affected by drip system uniformity (Figure 9). As illustrated in Figure 9, the relative yield for maize and cabbage varied within a very small range of 0.99–1.02 when the CUs were changed over a large range of 57–99% for the 6-year experimental observations. This result was also supported by a 5-year study that was conducted in the Texas High Plains (Bordovsky and Porter, 2008). The researchers reported that significant differences in cotton yields and values were not observed among the subsurface drip irrigation treatments at flow variations (*qvar*) of 5, 15 and 27%. However, in the arid region, the cotton yield clearly increases with an increasing CU (dotted line in Figure 9), especially when the CU increased from 65 to 80%. The considerably lower precipitation in the arid region than in the semi-humid region was the primary reason because the scarce precipitation cannot adequately compensate for the negative influence caused by non-uniformly applied water and fertilizers through the drip irrigation systems. These results suggested that a higher CU should be used in the arid region than in the humid region. Recently, a simulation of the response of the cotton yield to the CU using a two-dimensional soil water transport and crop growth coupling model confirmed the findings from the field experiments and determined a target drip irrigation uniformity of CU = 75% (Wang *et al.*, 2017).

Deep percolation and nitrogen leaching possibly caused by non-uniformly applied water and fertilizers are a factor in determining the target drip irrigation uniformity. A field evaluation of the CU under deep percolation and nitrogen leaching was conducted in a well-drained sandy loam soil located in the semi-humid region of the North China Plain during four maize growing seasons when deep percolation and leaching most likely occurred due to intensive rainfall and the large nitrogen requirements of the crops (Wang *et al.*, 2014a; Guo *et al.*, 2017). In these studies, deep percolation and nitrogen leaching were estimated by the daily recording of pressure differentials by tensiometers and the solution concentration collected by ceramic suction cups at the bottom of the root zone; the CU varied from 59 to 97%. The result indicated that deep percolation was primarily caused by intensive rainfall events during the irrigation season. Nitrate leaching was most importantly affected by the nitrogen application rate and the effect of system uniformity was not as important as expected. This field evaluation result was further strengthened by the subsequent simulation based on 32 years (1980–2011) of meteorological data from the North China Plain (Wang *et al.,* 2014b).

In addition to the non-uniformity of the water and fertilizers applied through the drip irrigation system, the spatial variability of soil properties is also a contributor to the non-uniform distribution of crop growth and yield. An effort was made to address the relative importance of the system's hydraulic performance and soil spatial variabilities on the yield for a subsurface drip irrigation system in maize in the North China Plain (Li *et al.,* 2008a). The soil was a sandy loam with weak to medium variability (Kutilek and Nielsen, 1994). The experiments included six treatments with three lateral depths (0, 15 and 30 cm) and two injector types (a differential pressure tank and a Venturi device). Figure 10 compares the coefficients of variation (CV) for the emitter hydraulic characteristics (manufacturer's CV (Mfg CV), emitter discharge rate and applied fertilizer), selected soil properties (saturated hydraulic conductivity and seasonal soil water, nitrate and ammonium nitrogen content one day after irrigation/fertigation completion) and crop parameters (above-ground biomass, nitrogen uptake and grain yield at harvest). The non-uniformity of applied water can only explain 38% of the non-uniformity of the water content in the soil, and the non-uniformity of applied fertilizers can only explain 26 and 49% of the variability in the nitrate and ammonium nitrogen in the soil, respectively. One noticeable issue in Figure 10 is that the crop nitrogen uptake and yield were more uniformly distributed than the emitter discharge rate, applied fertilizer and soil water and nitrogen contents. These results clearly indicated that the soil spatial variability contributed to the non-uniformity of the yield to some extent. The interacting effects of drip irrigation uniformity and soil spatial variability on nitrogen leaching were further assessed using a simulation model (Wang *et al.,* 2016). The results indicated that the leaching decreased slightly with increased CU, while it increased considerably with spatial variability in the soil properties, confirming the field experiment findings.

Traditionally, nutrient fertilization through micro-irrigation systems is only recommended for systems with a design emission uniformity of 70% or greater, depending on the system characteristics (ASAE, 2003). Our 8-year experimental investigations and simulations conclude that micro-irrigation system uniformities (CUs) as low as 60% in a semi-humid or wetter region may be acceptable in terms of crop yield and quality and nitrate leaching. A higher target CU (e.g. a CU = 75–80%) in the arid region is recommended.

## *Drip irrigation with sewage effluent*

Drip irrigation has several advantages over surface and sprinkler irrigation when applying wastewater to agricultural land because it can minimize the hazards of the microbial contamination of the air, soil and plants (Ayers and Westcot, 1994). However, the clogging of drip emitters when applying wastewater must be seriously considered because organic material sedimentation, bacterial growth, ion oxidation and high pH values of sewage effluent may accelerate biofilm growth and thus lead to the obstruction of the emitters (Nakayama and Bucks, 1991; Pitts *et al.,* 2003). The clogging of emitters in drip irrigation systems was assessed by measuring the emitter discharge rate at approximately 10-day intervals during an 83-day operation with secondary sewage effluent and groundwater (Li *et al.,* 2009). In the experiments, six types of emitters with or without a pressure-compensation device and with a nominal discharge rate ranging from 1.0 to 2.6 l $h^{-1}$ were tested. Of

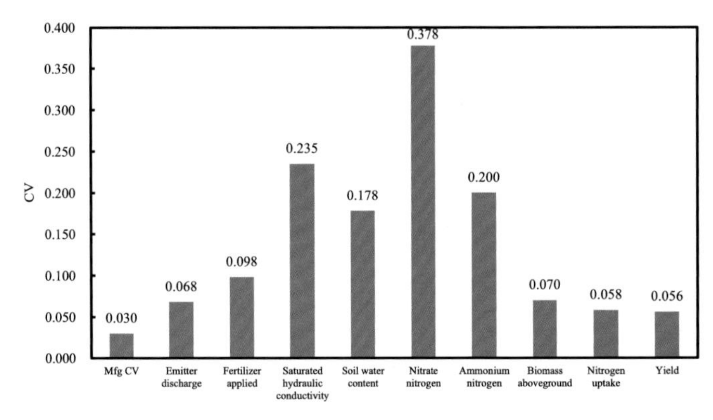


Figure 10. Comparison of the coefficients of variation (CV) for the emitter hydraulic characteristics, soil properties and crop nitrogen uptake and yield. The experiments were conducted at three lateral depths (0, 15 and 30 cm) and using two injector devices (a differential pressure tank and a Venturi device) during the maize growing season in the North China Plain. [Colour figure can be viewed at wileyonlinelibrary.com]

 

all the emitters tested over the entire period of the experiments, the emitters applying sewage effluent were clogged much more severely, producing a 26% lower average mean discharge rate than those applying groundwater. The formation of clogs in the emitter was found to be quite slow at the beginning of irrigation, but the clogging increased quickly once the mean discharge ratio (Dra, %, Equation (13)) was reduced to 90–95%. This threshold has been confirmed by our subsequent research (Li *et al.*, 2010) and many other studies using different water sources (groundwater, surface water with various salinities and sewage effluent) and emitters at the China Agricultural University (Pei *et al.*, 2014). Efforts should therefore be made to control clogging by not exceeding the critical value to maintain high system performance as long as possible.

$$\mathrm{Dra} = 100\,\frac{\sum_{i=1}^{N} q_i}{\bar{q}_{new}} \qquad (13)$$

where $q_i$ is the discharge after the use of the $i$th emitter (l h$^{-1}$); $\bar{q}_{new}$ is the average discharge when the emitter was new (l h$^{-1}$), the discharge measured at the beginning of the experiment was used; and $n$ is number of tested emitters.

Chlorination is usually an economic method for treating clogging in drip emitters caused by biological growth during sewage applications. Various chlorination schemes using concentrations of free chlorine residual at the ends of the laterals ranging from 0 to 10 mg l$^{-1}$ and injection intervals ranging from 1 to 4 weeks were assessed for seven types of emitters with a nominal discharge of 1.0–2.6 l h$^{-1}$ (Li *et al.*, 2010). Emitter clogging was found to be significantly affected by the chlorination scheme and emitter type as well as their interaction. Clogging was greatly reduced by chlorination, especially for emitters with a nominal discharge of less than 1.38 l h$^{-1}$. In general, more frequent chlorination at a lower concentration is more effective in maintaining good system performance than a less frequent chlorination at a higher concentration.

Further important criteria for determining an optimal chlorination scheme are the different crop responses to the chloride that is added to the soil through chlorination. Field experiments were conducted in a solar-heated greenhouse with drip irrigation systems to apply secondary sewage effluent to tomato plants to investigate the influence of the chlorine injection intervals and levels on plant growth, yield, fruit quality and emitter clogging during the two growing seasons (Li *et al.*, 2012a). Injection intervals ranging from 2 to 8 weeks and injection concentrations ranging from 2 to 50 mg l$^{-1}$ of free chlorine residual at the ends of the laterals were tested. The statistical tests indicated that neither the chlorine injection intervals and concentrations nor the interactions between the two factors significantly influenced plant height, leaf area, tomato yield or qualities for both years. These results suggested that chlorination is safe for crops that have a moderate sensitivity to chlorine, such as tomatoes, even when they experience rainfall because the chloride added by chlorination can be leached out of the root zone by rainfall. In the consideration of clogging protection and the need to minimize potential toxicity in the young roots of plants, chlorination schemes with chlorine injection intervals of 4–8 weeks and injection rates of 2–10 mg l$^{-1}$ (but also avoiding chlorination at the beginning of crop growth for all crops) are recommended.

The toxic chemicals and microbes in sewage effluent may pose threats to human health and the environment. *Escherichia coli* (*E. coli*) is consistently used as an indicator microorganism for the risk assessment of microbial contamination. The behaviour of *E. coli* in unsaturated soils (which is a common situation for the promising and efficient irrigation method of drip irrigation) while applying sewage effluent was investigated at varying emitter discharge rates (1.05–5.76 l h$^{-1}$) and *E. coli* concentrations ($10^2$–$10^7$ CFU ml$^{-1}$) through laboratory experiments on a sandy soil and a sandy loam soil (Wen *et al.*, 2016). The research demonstrated that the soil texture, especially smaller particles, played a significant role in the migration of the *E. coli* cells. A substantially smaller distributed volume of *E. coli* was observed in the sandy loam soil than in the sandy soil. Increasing the emitter application rate and the concentration of water-suspended bacteria accelerated the *E. coli* transport rate, resulting in a larger distributed volume with a higher *E. coli* concentration for both soil types. Reducing the bacterial concentration in the sewage effluent during wastewater treatment is important to decrease the risk of soil pathogenic contamination caused by irrigation with sewage effluent. The laboratory experiments were then successfully used to develop a model of water and *E. coli* transport in soil (Wen *et al.*, 2017). The model was adequately verified by the experimental data, and it has strengthened our understanding of *E. coli* transport in unsaturated soil.

Moreover, the potential of using water containing moderate levels of *E. coli* for both surface and subsurface drip-irrigated asparagus lettuce was evaluated in a greenhouse over two seasons with three irrigation intervals (4, 8 and 12 days) and three pan coefficients of 0.6, 0.8 and 1.0 (Li and Wen, 2016). The results showed that subsurface drip irrigation could prevent pathogen contamination. More frequent irrigation and a higher level of *E. coli* increased the short-term *E. coli* contamination of the soil. At harvest, no *E. coli* uptake was detected in the stems of asparagus lettuce, and low *E. coli* counts were detected on the leaves of the crop, but a weak association between the irrigation management practices and *E. coli* contamination of leaves was found. These results indicated that subsurface drip irrigation is a promising method for avoiding *E. coli* contamination when applying sewage effluent.

## DISCUSSION

Results from the studies at the WatSave Lab, IWHR, that have accompanied the development of water-saving irrigation in China over the past two decades are reviewed in this paper. These studies address several areas of concern and provide partial answers to the questions raised during the process of applying and extending sprinkler and micro-irrigation technologies. There are numerous topics left to be addressed that may be summarized as follows.

Sprinkler and micro-irrigation have never been restricted to only providing water and fertilizers to meet crop requirements in a timely and accurate way. Beyond these uses, these technologies are expected to create more feasible environments in terms of water, nutrients, air, heat, etc. for crops. Air injection through drip irrigation systems has been reported in the literature (Bhattarai *et al.,* 2008). Farmers in northern China are testing the use of solar-heated groundwater to irrigate their greenhouse-grown vegetable crops in the winter with the aim of increasing the soil temperature (Zhang *et al.,* 2016). Best management practices of comprehensively regulating the water, nutrients, air and temperature through the sprinkler and micro-irrigation design and operation should be studied.

As an efficient and eco-friendly technology for improving crop yield and quality, fertigation has become a popular practice in commercial micro-irrigation irrigation systems, but it is seldom used in sprinkler systems at present in China. Centre-pivot and linear-move sprinkler irrigation systems have been increasingly used in China during the past decade. Fertigation design and management using these mechanical move sprinkler systems is a topic of research.

As an emerging irrigation technology, there are many topics related to variable rate irrigation that must be studied. Continuous efforts should be made towards the delineation of management zones from the current static method based on soil properties to the integrated dynamic method based on the real-time monitoring of climatological and crop data, in addition to VRI control facilities. The response of crops to VRI management should be extensively investigated to develop optimal management practices for different crops under varying environments (e.g. full and deficit irrigation).

## ACKNOWLEDGEMENTS

The author wishes to thank the many students and the entire faculty at the WatSave Laboratory in the Department of Irrigation and Drainage at the China Institute of Water Resources and Hydropower Research (IWHR) for their efforts over the years. Without their dedication, the research described in this paper would not have been possible. This review was financially supported by the National Natural Science Foundation of China (grant nos. 51339007 and 51679255).

### REFERENCES

Allaire-Leung SE, Wu L, Mitchell JP, Sanden BL. 2001. Nitrate leaching and soil nitrate content as affected by irrigation uniformity in a carrot field. *Agricultural Water Management* **48**: 37–50.

American Society of Agricultural Engineers (ASAE). 1985a. *S 330.1. Procedure for Sprinkler Distribution Testing for Research Purposes.* ASAE Standards, ASAE: St Joseph: Mich., USA.

American Society of Agricultural Engineers (ASAE). 1985b. *ASAE. S 398.1. Procedure for Sprinkler Testing and Performance Reporting.* ASAE Standards, ASAE: St Joseph, Mich., USA.

American Society of Agricultural Engineers 9ASAE. 2003. *EP405.1. Design and Installation of Microirrigation Systems.* ASAE Standards: St Joseph, Mich., USA.

Ayers RS, Westcot DW. 1994. Water quality for agriculture. FAO Irrigation and Drainage Paper 29, Rev. 1. Rome, Italy.

Barragan J, Bralts V, Wu IP. 2006. Assessment of emission uniformity for micro-irrigation design. *Biosystem Engineering* **93**(1): 89–97.

Bar-Yosef B, Sheikholslami MR. 1976. Distribution of water and ions in soils irrigated and fertilized from a trickle source. *Soil Science Society of America Journal* **40**(4): 575–582.

Bhattarai SP, Midmore DJ, Pendergast L. 2008. Yield, water-use efficiencies and root distribution of soybean, chickpea and pumpkin under different subsurface drip irrigation depths and oxygation treatments in vertisols. *Irrigation Science* **26**(5): 439–450.

Bordovsky J, Porter D. 2008. Effect of subsurface drip irrigation system uniformity on cotton production in the Texas High Plains. *Applied Engineering in Agriculture* **24**(4): 465–474.

Bracy RP, Parish RL, Rosendale RM. 2003. Fertigation uniformity affected by injector type. *HortTechnology* **13**(1): 103–105.

Chinese National Committee on Irrigation and Drainage (CNCID). 2016. Irrigation Area of China Ranked First in the World. http://www.cncid.org/cncid/gpdt/webinfo/2016/11/1468229391194918.htm

Chinese Standards. 2007. *Chinese National Standard GB/T 50085-2007: Technical Code for Sprinkler Engineering.* China Planning Press: Beijing, China; (in Chinese).

Chinese Standards. 2009. *Chinese National Standard GB/T 50485-2009: Technical Code for Microirrigation Engineering.* China Planning Press: Beijing, China; (in Chinese).

Cote CM, Bristow KL, Charlesworth PB, Cook FJ, Thorburn PJ. 2003. Analysis of soil wetting and solute transport in subsurface trickle irrigation. *Irrigation Science* **22**: 143–156.

Gardenas AI, Hopmans JW, Hanson BR, Simunek J. 2005. Two-dimensional modeling of nitrate leaching for various fertigation scenarios under micro-irrigation. *Agricultural Water Management* **74**: 219–242.

Guan H, Li J, Li Y. 2013a. Effects of drip system uniformity and irrigation amount on cotton yield and quality under arid conditions. *Agricultural Water Management* **124**: 37–51.

Guan H, Li J, Li Y. 2013b. Effects of drip system uniformity and irrigation amount on water and salt distributions in soil under arid conditions. *Journal of Integrative Agriculture* **12**(5): 924–939.

Guo L, Li J, Li Y, Xu D. 2017. Nitrogen utilization under drip irrigation with sewage effluent in the North China Plain. *Irrigation and Drainage*. https://doi.org/10.1002/ird.2123.

Hoffman GJ, Evens RG, Jensen ME, Martin DL, Elliott RL. 2007. *Design and Operation of Farm Irrigation Systems*. St Joseph, Mich., USA: ASABE.

Kutilek M, Nielsen DR. 1994. *Soil Hydrology*. Catena-Verlag: Cremlingen-Destedt, Germany.

Lamm FR, Ayars JE, Nakayama FS. 2007. *Microirrigation for Crop Production: Design, Operation, and Management*. Elsevier: Amsterdam, the Netherlands.

Li J. 1996. Sprinkler performance as function of nozzle geometrical parameters. *Journal of Irrigation and Drainage Engineering* **122**(4): 244–247.

Li J. 1998. Modeling crop yield as affected by uniformity of sprinkler irrigation system. *Agricultural Water Management* **38**: 135–146.

Li J, Kawano H. 1995a. Simulating water-drop movement from noncircular sprinkler nozzles. *Journal of Irrigation and Drainage Engineering, ASCE* **121**(2): 152–158.

Li J, Kawano H. 1995b. Estimation of spatial soil water distribution and deep percolation under sprinkler irrigation. *Journal of Japan Society of Hydrology and Water Resources* **8**(1): 49–56.

Li J, Kawano H. 1996. The areal distribution of soil moisture under sprinkler irrigation. *Agricultural Water Management* **32**: 29–36.

Li J, Liu Y. 2011. Water and nitrate distributions as affected by layered-textural soil and buried dripline depth under subsurface drip fertigation. *Irrigation Science* **29**: 469–478.

Li J, Rao M. 1999. Evaluation methods of sprinkler water nonuniformity. *Transactions of CSAE* **15**(4): 78–82 (in Chinese with English abstract).

Li J, Rao M. 2000a. Effects of sprinkler uniformity on spatial variability of soil moisture and winter wheat yield. *Journal of Hydraulic Engineering* **1**: 9–14 (in Chinese with English abstract).

Li J, Rao M. 2000b. Sprinkler water distributions as affected by winter wheat canopy. *Irrigation Science* **20**: 29–35.

Li J, Rao M. 2003. Field evaluation of crop yield as affected by nonuniformity of sprinkler-applied water and fertilizers. *Agricultural Water Management* **59**: 1–13.

Li J, Wen J. 2016. Effects of water managements on transport of *E. coli* in soil–plant system for drip irrigation applying secondary sewage effluent. *Agricultural Water Management* **17**: 12–20.

Li J, Kawano H, Yu K. 1994. Droplet size distributions from different shaped sprinkler nozzles. *Transactions of the ASAE* **37**(6): 1871–1878.

Li J, Li Y, Kawano H, Yoder RE. 1995. Effects of double-rectangular-slot design on impact sprinkler nozzle performance. *Transactions of the ASAE* **38**(5): 1435–1441.

Li J, Lei Z, Yang S. 1998. Spatial variability of soil moisture under sprinkler irrigation. *Advances in Water Science* **9**(1): 8–14 (in Chinese with English abstract).

Li J, Rao M, Zhang J. 2002. Influences of spatial variations of soil and nonuniform sprinkler irrigation on spring wheat yield in arid regions. *Transactions of CSAE* **18**(3): 15–21 (in Chinese with English abstract).

Li J, Zhang J, Xue K. 2003a. *Principles and Applications of Fertigation through Drip Irrigation Systems*. China Agricultural Science and Technology Press: Beijing, China.

Li J, Zhang J, Ren L. 2003b. Water and nitrogen distribution as affected by fertigation of ammonium nitrate from a point source. *Irrigation Science* **22**: 19–30.

Li J, Yoder RE, Odhiambo LO, Zhang J. 2004a. Simulation of nitrate distribution under drip irrigation using artificial neural networks. *Irrigation Science* **23**: 29–37.

Li J, Zhang J, Rao M. 2004b. Wetting patterns and nitrogen distributions as affected by fertigation strategies from a surface point source. *Agricultural Water Management* **67**: 89–104.

Li J, Li B, Rao M. 2005a. Spatial and temporal distributions of nitrogen and crop yield as affected by nonuniformity of sprinkler fertigation. *Agricultural Water Management* **76**: 160–180.

Li J, Zhang J, Rao M. 2005b. Modeling of water flow and nitrate transport under surface drip fertigation. *Transactions of the ASAE* **48**(2): 627–637.

Li Y, Li J, Rao M. 2006a. Effects of drip fertigation strategies on root distribution and yield of tomato. *Transactions of the CSAE* **22**(7): 205–207 (in Chinese with English abstract).

Li J, Meng Y, Liu Y. 2006b. Hydraulic performance of differential pressure tanks for fertigation. *Transactions of the ASABE* **49**(6): 1815–1822.

Li Y, Li J, Rao M. 2006c. Effects of drip fertigation strategies and frequencies on yield and root distribution of tomato. *Scientia Agricultura Sinica* **39**(7): 1419–1427 (in Chinese with English abstract).

Li J, Meng Y, Li B. 2007a. Field evaluation of fertigation uniformity as affected by injector type and manufacturing variability of emitters. *Irrigation Science* **25**: 117–125.

Li J, Ji H, Li B, Liu Y. 2007b. Wetting patterns and nitrate distributions in layered-textural soils under drip irrigation. *Agricultural Science in China* **6**(8): 970–980.

Li Y, Li J, Li B. 2007c. Nitrogen dynamics in soil as affected by fertigation strategies and frequencies for drip-irrigated tomato. *Journal of Hydraulic Engineering* **38**(7): 857–865 (in Chinese with English abstract).

Li J, Du Z, Li Y, Li B. 2008a. Water and nitrogen distribution and summer maize growth in subsurface drip irrigation system as affected by spatial variations of soil properties. *Scientia Agricultura Sinica* **41**(6): 1717–1726 (in Chinese with English abstract).

Li J, Wang D, Li Y. 2008b. *Principles and Practices of Water and Fertilizer Management for Modernized Irrigation Technologies*. The Yellow River Water Conservancy Press: Zhengzhou, China.

Li J, Chen L, Li Y. 2009. Comparison of clogging in drip emitters during the application of sewage effluent and groundwater. *Transactions of the ASABE* **52**(4): 1203–1211.

Li J, Chen L, Li Y, Yin J, Zhang H. 2010. Effects of chlorination schemes on clogging in drip emitters during application of sewage effluent. *Applied Engineering in Agriculture* **26**(4): 565–578.

Li J, Li Y, Zhang H. 2012a. Tomato yield and quality and emitter clogging as affected by chlorination schemes of drip irrigation systems applying sewage effluent. *Journal of Integrative Agriculture* **11**(10): 1744–1754.

Li J, Zhao W, Yin J, Zhang H, Li Y, Wen J. 2012b. The effects of drip irrigation system uniformity on soil water and nitrogen distributions. *Transactions of the ASABE* **55**(2): 415–427.

Li J, Li Y, Zhao W. 2015. *Efficient and Safe Utilization of Water and Nitrogen under Sprinkler and Microirrigation*. China Agricultural Press: Beijing, China.

Liu Y, Li J. 2009a. Effects of lateral depth and layered-textural soils on water and nitrate dynamics and root distribution for drip fertigated tomato. *Journal of Hydraulic Engineering* **40**(7): 782–790 (in Chinese with English abstract).

Liu Y, Li J. 2009b. Effects of lateral depth and layered-textural soils on water and nitrogen use efficiency of drip irrigated tomato. *Transactions of the CSAE* **25**(6): 7–12 (in Chinese with English abstract).

Liu Y, Li J, Li Y. 2015. Effects of split fertigation rates on the dynamics of nitrate in soil and the yield of mulched drip-irrigated maize in the sub-humid region. *Applied Engineering in Agriculture* **31**(1): 103–117.

Mantovani EC, Villalobos FJ, Organ F, Fereres E. 1995. Modeling the effects of sprinkler irrigation uniformity on crop yield. *Agricultural Water Management* **27**: 243–257.

Mateos L, Mantovani EC, Villalobos FJ. 1997. Cotton response to non-uniformity of conventional sprinkler irrigation. *Irrigation Science* **17**: 47–52.

 

Montazar A, Sadeghi M. 2008. Effects of applied water and sprinkler irrigation uniformity on alfalfa growth and hay yield. *Agricultural Water Management* **95**(11): 1279–1287.

Nakayama FS, Bucks DA. 1991. Water quality in drip/trickle irrigation: a review. *Irrigation Science* **12**(4): 187–192.

O'Shaughnessy SA, Rush C. 2014. Precision agriculture: irrigation. In Alfen NKV (ed). *Encyclopedia of Agriculture and Food Systems*. Academic Press: Oxford, UK; p 521–535.

O'Shaughnessy SA, Evett SR, Colaizzi PD. 2015. Dynamic prescription maps for site-specific variable rate irrigation of cotton. *Agricultural Water Management* **159**: 123–138.

Pei Y, Li Y, Liu Y, Zhou B, Shi Z, Jiang Y. 2014. Eight emitters clogging characteristics and its suitability under on-site reclaimed water drip irrigation. *Irrigation Science* **32**: 141–157.

Pitts DJ, Haman DZ, Smajstrla AG. 2003. *Causes and Prevention of Emitter Plugging in Microirrigation Systems*. Bulletin 258, The Institute of Food and Agricultural Sciences, University of Florida: Gainesville, USA.

Simunek J, Sejna M, van Genuchten MT. 1999. *HYDRUS-2D Simulating Water Flow, Heat, and Solute Transport in Two-Dimensional Variably Saturated Media*. Riverside, Calif., USA: International Ground Water Modelling Centre.

Sui R, Baggard J. 2015. Wireless sensor network for monitoring soil moisture and weather conditions. *Applied Engineering in Agriculture* **31**(2): 193–200.

Sui R, Fisher DK. 2015. Field test of a center pivot irrigation system. *Applied Engineering in Agriculture* **31**(1): 83–88.

Tolk JA, Howell TA, Steiner JL, Krieg DR, Schneider AD. 1995. Role of transpiration suppression by evaporation of intercepted water in improving irrigation efficiency. *Irrigation Science* **16**: 89–95.

Wang D, Li J, Rao M. 2006a. Sprinkler water distributions as affected by corn canopy. *Transactions of CSAE* **22**(7): 43–47 (in Chinese with English abstract).

Wang D, Li J, Rao M. 2006b. Winter wheat canopy interception under sprinkler irrigation. *Scientia Agricultura Sinica* **39**(9): 1859–1864 (in Chinese with English abstract).

Wang D, Li J, Rao M. 2007. Estimation of net interception loss by crop canopy under sprinkler irrigation based on energy balance. *Transactions of CSAE* **23**(8): 27–33 (in Chinese with English abstract).

Wang Z, Li J, Li Y. 2014a. Effects of drip irrigation system uniformity and nitrogen applied on deep percolation and nitrate leaching during growing seasons of spring maize in semi-humid region. *Irrigation Science* **32**(3): 221–236.

Wang Z, Li Y, Li Y. 2014b. Simulation of nitrate leaching under varying drip system uniformities and precipitation patterns during the growing season of maize in the North China Plain. *Agricultural Water Management* **142**: 19–28.

Wang Z, Li J, Li Y. 2016. Assessing the effects of drip irrigation system uniformity and spatial variability in soil on nitrate leaching through simulation. *Transactions of the ASABE* **59**(1): 279–290.

Wang J, Li J, Guan H. 2017. Evaluation of drip irrigation system uniformity on cotton yield in an arid region using a two-dimensional soil water transport and crop growth coupling model. *Irrigation and Drainage* . https://doi.org/10.1002/ird.2105.

Warrick AW, Gardner WR. 1983. Crop yield as affected by spatial variations of soil and irrigation. *Water Resources Research* **19**: 181–186.

Wen J, Li J, Li Y. 2016. Wetting patterns and bacterial distributions in different soils from a surface point source applying effluents with varying *Escherichia coli* concentrations. *Journal of Integrative Agriculture* **15**(7): 1625–1637.

Wen J, Li J, Wang Z, Li Y. 2017. Modelling water flow and *E. coli* transport in unsaturated soils under drip irrigation. *Irrigation and Drainage*. https://doi.org/10.1002/ird.2142

Yari A, Madramootoo CA, Woods SA, Adamchuk VI. 2017. Performance evaluation of constant versus variable rate irrigation. *Irrigation and Drainage*. https://doi.org/10.1002/ird.2131.

Zhang H, Li J. 2011. Response of growth and yield of spring corn to drip irrigation uniformity and amount in North China Plain. *Transactions of the CSAE* **27**(11): 176–182 (in Chinese with English abstract).

Zhang H, Li J. 2012. The effects of drip irrigation uniformity on spatial and temporal distributions of water and nitrogen in soil for spring maize in North China Plain. *Scientia Agricultura Sinica* **45**(19): 4004–4013.

Zhang X, Li Y, Li J. 2016. Effects of water-heat regulation on soil temperature, Chinese cabbage growth and yield under drip irrigation. *Water Saving Irrigation* **8**: 48–53 (in Chinese with English abstract).

Zhao W, Li J, Li Y. 2012a. Modeling sprinkler efficiency with consideration of microclimate modification effects. *Agricultural and Forest Meteorology* **161**: 116–122.

Zhao W, Li J, Li Y, Yin J. 2012b. Effects of drip system uniformity on yield and quality of Chinese cabbage heads. *Agricultural Water Management* **110**: 118–128.

Zhao W, Li J, Yang R, Li Y. 2014. Field evaluation of water distribution characteristics of variable rate center pivot irrigation system. *Transactions of the CSAE* **30**(22): 53–62 (in Chinese with English abstract).

Zhao W, Li J, Wang C, Li Y. 2017a. The methods and devices for determining cycle time of solenoid valves in a variable rate irrigation system. Patent no. 201410635754.4 (in Chinese with English abstract).

Zhao W, Li J, Yang R, Li Y. 2017b. Yields and water-saving effects of crops as affected by variable rate irrigation management based on soil water spatial variation. *Transactions of the CSAE* **33**(2): 1–7 (in Chinese with English abstract).

# 附录 3

# 中国水利水电科学研究院变量灌溉研究回顾①

## 一、选定变量灌溉研究方向

自“十五”初期开始，我相继主持了国家高技术发展研究计划（“863 计划”）喷灌方面的课题“田间固定式与半固定式喷灌系统关键设备及产品研制与产业化开发（2002AA2Z4151）”“轻质多功能喷灌产品（2006AA100212）”和“精确喷灌技术与产品（2011AA100506）”（第 2 主持）。实际上，从“十五”开始，我国的喷灌发展相对处于低潮。造成喷灌发展缓慢的一个重要原因是喷灌与目前我国土地经营规模不相适应。土地流转政策的实施，为喷灌技术的应用提供了机遇，因此，我依然相信喷灌是我国农业现代化的重要组成部分。基于这样的信念，我一直在苦苦思索团队喷灌研究的选题和发展方向。2011 年 5 月与王建东、栗岩峰一起考察了位于得克萨斯的美国农业部研究机构 Conservation and Production Research Laboratory（CPRL）和加州大学戴维斯分校等单位（图 1、图 2 和图 3），意识到变量灌溉（VRI）正在成为喷灌技术研究的热点，也是未来集约农业智慧灌溉发展的方向。于是决定启动变量灌溉研究，安排当时在

图 1　**2011 年 5 月参观位于美国内布拉斯加州奥马哈市的维蒙特总部**

① 初稿完稿于 2021 年 10 月 15 日夜，开封。2022 年 5 月 31 日“灌溉水肥一体化”微信公众号以“中国水科院变量灌溉研究回顾”发表。收入本书时修改为现题目，对内容稍做了修改。

图 2　2011 年 5 月参观位于美国得克萨斯州的美国农业部 **Conservation and Production Research Laboratory**

图 3　美国农业部 **Conservation and Production Research Laboratory** 的变量灌溉研究设施，配备了机载式红外冠层温度传感器

团队做博士后研究的赵伟霞博士具体负责这一新研究方向的开拓，并积极协助申报国家自然科学基金项目。伟霞 2013 年申报的青年基金项目"考虑土壤空间变异的喷灌变量水分管理模式研究（51309251）"和 2019 年申报的面上项目"基于冠层温度和土壤水分亏缺时空变异的喷灌变量灌溉水分管理方法（51979289）"获得资助。

团队对变量灌溉必要性的感性认识最初萌发于 2000 年在内蒙古达拉特旗开展的喷灌均匀系数对作物产量影响的田间试验。试验得出，在土壤变异程度较强时，土壤可利用水量空间变异对产量均匀性的影响会超过喷灌均匀性，因此这种情况下仅靠提高喷灌的均匀程度难以达到产量均匀的目标，这在一定程度上预示着采用变量灌溉的必要性［见农业工程学报，2002，18（3）：15–21］。

图 4　内蒙古达拉特旗平移式喷灌机试验场景，**1** 跨 + 悬臂，桁架长 **85.44 m**（砂土，**2012** 年，**2013** 年）

团队做变量灌溉研究的第一位学生是 2011 级博士研究生温江丽。2012 和 2013 年在内蒙古达拉特旗白泥井镇，开展了平移式喷灌机玉米生长和作物产量与土壤理化特性空间变异及喷灌水量分布的田间评价（图 4 和图 5），辨识了影响作物产量的关键障碍因子，建立了考虑土壤和喷灌水量空间变异的作物模型，通过模拟，提出了实施变量灌溉的

图 5　内蒙古达拉特旗圆形喷灌机试验场景，3 跨 + 悬臂，桁架长 190 m（砂土，2012 年，2013 年）

土壤特性空间变异程度界限值。

## 二、建成第一套具有自主知识产权的变量灌溉系统

为了更好地开展变量灌溉研究，萌生了在北京附近建设一个变量灌溉研究平台的想法。2011—2012 年与中国农业大学严海军教授多次讨论建立研究平台的选址。海军热情邀请我们到中国农大涿州农场建立变量灌溉研究平台，并将他团队的一台 3 跨圆形喷灌机提供给我们用于变量灌溉研究。此时伟霞已博士后出站，遂投入变量灌溉研究。首先面临的难题是变量灌溉系统的建设。经与中农智冠（北京）科技有限公司王春晔博士通力合作，克服了分区边界地缘识别、喷头分组及流量控制等诸多困难，实现了变量灌溉的速度控制和分区控制，2013 年研制成功了国内第一套圆形喷灌机变量灌溉系统，获得“圆形喷灌机变量灌溉控制系统 Ver1.0”软件著作权（图 6）。同年启动了依托涿州变量灌溉平台的作物响应试验。我和伟霞共同指导的中国农业大学 2013 级硕士研究生杨汝苗和伟霞一起对变量灌溉系统开展了田间水力性能评价，2015 年中国水利水电科学研究院 2014 级硕士研究生张星协助开展了冬小麦变量灌溉试验。在对喷灌地块的土壤物理指标按网格取样测试的基础上，绘制了基于土壤可利用水量的变量灌溉分区图，开展了变量灌溉对冬小麦生长影响的评价试验。杨汝苗完成了硕士学位论文“变量灌溉水力性能及其对作物生长

图 **6** 涿州变量灌溉研究设施。这是我国第一套拥有自主知识产权的圆形喷灌机变量灌溉系统（**3** 跨 + 悬臂，桁架长 **140 m**，砂土）

的影响评估”。

## 三、构建适合不同作物的变量水肥管理方法

依托涿州变量灌溉研究平台，2013—2018 年连续开展了冬小麦、夏玉米对变量灌溉的响应试验。研究中不断探索提高变量灌溉控制精度、降低系统投资的途径和方法。2014 年与中农智冠（北京）科技有限公司联合申报了发明专利“设置电磁阀启闭循环周期的方法及装置（201410635754.4）”，2017 年 2 月获得授权。这一专利的实施显著提高了变量

灌溉水深控制精度。

土壤水分实时监测是变量灌溉决策的依据，而监测网络的投资在变量灌溉系统中占有较大比重，提高监测的代表性、减少传感器数量是持续努力的目标。在大量变量灌溉土壤水分监测数据的基础上，基于时间稳定性原理，提出了土壤含水率代表性位置确定方法，2016年获得发明专利“一种确定土壤水分监测仪器埋设位置的方法和装置（201410814832.7）”，为减少土壤水分传感器数量和降低投资提供了实用化方法。

变量灌溉技术起源于美国，美国在国际上处于变量灌溉研究的引领地位。将变量灌溉研究结果在美国的专业期刊上发表无疑有利于提高我们的学术影响力和地位。经过两次退稿和数次修改后，我们关于变量灌溉对作物产量和水分生产率影响的研究结果终于于2017年10月在 *Transactions of the ASABE* 上发表。阶段成果的发表大大提升了我们继续开展变量灌溉的决心和信心，也使我们与美国和其他国家的同行逐渐建立起平等有效的合作交流机制。

华北平原开展连续几年的冬小麦和夏玉米变量灌溉试验使我们认识到，不同作物生育期气候条件的差异是导致作物生长和产量对变量灌溉响应机制不同的重要原因，因此应根据不同作物制定变量灌溉管理和调控的目标。我和伟霞共同指导的2015级博士研究生李秀梅选择冬小麦和夏玉米的变量灌溉差异化调控为研究主题。针对冬小麦生育期内降雨不能满足作物需要的状况，提出了以水分生产率最高为目标的变量非充分灌溉管理策略；针对夏玉米生育期内降雨量较多导致水氮淋失风险增大的问题，构建了以深层渗漏量最小为目标，基于降雨预报和土壤水量平衡方法的变量灌溉管理策略，提出了基于土壤水分传感器实时监测信息、以水分利用效率最高为目标的夏玉米变量灌溉管理方法。提出了以深层渗漏量最小为目标，与降雨预报结合的玉米变量灌溉管理方法。秀梅完成了博士学位论文“华北平原冬小麦－夏玉米变量灌溉水分管理方法”，获得2019年度中国水利水电科学研究院优秀博士学位论文。

为了在更多的土壤条件下研究变量灌溉的适应性，验证已经取得的阶段成果，2016年下半年开始酝酿建设新的变量灌溉系统。经过反复论证，2017年在国家节水灌溉北京工程技术研究中心大兴试验基地建造第二套圆形喷灌机变量灌溉系统（图7）。由于受场地限制，喷灌机只有一跨，桁架长55 m。这一系统配置了较为先进的施肥系统。2016级硕士研究生张萌利用这套变量灌溉系统，开展了喷灌机水肥一体化水力性能评估、蒸发漂移和养分挥发损失、冠层截留、作物对水肥管理措施响应等试验，完成了硕士学位论文“圆形喷灌机施肥灌溉水肥损失与管理方法研究”，获得2019年度中国水利水电科学研究院优秀硕士学位论文。

图7　大兴变量灌溉系统研究设施（1跨+悬臂，桁架长55 m，粉壤土）

同一年度，秀梅和张萌同时获得院级优秀学位论文，在团队历史上第一次，是团队发展史上一个重要的里程碑，对提升团队在大型喷灌机方面的成果水平作出了重要贡献。

团队变量灌溉研究在经费相对紧缺的时候起步，研究手段，尤其是土壤水分和植物指标的自动监测仪器设备一直比较欠缺，我一直在积极寻找经费改善研究条件。2016年得到“流域水循环模拟与调控国家重点实验室”的资助，购置了无人机搭载的红外热成像系统，并再次与中农智冠（北京）科技有限公司王春晔博士合作，研发了喷灌机机载式冠层温度监测系统，对团队变量灌溉研究更好地跟踪国际前沿有着重要意义。由于大兴的圆形喷灌机变量灌溉系统只有一台，新添置的仪器设备难以发挥作用，寻找一个较大的喷灌机作为研究平台又成为当务之急。幸运的是，在北京农业技术推广站的协调帮助下，2019年在顺义试验农场建成了第三套圆形喷灌机变量灌溉系统，系统由2跨+悬臂构成，桁架长118 m，除了具有变量灌溉功能外，还搭建了机载式红外冠层温度监测系统和田间固定点位红外温度测试系统，为开展基于作物参数的动态分区研究提供了平台（图8）。

图8　顺义变量灌溉研究设施（2跨+悬臂，桁架长118 m，壤土）。
配备了机载式和田间固定式红外冠层温度传感器，变量灌溉控制系统全面升级

遗憾的是，由于顺义变量灌溉地块种植结构的变化，2020 年变量灌溉研究平台不得不再次搬迁。“十三五”期间团队在河北省大曹庄开展了两年多大型喷灌机水肥一体化试验，对那里的喷灌应用情况有一定了解。大曹庄早在 20 世纪 70 年代就从美国维蒙特公司批量引进了大型喷灌机，是最早从美国批量引进大型喷灌机的农场，虽然随着使用年限的增长，对当年引进的设备进行了更新换代，但大型喷灌机在当地一直持续应用近四十年，公众对大型喷灌机有比较广泛的接受和认知，于是决定将顺义的变量灌溉研究平台搬迁至大曹庄，租用科邦种植专业合作社、河北瑞穑丰农业有限公司的土地和喷灌机开展研究。这里的圆形喷灌机为 3 跨 + 悬臂，桁架长 151 m，同时搭建了红外冠层温度测试系统、田间固定点位红外冠层温度监测系统和土壤含水率监测网络。经过这些年的研究，变量灌溉控制系统多次更新升级，大曹庄平台安装了最新的控制系统（图 9）。2019 级硕士研究生

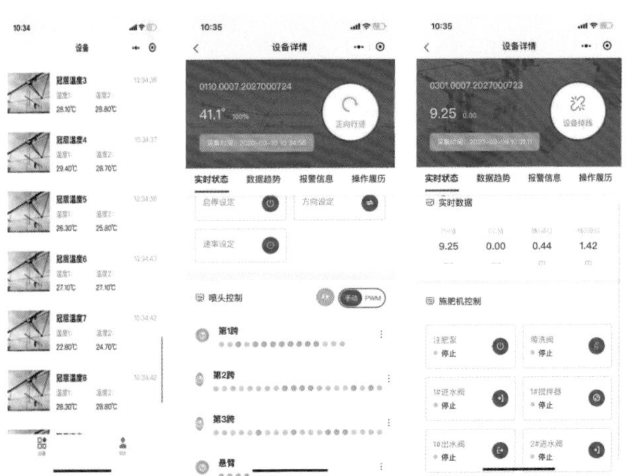


图 9　大曹庄变量灌溉研究设施（**3** 跨 + 悬臂，桁架长 **151 m**，黏土）。配备了机载式和田间固定式冠层温度传感器，变量灌溉控制系统已全面升级

图 10　无人机红外成像系统在大曹庄变量灌溉研究设施中的工作场景

张敏讷利用这一平台开展了基于冠层温度的变量灌溉动态分区管理研究，2020级硕士研究生祝长鑫在利用这一平台研究无人机红外成像系统在变量灌溉动态分区管理中的应用（图 10）。2019级博士研究生范欣瑞在利用这一平台开展大型喷灌机水肥一体化的作物水肥优化管理及减轻温室气体排放措施研究，旨在逐步构建起喷灌水肥一体化条件下蒸挥发损失与温室气体排放定量评估方法，建立充分利用叶面施肥和及时补肥优势的喷灌水肥一体化技术体系。完全可以预期，未来 5~10 年，大曹庄变量灌溉综合研究平台将会产生一批可以直接应用于大型喷灌机水肥精量管理实践的研究成果。

“十四五”重点研发计划项目“农田智慧灌溉关键技术与装备”（SQ2022YFD1900081）的申报成功为变量灌溉 / 施肥的研究提供了新机遇，研究正在向基于土壤水分和植物等信息的动态分区管理方法和变量施肥迈进，博士研究生张敏讷、硕士研究生祝长鑫、张勇静已经投入相关研究。

## 四、从跟跑向并跑挺进，迈向变量灌溉研究新时代

团队近十年的变量灌溉研究中，我作为带头人，在研究方向选择与拓展中锻炼和提高了学科洞察力，伟霞在这一方向的开拓和发展中表现出充满激情的创新活力和顽强的拼搏精神，克服了经费不足、日常琐务繁重等困难和压力，通力合作，使团队在变量灌溉研究方面与国际先进水平的差距逐渐缩小，引领了我国变量灌溉研究。

近二十年来，变量灌溉研究方兴未艾，国内中国农业大学、西北农林科技大学、江苏大学、中国农科院农田灌溉研究所、上海交通大学等单位都相继启动了变量灌溉研究与探索，对变量灌溉研究的重要性和技术可行性正在逐步形成共识，变量灌溉技术研究已列入“十四五”国家重点研发计划项目指南。中国的变量灌溉研究正在由跟跑向并跑挺进，在不久的将来一定会处于领跑的地位。有理由相信，未来变量灌溉与施肥会成为大型喷灌机“标准配置”的一部分，会成为智慧灌溉的一个重要分支。期待我们能为这一目标的实现作出更大贡献。

# 人名索引

## I



## J



## K



## L

## M

## U



## W



## X

## Y



## Z

# 机构名称索引

## H



## J



## L



## N



## Q

# 学术团体索引

# 学术期刊、报纸索引